Leitfäden und Monographien der Informatik

Brauer: **Automatentheorie**
493 Seiten. Geb. DM 58,–

Becker: **Prüfen und Testen von Schaltkreisen**
In Vorbereitung

Dal Cin: **Grundlagen der systemnahen Programmierung**
221 Seiten. Kart. DM 34,–

Ehrich/Gogolla/Lipeck: **Algebraische Spezifikation abstrakter Datentypen**
In Vorbereitung

Engeler/Läuchli: **Berechnungstheorie für Informatiker**
120 Seiten. Kart. DM 24,–

Hentschke: **Grundzüge der Digitaltechnik**
247 Seiten. Kart. DM 36,–

Loeckx/Mehlhorn/Wilhelm: **Grundlagen der Programmiersprachen**
448 Seiten. Kart. DM 44,–

Mehlhorn: **Datenstrukturen und effiziente Algorithmen**
Band 1: Sortieren und Suchen
2. Aufl. 317 Seiten. Geb. DM 48,–
Band 2: Graphenalgorithmen und NP-Vollständigkeit
In Vorbereitung

Messerschmidt: **Linguistische Datenverarbeitung mit Comskee**
207 Seiten. Kart. DM 36,–

Niemann/Bunke: **Künstliche Intelligenz in Bild- und Sprachanalyse**
256 Seiten. Kart. DM 38,–

Pflug: **Stochastische Modelle in der Informatik**
272 Seiten. Kart. DM 38,–

Post: **Entwurf und Technologie hochintegrierter Schaltungen**
In Vorbereitung

Rammig: **Systematischer Entwurf digitaler Systeme**
In Vorbereitung

Richter: **Betriebssysteme**
2. Aufl. 303 Seiten. Kart. DM 38,–

Wirth: **Algorithmen und Datenstrukturen**
Pascal-Version
3. Aufl. 320 Seiten. Kart. DM 39,–

Wirth: **Algorithmen und Datenstrukturen mit Modula - 2**
4. Aufl. 299 Seiten. Kart. DM 39,–

Wojtkowiak: **Test und Testbarkeit digitaler Schaltungen**
226 Seiten. Kart. DM 36,–

Preisänderungen vorbehalten

Leitfäden und Monographien
der Informatik

S. Hentschke
Grundzüge
der Digitaltechnik

Leitfäden und Monographien der Informatik

Die Leitfäden und Monographien behandeln Themen aus der Theoretischen, Praktischen und Technischen Informatik entsprechend dem aktuellen Stand der Wissenschaft. Besonderer Wert wird auf eine systematische und fundierte Darstellung des jeweiligen Gebietes gelegt. Die Bücher dieser Reihe sind einerseits als Grundlage und Ergänzung zu Vorlesungen der Informatik und andererseits als Standardwerke für die selbständige Einarbeitung in umfassende Themenbereiche der Informatik konzipiert. Sie sprechen vorwiegend Studierende und Lehrende in Informatik-Studiengängen an Hochschulen an, dienen aber auch in Wirtschaft, Industrie und Verwaltung tätigen Informatikern zur Fortbildung im Zuge der fortschreitenden Wissenschaft.

Grundzüge der Digitaltechnik

Von Prof. Dr.-Ing. Siegbert Hentschke
Universität - Gesamthochschule Kassel

Mit zahlreichen Bildern

B. G. Teubner Stuttgart 1988

Prof. Dr.-Ing. Siegbert Hentschke

Geboren 1940 in Gersdorf bei Görlitz. Nach Industrielehre Studium der Nachrichtentechnik am J. Kepler-Polytechnikum in Regensburg von 1961 bis 64, danach Entwicklungsingenieur für Hochfrequenztechnik bei Rohde & Schwarz in München. Von 1965 bis 1970 Studium der Elektrotechnik und Mathematik an der Technischen Hochschule Darmstadt, 1972 Promotion in Mathematik über ein Thema der Invariantentheorie und wiss. Assistent an der THD. Von 1975 bis 84 Labor-, Abteilungs-, Projektleiter und Wissenschaftlicher Berater bei der Standard Elektrik Lorenz AG in Stuttgart in der Entwicklung „Vermittlungssysteme" und im Forschungszentrum im Bereich Systemplanung für Vermittlungsrechner, Bildschirmtext, ISDN, Digitales TV. 1984 Berufung auf den Lehrstuhl für Digitaltechnik im Fachbereich Elektrotechnik an der Universität, GhK in Kassel. Mitarbeit an Forschungsvorhaben der interdisziplinären Arbeitsgruppe „Werkstoffe der Mikroelektronik". Forschungsprojekte: GaAs-Device-Simulation, Entwurf schneller Videofilterprozessoren, Layout-Design integrierter Schaltungen.

CIP-Titelaufnahme der Deutschen Bibliothek

Hentschke, Siegbert:
Grundzüge der Digitaltechnik / von Siegbert Hentschke. –
Stuttgart: Teubner, 1988
(Leitfäden und Monographien der Informatik)
ISBN 978-3-519-02262-6 ISBN 978-3-322-94708-6 (eBook)
DOI 10.1007/978-3-322-94708-6

Gesamtherstellung: Zechnersche Buchdruckerei GmbH, Speyer
Umschlaggestaltung: M. Koch, Reutlingen

Vorwort

Die Konzentrationsdichte elektronischer Schaltelemente hat sich in den letzten zehn Jahren mehr als verzehnfacht. Die Anzahl der Transistorfunktionen auf einem Bauelement mit einer Chipfläche von weniger als $100mm^2$ hat eine Million überschritten. Schnelle digitale Bauelemente können im 100ps-Bereich schalten. Zahlreiche Forschungs- und Entwicklungsprogramme in Europa, USA und Japan zeigen an, daß diese, im Vergleich mit anderen Disziplinen, bislang unbekannte Wachstumsgeschwindigkeit in der mikroelektronischen Industrie noch nicht abgeschlossen ist und völlig neue Applikationsbereiche erschließt. Aber die physikalischen Grenzen der Integration digitaler Schaltungen sind bereits erkennbar. Die noch wachsende Komplexität ermöglicht dennoch die Entwicklung neuer Leistungsmerkmale auf der Basis von technologieunabhängigen Funktionselementen.

Das vorliegende Buch soll die Grundlagen vermitteln, die es erlauben, auf dem derzeitigen Stand der Technik aufsetzend, funktionsspezifische digitale Schaltungen zu entwerfen. In einer relativ umfangreichen Einführung werden die hierfür erforderlichen naturwissenschaftlichen Erkenntnisse und Methoden vermittelt. Damit wird auch demjenigen ermöglicht, sich die mathematischen und physikalischen Voraussetzungen zu erarbeiten, der noch nicht die Grundvorlesung gehört hat, der z. B. noch nicht mit der z-Transformation, dem Abtast- und Codiertheorem vertraut ist oder die grundlegenden Halbleitereffekte, den Feldeffekttransistor und die MOS-Technik noch nicht kennt.

Das zweite Kapitel behandelt die algebraischen Methoden der Digitaltechnik: die Boolesche Algebra und ihre Schaltungsreduktionsmethoden. Im dritten Kapitel werden die wichtigsten Schaltwerke aus Flipflops behandelt. Sie erheben keinen Anspruch auf Vollständigkeit; vielmehr sind die Darstellungen geeignet, weitere, den jeweiligen Funktionsanforderungen angepaßte Schaltwerke zu entwerfen. Da Speicherbausteine bezüglich Technologie und Computerbau eine stärker werdende Eigenständigkeit entfalten, ist auch hier den integrierten Halbleiterspeichern ein eigenes Kapitel, das vierte, gewidmet. Während die dargestellten Organisationsstrukturen verschiedener Speichertypen relativ technologieabhängig sind, hat die tabellarische Zusammenstellung verfügbarer Speicherbausteine nur eine aktuelle, aber für den Praktiker hilfreiche Bedeutung.

Das für das ingenieurwissenschaftliche Arbeiten wichtigste Thema greift das fünfte Kapitel auf: Entwurf von Schaltketten mit einem Überblick über Entwurfsmethoden für hochintegrierte digitale Schaltungen und Systeme. Die Entwurfsmethoden beziehen sich auf allgemeine mathematische, logische, algebraische Funktionen und auf Speicheroperationen. Sie lassen erkennen, daß die früher oft klar getrennten Realisierungsarten "Hardware" und "Software" fließend verschoben werden können, so daß insgesamt die aufwandsminimalsten und flexibelsten Lösungen gefunden werden können. Es wird deutlich, daß Aufwand vor allem auch Entwicklungs- und Entwurfsaufwand bedeuten kann. Daß man bei Entscheidungen, ob einer flexibleren aber fehleranfälligeren Software-Lösung oder einer besonders schnell arbeitenden spezialisierten Hardwarelösung mit z.B. mehr als 100.000 Einzelfunktionen der Vorzug gegeben wird, nicht ohne strukturierende CAE-Unterstützung auskommt, ist offensichtlich.

Ein Problem, das naturgemäß in einer sich schnell entwickelnden technischen Disziplin entsteht, ist ein einheitlicher Darstellungsstil. Dort wo naturwissenschaftlich exakte Erkenntnisse übermittelt werden, ist ein anderer Stil angebracht als in Beschreibungen, die mehr einen Überblick über den Stand der Technik und die Methoden geben, deren Entwicklung noch nicht abgeschlossen ist und die manchmal auch begrifflich noch nicht einheitlich geprägt sind. Beim Verwenden von englischen Wörtern kommt es dann gelegentlich sogar zu Inkonsequenzen bezüglich deutscher oder englischer Schreibart (z.B. Bindestrich zwischen zusammengehörenden Wörtern). Ein völliges Eindeutschen ist dabei ebenso unangebracht, wie eine ständige Verwendung englischer Substantive mit deutschem Text, wo bereits bestimmte deutsche Wörter geprägt sind. Der Germanist unter den Lesern möge den sprachlichen Tribut an die Erfinderländer tolerieren.

Text und Bilder sind mit "Word Perfect" und HP-Laserjet-Drucker erstellt. Die Vorzüge eines "Desk Top Publishing"-Verfahrens kommen vor allem dem Studenten und Leser zugute. Gerade auf dem sich schnell entwickelnden Gebiet der Technischen Informatik, in das dieses Buch eingeordnet werden kann, ist das unmittelbare Erscheinen wichtiger als eine tolerierbare Druckfehlerrate. Diese kann gern über direkte Kontakte zwischen Leser und Autor reduziert werden.

Der Umfang dieses Buches spiegelt ungefähr den Stoff einer 3+1-stündigen Vorlesung in "Grundlagen der Digitaltechnik" wider, die gehalten wird für Studenten der Elektrotechnik zwischen 3. und 5. Semester im Fachbereich Elektrotechnik an der Universität, GhK in Kassel. Der bereits tätige Ingenieur wird durch die Darstellung des aktuellen Standes der wichtigsten digitalen Bausteine und Entwurfsmethoden eine nachschlagbare Ergänzung finden. Die im Text eingefügten Beispiele erleichtern vor allem dem Autodidakten das Verstehen. Dem einen oder anderen technisch interessierten Leser mag das Buch auch ein Hilfsmittel sein, sich auf diese Art einen Einblick in die technische Informatik zu verschaffen.

Das Editieren und die redaktionelle Überarbeitung des Manuskripts verlief nicht ohne Anstrengung und Zusatzengagement. Dank verdient Frau Mareen Gehnke, die mit hoher Einsatzbereitschaft Text, Tabellen und viele Bilder in den Textcomputer eingegeben und sich jeweils schnell der Software-Hilfen neuer Texverarbeitungsversionen zu bedienen wußte. Herrn Dipl.-Ing. Klaus Sindelar sei gedankt für die Entwicklung und Erstellung der jeweils unterstützenden Software-Programme sowie für die bereitwillige Betreuung bei der Erstellung von Bildern. Meiner Frau Dr. phil. Ursula Lucas-Hentschke danke ich für das Korrektur-Lesen und für stilistische Vorschläge.

Mein besonderer Dank gilt Herrn Prof. Dr. Waldschmidt für die Empfehlung des Manuskriptes und für hilfreiche fachliche Hinweise, Verbesserungs- und Ergänzungsvorschläge, die dazu beigetragen haben, an Qualität der ersten Version noch sichtbar zu heben. Dem Teubner-Verlag sei gedankt für die entgegenkommende Zusammenarbeit und für die extrem kurzfristige Fertigstellung des Buches.

Kassel, September 1988 Siegbert Hentschke

Inhaltsverzeichnis

1 Einführung

Die Digitaltechnik umfaßt allgemein die Methoden und Techniken zur Verarbeitung, Speicherung, Codierung, Übertragung und Umsetzung von Daten, Signalen bzw. Informationen. Sie wird heute als ein Teilgebiet der Technischen Informatik verstanden. Es gehören umfangreiche Disziplinen zur Technischen Informatik, wie Codiertheorie, Computerbau, Mikroprozessortechnik, digitale Kommunikation, Datenstrukturen, Datenbankorganisation, Datenschnittstellen, Computerarchitekturen, Schaltungstechnologien, Mikroprogrammierung, Prozeßrechner, um nur einige zu nennen. Für jedes dieser Gebiete existiert umfangreiche Spezialliteratur. Das vorliegende Buch soll lediglich die notwendigen Grundlagen der Digitaltechnik vermitteln, um das Erschließen der Spezialgebiete wesentlich zu erleichtern. Es wird dabei in einer relativ umfangreichen Einführung ein gemeinsames theoretisches Basisniveaux geschaffen, in den Gebieten der Informationstheorie, der mathematischen Methoden der Fourier-, Laplace- und z-Transformation, der Halbleiterphysik und der planaren Schaltungstechnologie. Die Darstellung ist dabei bewußt so gewählt, daß die theoretischen Zusammenhänge jeweils mit einer beispielhaften Vorstellung einer geeigneten technischen Realisierung verbunden wird.

1.1 Digitalisierung von Signalen

Woran liegt es, daß heute die digitale Nachrichtentechnik gegenüber der analogen einen so wichtigen Platz eingenommen hat? Zwei wesentliche Gründe, ein theoretischer und ein technischer, stehen im Vordergrund:

1. Jede analoge Nachrichtenverarbeitung läßt sich digitalisieren und dadurch qualitativ verbessern und eindeutig reproduzieren;
2. die digitalen Funktionen lassen sich technisch leichter miniaturisieren und integrieren als analoge Funktionen, bei denen Streu-, Rausch-, Liniaritäts- und Reproduzierbarkeitsprobleme auftreten.

Eine einmal digital entworfene Nachrichtenverarbeitungsschaltung läßt sich durch eine später zu erwartende Technologieverbesserung auch weiter verkleinern, bis man an die physikalischen Grenzen kommt, von denen wir aber noch ein paar Zehnerpotenzen in der Konzentration der integrierten Bauelemente entfernt sind.

Die im wesentlichen von *Shannon* und *Nyquist* gefundenen Digitalisierungsgrundlagen werden deshalb gleich an den Anfang gestellt. Unter einer Digitalisierung eines Signals versteht man dabei eine Quantisierung des Signalwertes in endlich viele Stufen zu diskreten Zeitpunkten. Mathematisch ist dieser Vorgang mittels der Diracfunktion und Auf- und Abrunden beschreibbar. Die Bedingungen, unter denen ein natürliches analoges Signal vollständig durch digitalisierte Werte beschrieben werden kann, werden dabei als Theoreme an den Anfang gestellt. Dadurch wird eine informationstheoretische Äquivalenz zwischen analogen und digitalen Signalen erkennbar.

1.1.1 Digitales Übermitteln analoger Signale

Die Signale, mit der unsere Wahrnehmung dauernd arbeitet, die uns also am vertrautesten sind, sind akustische und optische; diese können zunächst als analog angegeben werden, obwohl bei näherer Betrachtung bis in den Mikrokosmos hinein, die quantisierten Effekte (Lichtquanten, Molekülstöße ect.) eine überwiegende Rolle spielen. Dennoch kann man sagen, daß für unsere Anschauung in der Regel Quelle und Senke von Nachrichtenübermittlungssystemen analog sind. Die Übermittlung und Verarbeitung von Signalen hingegen kann vorzugsweise digital erfolgen.

Bild 1.1 zeigt den prinzipiellen Signalfluß von einer analogen Quelle mit dem zeitlichen Signalverauf $f_q(t)$ bis zur analogen Senke mit dem Signalverlauf $f_s(t)$. Die digitale Signalverarbeitung erfordert eine Wandlung im A/D-Converter in die digitalen Signale $b_0(iT)$, $b_1(iT)$,...,$b_{n-1}(iT)$. Die Signale $b_v(iT)$ sind dabei binäre Signale mit den logischen Werten 0 oder 1 bzw. elektrisch L (Low) oder H (High), wobei sich die Werte im Abtastabstand $T=1/f_T$ entsprechend dem Informationsgehalt ändern.

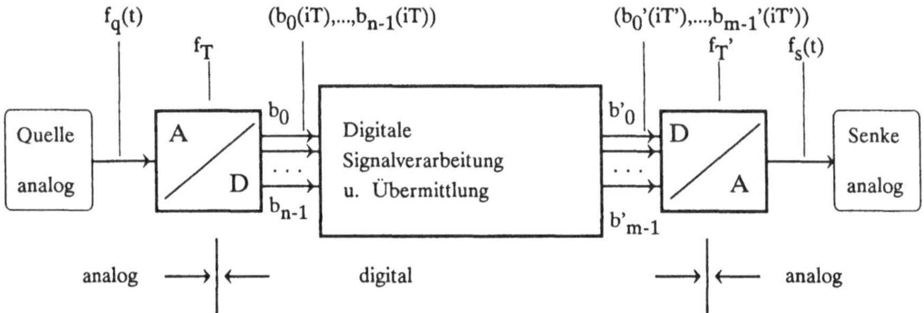

Bild 1.1 Nachrichtenverarbeitungs- und Übermittlungssystem mit analoger Quelle und Senke und digitaler Signalverarbeitung.

Die Realisierung digitaler logischer Funktionen in elektrischen Netzen wird dadurch erreicht, daß eine der elektrischen Größen, wie z.B. Spannung, zur Darstellung binärer Variablen $b_m(iT)$ ausgewählt wird. Entspricht der hohe Spannungspegel H (High) z.B. 5V, der logischen "1" und der niedrige L (Low) der logischen "0", so spricht man von positiver Logik, im umgekehrten Fall von negativer Logik. Bild 1.2 zeigt die elektrische Darstellung am Beispiel zweier logischer binärer Variablen $b_0(i)$, $b_1(i)$.

Die variablen Signale $b_0(i)$,..., $b_{n-1}(i)$ werden logisch binär verarbeitet, so daß die Ausgangsvariablen $b_0'(i)$,..., $b'_{m-1}(i)$ binäre logische Funktionen der Eingangsvariablen $b_\nu(i)$ sind. Im D/A-Converter werden die parallel in Taktabständen T' ankommenden Signale $b_\nu'(i)$ wieder in ein kontinuierliches Signal $f_s(t)$ umgesetzt.

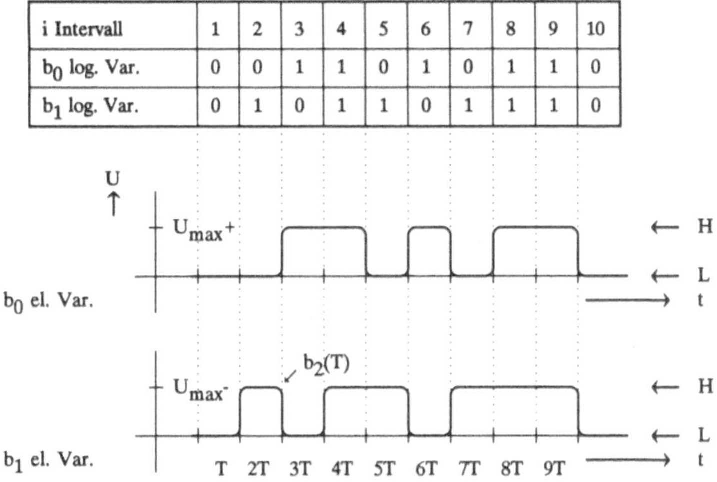

i Intervall	1	2	3	4	5	6	7	8	9	10
b_0 log. Var.	0	0	1	1	0	1	0	1	1	0
b_1 log. Var.	0	1	0	1	1	0	1	1	1	0

Bild 1.2 Elektrische Darstellung von binären logischen Variablen.

Das Beispiel mit analoger Quelle und Senke gehört in erster Linie in den Bereich der Telekommunikation. Im Bereich der Datenverarbeitung sind hingegen auch Quelle und Senke oft als digital anzusehen, obwohl eigentlich auch Lese- und Schreibvorgänge in Speichermedien binäre D/A- und A/D- Wandlungen beinhalten; Datenspeichermedien, wie Platten, Disketten, Bänder, speichern fast immer binär codierte analoge Signale ab, die beim Lesen dann durch Schwellenwertentscheidungen und ggf. nach Um- bzw. Decodierung wieder in die ursprünglichen binären Werte zurückverwandelt werden.

1.1.2 Abtastung des analogen Signals

Da natürliche analoge Signale begrenzter Bandbreite pro Zeiteinheit auch nur eine begrentze Information tragen - es wird später gezeigt -, muß diese Information auch an endlich vielen Werten eines anlogen Signals abgefragt werden können. Dies führt zunächst zur Möglichkeit der Quantisierung oder Diskretisierung der Zeit und später auch der Amplitude: Das in Zeit und Amplitude kontinuierliche Signal $f_q(t)$ wird in ein zeitdiskretes Signal verwandelt, indem die Amplitudenwerte in äquidistanten Zeitintervallen zu den Zeitpunkten iT, $T=1/f_T$, i= 0,1,2,3... abgefragt werden. Es entstehen die Abtastwerte

(1) $$a_i = f_q(iT)$$

Das folgende Abtasttheorem kennzeichnet die Bedingungen, unter denen ein kontinuierliches Signal allein durch diese Abtastwerte vollständig beschrieben werden kann.

Abtasttheorem. *Ein analoges Signal $S_q(t)$, dessen Spektrum die Bandbreite f_{Ny} nicht überschreitet, wird vollständig beschrieben, durch die Werte zu den Abtastzeitpunkten $a_i = S_q(iT)$, mit $T = 1/(2f_{Ny})$.*
Das ursprüngliche Signal $S_q(t)$ kann aus den Abtastwerten a_i wieder vollständig rekonstruiert werden.
Überschreitet das Spektrum des abzutastenden Signals $f_q(t)$ die Bandbreite f_{Ny}, so treten Abtastfehler, genannt Aliasfehler, auf, die nicht mehr ohne Zusatzinformation beseitigt werden können, so daß das analoge Signal nicht vollständig rekonstruiert werden kann.

Verifikation. Die Fourier-Rücktransformation eines Signals mit einem rechteckförmigen Spektrum der Bandbreite f_{Ny} liefert im Zeitbereich die Basisfunktion

(2) $$B_i(t) = \frac{\sin(2\pi f_{Ny}t - i\pi)}{2pf_{Ny}t - i\pi} = \frac{\sin(\pi t/T - i\pi)}{\pi t/T - i\pi}$$

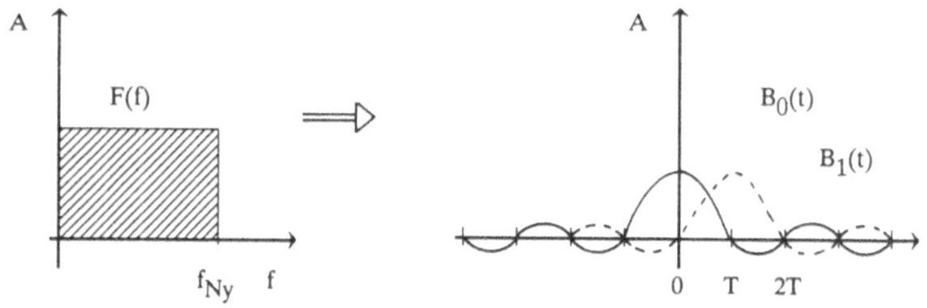

Bild 1.3 Basisfunktionen eines Signals mit dem rechteckförmigen Spektrum Bandbreite f_{NY}

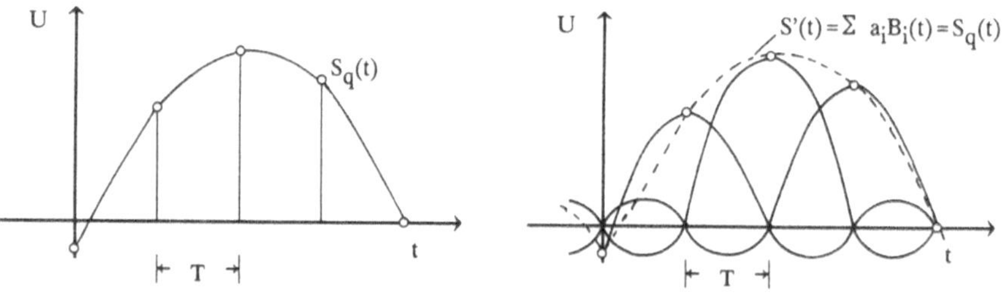

Bild 1.4 Rückgewinnung der Zeitfunktion $S_q(t)$ aus den Abtastwerten $a_i = S_q(iT)$.
a) Ursprüngliche Zeitfunktion mit Abtaststellen $S_q(iT)$;
b) Rekonstruktion von $S_q(t)$ aus superponierten Basisfunktionen.

Seien $a_i = S_q(iT)$ die äquidistanten Abtastwerte der analogen Funktion der Signalquelle $S_q(t)$. Dann ergibt die folgende Superposition von Basisfunktionen

(3) $$S'(t) = \sum a_i \cdot B_i(t)$$

wieder die ursprüngliche Funktion $S_q(t)$ mit denselben Abtastwerten $a_i = S'(iT)$:

(4) $S'(t) = S_q(t)$

Da für die Basisfunktionen $B_i(t)$ gilt:

(5) $B_i(jT) = \begin{cases} 1 & \text{für } i=j \\ 0 & \text{für } i \neq j \end{cases}$

ist zumindestens die Übereinstimmung an den Stützstellen gezeigt. Daß sich tatsächlich die Übereinstimmung von $S'(t)$ mit $S_q(t)$ auf alle Werte von t erstreckt, muß einem etwas aufwendigeren mathematischen Konvergenzbeweis vorbehalten bleiben, den wir an dieser Stelle nicht führen wollen.

Bild 1.4 veranschaulicht die Superposition der mit den Abtastwerten a_i gewichteten Basisfunktionen $B_i(t)$ zu $S'(t) = S_q(t)$.

Ist umgekehrt eine Abtastfrequenz f_T für ein Signal S(t) gegeben, so darf die Bandbreite des Signals S(t) keine spektralen Anteile oberhalb der Frequenz $f_{Ny} = f_T/2$ aufweisen. Die Frequenz

$f_{Ny} = \frac{1}{2T}$ heißt *Nyquistfrequenz.*

Treten dennoch in der Bandbreite eines Signals spektrale Anteile oberhalb der Nyquistfrequenz f_{Ny} auf, so kann das ursprünglich analoge Signal nicht mehr vollständig aus den Abtastwerten zurückgewonnen werden.

Die Differenz

(6) $\Delta f(t) = S'(t) - S_q(t)$

ist dann die Aliasstörung.

1.1.3 Digitalisierung der Amplitude

Um die analogen Amplitudenwerte a_i in endliche Wortbreite digitalisieren zu können, müssen Quantisierungen vorgenommen werden. Sind die Quantisierungsintervalle abhängig von der jeweiligen Amplitude, so spricht man von einer nicht-linearen Quantisierungskennlinie, im anderen Falle von einer linearen, da sich im diesem Falle die Intervallnummern linear zur Amplitude verhalten. Der linearen Kennlinie entspricht eine gleichformige Quantisierung, der nichtlinearen eine ungleichförmige, zu der z.B. die logarithmische gehört.

Gleichförmige Quantisierung: Die am häufigsten für die A/D-Wandlung vorgenommene Quantisierung, ist die gleichförmige oder lineare, d.h. der maximale Bereich,

(7) $-U_{max} < a_i < U_{max}$

ist unterteilt in 2^n gleichgroße Stufen

(8) $$\Delta U = 2 \cdot U_{max}/2^n$$

die von 0 bis 2^n-1 durchnummeriert werden z.B.

(9) $$k_i = \text{int}\left[\frac{a_i + U_{max}}{\Delta U}\right]$$

wobei int[..] die Integerfunktion angibt. Die 2^n Werte werden zur weiteren digitalen Verarbeitung in n binäre Werte $b_0(i)$, $b_1(i)$,..., $b_{n-1}(i)$ umcodiert, z.B. derart, daß gilt:

(10) $$k_i = \sum_{\nu=0}^{n-1} b_\nu(i) \cdot 2^\nu \ ; \qquad b_\nu \in \{0,1\}$$

Dies ist eine umkehrbar eindeutige Zuordnung von k_i zum Vektor

(11) $$(b_0(i), b_1(i), ..., b_{n-1}(i)) = \underline{b}(i) :$$

$$k_i \leftrightarrow \underline{b}(i).$$

Neben der linearen Quantisierungskennlinien sind auch nicht-lineare gebräuchlich; die wichtigste ist die *logarithmische Quantisierungskennlinie:*

$$k' = \text{int}[c \cdot \ln(|1 + b \cdot a_i|)] \cdot \text{sgn}(a_i),$$

mit den Konstanten c, b, und der Signum-Funktion sgn(..) , die das Vorzeichen der Abtastwerte übergibt.

Quantisierungsrauschen: Wie in Bild 1.5 dargestellt, weichen die Repräsentanten k_i entsprechend der Quantisierungsstufe ΔU von den tatsächlichen Werten der zu digitalisierenden Funktion f(iT) ab. Für diese Abweichung kann man von einer gleichförmigen Verteilungswahrscheinlichkeit der Amplitude ausgehen, d.h. die Wahrscheinlichkeitsdichte $p(f(iT)-k_i \cdot \Delta U)$ ist konstant, und für das quadratische Mittel (Leistung) gilt:

(12) $$\Delta U_p^2 = \Delta U^2 \int_{-1/2}^{+1/2} x^2 \cdot dx = \Delta U^2 \cdot \frac{x^3}{3}\Bigg|_{-1/2}^{+1/2} = \frac{\Delta U^2}{12}$$

Bezogen auf den Spitzenwert U_{max}, ergibt sich damit der Rauschabstand mit

$$\Delta U = \frac{2 \cdot U_{max}}{2^n} \qquad \text{zu}$$

(13) $$(\hat{s}/n)_Q = 10 \cdot \log\left(\frac{U^2_{max}}{\Delta U_p^2}\right) = 10 \cdot \log 3 + n \cdot 20 \cdot \log 2 = n \cdot 6{,}02dB + 4{,}77dB.$$

Berücksichtigt man, daß i.a. für die Signalleistung nicht die maximal mögliche Leistung, sondern die zu einer eine sinusförmigen Spannung gehörende den Bezugswert liefert,

(14) $$S(t) = U_{max} \cdot \sin(2\pi f_0 t + \alpha),$$

so ist die Bezugsleistung um den Faktor 2 kleiner:

(15) $$S^2_{eff} = \frac{1}{T} \cdot \int_0^T U_{max} \cdot \sin^2(2\pi f_0 T + \alpha)\ dt = \frac{U^2_{max}}{2}$$

Der Quantisierungsrauschabstand reduziert sich daher beim Bezug auf einen mittleren Effektivwert noch um $3dB = 10 \cdot \log 2$. Dies liefert den effektiven Quantisierungsrauschabstand bei n bit von

(16) $$(s/n)_Q = n \cdot 6{,}02dB + 1{,}7dB$$

Bild 1.5 veranschaulicht die Quantisierung einer Funktion f(t) in 2^n gleichmäßige Amplitudenintervalle an den äquidistanten Abtaststellen $t_i = iT$. Die Quantisierungsintervalle der Amplitude werden durch die Entscheidungsschwellen getrennt. Liegt ein Funktionswert genau auf einer Entscheidungsschwelle, so muß geklärt werden, zu welchem Intervall die Quantisierung führt. Bei natürlichen Entscheidungsvorgängen, wie sie bei hochempfindlichen Komperatoren stattfinden, führt ein solcher Grenzfall zur Zufallsentscheidung, ausgelöst durch (thermisches) Rauschen. Die quantisierte Spannung wird repräsentiert durch einen zwischen zwei Entscheidungsschwellen liegenden mittleren Wert, im Bild 1.5 durch ein Kringel gekennzeichnet. Die Differenzen zwischen tatsächlichen Funktionswerten und Repräsentantnen kann man theoretisch durch eine superponierte Rauschspannung U_Q beschreiben, deren Werte keine Gauß'sche, sondern eine gleichmäßige Verteilung aufweisen, begrenzt auf die

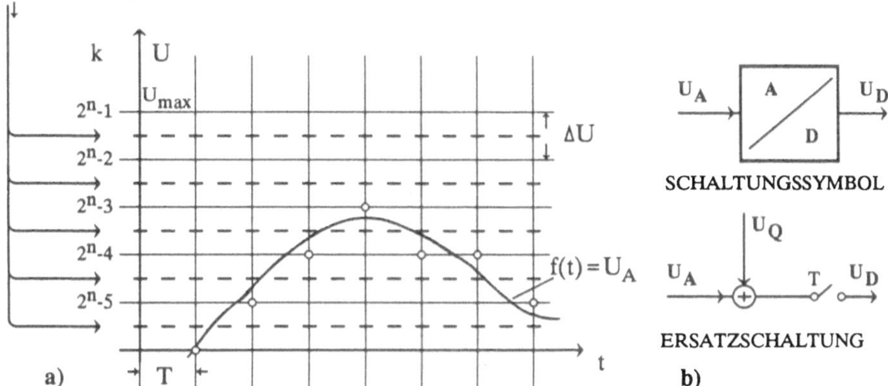

Bild 1.5 Digitalisierung einer analogen Funktion f(t):
a) Funktionsverlauf mit Quantisierungswerten;
b) Elektrisches Schaltungssymbol und Digitalisierungs-Ersatzschaltbild.

halbe Intervallhöhe $|UQ| \leq \Delta U/2$. Bild 1.5 b) zeigt diese Quantisierungsersatzschaltung, in der der analogen Eingangsspannung U_A die von den Quantisierungsstufen abhängige, gleichförmig verteilte Quantisierungsspannung U_Q additiv überlagert wird. Die Abtastung wird durch einen mit der Periode T rotierenden Schalter symbolisiert.

1.2 Digitale Information

1.2.1 Definition der Information

Im allgemeinen Sprachgebrauch ist uns Information geläufig als Übermittlung einer Nachricht oder die Benachrichtigung über eine gefallene Entscheidung. Man sagt, man habe eine Nachricht (hoher oder minderer Bedeutung) erhalten. Eine wissenschaftliche quantitative Behandlung und Erfassung von Gesetzmäßigkeiten für die Verarbeitung und Übermittlung von Informationen bzw. Nachrichten erfordert jedoch eine präzise Definition des Begriffs "Information", um überhaupt ermittlen zu können, wieviel (digitale) Speicher- bzw. Kanalkapazität zur Verfügung zu stellen ist für die Speicherung bzw. Übermittlung von Nachrichten.

Der Begriff *Information* wird eingeführt auf einer Menge E möglicher Ereignisse x_i, die mit bestimmten Wahrscheinlichkeiten $p(x_i)$ auftreten können. Dabei kann die Menge der Ereignisse endlich sein, wie beispielsweise beim Würfeln der Zahlen 1 bis 6, wo jedes Ereignis mit einer (nicht vorhersehbaren) Wahrscheinlichkeit von $p(x_i) = 1/6$ auftritt.

Die Menge der Ereignisse kann aber auch unendlich werden. Sie kann beispielsweise mit der Menge der natürlichen Zahlen N übereinstimmen, wenn nur gilt, daß die Summe aller Wahrscheinlichkeiten gleich 1 ist. Z.B. ist $p(y_i) = 1/2^i$ für $i = 1,2,3,4....$, eine zulässige Verteilung für unendlich viele Ereignisse y_i; da gilt

(17) $$\sum_{i \in N} p(y_i) = \sum_{i \in N} 1/2^i = 1$$

Ist eine (nicht vorhersehbare) Entscheidung x_i aus N möglichen gefallen, so verbindet man damit eine bestimmte Information $I(x_i)$, deren Höhe abhängig sein wird von der Wahrscheinlichkeit, mit der diese Entscheidung fallen kann. Eine Nachricht über ein Ereignis mit hohem Seltenheitswert wird dabei eine höhere Information erhalten als eine Entscheidung, die ohnehin zu erwarten war. Erhält man Nachricht von einer weiteren unabhängigen Entscheidung, so wird man an die Definition der Informationshöhe die Forderung stellen, daß die gesamte eingetroffene Information die Summe aus den Einzelinformationen ist. Es gilt folgende

Definition *der Informtion: Sei* $\{x_i \mid i \in N\}$ *eine Menge möglicher Ereignisse, die mit den Wahrscheinlichkeiten* $p(x_i)$ *auftreten können. Dann ist die Information gegeben durch*

(18) $$I(x_i) = -\, ld(p(x_i)) \quad [bit],$$

wobei die Funktion ld den Logarithmus dualis (zur Basis 2) angibt und bit die Einheit definiert.

Beispiel: Eine Entscheidung beim gleichverteilten Würfeln einer Zahl 1 aus 6 enthält die Information von

(19) $$I(x) = -\mathrm{ld}(1/6) = \mathrm{ld}(6) = \mathrm{ld}[e^{\ln(6)}] = \ln(6) \cdot \mathrm{ld}(e) =$$

$$= \ln(6)/\ln(2) = 2{,}584... \text{ [bit]}$$

Fällt je Sekunde eine solche neue Entscheidung, so ergibt dies den Informationsfluß von 2,584...[bit/s]. Wirft man beispielswiese mit einem Geldstück eine der gleichverteilten Ereignisse "Zahl" oder "Ähre", so entspricht dies der Information von genau 1[bit].

Kennzeichnet man auf einer Leitung genau zwei gültige Spannungszustände "L" (Low) oder "H" (High), so kann man mit n Leitungen (excl. Masse) eine Information von genau n[bit] übertragen.

Der Mittelwert aus den Informationen aller Ereignisse ist

(20) $$E\{I(x_i)\} = \sum_i p(x_i) \cdot I(x_i)$$

Dieser Mittelwert ist die Information, die man für ein unabhängiges Ereignis aus der zugrunde gelegten Menge erwarten kann; er wird Entropie genannt und ist also wie folgt festgelegt:

Definition *der Entropie* einer Information: *Sei* $\{x_i \mid i_N\}$ *die Menge möglicher Ereignisse mit den Wahrscheinlichkeiten* $p(x_i)$.

Dann ist die Entropie, der Erwartungswert der Information, definiert durch

(21) $$H(x) = -\sum_{i \in N} p(x_i) \cdot \mathrm{ld}[p(x_i)]$$

Die Frage nach einer maximalen Entropie auf einer endlichen Menge von Ereignissen ist die Frage nach den Wahrscheinlichkeiten, mit denen die Ereignisse auftreten müssen, damit mit jedem Ereignis im Mittel die höchste Information verbunden ist.

Die Antwort hierauf - eine mathematisch nicht schwer zu lösende Optimierungsaufgabe- lautet:

Die maximale Entropie wird bei N_0 (endlich vielen) Ereignissen erreicht, wenn alle Ereignisse mit derselben Wahrscheinlichkeit

(22) $$p(x_i) = 1/N_0$$

auftreten. Die maximale Entropie ist also für N_0 Ereignisse:

(23) $$H(x) = \sum_i (1/N_0)\ \mathrm{ld}(N_0) = \mathrm{ld}(N_0).$$

Das heißt zum Beispiel, daß in einem Text, aus den Buchstaben a,...,z,A,...,Z zusammengesetzt, die Information nur dann das mögliche Maximum erreicht, wenn alle Buchstaben mit der gleichen Wahrscheinlichkeit auftreten. In einem Text mit einem Zeichenvorrat von z.B. 64 Zeichen inclusive Leerzeichen und Interpunktionszeichen, könnte die Information je Zeichen maximal $I(x) = ld(64) = 6$ [bit] sein. Bei einem Sprachtext liegt jedoch die mittlere Information je Zeichen, d.i. die Entropie je Zeichen wesentlich niedriger, da bestimmte Buchstaben (wie z.B. das "e"), sowie bestimmte Buchstabenkombinationen (wie z.B. "die" in einem deutschen Text) wesentlich häufiger auftreten als andere. So reduziert sich beispielsweise für einen deutschen Text die Entropie je Zeichen auf ca. 2 bit.

Sind unendlich viele Ereignisse möglich, so kann auch davon die Entropie endlich sein.

Beispiel: Sei $p(x) = a^i \cdot (1-a)$, mit $0<a<1$; $i=0,1,2,3,...\infty$. Das Auftreten eines Ereignisses x_i liefert dann die Information

$$I(x_i) = -[i \cdot ld(a) + ld(1-a)].$$

Im Grenzfall für $i \to \infty$ geht also auch die Information $I(x_i) \to \infty$. Dennoch ist die Entropie endlich, wie im folgenden gezeigt.

Es gilt: $\sum_{i \in N} p(x_i) = \sum_{i \in N} a^i \cdot (1-a) = 1$

$$H(x) = - \sum_{i \in N} p(x_i) \cdot ldp(x_i)$$

$$= - (1-a) \cdot \sum_{i \in N} a^i \cdot ld(a^i) - \sum_{i \in N} p(x_i) \cdot ld(1-a)$$

$$= - a \cdot (1-a) \cdot ld(a) \cdot \sum_{i \in N} a^{i-1} \cdot i - ld(1-a)$$

$$= - a \cdot (1-a) \cdot ld(a)/(1-a)^2 - ld(1-a) \text{ [bit]}.$$

Für $a=0{,}5$ z.B. ergibt sich $H_{0,5}(x) = 0{,}5 \cdot 0{,}5/0{,}5^2 + 1 = 2$ bit

1.2.2 Kanalkapazität

Den Zusammenhang zwischen dem (digitalen) Informationsfluß in bit/s und der Übermittlungskapazität eines analogen Kanals stellte Claude E. Shannon um 1940 her. Er fand die theoretische Grenze des maximalen Informationsflusses über einen analogen Kanal und einen gestörten digitalen Kanal.

Jeder analoge Kanal (Leitungsverbindung, Verstärker, Funkverbindung, optische Kamera, Film-Aufnahme und Wiedergabe etc.) enthält ein gewisses Rauschen, das nicht mehr reduzierbar ist - die Quantenmechanik beschreibt dies im Mikrokosmos- und eine maximal erlaubte Amplitude oder Intensität in dem Übertragungsmedium, das jeweils die Information trägt.

Betrachtet man einen elektrischen Kanal, in dem die mittlere Signalleistung S^2 und die nicht reduzierbare mittlere Störleistung N^2 ist, wobei N^2 als weißes Rauschen, d.h. als konstant über das Frequenzband verteilt vorausgesetzt ist, dann kann in einer genutzten Bandbreite b maximal eine bestimmte Information je Zeiteinheit übertragen werden. Diesen maximal möglichen Informationsfluß, der in bit/s angebbar ist, nennt man Kanalkapazität, die auch als Shannon-Grenze bezeichnet wird. Dieses Naturgesetz der Informationstheorie ist enthalten in folgendem

Shannon-Theorem *der Kapazität analoger Kanäle: Der maximale übertragbare Informationsfluß in einem analogen Kanal mit der genutzten Bandbreite B $[s^{-1}]$, der Störleistung (weißes Rauschen) N^2 und der effektiven Signalleistung S^2 ist gegeben durch die Kanalkapazität*

(24) $$C_{max} = B \cdot \mathrm{ld}(S^2/N^2+1) \quad [\mathrm{bit/s}].$$

Der Störabstand A eines Kanals wird meistens in dB (Dezibel) angegeben:

(25) $$A = 10 \cdot \log(S^2/N^2) \quad [\mathrm{dB}].$$

Dabei ist A der logarithmische Abstand bezogen auf eine bestimmte Leistung:

$$N_0^2 \text{ mit } A(N^2_0)=0; \; A(x^2) := 10 \cdot \log(x^2/N_0^2).$$

Mit diesem Maß ist die Kanalkapazität dann wie folgt bestimmt:

$$C_{max} = B \cdot \mathrm{ld}(10^{A/10}+1) = B \cdot \frac{\log(10^{A/10}+1)}{\log(2)}$$

Da i.a. A ≫ 0 [dB], gilt hinreichend genau:

(26) $$C_{max} \approx \frac{1}{10 \cdot \log(2)} \cdot \frac{B}{[\mathrm{Hz}]} \cdot \frac{A}{[\mathrm{dB}]} \quad [\mathrm{bit/s}]$$

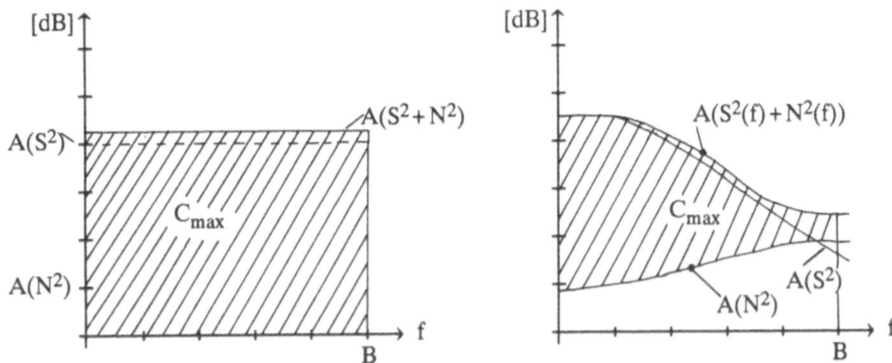

Bild 1.6 Darstellung der Kanalkapazität analoger Kanäle.
a) Nach Shannon mit frequenzunabhängiger Signal- und Rauschleistung;
b) bei frequenzabhängiger Signal- und Rauschleistung.

Beispiel: Die Bildschirminformation eines PAL Farbfernsehsignals wird (inclusive Farbinformation) in einem Kanal der Bandbreite 5 MHz bei einem Geräuschabstand von A = 44 dB übertragen.

Frage: a) Welcher maximale Bildinformationsfluß wird übertragen ?
b) Wie groß ist der maximale Informationsgehalt eines Vollbildes bzw. eines stehenden Bildes, wenn die (Voll-) Bildfrequenz 25 Hz beträgt, für Zeilenrücklauf 18% und für den Bildrücklauf 6% der Zeit benötigt werden? (Während Bild- und Zeilenrücklauf kann keine Bildinformation übertragen werden.)

zu a) Der gesamte maximale Bildinformationsfluß inclusive Bild- und Zeilenrücklauf ist nach (24)

$$\Phi = C_{max} = B \cdot A/(10 \cdot \log 2) = 5\,\text{MHz} \cdot 44\,\text{dB}/(10 \cdot \log 2)$$

$$= 73{,}08\,\text{Mbit/s}$$

zu b) Bei einer Folgenfrequenz von F = 25 Hz ist die Bruttoinformation in der Zeit T = 1/F = 40 ms

$$I(\text{Bild})_{brutto} = \Phi/F = 73{,}08/25\,\text{Mbit} = 2{,}92\,\text{Mbit}$$

Die in den Zeilen- und Bildrücklauf-Anteil reduzierte Bruttoinformation eines Vollbildes bzw. eines stehenden Bildes :

$$I(\text{Bild}) = (1 - 6\%) \cdot (1 - 18\%) \cdot \Phi/F = 0{,}94 \cdot 0{,}82 \cdot 73{,}08/25\,\text{Mbit} = 2{,}253\,\text{Mbit}.$$

Wollte man diese Bildinformation digital abspeichern, so würden dazu 2.253.000 Ein-bit-Speicherzellen oder Flipflops benötigt.

Die Kanalkapazität nach Shannon ist in Bild 1.6 a) graphisch dargestellt; sie entspricht der schraffierten Fläche, wenn die Frequenz linear und die Signal- und Rauschleistungen logarithmisch (in dB mit den Umrechnungsfaktor 1/(10log2)) aufgetragen sind. Sind sowohl die Signalleistung als auch die Rauschleistung frequenzabhängig, so kann man theoretisch den Informationsfluß im frequenzabhängigen Kanal nach Bild 1.6 b) addieren aus schmalen vertikalen Streifen nach a) mit der Frequenzbandbreite B = Δf. Durch den Grenzübergang Δf→df erhält man dann die verallgemeinerte Form vom Shannon-Theorem der Kanalkapazität frequenzabhängiger Kanäle.

Shannon-Theorem *für frequenzabhängige Kanäle: Ein analoger Kanal besitze die frequenzabhängige Rauschleistung (Störleistung) $N^2(f)$ und die Signalleistung $S^2(f)$. Dann ist die Kanalkapazität in dem genutzten Frequenzband $a<f<b$ bestimmt durch:*

$$C_{max} = \int_a^b \text{ld}[S^2(f)/N^2(f) + 1]\, df \quad [\text{bit/s}]$$

Der in dem Kanal maximal übertragbare Informationsfluß Φ ist kleiner oder höchstens gleich dieser Kanalkapazität, bzw. Shannon-Grenze: $\Phi \leq C_{max}$

In der Regel werden für die Übertragung digitaler Informationen analoge Kanäle benutzt. Für die fehlerfreie Übertragung digitaler Informationen Φ_d muß man jedoch bei beschränktem Codieraufwand immer unter C_{max} bleiben: $\Phi_d < C_{max}$, weshalb denn auch C_{max} als die nicht erreichbare Shannon Grenze bezeichnet werden kann. Im folgenden wird auf die Übertragung digitaler Information in digitalen Kanälen näher eingegangen.

1.2.3 Shannon'scher Satz für digitale Kanäle

Ein Kanal ist digital, wenn er einen fest definierten Zeichenvorrat überträgt, so daß beim Empfänger genau das gesendete Zeichen, z.B. die Zahl "99", oder ein Buchstabe, z.B. "W", wieder erkannt wird. Wird ein anderes als das gesendete Zeichen empfangen, so liegt ein Übertragungsfehler vor. Ein idealer digitaler Kanal ist gekennzeichnet durch seine Kanalkapazität und dadurch, daß keine Übertragungsfehler vorkommen. Das Umsetzen der Zeichen des Senders auf die im Kanal verfügbaren Übertragungszeichen nennt man Codieren, das Zurückwandeln Decodieren. Verwendet ein digitaler Kanal nur die Werte 0 und 1, so kann ein Zeichenvorrat von 2^n Zeichen codiert werden in n-stelligen Kombinationen aus Nullen und Einsen, z.B. die Zahlen 0 bis 2^n-1 durch die Kombinationen $(b_{n-1}, b_{n-2}, \ldots, b_1, b_0)$, $b_i \in \{0,1\}$ entsprechend der umkehrbar eindeutigen Zuordnung

$$(27) \qquad k = \sum_{i=0}^{n-1} b_i \cdot 2^i ,$$

z.B. $n=12$, $k=510 \Rightarrow (b_{11}, b_{10}, \ldots, b_0) = (0,0,0,0,1,1,1,1,1,1,1,0)$.

Verwendet man bei dem Vorrat von 2^n Zeichen diese binären Darstellung mittels b_i, so wird also ein Zeichen durch ein n-bit-Wort codiert und übertragen. Kann der Kanal m Wörter pro Sekunde übertragen, so hat dieser Kanal eine Kapazität von $m \cdot n$ [bit/s]. Damit kann dieser Kanal m Zeichen pro Sekunde maximal übertragen.

Wie wir wissen, braucht die Entropie H' eines Zeichenstromes von m Zeichen pro Sekunde bei einem Zeichenvorrat von 2^n nicht $m \cdot n$ bit/s zu betragen, was ja von der Häufigkeit abhängt, mit der die einzelnen Zeichen übertragen werden. Die Frage, ob in einem digitalen Kanal der Kapazität $C=m \cdot n$ mehr als m Wörter (mit dem Zeichenvorrat $ZV=2^n$) pro Sekunde übertragen werden können, beantwortet der folgende Satz von Shannon, bei dem darüber hinaus angegeben wird, wieviel Wörter pro Sekunde durch geeignete Umcodierung übertragen werden können.

Shannon'scher Satz *zur Kapazität diskreter Kanäle: Ein digitaler Kanal habe die Kapazität C und eine Quelle habe die Entropie H', bzw. die Entropie pro Zeichen H (d.h. eine Quelle generiere K Zeichen pro Sekunde mit einer Entropie von $H=H'/K$ bit pro Zeichen, wobei der Zeichenvorrat wesentlich größer sei als 2^H).*

a) *Es sei $H'<C$. Dann existiert ein Codiersystem derart, daß die Signale aus der Quelle durch den Kanal mit einer beliebig kleinen Fehlerhäufigkeit übertragen werden können.*

b) *Für $H'>C$ ist es möglich, die Quelle derart zu codieren, daß die Fehlerrate V (Verlust) unterhalb von $H'-C+E$ liegt: $V = H'-C+E$, wobei E $(E>0)$ beliebig klein gemacht werden kann (durch Verbesserung der Codierung).*

c) *Es gibt kein Codierverfahren, bei dem die Fehlerrate (der Verlust) kleiner oder gleich $H'-C$ gemacht werden könnte.*

Wenn eine Quelle einen höheren Informationsfluß generiert als ein diskreter Kanal übertragen kann, bleibt nach der Übertragung ein kleinerer Informationfluß übrig, als die Kanalkapazität angibt: Der Rest ist fehlerhaft und kann nicht decodiert werden, ist also verloren. Es kommt dann darauf an, die Quelle so zu codieren, daß in dem ankommenden Informationsfluß möglichst viel erkannt werden kann. Dies ist in der Regel über Fehlererkennungs- und Korrekturmethoden möglich. Das Erkennen und Korrigieren ist durch Hinzufügen redundanter Information möglich. Der Nachweis des obigen Shannon'schen Satzes wird nun so geführt, daß gezeigt wird, daß die hinzuzufügende redundante Information beliebig klein gemacht werden kann.

Im folgenden wird ein einfaches Beispiel angegeben, bei dem eine genau passende Codierung ohne Fehlererkennungs- und Korrekturmaßnahmen gefunden wurde, die die Kanalkapazität zu 100% ausnutzt und bei der kein Verlust entsteht.

Beispiel: Eine Quelle verfüge über einen Zeichenvorrat Z von 8 Zeichen: $Z=\{A,B,C,D,E,F,G,H\}$ und generiere pro Sekunde 1000 Zeichen. Die einzelnen Zeichen treten mit folgenden Wahrscheinlichkeiten und unabhängig von einander nacheinander auf:

$$p(x_i)=1/2^i,\ i=1,2,..,7;\ p(x_8)=1/2^7 \quad \text{mit} \quad x_1=A,\ x_2=B,...,\ x_8=H.$$

Dieser so erzeugte Informationsfluß soll über einen Kanal übertragen werden, der nur die Zeichen 0 und 1 kennt. Wieviel binäre Zeichen (bit) muß der Kanal pro Sekunde im Mittel übertragen? Welches ist die kleinstmögliche Kanalkapazität, bei der die Informationen ohne Fehler übertragen werden können? Man finde ein geeignetes Codierverfahen (d.h. einen geeigneten Code).

A) Die Zeichen werden entsprechend (27) codiert durch 3-bit-Wörter (b_2,b_1,b_0) mit der Zuordnung

A = (0,0,0)		E = (1,0,0)	
B = (0,0,1)		F = (1,0,1)	
C = (0,1,0)		G = (1,1,0)	
D = (0,1,1)		H = (1,1,1)	

Bei dieser Codierung werden pro Sekunde 3.000 binäre Zeichen erzeugt und übertragen, die dann auch fehlerfrei decodiert werden können. Die beanspruchte Kanalkapazität beträgt also 3x1000 binäre Zeichen pro Sekunde, d.h. C = 3 kbit/s.

Beim Decodieren muß lediglich darauf geachtet werden, daß von Beginn an immer Blöcke von 3 binären Zeichen gebildet werden, die dann entsprechend der obigen Tabelle decodiert werden in A,B,...,H.

B) Es werden die Buchstaben wie folgt mit variabler Codewortlänge codiert entsprechend der Zuordnung:

A = (1)	E = (1,0,0,0,0)
B = (1,0)	F = (1,0,0,0,0,0)
C = (1,0,0)	G = (1,0,0,0,0,0,0)
D = (1,0,0,0)	H = (0,0,0,0,0,0,0)

Die zu übertragende mittlere binäre Zeichendichte ist jetzt abhängig von der Häufigkeit der in der Quelle generierten Zeichen A,B,...,H. Entsprechend den Häufigkeiten $p(x_i)$ erhält man die mittlere Dichte:

$$C = 1000[s^{-1}]\cdot\{p(A)\cdot 1[\text{bit}]+p(B)\cdot 2[\text{bit}]+...+p(G)\cdot 7[\text{bit}]+p(H)\cdot 7[\text{bit}]$$

$$= 1000\cdot(1/2+2/4+3/8+4/16+5/32+6/64+7/128+7/128)\ \text{bit/s}$$

$$= 1000/128\cdot(64+64+48+32+20+12+7+7) = 1000\cdot 190/128 = 1{,}984...\text{kbit/s}.$$

Bei dieser Codierung wird also nur noch eine Kanalkapazität von 1,984...kbit/s benötigt, um den von der Quelle generierten Informationsfluß übertragen zu können, wobei die Übertragung bei konstantem Zeitraster pro bit erfordert, eine gewisse Wartezeit in Kauf zu nehmen. Die zur Verfügung gestellte Kanalkapazität C_v muß geringfügig größer sein als C, damit Wartezeiten immer wieder abgebaut werden können.

Die Decodierung empfangener 0-1-Folgen ist ebenfalls eindeutig möglich, da immer dann wenn eine "1" auftritt ein neues Wort, das zu einem bestimmten Quellenzeichen gehört, beginnt. Zählt man von der "1" jeweils zurück die Anzahl der Nullen, so weiß man, welches Zeichen gesendet wurde. Treten mehr als 6 Nullen auf, so sind Vielfache von 7 hintereinanderfolgender Nullen jeweils das Zeichen "H".

Daß die oben angegebene Zuordnung der Zeichen zu Codewörtern nicht die einzig mögliche ist, zeigt folgende mit den gleichen unterschiedlichen Codewortlängen, die die Decodierung erleichtert, sonst aber dieselben Eigenschaften aufweist:

A	=	(1)	E	=	(0,0,0,0,1)
B	=	(0,1)	F	=	(0,0,0,0,0,1)
C	=	(0,0,1)	G	=	(0,0,0,0,0,0,1)
D	=	(0,0,0,1)	H	=	(0,0,0,0,0,0,0)

Wie groß muß nun die Kanalkapazität mindestens sein für eine fehlerfreie Übertragung? Nach Aussage b) des Satzes von Shannon für diskrete Kanäle, muß die Kanalkapazität mindestens so groß sein wie die Entropie H der Quelle mal der Taktfrequenz. Diese ist

$$H' = 1000[S^{-1}] \cdot \{-p(A) \cdot ld[p(A)] - p(B) \cdot ld[p(B)] - \ldots - p(G) \cdot ld[p(G)] - p(H) \cdot ld[p(H)]\}$$

$$= 1000 \cdot (1/2 + 2/4 + 3/8 + 4/16 + 5/32 + 6/64 + 7/128 + 7/128)\ [bit/s] = 1000 \cdot 190/128 = C.$$

Damit ist gezeigt, daß die unter B) angegebene Codierung eine optimale ist: Die benötigte Kanalkapazität ist gleich der Entropie der Informationsquelle.

Die im obigen Beispiel unter B) angegebene Codierung hat die Eigenschaft, daß die Wortlänge genau mit der Information $I(x_i)$, die dem Zeichen zukommt übereinstimmt. Da die erforderliche Kanalkapazität gleich der Entropie des tatsächlichen Informationsflusses ist, bezeichnet man eine solche Codierung als *Entropiecodierung.*

Stimmt also bei einer binären Codierung die Wortlänge eines Zeichens mit der Information (in bit), die in diesem Zeichen steht, überein, so liegt eine Entropiecodierung. Da der Informationsgehalt eines Zeichens in [bit] selten eine ganze Zahl ist, ereicht man allgemein eine Entropiecodierung nur über wechselnde Zeichencodes, bei denen die Wortlänge derart wechselt, daß die mittlere Wortlänge mit dem Informationsgehalt $I(x_i) = -ld[p(x_i)]$ des entsprechenden Zeichens x_i übereinstimmt.

Spricht man von einem digitalen Kanal, so meint man einen Kanal, der digitale Information fehlerfrei weiterleitet oder zwischenspeichert und dann weiterleitet. Die Fehlerfreiheit ist eine mathematische Idealvorstellung. In Wirklichkeit sind reale digitale Kanäle gekennzeichnet durch eine Kanalkapazität und die zu erwartende Fehlerrate bei einer Übertragung, die diese Kanalkapazität ausnutzt. Dabei liegen übliche Fehlerraten durchaus in der Größenordnung zwischen 10^{-6} und 10^{-12}. Letzteres heißt beispielsweise, daß von 10^{12}bit eines im Mittel falsch ist, so daß man beispielsweise bei einer 64 kbit/s-Verbindung im Mittel ein halbes Jahr auf ein einziges falsches Bit warten müßte.

In der Regel werden analoge Kanäle benutzt, um digitale Informationen zu übertragen. Diese werden dann zu digitalen Kanälen, gekennzeichnet durch Kapazität und Fehlerrate. In den meisten Fällen liegt dann die Shannon'sche Kanalkapazität des analogen Kanals als oberste mögliche Grenze zur Übertragung digitaler Signale, wesentlich über der tatsächlich genutzten digitalen Kanalkapazität. Um einen zu hohen Codieraufwand zu vermeiden, wird zu gunsten einer hohen Sicherheit nur ein Teil der im Grenzfall vorhandenen Kapazität genutzt. Der Zusammenhang zwischen analoger Kanalkapazität und Ausnutzung für digitale Übertragung mit bestimmter Fehlerhäufigkeit ohne Fehlerkorrekturmaßnahmen wird im nächsten Abschnitt untersucht.

1.2.4 Bitfehlerrate

Wird ein analoger Kanal der Bandbreite B mit dem Signal-Geräuschabstand S/N zur Übertragung digitaler Informationen genutzt, so wird aus ihm ein digitaler Kanal. Die Shannon'sche Kanalkapazität ist dann als oberste Grenze der nutzbaren digitalen Kanalkapazität gegeben durch Formel (24)

$$C_{max} = B \cdot ld[(S/N)^2 + 1]$$

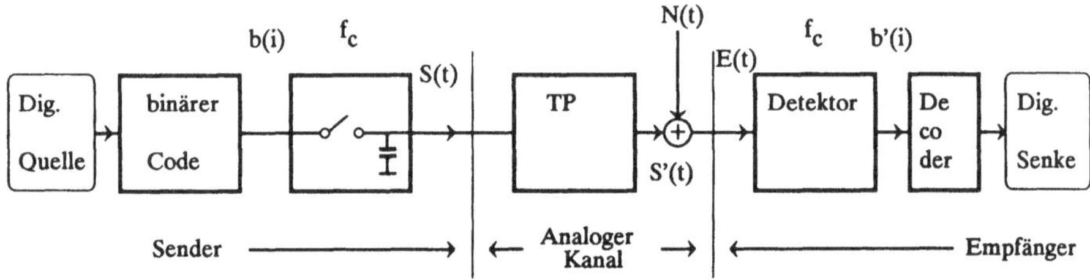

Bild 1.7 Kanalmodell mit digitaler Quelle und Senke.

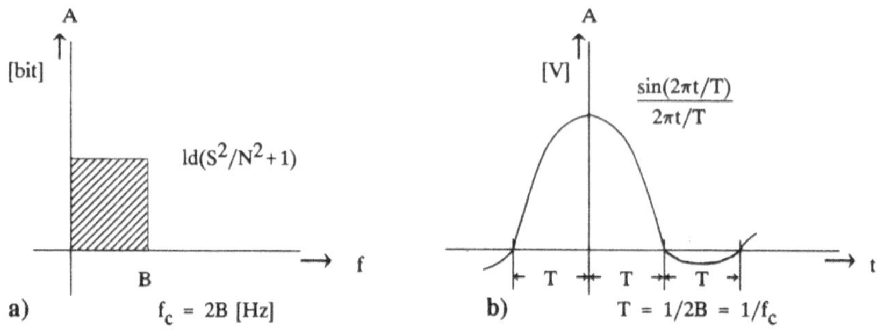

Bild 1.8 Idealisierter Bandbegrenzter analoger Kanal:
a) Übertragungsverhalten im Frequenzbereich mit schraffierter Fläche alsKanalkapazität;
b) Zugehörige Basisfunktion im Zeitbereich (bei Küpfermüller'schem Tiefpaß).

Wir fragen zunächst danach, wie groß im Verhältnis hierzu die genutzte digitale Kanalkapazität und die Bitfehlerrate bei einer binären Codierung ist. Für den analogen Kanal wird das in Bild 1.7 angegebene Modell zugrunde gelegt: Es besteht aus einem idealen Tiefpaß (TP) der Bandbreite B und einem additiven weißen Kanalrauschen N(t). Die binären 1-bit-Informationen b(i) werden sequentiell umgesetzt in eine über die Dauer T konstante Spannungen $H = U_{max} \triangleq b=1$ und $L=-U_{max} \triangleq b=0$, vgl. Bild 1.9 a).

Empfangen wird das gestörte analoge Signal $E(t) = S'(t)+N(t)$. Der Einfachheit halber ist eine konstante Laufzeitverzögerung zwischen t' und t weggelassen. Zu den Zeitpunkten t_0+iT wird das Empfangssignal abgetastet und wieder diskretisiert: durch $b'(i) = 1$ falls $E(t_0+iT) \geq 0$ und $b'(i) = 0$ falls $E(t_0+iT) < 0$. In Bild 1.9 b) ist zum Zeitpunkt t_0+3T die Störspannung zufällig so groß, daß eine Fehlentscheidung, d.h. ein Übertragungsfehler entsteht.

Die Wahrscheinlichkeit, daß zu irgendeinem Abtastzeitpunkt ein solcher Fehler entsteht, kann ermittelt werden, wenn man, wie bei der Shannon'schen Kanalkapazität, weißes Rauschen mit einer Leistung σ^2 vorausetzt. Die Amplituden-Wahrscheinlichkeitsdichte ist dann eine Gauß'sche Verteilung:

(28) $$p(U) = \frac{1}{\sigma\sqrt{2\pi}} \cdot \exp\left[\frac{-1}{2} \cdot \left(\frac{U}{\sigma}\right)^2 \right]$$

Ein Bitfehler entsteht also, wenn bei $b=1$ die Störspannung kleiner als $-U_m$ bzw. bei $b=0$ die Störspannung größer als U_m ist. Seien $P(U>U_m)$, $P(U<-U_m)$ die Wahrscheinlichkeiten, daß die Störspannung zu den Abtastzeitpunkten die Spannung U_m überschreitet bzw. $-U_m$ unterschreitet. Dann ist die Fehlerwahrscheinlichkeit BER bestimmt durch:

(29) $$BER_{bin} = P(b=0) \cdot P(U>U_m) + P(b=1) \cdot P(U<-U_m)$$

Die Wahrscheinlichkeiten für das Auftreten einer Störspannung $U<-U_m$ ergibt sich aus der Integration der Gauß'schen Verteilung:

(30) $$P(U<-U_m) = \int_{-\infty}^{-Um} p(U)dU = \mathrm{erf}^*\left[\frac{-U_m}{\sigma}\right]$$

Das Ergebnis des Integrals wird als Gauß'sches Fehlerintegral bezeichnet. Es ist auf die mittlere Störleistung σ^2 bezogen, und tabellarisch normiert erfaßt (vgl. Tabelle am Ende des Kap.1.2.4):

(31) $$P(U<-U_m) = \int_{-\infty}^{-Um} p(U)\, dU$$

$$= \int_{-\infty}^{-U_m/\sigma} \frac{1}{\sqrt{2\pi}} \cdot \exp\left[-\frac{1}{2}\left(\frac{U}{\sigma}\right)^2\right] \cdot d\left(\frac{U}{\sigma}\right) = \mathrm{erf}^*(-U_m/\sigma)$$

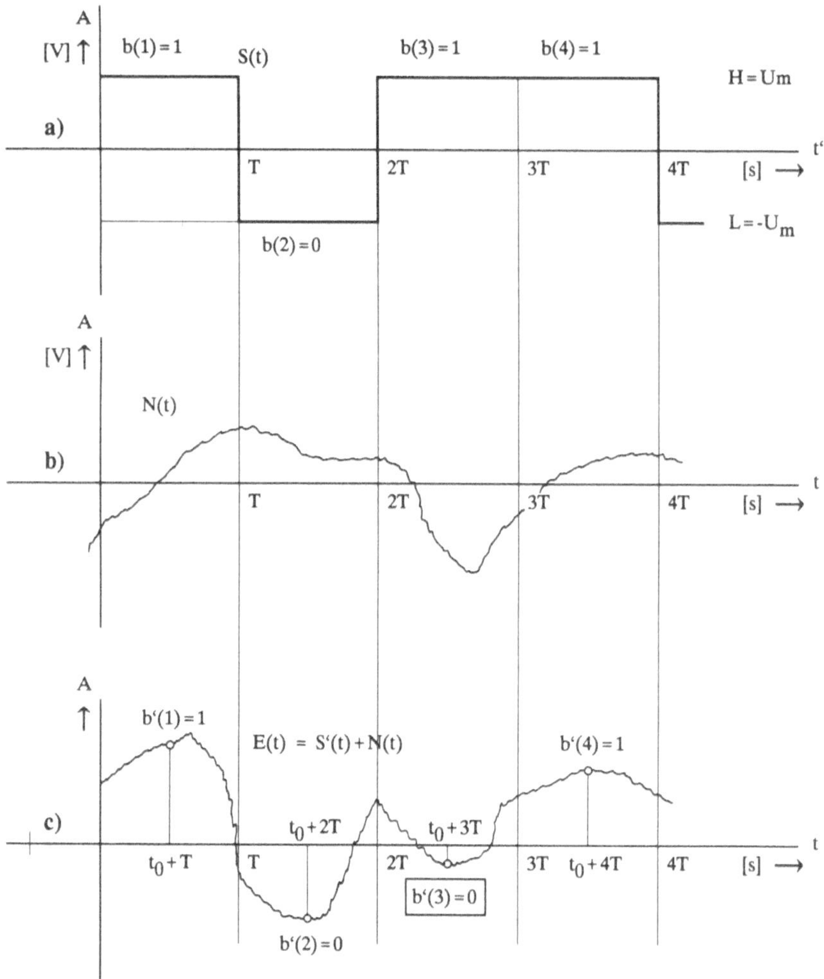

Bild 1.9 Zeitdiagramme bei binärer Codierung in gestörtem analogen Kanal:
a) Sendesignal: binäres symmetrisches Signal (NRZ: Non Return to Zero);
b) Störsignal: "Weißes Rauschen" im Zeitbereich;
c) Empfangssignal: TP-gefiltertes und gestörtes Empfangs-Signal.

In der Literatur werden unterschiedliche Integrationsgrenzen für Fehlerintegrale verwendet und tabelliert, die aber entsprechend ineinander umrechenbar sind. Nimmt man an, daß beide binären Werte "0" und "1" gleichhäufig auftreten, p(0) = p(1) = 0.5, dann erhält man wegen der Symmetrie

(32) $$BER_{bin} = erf^*(-U_m/\sigma)$$

Da das Gauß'sche Fehlerintegral in der Literatur üblicherweise wie folgt definiert ist

$$\mathrm{erf}(y) = \int_0^y \frac{2}{\sqrt{\pi}} \cdot e^{-t^2} \cdot dt = 1 - \mathrm{erfc}(y) ,$$

erhält man wegen der Symmetrien

$$\int_{-\infty}^{-U_m} p(U)dU = \int_{U_m}^{\infty} p(U)dU = 1 - \int_{-U}^{\infty} p(U)dU$$

$$= 0{,}5 - \int_{-U_m}^{0} p(U)dU = 0{,}5 \cdot [1 - 2 \cdot \int_0^{U_m} p(U)dU]$$

folgende Umrechnung, die für negative und positive Argumente nicht unterschieden werden muß, wenn zusätzlich festgelegt sei erf(-y) = -erf(y):

$$\mathrm{erf}^*(x) = 0{,}5 \cdot [1 + \mathrm{erf}(x/\sqrt{2})]$$

Anmerkung: Am Ende dieses Kap. 1.2 ist das normierte Fehlerintegral gemäß Gl.(30) für $x=-U/\sigma$ von $x=+12$ bis 0 in Schritten von 0,1 numerisch in einer Tabelle ausgewertet, was Fehlerraten von $2 \cdot 10^{-34}$ bis 0,5 liefert. Die Genauigkeit dieser Tabelle ist für praktische Anwendungen voll ausreichend. Ist eine höhere Genauigkeit erforderlich, so bietet das zugrunde gelegte, ebenfalls angegebene Basic-Programm durch Erhöhen der Rechnergenauigkeit und durch Verkleinern der Schrittweite die Möglichkeit zu höherer Präzision.

Der meistens in dB angegebene maximale Signal-Geräuschabstand A ist dann zunächst auf

$$x = 10^{A/20dB}$$

umzurechnen. Beispielsweise ergibt sich für A=20dB, x=10 die Bitfehlerrate bei binärer Codierung zu

$$BER_{bin} = \mathrm{erf}^*(-10) = 0{,}8 \cdot 10^{-23}.$$

Mehrstufige Codierung: Ist der nutzbare Signal-Geräuschabstand sehr hoch, so kann man den Kanal durch eine mehrstufige Codierung besser für die digitale Übertragung ausnutzen. Verwendet man N Stufen, wie im Bild 1.10 dargestellt, so kann bei jedem Taktzyklus eine digitale Information von ld(N)[bit] übertragen werden. Am Empfänger werden die Stufen wieder durch Schwellenwerte des Detektors getrennt. Ist die Störspannung im Kanal so groß, daß sie eine Schwelle überschreitet, so tritt ein Wortfehler auf. Allgemein läßt sich die Wortfehlerrate angeben durch

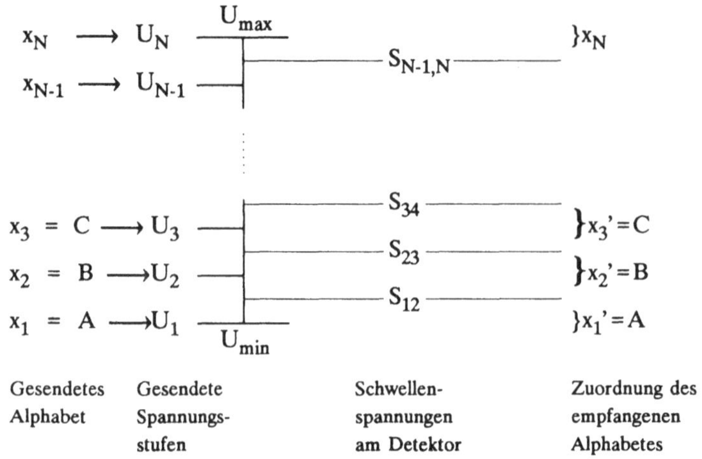

$x_N \longrightarrow U_N$ U_{max} $S_{N-1,N}$ $\}x_N$

$x_{N-1} \longrightarrow U_{N-1}$

$x_3 = C \longrightarrow U_3$ S_{34} $\}x_3' = C$

$x_2 = B \longrightarrow U_2$ S_{23} $\}x_2' = B$

$x_1 = A \longrightarrow U_1$ S_{12} $\}x_1' = A$

U_{min}

Gesendetes Alphabet | Gesendete Spannungsstufen | Schwellenspannungen am Detektor | Zuordnung des empfangenen Alphabetes

Bild 1.10 Spannungsstufen bei mehrstufiger Codierung.

$$(33) \qquad WER_N = \sum_{i=2}^{N-1} p(x_i)\cdot[P(U<S_{i-1,i}-U_i)+P(U>S_{i,i+1}-U_i)]$$
$$+p(x_1)\cdot P(U>S_{1,2}-U_1)+p(x_N)\cdot P(U<S_{N-1,N}-U_N)$$

Die Stufen U_1 und U_N treten gesondert auf in dieser Formel, da hier nur eine positive bzw. negative Störspannung U zum Fehler führt. Im allgemeinen kann man davon ausgehen, daß die N Buchstaben gleichwahrscheinlich sind; dann gilt $p(x_i) = 1/N$. Nimmt man weiterhin an, daß eine lineare Stufenaufteilung vorgenommen ist und daß die Schwellenwerte in der Mitte liegen: $S_{i,i+1} = (U_i+U_{i+1})/2$, und $U_{min} = -U_m$, $U_{max} = U_m$, dann ist

$$S_{i-1,i}-U_i = -U_m/(N-1) \quad \text{und} \quad S_{i+1,i}-U_i = U_m/(N-1).$$

Damit geht (33) über in

$$(34) \qquad WER_N = \frac{2\cdot(N-1)}{N}\cdot erf^*\left[\frac{-U_m}{(N-1)\cdot\sigma}\right]$$

Bei höherer Stufenzahl $N>>1$ kann für (34) näherungsweise gesetzt werden:

$$(34') \qquad WER_N = 2\cdot erf^*\left[\frac{-U_m}{(N-1)\cdot\sigma}\right]$$

Fragt man nun umgekehrt anhand Formel (34') nach der digitalen Kanalkapazität bei konstanter Wortfehlerrate F_w und steigendem Signal-Geräuschabstand, so ergibt sich das Argument x der Gauß'schen Fehlerfunktion aus deren Umkehrfunktion:

$$x = -a = -U_m/[(N-1)\cdot\sigma] = erf^{*-1}(F_w/2)\ .$$

Hieraus folgt dann die zulässige Anzahl der Stufen in Abhängigkeit von der Fehlerrate:

$$N = \frac{U_m}{a \cdot \sigma} + 1$$

Bei einer Wortfehlerrate von beispielsweise 10^{-1}, bei der also jedes zehnte Wort fehlerhaft ist, ergibt sich $a \approx 1{,}3$ aus der Tabelle 1.2.1 des Gauß'schen Fehlerintegrals. Im Extremfall, bei einer Fehlerrate von 0,5, wäre wegen $a=0$ eine beliebig hohe Stufenzahl zulässig; wenn aber jedes zweite Wort fehlerhaft ist und man nicht weiß, welches Wort richtig und welches falsch ist, kann auch ein zufällig richtiges Wort beim Empfänger nicht mehr herausgefunden werden, so daß sich letzen Endes auch der übertragene Informationsgehalt auf null reduzierte. Bei einer kleinen Fehlerrate hingegen, kann man durch eine geeignete Codierung erreichen, daß der bereits richtig erkannte Informationsanteil dazu benutzt wird, eine fehlerhaftes Wort (mit hoher Wahrscheinlichkeit) beim Empfänger zu identifieren, so daß dieses Wort als Verlust betrachtet werden kann und somit lediglich die Menge der richtig ankommenden Information reduziert wird.

Wie bereits gezeigt, darf die Taktfrequenz gleich der doppelten Bandbreite des Kanals sein, $f_c=2B$, so daß man bei der Wortfehlerrate $F_w \approx 2 \cdot erf^*(-a)$ die digitale Kanalkapazität des gestörten Kanals inklusive des Informationsverlustes erhält:

$$C_{dig} = f_c \cdot ld(N) = 2B \cdot ld\left[\frac{U_m}{a \cdot \sigma} + 1\right] \tag{35}$$

und für $U_m/a\sigma >> 1$ folgt:

$$C_{dig} \approx 2B \cdot \left[ld(\frac{U_m}{\sigma}) - ld(a)\right]$$

Andererseits ist die Shannon'sche Kanalkapazität für hohen Signal-Geräuschabstand gegeben durch

$$C_{max} = B \cdot ld[(U_{eff}/\sigma)^2 + 1] \approx 2B \cdot ld(U_{eff}/\sigma) = 2B \cdot [ld(U_m/\sigma) - 0{,}5] ,$$

wobei für die Effektivspannung gesetzt wurde $U^2_{eff} = U^2_m/2$.

Tritt bei einer N-stufigen Codierung ($N=2^n$) ein Übertragungsfehler auf, so wird mit sehr großer Wahrscheinlichkeit die Stufennummer k_i nur um 1 verfälscht: $k'_i=k_i \pm 1$, so daß bei einer geeigneten Codierung ld(N/2) bit richtig bleiben, also nur $ld(2)=1$ bit falsch ist und als Information verloren geht. Betrachtet man beispielsweise den binären Gray-Code (vgl. Kap.5), bei dem sich zwei benachbarte Zahlen jeweils nur in einem Bit unterscheiden, dann kann das gefälschte Bit leicht ausfindig gemacht werden. Dies ist beispielsweise dadurch möglich, daß die geraden und ungeraden Zahlen je in einem Block zusammengefaßt werden, jeder Block für sich fortlaufend in den Graycode umcodiert wird und beide Blöcke durch ein Zusatzbit unterschieden werden. Taucht ein fehlerhaftes Wort auf, so weiß man, daß das gesendete Wort dem anderen Block angehört, da die Information "gerade" oder "ungerade" nicht verfälscht ist. Man kann also die Block-Korrektur sofort vornehmen und kann beim gleichen Wort im anderen Block das Bit sofort angeben, welches unsicher ist. Dieses wird dann als gefälschte Information eliminiert, gegebenenfalls auch angepaßt oder sogar korrigiert, wenn weitere Zusatzinformation vorliegt. Denn wurde z.B. die Nummer 9 gesendet und 10 empfangen, so kann, vom Empfänger aus betrachtet, die gesendete Nummer nur 9 oder 11 gewesen sein, und diese unterscheiden sich im Graycode des ungeraden Blockes nur durch ein bestimmtes Bit.

Um also ein gestörtes Wort erkennen zu können, muß in den gesendeten Informationsfluß eine redundante Information R hinzugefügt werden, z.B. die Information, ob eine gesendete Stufennummer gerade oder ungerade ist, dies wäre beispielsweise ein bit pro Wort mehr: $R=1$ bit. Um diese redundante Information reduziert sich dann die nutzbare Kanalkapazität. Für die richtig ankommende übertragene Nutzinformation bleibt somit die folgende digitale Kanalkapazität übrig:

$$C_n \approx 2B \cdot [\mathrm{ld}(U_m/\sigma) - \mathrm{ld}(a) - R - F_w \cdot \mathrm{ld}(2)] .$$

Setzt man diese nutzbare Kanalkapazität ins Verhältnis zur maximalen Kanalkapazität C_{max} so erhält man

$$C_n/C_{max} = \frac{\mathrm{ld}(U_m/\sigma) - \mathrm{ld}(a) - R - F_w}{\mathrm{ld}(U_m/\sigma) - 1/2}$$

als genutzten relativen Anteil der Shannon'schen Kanalkapazität. Hieraus wird ersichtlich, daß bei gleicher Fehlerrate und steigenem U_m/σ sich die nutzbare digitale Kanalkapazität prozentual immer mehr der maximalen Kapazität des analogen Kanals, d.h. der Shannon-Grenze nähert: $C_{dig}/C_{max} \to 1$ für $U_m/\sigma \to \infty$.

Das Hinzufügen einer redundanten Information R muß nicht bedeuten, daß dadurch die nutzbare Kanalkapazität C_n verringert wird, wenn nur die Anzahl der Stufen entsprechend erhöht werden kann. Daß folgende Beispiel soll zeigen, daß durch geeignetes Hinzufügen einer redundanten Information die nutzbare digitale Kanalkapazität sogar erhöht werden kann.

Beispiel: Ein idealer gestörter Kanal, das ist ein verzerrungsfreier Kanal, weise einen Störabstand U_{eff}/σ von 37 dB auf. Es sei zunächst nach der nutzbaren Kanalkapazität gefragt, wenn die Wortfehlerrate kleiner als 10^{-10} sein soll und keine redundante Information zur Erkennung von falschen Wörtern hinzugefügt wird: $F_w = 2 \cdot \mathrm{erf}^*(-a) < 10^{-10}$; $R=0$. Die Bandbreite sei mit B vorgegeben.

Die auf die maximale Spannung bezogene Störspannung, die als weißes Rauschen vorausgesetzt wird, ergibt dann einen um 3 dB höheren Störabstand U_m/σ von 40 dB.
Die Tabelle 1.2.1 liefert für $\mathrm{erf}^*(x) < 0.5 \cdot 10^{-10}$: $x=-a=-6{,}9$.

Hieraus ermittlet man die Anzahl der Stufen:

$$N = \mathrm{int}[\frac{U_m}{a \cdot \sigma} + 1] = \mathrm{int}[10^{(40/20)}/6{,}9 + 1] = \mathrm{int}[14{,}49 + 1] = 15$$

Die auf die doppelte Bandbreite bezogene nutzbare Kanalkapazität ist dann:

$$C_n/2B = \mathrm{ld}(15) - 10^{-10} \approx 3{,}90 \text{ bit}.$$

Es werde nun bei der Codierung ein reduntantes Bit pro Wort hinzugenommen, das angibt, ob eine gesendete Stufennummer gerade oder ungerade ist. Diese Zusatzinformation von R = 1 bit werde so in den Code eingebaut, daß sie nur mit viel viel kleinerer, d.h. vernachlässigbarer Wahrscheinlichkeit verfälscht werden kann. Ist dann die Störspannung so groß, daß die Stufennummer k_i um 1 verfälscht wird, dann könnte die verfälschte Information von ld(2) bit weggeworfen werden und die restliche Information dieses Wortes kann als sicher, d.h. richtig weiterverwertet werden. Denn die Wahrscheinlichkeit, daß eine Stufennummer um 2 verfälscht wird, bedarf einer dreimal so hohen Störspannung, die um viele Zehnerpotenzen seltener auftritt.

Die Wortfehlerrate F_W der nicht erkennbaren Wortfehler läßt also jetzt eine auf die Spannungsstufe bezogene dreimal so hohe Störspannung zu. Dies ermöglicht, mehr Stufen unterzubringen und zwar:

$$N' = \mathrm{int}[3 \cdot 10^{(40/20)}/6{,}9 + 1] = \mathrm{int}[43{,}48 + 1] = 44.$$

Damit steigt die aber jetzt eliminierbare Fehlerrate F'_W entsprechend an auf:

$$F'_W = 2 \cdot \mathrm{erf}^*(-a/3) = 2 \cdot \mathrm{erf}^*(-a').$$

Die Gauß-Tabelle liefert $2 \cdot \mathrm{erf}(-2{,}3) \approx 1{,}4 \cdot 10^{-1}$. Die jetzt übrig bleibende nutzbare Kanalkapazität ist somit bei gleicher nicht erkennbarer Wortfehlerrate gegeben durch:

$$C'_n/2B = \mathrm{ld}(N') - R - F'_W - F_W \cdot \mathrm{ld}(2 \cdot 2).$$

Der letzte Term enthält die jetzt nicht erkennbare Fehlerrate F_W bei der die Stufennummer um 2 verfälscht sein kann, so daß der Verlust ein Bit mehr ausmacht pro Wort: $V = \mathrm{ld}(2 \cdot 2) = 2$ bit. Es verbleibt also die folgende, auf die doppelte Bandbreite bezogene nutzbare Kanalkapazität:

$$C'_n/2B = \mathrm{ld}(44) - 1 - 0{,}14 - 10^{-10} \cdot \mathrm{ld}(4) \approx 5{,}459 - 1 - 0{,}14 = 4{,}247.$$

Damit ist die nutzbare Kanalkapazität pro Abtasttakt um ca. 0,34 bit gestiegen durch Hinzunahme einer redundanten Kontrollinformation von 1 bit pro Wort.

Die maximale Kanalkapazität des analogen Kanals beträgt:

$$C_{max} = B \cdot [\mathrm{ld}(10^{37/10} + 1) \approx 2 \cdot B \cdot \mathrm{ld}(10) \cdot 37/20 = 2B \cdot 6{,}146 \text{ bit}.$$

Bei der in dem obigen Beispiel untersuchten fehlererkennenden redundanten Codierung erreicht man also eine Kanalausnutzung von 69%, d.h. man ist nur 31% entfernt von der Shannon-Grenze. Bei der erstgenannten Codierung ohne Kontrollbit ist der Kanal hingegen nur mit 63,5% ausgenutzt. Dies ist 5,5% weniger.

Beim Beweis des Shannon'schen Satzes für diskrete Kanäle kann ein ähnlicher Weg beschritten werden: Benötigt eine Codiersystem noch mehr Kanalkapazität als die Entropie des Informationsflusses, so wird gezeigt, daß durch Umcodierung und durch Hinzunahme geringfügiger Kontrollinformation der Kapazitätsgewinn größer ist als die Kontrollinformation zusätzlich beansprucht.

Neben einer die Fehler erkennenden redundanten Codierung werden für fehlertolerante Systeme prüfbare und korrigierbare Codes eingesetzt, um auch erkannte Fehler korrigieren zu können. In der Praxis treten meist zufällig verteilte Fehler auf. Mit diesen Codes, die gezielt Redundanz enthalten, kann natürlich auch nicht jede denkbare Fehlerkonfiguration korrigiert werden, aber sie muß schon so beschaffen sein, daß die wahrscheinlichsten Fehler beseitigt werden können.

Die meisten Theorien über gestörte Binärcodes basieren auf der Annahme, daß die einzelnen Zeichen unabhängig voneiander durch zufällige Ereignisse bzw. durch Rauschen gestört werden und daß dadurch die Wahrscheinlichkeit für eine bestimmte Fehlerkonfiguration nur von der Anzahl der gestörten Zeichen abhängt. Hieraus sind z.B. Codes hervorgegangen, die aus einem Block von n Zeichen alle Konfigurationen von k oder weniger gestörten Zeichen korrigieren können.

Daneben können in Übertragungs- wie auch in Aufzeichnungssysteme Fehler hauptsächlich gehäuft auftreten, wie bei Blitzeinwirkungen oder Magnetbandstörungen, die als Büschelfehler bezeichnet werden. Auch hierfür gibt es redundante Codes, die bemerkenswerte Büschelkorrektureigenschaften aufweisen. Zu diesen zählen vor allem zyklische Codes. Dies sind redundante Codes, bei denen die verwendeten Codewörter zyklische Eigenschaften aufweisen: Wenn $(x_1,x_2,x_3,...,x_n)$ ein zulässiges Codewort ist, dann ist auch $(x_2,x_3,...,x_n,x_1)$ ein zulässiges Codewort. Der mathematische Hintergrund wird in Polynom-Restklassen-Ringen gelegt.

Die meisten fehlertoleranten Codes sind Blockcodes, d.h. eine aus n Kanalzeichen bestehende Folge von Symbolen. Dabei werden nur bestimmte n-Tupel gesendet, die dann Codewörter genannt werden. Der Empfänger kennt die verwendete Codewortliste. Bei Störungen erhält er dann Wörter, die keine Codewörter sind. Der Empfänger muß dann das wahrscheinlich gesendete Codewort finden. Für die Korrigierbarkeit der Codes spielt der *Hamming-Abstand* eine wichtige Rolle. Er gibt den minimalen binären Abstand zwischen den verwendeter Codewörter an, wobei der binäre Abstand zwischen zwei binären Codewörtern die Anzahl unterschiedlicher Bits zählt. Z.B. haben die beiden Wörter $(0,1,1,\underline{1},1,0,\underline{0},1,0,1,0,\underline{1})$ und $(0,1,1,\underline{0},1,0,\underline{1},1,0,1,0,\underline{0})$ den binären Abstand 3. Der Abstand zwischen zwei binären n-bit Codewörtern $\underline{a}=(a_{n-1},...,a_1,a_0)$ und $\underline{b}=(bn_{-1},...,b_1,b_0)$ ist dann entsprechend:

$$A(\underline{a},\underline{b}) = \sum_{i=0}^{n-1} |b_i-a_i|$$

Der Hamming-Abstand H ist dann das Minimum zwischen unterschiedlichen Wörtern aus dem Codewortvorrat **C**:

$$H = \text{Min} \{ A(\underline{x},\underline{z}) \mid \underline{x} \neq \underline{z};\ \underline{x},\underline{z} \in C \}$$

Treten bei einem verwendeten Code mit dem Hamming-Abstand $H=2k+1$, $j \leq 2k$ binäre Fehler in einem Wort auf, so können diese j Fehler offensichtlich immer erkannt werden und wenn i Fehler, $i \leq k$, auftreten können diese auch korrigiert werden. Bei der Korrektur braucht dann lediglich das zugelassene Codewort mit dem kleinsten binären Abstand zum i-fach gestörten Wort ausgewählt zu werden.

Desto länger man nun diese Codewörter macht, d.h. desto mehr Information in einem Block zusammengefaßt wird, desto größer kann auch der Hamming-Abstand gewählt werden, bei einer gleichzeitigen Verbesserung der Prüf- und Korrektureigenschaften. Bei gleichbleibenden Korrektureigenschaften kann also mit steigender Blocklänge die relative Redundanz, d.h. die auf die Blocklänge bezogene, veringert werden. Leider wächst damit natürlich auch der Codieraufwand, so daß jeweils nur eine wirtschaftlich sinnvolle Blocklänge in Frage kommt.

Sei beispielsweise in einem Block von n bit der Hamming-Abstand $H=2k+1$. Dann beträgt der gesamte Wortvorrat mindestens 2^{n+2k}, bei 2k redundanten Bits, bei gleichmäßiger Aufteilung der zulässigen Codewörter. Die Wahrscheinlichkeit, daß in einem n+2k-bit-Block mehr als k korrigierbare binäre Fehler auftreten sei 10^{-a}. Faßt man nun zwei solcher Blöcke zusammen, so erhöht sich der gesamte Wortvorrat auf $2^{2\cdot(n+2k)}$, und der Hamming-Abstand kann verdoppelt werden. Gleichzeitig wird aber die Wahrscheinlichkeit, daß mehr als 2k nicht korrigierbare binäre Fehler innerhalb des doppelten Blockes von 2n+4k bit Länge auftreten, wesentlich kleiner als 10^{-a}, im Extremfall sogar annähernd 10^{-2a}. Das bedeutet eine wesentliche Verbesserung der Korrektureigenschaften.

Abschließend sei noch auf unterschiedliche Ursachen hingewiesen, die Störungen, d.h. Übermittlungsfehler hervorrufen können. In realen Kanälen treten neben Rauscheinstreuungen auch Frequenzgangsverzerrungen und Taktschwankungen (Taktjitter) auf. Bei den Frequenzgangsverzerrungen sind vor allem auch die Phasenverzerrungen unheilvoll. Da durch diese Verzerrungen beim Abtasten die unterschiedlich hohen Abtastwerte bei der Übertragung sich gegenseitig beeinflussen, spricht man hier von einem ISI-Rauchen (Inter-Symbol-Interferrenz). Dieses kann - im Gegensatz zum eingestreuten additiv überlagerten Kanalrauschen -, wenn es linear ist, zum Teil kompensiert werden, auch nach der Digitalisierung.

Hat sich eine solche Entzerrung automatisch mittels einer entsprechenden Adaptionslogik auf eine optimal mögliche Entzerrung, d.h. Beseitigung der ISI-Störungen eingestellt, kann es vorkommen, daß der Abtasttaktzeitpunkt, d.i. die Taktphase geringfügig gegenüber dem Sendetakt schwankt. Hierfür wird aber wieder eine veränderte Entzerrereinstellung erforderlich, so daß bis zur Nachstellung wieder erhöhte ISI-Störungen auftreten, ursächlich ausgelöst durch Taktjitter. Es ist also auch wichtig, eine stabile, starr zwischen Sender und Empfänger verkoppelte Taktphase zu haben.

Schließlich stört auch bei einer digitalen Entzerrung das bei der Analog-digital-Wandlung auftretende Quantisierungsrauchen, dessen Einfluß um so größer wird, je größer die zu kompensierenden Verzerrungen sind. Eine weitere Störgröße bilden Rundungsfehler in Entzerrungsalgorithmen, die aber mit steigender Wortgenauigkeit d.h. durch höheren Aufwand minimiert werden können.

Die im Kanal nicht mit verträglichem Aufwand vermeidbaren Fehler können dann letztlich noch durch Erhöhung des binären Codieraufwandes bis auf eine geforderte Restfehlerrate beseitigt werden. Nicht zu unterschätzen dabei ist aber die Tatsache, daß mit wachsender Komplexität von Coder und Decoder, Entzerrer und Phasenstabilisierungsschleifen auch die Gefahr wächst, daß bei einer nicht einkalkulierten neuartigen Störung das System völlig "außer Tritt" fällt und längere Zeit benötigt, bis es sich wieder gefangen hat.

```
10 REM +---------------------------------------+
20 REM | Berechnung der ERROR-Funktion  erf(x) |
30 REM +---------------------------------------+
40 PRINT " X   =    exp(-x^2/2)  = erf(x)=" : PRINT " "
50 ERF = 0 :  D = .01 : PI = 4 * ATN(1)
60 F$ = "###.#     #.#####^^^^    #.##^^^^
70 FOR X = -12 TO .01 STEP D
80 Y= EXP(-X*X/2) : ERF = ERF + D*Y/SQR(2*PI)
90 IF 100*X MOD 10 = 0 THEN PRINT USING F$;X,Y,ERF
100 NEXT X
110 END
```

X =	exp(-x^2/2)	= erf(x)=	X =	exp(-x^2/2)	= erf(x)=
-12.0	0.53802E-31	0.21E-33	-5.9	0.27635E-07	0.19E-08
-11.9	0.17774E-30	0.46E-32	-5.8	0.49605E-07	0.34E-08
-11.8	0.58135E-30	0.19E-31	-5.7	0.88154E-07	0.62E-08
-11.7	0.18826E-29	0.66E-31	-5.6	0.15510E-06	0.11E-07
-11.6	0.60355E-29	0.22E-30	-5.5	0.27018E-06	0.20E-07
-11.5	0.19157E-28	0.70E-30	-5.4	0.46595E-06	0.34E-07
-11.4	0.60202E-28	0.22E-29	-5.3	0.79559E-06	0.60E-07
-11.3	0.18731E-27	0.69E-29	-5.2	0.13449E-05	0.10E-06
-11.2	0.57695E-27	0.22E-28	-5.1	0.22509E-05	0.17E-06
-11.1	0.17595E-26	0.66E-28	-5.0	0.37296E-05	0.29E-06
-11.0	0.53124E-26	0.20E-27	-4.9	0.61184E-05	0.49E-06
-10.9	0.15880E-25	0.61E-27	-4.8	0.99374E-05	0.81E-06
-10.8	0.46998E-25	0.18E-26	-4.7	0.15979E-04	0.13E-05
-10.7	0.13771E-24	0.54E-26	-4.6	0.25439E-04	0.22E-05
-10.6	0.39947E-24	0.16E-25	-4.5	0.40096E-04	0.35E-05
-10.5	0.11473E-23	0.46E-25	-4.4	0.62569E-04	0.55E-05
-10.4	0.32623E-23	0.13E-24	-4.3	0.96667E-04	0.87E-05
-10.3	0.91838E-23	0.37E-24	-4.2	0.14786E-03	0.14E-04
-10.2	0.25597E-22	0.10E-23	-4.1	0.22391E-03	0.21E-04
-10.1	0.70632E-22	0.29E-23	-4.0	0.33571E-03	0.32E-04
-10.0	0.19296E-21	0.80E-23	-3.9	0.49831E-03	0.49E-04
-9.9	0.52192E-21	0.22E-22	-3.8	0.73231E-03	0.74E-04
-9.8	0.13976E-20	0.59E-22	-3.7	0.10655E-02	0.11E-03
-9.7	0.37054E-20	0.16E-21	-3.6	0.15348E-02	0.16E-03
-9.6	0.97261E-20	0.42E-21	-3.5	0.21889E-02	0.24E-03
-9.5	0.25275E-19	0.11E-20	-3.4	0.30906E-02	0.34E-03
-9.4	0.65030E-19	0.29E-20	-3.3	0.43204E-02	0.49E-03
-9.3	0.16565E-18	0.74E-20	-3.2	0.59795E-02	0.70E-03
-9.2	0.41775E-18	0.19E-19	-3.1	0.81933E-02	0.98E-03
-9.1	0.10430E-17	0.47E-19	-3.0	0.11115E-01	0.14E-02
-9.0	0.25784E-17	0.12E-18	-2.9	0.14929E-01	0.19E-02
-8.9	0.63102E-17	0.29E-18	-2.8	0.19851E-01	0.26E-02
-8.8	0.15290E-16	0.72E-18	-2.7	0.26134E-01	0.35E-02
-8.7	0.36678E-16	0.17E-17	-2.6	0.34064E-01	0.47E-02
-8.6	0.87112E-16	0.42E-17	-2.5	0.43957E-01	0.63E-02
-8.5	0.20484E-15	0.99E-17	-2.4	0.56159E-01	0.83E-02
-8.4	0.47686E-15	0.23E-16	-2.3	0.71035E-01	0.11E-01
-8.3	0.10991E-14	0.54E-16	-2.2	0.88957E-01	0.14E-01
-8.2	0.25080E-14	0.13E-15	-2.1	0.11029E+00	0.18E-01
-8.1	0.56661E-14	0.29E-15	-2.0	0.13538E+00	0.23E-01
-8.0	0.12673E-13	0.65E-15	-1.9	0.16453E+00	0.29E-01
-7.9	0.28065E-13	0.15E-14	-1.8	0.19796E+00	0.36E-01
-7.8	0.61530E-13	0.32E-14	-1.7	0.23582E+00	0.45E-01
-7.7	0.13356E-12	0.71E-14	-1.6	0.27812E+00	0.55E-01
-7.6	0.28702E-12	0.15E-13	-1.5	0.32474E+00	0.67E-01
-7.5	0.61066E-12	0.33E-13	-1.4	0.37541E+00	0.82E-01
-7.4	0.12863E-11	0.71E-13	-1.3	0.42966E+00	0.98E-01
-7.3	0.26827E-11	0.15E-12	-1.2	0.48686E+00	0.12E+00
-7.2	0.55390E-11	0.31E-12	-1.1	0.54618E+00	0.14E+00
-7.1	0.11323E-10	0.65E-12	-1.0	0.60664E+00	0.16E+00
-7.0	0.22916E-10	0.13E-11	-0.9	0.66709E+00	0.19E+00
-6.9	0.45917E-10	0.27E-11	-0.8	0.72625E+00	0.21E+00
-6.8	0.91089E-10	0.54E-11	-0.7	0.78280E+00	0.24E+00
-6.7	0.17890E-09	0.11E-10	-0.6	0.83536E+00	0.28E+00
-6.6	0.34787E-09	0.21E-10	-0.5	0.88258E+00	0.31E+00
-6.5	0.66971E-09	0.42E-10	-0.4	0.92318E+00	0.35E+00
-6.4	0.12765E-08	0.80E-10	-0.3	0.95605E+00	0.38E+00
-6.3	0.24087E-08	0.15E-09	-0.2	0.98023E+00	0.42E+00
-6.2	0.45001E-08	0.29E-09	-0.1	0.99503E+00	0.46E+00
-6.1	0.83236E-08	0.55E-09	0.0	0.10000E+01	0.50E+00
-6.0	0.15243E-07	0.10E-08			

Tabelle 1.2.1 des Gauß'schen Fehlerintegrals.

1.3 A/D-und D/A-Conversion

Der Vorgang des Abtastens und Qantisierens analoger Signale wurde theoretisch bereits in den Kapiteln 1.1 und 1.2 abgehandelt, so daß die Zusammenhänge zwischen Abtastfrequenz und Signalbandbreite sowie zwischen Quantisierungsstufen und Quantisierungsrauschen bereits bekannt sind. Wie die Digitalisierung auch elektrotechnisch realisiert wird, soll jetzt anhand einiger gebräuchlicher Conversionsprinzipien gezeigt werden.

Eine allgemeine Klassifizierung der Umsetzung analoger Signale in digitale kann in drei unterschiedlichen Verfahren vorgenommen werden: *das Parallelverfahren, das Wägeverfahren, das Zählverfahren.* Beim ersten Verfahren werden parallel soviel Entscheidungen mittels vorhandener Vergleichswerte getroffen, wie Stufen vorhanden sind, genauer gesagt, für N Stufen sind N-1 elektronische Schalter erforderlich. Beim Wägeverfahren werden nacheinander Vergleichswerte derart angelegt, daß aufgrund getroffener Ja/Nein-Aussagen die Höhe des nächsten Vergleichswertes in der richtigen Richtung ausgewählt wird. Halbiert man jedesmal den Bereich, in dem der zu messende Wert jeweils liegen muß, so sind für eine $N=2^n$-stufige Aufteilung des Wertebereiches genau n sequentielle Entscheidungen erforderlich, bzw. n elektronische Schalter sind zu betätigen. Beim dritten, dem Zählverfahren, wird schließlich gleichmäßig stufenweise ein Vergleichswert in einer Richtung hochgezählt, wobei der Zählvorgang gestoppt wird, wenn der Vergleichswert den zu messenden Wert überschreitet. Die angezeigte Zahl ist dann der Meßwert. In diesem Fall braucht also nur zum Zeitpunkt des Überschreitens ein Schalter betätigt werden. An den beschriebenen Auswahlprozeduren erkennt man bereits: das erste Verfahren ist das schnellste und aufwendigste, das letzte das langsamste und einfachste.

Im folgenden sollen nun die elektrotechnischen Ausführungen im Vordergrund stehen. Es wird deshalb eine Reihenfolge aus dem Gesichtspunkt der technischen Unterscheidbarkeit gewählt.

1.3.1 Technische Grundprinzipien

Die heute auf dem Markt erhältlichen A/D und D/A-Converter sind praktisch nur noch in integrierter Form erhältlich. Dennoch arbeiten sie größtenteils nach einigen wenigen Grundprinzipien oder Kombinationen hiervon, deren wichtigste Basisbausteine Komparatoren, Schalter (Feldeffekt-Transistoren), Widerstände, und Operationsverstärker sind.

Die wichtigsten Kennzeichen sind maximale Taktfrequenz, d.i. die Abtastfrquenz, und Anzahl der zu verarbeitenden Bits n bzw. die Anzahl der möglichen Quntisierungsstufen $N=2^n$. Darüber hinaus sind Linearität, LSB Sicherheit (Least Significant Bit) und Temperaturstabilität wichtige Zusatzkriterien. Die Linearität bezieht sich dabei auf die Zuordnung der digitalisierten zu den analogen Werten über den gesamten zulässigen Bereich vom negativen bis zum positiven maximalen Spannungswert. Das LSB steht dabei für die feinsten Quantisierungsstufe, die aufgrund von Rauscheinflüssen und aufrund von Abtastzeitpunktsungenauigkeit, die dazu führen können, daß für die gleiche Spannung bei wiederholtem Abfragen unterschiedlich Quantisierungsstufen ausgewählt werden. Liegt ein zu digitalisierender Spannungswert genau auf der Entscheidungsschwelle zwischen zwei Stufen, so ist die Unsicherheit und damit das zufällige Springen zwischen zwei Stufen richtig. In der Praxis kann man sich aber nicht nur auf einen exakten Wert beziehen, sondern muß eine Toleranzbreite zulassen, in der eine solche Unsicherheit tolerierbar ist. I. a. darf sich der Spannungsbereich mit einer gewissen Entscheidungsunsicherheit auf eine halbe Quantierungsstufe erstrecken.

Im folgenden werden die drei wichtigsten Grundprinzipien der A/D- und D/A-Conversion erläutert. Darüber hinaus sind in der Digitalen Meßtechnik vor allem bei langsamen Überwachungsvorgängen, eine Reihe von weiteren speziellen Prinzipien im Einsatz und denkbar (z.B. Frequenzzählungen), die aber hier nicht diskutiert werden können.

1.3.2 Paralleler A/D-Converter für hohe Geschwindigkeiten

Parallele A/D-Converter werden für hohe Abtastfrequenzen verwendet, da keine rekursiven Schleifen in der Signalverarbeitung notwendig sind. Das Konzept erfordert allerdings relativ aufwendige Hardware: 2^n-1 Komparatoren und eine Codierlogik, wie in Bild 1.11 dargestellt. Um den abzutastenden Spannungswert während der Entscheidungszeit der Komparatoren konstant zu halten, ist ein S/H-Baustein (Sample & Hold - Abtast- & Halte-Glied) vorgeschaltet. Die Darstellung des S/H-Bausteins als Schalter und Kondensator ist symbolisch. Neue Abtastwerte können dann in den Abständen $T=1/f_c$, in denen der S/H-Baustein neue Werte amplitudenanalog speichert, ermittelt werden.

Die Komparatoren $C_1,...,C_{2^n-1}$ bestehen i.a. aus empfindlichen Operationsverstärkern mit der jeweiligen Funktion

$$(36) \qquad U_1(i) = \begin{cases} H & \text{für } S(iT) - U_{ref1} > 0 \\ L & \text{für } S(iT) - U_{ref1} < 0 \end{cases}$$

$$(37)\ \text{bzw.} \qquad U_K(i) = \begin{cases} H & \text{für } S(iT) - U_{refK} > 0 \\ L & \text{für } S(iT) - U_{refK} < 0 \end{cases}$$

Die jeweiligen Referenzspannungen U_{refK} werden erzeugt durch 2^n in Reihe geschaltete gleichgroße Widerstände R:

$$(38) \qquad U_{refK} = U_{ref} \cdot K/2^n.$$

Sind die Ausgänge der ersten K Komparatoren H die andere L, so bewirkt beispielsweise die Codierlogik die Umsetzung in den Dualcode entsprechend der Zuordnung

$$(39) \qquad \sum_{\mu=0}^{n-1} b_\mu(i) \cdot 2^\mu = K$$

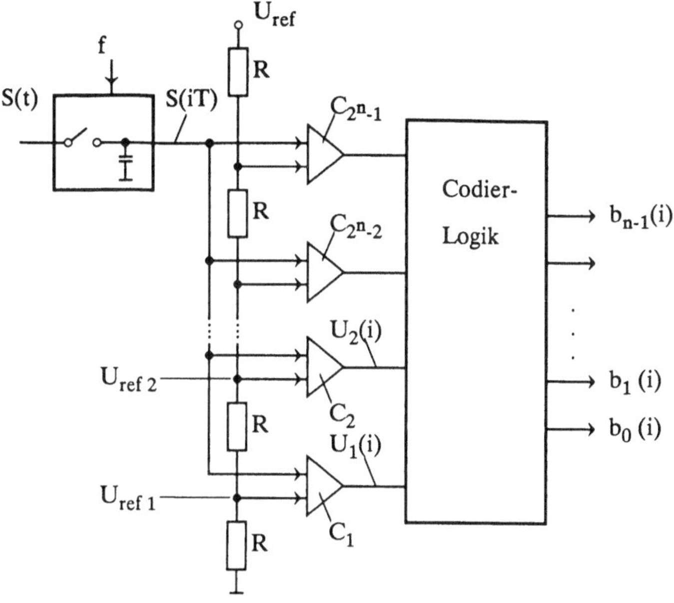

Bild 1.11 Grundprinzip des parallelen A/D-Converters.
S/H: (Sample and Hold), Abtast- & Halteglied;
C_v : Komparatoren.

Ein einfaches Beispiel einer 3-Bit-Codierlogik ist in Bild 1.12 veranschaulicht. Die Geschwindigkeit eines solchen A/D-Converters ist, wie aus den Bildern 1.11 und 1.12 ersichtlich, durch 4 sequentiell zu durchlaufende Gatter (1 Komparator und 3 Exor-Gatter) beschränkt; erst wenn das letzte Gatter geschaltet hat, kann

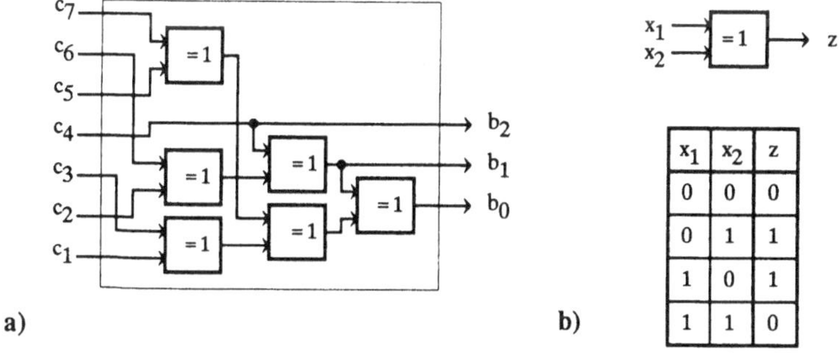

x_1	x_2	z
0	0	0
0	1	1
1	0	1
1	1	0

Bild 1.12 Einfache Codierlogik für 3-Bit parallel-A/D-Converter.
a) Schaltbild mit c_i als Ausgänge der Komparatoren und b_i als binäre Wörter im Dualcode;
b) Definition des EXOR-Bausteins mit Wertetabelle: wenn x_1 und x_2 den gleichen Wert haben, ist der Ausgang $z=0$ sonst 1.

am S/H-Baustein ein neuer Taktimpuls folgen. Natürlich kann man den Durchsatz dadurch erhöhen, daß man am Eingang der Codierlogik oder innerhalb der Codierlogik Werte zwischenspeichert.

Das Parallelverfahren eignet sich auch besonders gut für nicht-lineare Kennlinien, da nur unterschiedliche, der gewünschten Kennlinie entsprechende Widerstandwerte eingesetzt werden brauchen.

Das Beispiel einer Codierlogik für 3 bit, entsprechend 8 Stufen, zeigt, daß die gleiche Codieridee auch auf $k=2^n$ Stufen übertragbar ist: Das oberste Bit b_{n-1} liefert wieder der Komparator $c_{n/2}$. Für das nächste bit b_{n-2} braucht man lediglich die Exorverknüpfung dieses Komparators mit den beiden, die die obere und untere Stufe halbieren:

$$b_{n-2} = c_{n/4} \oplus c_{n/2} \oplus c_{3n/4}$$

Für das nächste Bit b_{n-3} benötigt man dann eine Exorverknüpfung zwischen den Komparatorausgängen der 1/8-Stufen:

$$b_{n-3} = c_{n/8} \oplus c_{2n/8} \oplus c_{3n/8} \oplus c_{4n/8} \oplus c_{5n/8} \oplus c_{6n/8} \oplus c_{7n/8}$$

Offensichtlich erkennt man, wie das nächstniedrige Bit im o.g. Dualcode über die doppelte Anzahl von Exorverknüpfungen erzeugt werden kann.

Diese Codierung sollte nur als Beispiel betrachtet werden, da aufwandsgünstigere Schaltungen entworfen werden können. Dies wird jedoch im späteren Kapitel über Boolesche Algebra näher untersucht. Auch der Dualcode ist nur als eine mögliche Codierung zu betrachten; häufig ist gerade für A/D-Wandler ein anderer Code interessanter: der Gray-Code; er hat die Eigenschaft, daß sich von einer Amplitudenstufe zur nächsten genau ein Bit nur ändert. Die hier erforderliche Umcodierung wird in Kap. 5 besprochen.

1.3.3 Serieller A/D-Converter

Das Prinzipschaltbild des seriellen A/D-Converters ist in Bild 1.13 dargestellt. Wie anhand der eingerahmten Blöcke verdeutlicht, weist diese Schaltung eine repetitive Struktur auf, die sich für jedes Bit wiederholt. Die Funktionsweise geht aus dem Schaltbild hervor: In jeder Stufe vergleicht ein Komparator C_μ die Eingangsspannung $U_\mu(iT)$ mit $U_{ref}/2$. Ist $U_\mu(iT)-U_{ref}/2>0$, so wird der Schalter auf Stellung "1" gesetzt, und von der Eingangsspannung wird diese halbe Maximalspannung $U_{ref}/2$ subtrahiert, andernfalls nicht. Anschließend wird die Differenz um den Faktor $v=2$ verstärkt, so daß wieder der gleiche Maximale Spannungsbereich von U_{ref} hergestellt wird. Gleichzeitig ist damit das μ-te Bit auf "1" gesetzt, andernfalls auf "0". Der gleiche Vorgang wird insgesamt n-1 mal wiederholt. Damit erhält man nach der n-ten Stufe eine Amplitudenauflösung in 2^n Stufen.

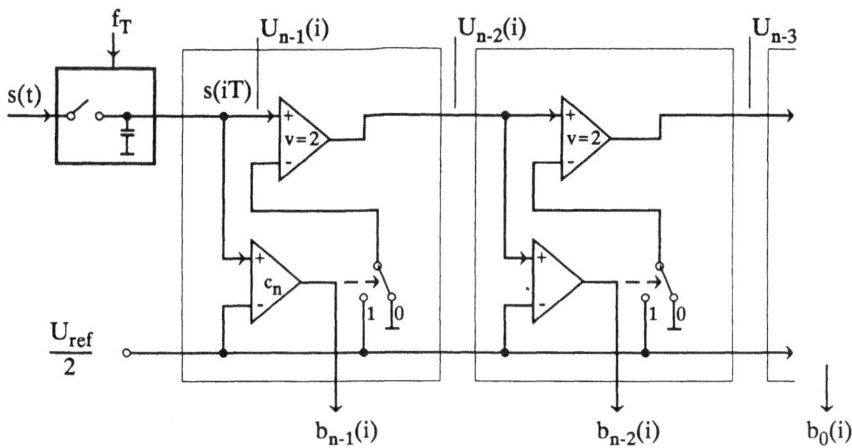

Bild 1.13 Prinzipschaltbild des seriellen A/D Converters.

Bei einer kleinen Bitzahl sind auch mit diesem Prinzip relativ hohe Geschwindigkeiten, d.h. Taktfrequenzen, erzielbar, die jedoch bei gleichwertiger Technologie niedriger sind als beim rein parallelen Konzept, da in einer Taktperiode n Komparatoren, n Operationsverstärker und n Schalt-Transistoren nacheinander durchlaufen werden müssen. Die Genauigkeit ist jedoch geringer, da diese von der Genauigkeit der Verstärkung mit v=2 von den Operationsverstärkern abhängt. Dafür aber ist der Hardwareaufwand äußerst gering; jede Erweiterung um 1 bit bedeutet hier keine Verdoppelung des Aufwands, sondern nur eine Vergrößerung um eine Kombination aus Komparator, Operationsverstärker und Schalter.

Die Spannung $U_v(i)$ nach jeder Bitstufe ist gemäß der Schaltung in Bild 1.13

(40) $$U_{v-1}(i) = 2 \cdot (U_v(i) - b_v(i) \cdot \frac{U_{ref}}{2})$$

Die binären Ergebniswörter $(b_{n-1},...,b_0)$ sind dann entsprechend der Dualcodezuordnung dargestellt. Dabei reicht es aus, sich hier auf positive Werte von S(t) zu beschränken; die Erweiterung auf negative Spannungen ist entweder durch Überlagerung eines Gleichspannungsanteils möglich, der dann den Nullwert repräsentiert, oder durch Verwendung eines zweiten Bausteins, der den negativen Bereich abdeckt.

1.3.4 A/D-Converter mit Rückführung über D/A-Wandler

Der A/D-Converter mit Rückführung benötigt einen D/A-Converter, dessen analoge Ausgangssignale mit den Einganssignalen über einen Komparator verglichen werden, nach Bild 1.14.

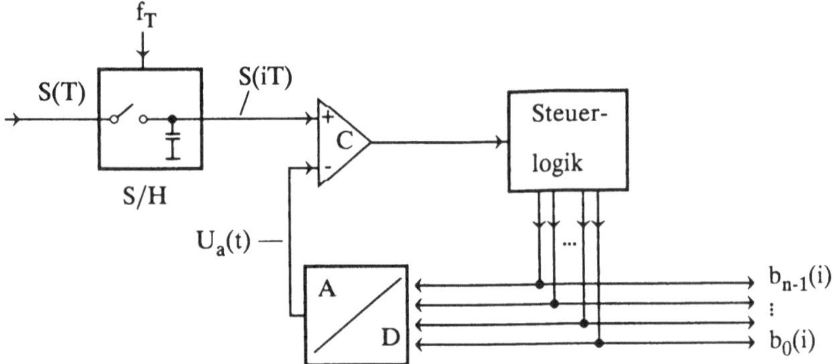

Bild 1.14 A/D-Converter mit Rückführung über D/A-Converter

Beginnend bei dem MSB $b_{n-1}(i)$ erzeugt die Steuerlogik nacheinander entsprechend des Ausgangswertes des Komparators C das Bitmuster $b_{n-1}(i),...,b_0(i)$, zu denen die im Rückführungszweig jeweils zugehörigen Ausgangswerte $U_a(t)$ im D/A-Converter erzeugt werden. Es wird zunächst $b_{n-1}=1$ gesetzt; schaltet der Komparator darauf um, wird $b_{n-1}=0$ und $b_{n-2}=1$ gesetzt u.s.w. bis alle Bits gesetzt sind.

Da diese rekursive Schleife mindestens n Mal durchlaufen werden muß, bis die richtige Bitkombination gefunden ist, ist dieses Konzept der A/D-Conversion in Rückführung mehr für niedrige Taktfrequenzen einsetzbar. Die Steuerlogik kann für noch langsamere Anwendungen auch aus einem Zähler bestehen, der so lange nach oben zählt, bis der Komparator umschaltet. Die erzielbare Genauigkeit ist hierbei von der des eingesetzten D/A-Converters abhängig. In folgendem werden einige Prinzipien von D/A-Convertern erläutert.

1.3.5 D/A-Converter mit Spannungsquelle und potentiell gewichtete Widerständen

Die prinzipielle Wirkungsweise dieses D/A-Converters wird anhand von Bild 1.15 erläutert. Eine Referenzspannung U_{ref} liefert einen Strom I_{ref}, der über die Widerstände $R_i=R/2^i$ entsprechend der Schalterstellung nach dem Bitmuster $b_1(i),...b_n(i)$ gebildet wird.

Da der Operationsverstärker eine sehr hohe Verstärkung und einen sehr hohen Eingangswiderstand hat, liegt das Potential an seinem Eingang näherungsweise auf Null und der Strom in seinem Eingang ist vernachlässigbar klein.

Deshalb setzt sich der Strom I_{ref} zusammen aus

$$(41) \qquad I_{ref} = \frac{U_{ref}}{R} \cdot \left(\sum_{\mu=1}^{n-1} 2^{\mu} b_{\mu}(i) \right), \qquad b_{\mu}(i) \in \{0,1\}$$

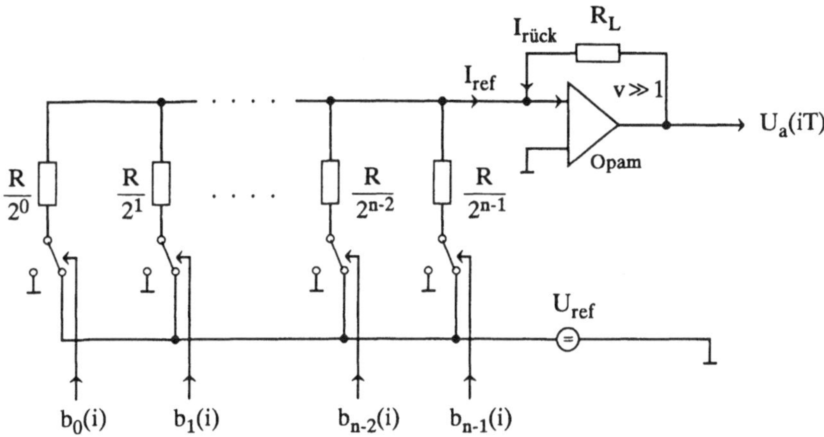

Bild 1.15 D/A-Converterprinzip mit Referenzspannungsquelle und potentiell gewichteten Widerständen.

Der Strom im Gegenkoppelzweig über R_L ist

$$I_{rück} = \frac{U_a}{R_L}$$

Wegen $I_{ref} + I_{rück} = 0$ folgt

(42) $$U_a(i) = -\frac{R_L}{R} \cdot U_{ref} \cdot \left(\sum_{\mu=0}^{n-1} 2^{\mu} b_{\mu}(i) \right)$$

1.3.6 D/A-Converter mit Stromquelle

Das eben beschriebene D/A-Wandlungsprinzip mit eingeprägter Spannungsquelle führt mitunter zu hohen "Spikes" (Ausgangspannungsspitzen) beim Umschalten der einzelnen Bits.

Ein verbessertes Verhalten erzielt man mit dem im Bild 1.16 gezeigten Prinzip mit eingeprägter Stromquelle, bei dem auch die Widerstände nicht um Potenzen unterschiedlich sein müssen.

Wie beim vorherigen Prinzip soll für den Operationsverstärker OP eine sehr hohe Verstärkung und ein hinreichend hoher Eingangswiderstand vorausgesetzt sein, so daß Eingangsspannung und Eingangsstrom in dem Operationsverstärker vernachlässigbar sind.

Dann ist nach Bild 1.16

$$(43) \qquad I_r + I_L = I_r + \frac{U_a}{R_L} = 0$$

An den Stellen (1), (2), (3) sieht man dann immer den Widerstand R, so daß in dem Widerstandsnetzwerk die Ströme I_a jeder Verzweigungsstelle halbiert werden. Durch jeden nächsten linken gleichgroßen Widerstand fließt also jeweils halb soviel Strom, unabhängig von den Schalterstellungen; denn das virtuelle Potential am Eingang des Operationsverstärkers kann wegen der hohen Verstärkung als Null betrachtet werden. Deshalb addiert sich der Strom I_r aus den Strömen in denjenigen Zweigen , in denen die Schalter auf "1" stehen:

$$(44) \qquad I_r = b_{n-1} \cdot \frac{I_0}{2} + b_{n-2} \cdot \frac{I_0}{4} + \ldots + b_0 \cdot \frac{I_0}{2^n} = \frac{I_0}{2^n} \sum_{i=0}^{n-1} b_i 2^i$$

Damit ergibt sich für U_a

$$(45) \qquad U_a = -\frac{R_L I_0}{2^n} \cdot \sum_{i=0}^{n-1} b_i 2^i$$

Da in Ruhestellung die Stromquelle immer mit demselben Strom belastet wird, unabhängig von den Schalterstellungen, d.h. Bitbelegungen, ist auch die Realisierung der Stromquelle nicht so kritisch.

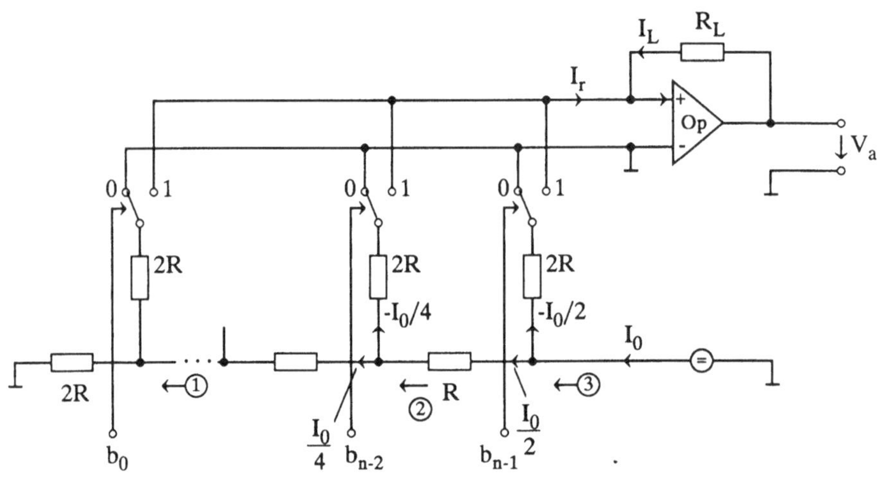

Bild 1.16 D/A-Converter mit eingeprägter Stromquelle.

1.3.7 Conversion durch Pulsmodulation

Das mathematische Grundprinzip beruht darauf, daß ein Abtastwert S(iT) codiert wird durch eine Reihe binärer serieller Werte, die mit wesentlich höherer Frequenz $f_c = 1/\Delta T$ auftreten, derart, daß das Integral über T in Form der Summe übereinstimmt:

$$S(iT) \cdot T = \sum_{\mu=1}^{K} b_i(\mu) \cdot \Delta T; \qquad T = K \cdot \Delta T; \; b_i = \pm U_0 \tag{46}$$

Die Integration wird über die RC-Kombinationen vorgenommen, wobei gelten muß:

$$R_1C_1,\; R_2C_1,\; R_3C_2 \;>\; T \tag{47}$$

Der gleiche Integrationsvorgang findet auf der A/D- und D/A-Seite statt.

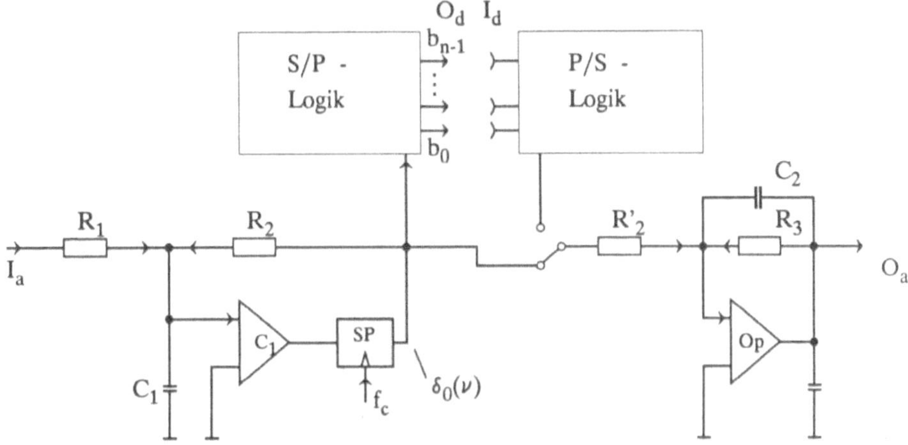

Bild 1.17 A/D und D/A Conversion nach dem Pulsmodulationsprinzip.
SP : Getakteter Speicher (FF); C: Komparator;
S/P : Seriell-Parallel-Logik.

Eine einfache Grundschaltung, bestehend aus A/D- und D/A-Teil mit direkter serieller digitaler Verbindung, ist in Bild 1.17 gezeigt. Da sich im schnellen seriellen Signal der digitalisierte Signalwert $S_q(iT)$ als Mittelwert der positiven und negativen Werte von $b(\mu)$ in $\sum_\mu b(\mu)$ ergibt, ist bei Rückwandlung in ein analoges Signal lediglich ein Tiefpaß und ein Vertärker erforderlich, die als einfache RC-Kombination im Rückkopplungszweig des Operationsverstärkers ausgeführt sind. Aus den schnellen seriellen Signalwerten kann dann mittels einer digitalen Tiefpaßfilterung, das langsamere parallele Signal ermittelt werden. Dieses kann dann auch wieder mit einem vielfachen der Freqenz 1/T digital in das ursprünglich serielle Signal zurückgewandelt werden - zum Zwecke der Erzeugung des analogen Signals.

Eine Möglichkeit für die Umwandlung in langsamere parallele Signale, d.h. eine einfache digitale Tiefpaßfilterung, ist in Bild 1.18 angegeben. Diese digitale Schaltung aus Akkumulator (ACC) und geshiftete (durch eine 2-er Potenz dividierte) rückgeführte Subtraktion muß im schnellen Takt $f_c = 1/\Delta T$ erfolgen, während die parallelen Signale am Ausgang O in den Abständen T abgefragt werden können. Diese Wandlung hat für viele Anwendungen den Vorteil, daß nicht unbedingt, wenn ein asynchroner Puffer zwischengeschaltet wird, eine Synchronität zwischen f_c und $1/T$ erforderlich ist.

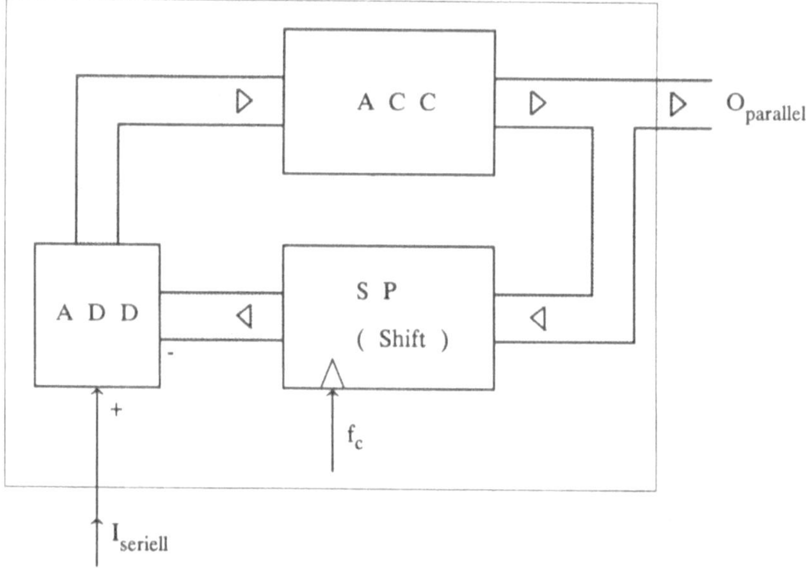

Bild 1.18 Beispiel einer Seriell-Parallel-Logik (Filter) für Pulsmodulations-A/D-Conversion, ACC: Accumulator, ADD: Addierer, SP: Speicher

Das hier dargestellte Grundprinzip erlaubt zahlreiche Modifikationen. Eine davon ist bekannt unter dem Begriff $\Sigma\delta$-Modulator, bei dem ein vorher Hochpaßgefiltertes (differenziertes) Signal umgesetzt wird, das dann digital wieder integriert wird, um die dem ursprünglichen analogen Signal zugeordneten digitalen Werte zu erhalten.

Auch die schnelle Digitalisierungsschleife läßt einige Varianten zu: Das digitale Signal $b(\mu)$ kann beispielsweise auch als ternäres Signal mit dem zusätzlichen Wert "0" geschaltet werden, oder sogar vierwertig sein, wobei der größere Wert zur Beschleunigung der Conversionszeit durch eine Überwachungslogik eingeschaltet würde, wenn über mehrere Perioden ΔT der niedrigere Wert von $b(\mu)$ sein Vorzeichen nicht gewechselt hat. Die gleiche Funktion muß dann natürlich auch in der Parallelisierungslogik nachgebildet sein. Wie derartige digitale Filterfunktionen ausgeführt und entworfen werden können, wird im nächsten Kapitel behandelt.

1.4 Darstellung abgetasteter Systeme in der z-Ebene

Einige der wichtigsten Transformationen in der analogen Nachrichtentechnik sind die Fouriertransformation und die Laplace-Transformation. In der digitalen Nachrichtentechnik hat hingegen in den letzten 20 Jahren die z-Transformation erheblich an Bedeutung gewonnen. Da konventionelle Lehrbücher der Ingenieurmathematik oft nicht ausführlich auf die z-Transformation eingehen, wird sie in diesem Kapitel etwas ausführlicher als üblich behandelt.

1.4.1 Diskretisierung der Fourier- und Laplace-Transformation

Zur Beurteilung des Systemverhaltens sind die Signal- und Übertragungseigenschaften im Frequenz- und Zeitbereich wesentlich. Während bei kontinuierlichen Systemen die Zusammenhänge zwischen Zeit- und Frequenzverlauf oft nicht geschlossen darstellbar sind, erlauben, wie sich zeigen wird, abgetastete Systeme einen leicht ausführbaren Übergang von Zeit- in Frequenzbereich und umgekehrt.

Die Fouriertransformation für kontinuierliche Signale lautet

(48) $$F(j2\pi f) = \int_{-\infty}^{+\infty} S(t)\cdot e^{-j2\pi ft}dt \ ,$$

mit der Rücktransformation

(49) $$S(t) = \int_{-\infty}^{+\infty} F(j2\pi f)\cdot e^{j2\pi ft}df \ .$$

Die Fourier-Transformation geht über in die Laplace-Transformation, wenn man im Zeitbereich nur Signalwerte für $t>0$ zuläßt, d.h. $S_+(t) = 0$ für $t<0$, und die Variable $j2\pi f$ ersetzt durch die komplexe Variable $p = \sigma + j\omega$, $\omega = 2\pi f$:

(50) $$L(p) = \int_{0}^{\infty} S_+(t)\cdot e^{-pt}dt$$

(51) $$S_+(t) = \frac{1}{2\pi j} \int_{\sigma-j\infty}^{\sigma+j\infty} L(p)\cdot e^{pt}dp$$

Das Abtasten der Signale $S_+(t)$ im Zeitbereich mit den konstanten Abtastabständen T zu den Zeitpunkten $t=iT$ kann mathematisch beschrieben werden durch die Multiplikation der Zeitfunktion mit der Summe von Diracfunktionen $\delta(x)$ an den Abtaststellen:

(52) $$S_a(t) = S_+(t)\ [\sum_{i=0}^{\infty} \delta(t/T-i)] \ .$$

Die Laplace-Transformation des so abgetasteten Zeitsignals in die p-Ebene ist dann wie folgt ausführbar, da die Integration eines Produktes f(x) mit der Diracfunktion $\delta(x-x_0)$ den Funktionswert $f(x_0)$ an der Stelle x_0 liefert:

$$\int_{-\infty}^{+\infty} f(x)\cdot\delta(x-x_0)dx = f(x_0)$$

Mit x = t/T ergibt somit die Integration

$$L(\sigma+j2\pi f) = \int_0^{\infty} S_+(t)\cdot e^{-jpt}\cdot[\sum \delta(t/T-i)]T]\ d(t/T)\ . \tag{53}$$

Da Summation und Integration vertauschbar sind, kann die Integration ausgeführt werden:

$$L_a(p) = \sum_{i=0}^{\infty} T\cdot S_+(iT)\cdot e^{-piT}\ .$$

Da in dieser Summe die Variable p nur in Form von Potenzen von e^{pT} auftritt, ist es naheliegend, eine neue Variable

$$z = e^{pT} \tag{54}$$

einzuführen und diese Transformation, die sich dann grundsätzlich sofort auf abgetastete Systeme bezieht, als z-Transformation zu bezeichnen:

$$X(z) = L_a(p)/T = \sum_{i=0}^{\infty} S_+(iT)\cdot z^{-i} \quad \text{oder} \tag{55}$$

$$X(z) = \sum_{i=0}^{\infty} a_i z^{-i}\ ; \quad \text{mit } a_i = S_+(iT)$$

Um die in der p-Ebene beschreibbaren Eigenschaften binärer Übertragungssysteme auf abgetastete Systeme übertragen zu können, müssen wir also die Abbildung (54) $z = e^{pT}$ betrachten. Bild 1.19 zeigt die p-Ebene und z-Ebene. Wie aus der Funktionentheorie bekannt, ist die Abbildung $z = e^{pT}$ eine konforme Abbildung, d.h. die Winkel sich kreuzender Linien werden bei dieser Abbildung nicht verändert. Wie Bild 1.19 veranschaulicht, wird der rechte Streifen der p-Ebene mit $-\pi/T<\omega<T/t$, und $\sigma>0$ auf das Äußere des Einheitskreises in der z-Ebene abgebildet ($|z|>1$), während der linke Streifen mit $-\pi/T<\omega<\pi/T$, $\sigma<0$, auf das Innere des Einheitskreises in der z-Ebene: $|z|<1$ komprimiert wird. Der Punkt $p=0$ wird in den Punkt $z=1$ übergeführt und die vom Nullpunkt in der p-Ebene ausgehende imaginäre Achse bis zum Punkt $j\omega=j\pi/T$ wird auf den oberen Halbkreis abgebildet, in der gleichen Richtung nach oben beginnend. Die waagerechten Geraden gehen über in die radialen Geraden, deren negative Werte im Unendlichen in den Nullpunkt der z-Ebene konzentriert werden.

Die waagerechte Gerade in der p-Ebene $\omega=\pi/T$ wird auf die negative reelle Achse in der z-Ebene abgebildet, so daß der Teil aus der negativen p-Ebene im Innern des Einheitskreises zu liegen kommt. Auf die gleiche Halbgerade wird aber auch die negative Begrenzung des Streifens, die waagerechte Gerade in der p-Ebene $\omega=-\pi/T$ abgebildet, so daß beide dasselbe Bild haben. Der Grund ist die Periodizität der e-Funktion: $z=e^{\sigma+j\pi/T}=e^{\sigma-j\pi/T}$. Die Funktion $z=f(p)$ ist eindeutig: Jeder Punkt in der p-Ebene wird auf einen Punkt in der z-Ebene abgebildet. Die Umkehrabbildung $p = f^{-1}(z)$ ist vieldeutig: Ist $p_0 = \sigma_0+j\omega_0$ ein Urbild von z_0, so sind dies auch alle Punkte $p_0' = p_0 \pm jk2\pi/T$; $k \in N$, unendlich viele also.

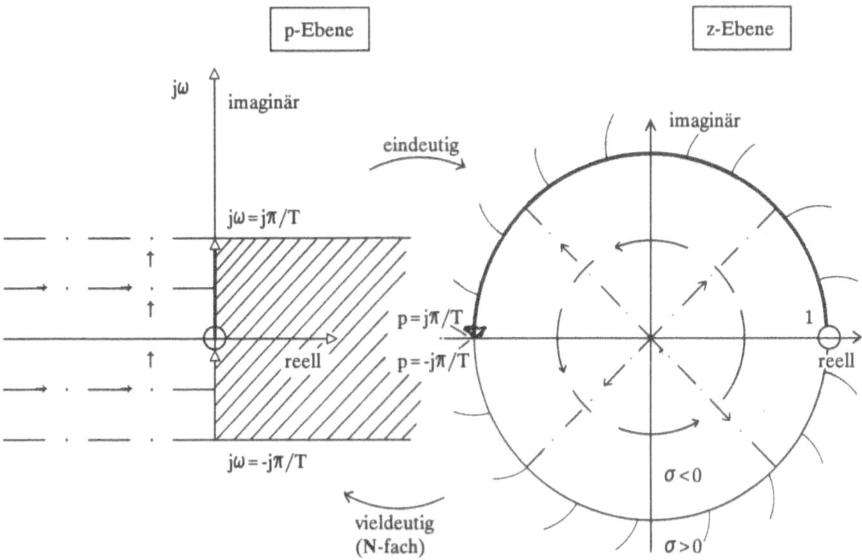

Bild 1.19 Konforme Abbildung $z=e^{pT}$ der komplexen p-Ebene in die z-Ebene.

Bei den in der p-Ebene beschriebenen Funktionen, Differentialgleichungen bzw. Systemen konnten Stabilitätsaussagen mittels Polen von (rationalen) komplexen Funktionen gemacht werden. Dabei sind Pole die komplexen Nullstellen im Nenner einer rationalen Funktion. Traten Pole in der positiv reellen p-Halbebene auf, so handelte es sich um ein instabiles System oder um Funktionen, die unendlich anwachsen konnten, andernfalls war das System stabil. Nullstellen können also in beiden Halbebenen auftreten, ohne die Stabilität zu beeinträchtigen.

Dieses Stabilitätskriterium überträgt sich auch vermittels der komformen Abbildung auf die z-Ebene: In der z-Ebene beschriebene wertkontinuierliche Systeme sind stabil, wenn sie keine Pole außerhalb des Einheitskreises aufweisen. Hat eine Funktion von z einen Pol außerhalb oder auf dem Einheitskreis, so konvergiert die zugehörige Abtastfolge nicht, sie divergiert bei Polen außerhalb des Einheitskreises und setzt sich periodisch fort bei Polen auf dem Einheitskreis (vorausgestzt außerhalb sind keine). Stabile wertkontinuierliche diskrete Systeme dürfen also Nullstellen überall und Pole nur im Innern des Einheitskreises der z-Ebene aufweisen.

Aus der Eigenschaft $z=e^{pT} = e^{pT \pm kj2\pi}$, $k \in N$ folgt, daß ein eindeutiges Urbild einer Funktion X(z) nur bestimmbar ist, wenn eine ganze Zahl k vorgegeben ist. I.a., wenn keine Angaben vorliegen, nimmt man den Hauptwert mit $k=0$, um die Rücktransformation durchführen zu können. Die Abbildung L(p) in X(z) kann nun als Abtastvorgang interpretiert werden und die Umkehrabbildung als zeitkontinuierliche Rückwandlung.

1.4.2 Abtast-Theorem

Für das abzutastende Signal S(t) kann man i.a. ebenfalls ein komplexes Signal $S(t) = S_{re}(t)+jS_{im}(t)$ zulassen. Wenn die absolute Lage eines Streifens in der p-Ebene der Breite $w = 2\pi/T$ gegeben ist, läßt sich aufgrund der umkehrbar eindeutigen Abbildung von p nach z, ein etwas allgemeineres Abtasttheorem formulieren, das auch direkt auf modulierte Signale (mit Träger) anwendbar ist. $S_{re}(t)$ und $S_{im}(t)$ können dabei zwei unabhängige Signale sein oder auch aus einem Signal durch Verzögerung um 0 und T/2 oder durch unterschiedliche Filterung auseinander hervorgehen. Dann gilt folgendes

Bandbreiten-Abtasttheorem: *Sei S(t) ein komplexes Signal mit der oberen Frequenz f_0 und der Bandbreite b. Dann ist $S(t) = S_1(t)+jS_2(t)$ eindeutig darstellbar und rekonstruierbar mittels der diskreten Abtastwerte S_i im Abstand T: $S_i=S(iT)$, $i \in N$ wenn f_0 bekannt ist und für die Abtastfrequenz gilt:*

$$F_c = 1/T > b \ .$$

Die Verdoppelung der Bandbreite b gegenüber der durch die Nyquistfrequenz begrenzten Signalbandbreite $f_{Ny}=1/2T$ für reellwertige Basisbandsignale tritt dadurch auf, daß pro Abtastzeitpunkt iT zwei unabhängige Werte, ein reeller und ein imaginärer geliefert werden. Man erkennt hier, daß sich das Abtasttheorem durch die Verallgemeinerung auf komplexe Zeitsignale vereinfacht.

Beispiel: Gegeben sei das komplexe Spektrum des analogen komplexen Signals S(t) durch Betrag und Phase. Es habe unterhalb der oberen Frequenz f_0 die Bandbreite b, vgl. Bild 1.20. Es wird abgetastet mit der viel niedrigeren Frequenz $f_c = 1/b$, so daß das aus

$$\sum_i S(iT) \cdot z^{-i} = \sum_i S(iT) \cdot e^{ij\omega/b}$$

gebildete periodische Spektrum (vgl. Bild 1.20 b) entsteht. Filtert man dann wieder einfach das Band von f_0-b bis f_0 heraus, so hat man das ursprüngliche Spektrum des analogen Signals, den kontinuierlichen Signalverlauf also zurückgewonnen.

Kehren wir zur Basisbandabtastung einer reellen Zeitfunktion S(t) der Bandbreite B mit der Abtastfrequenz $f_c=1/T>2B$ zurück. Das zeitdiskrete Signal sei

$$X(z) = \sum_i S(iT) \cdot z^{-i} = \sum_i a_i z^{-i}$$

Es hat den f_c-periodischen und schiefsymetrischen Frequenzgang. Für ihn gilt mit

$$\omega' = \omega + k2\pi/T$$

(56) $$X(z=e^{j\omega' T}) = X(z=e^{j\omega T}), \text{ wegen } e^{-ij2\pi} = 1 .$$

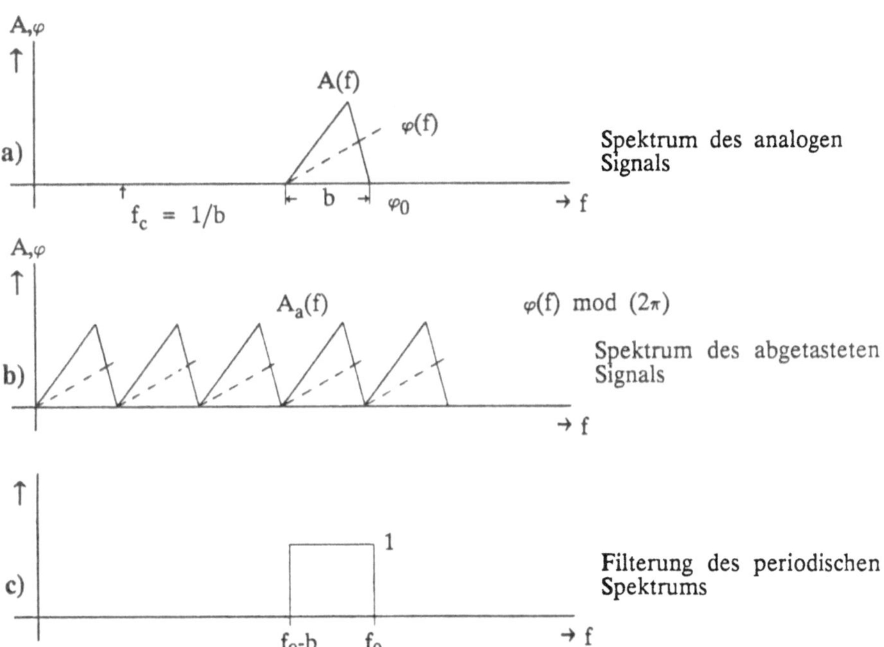

Bild 1.20 Beispiel zur Abtastung eines bandbegrenzten Trägerfrequenzsignals

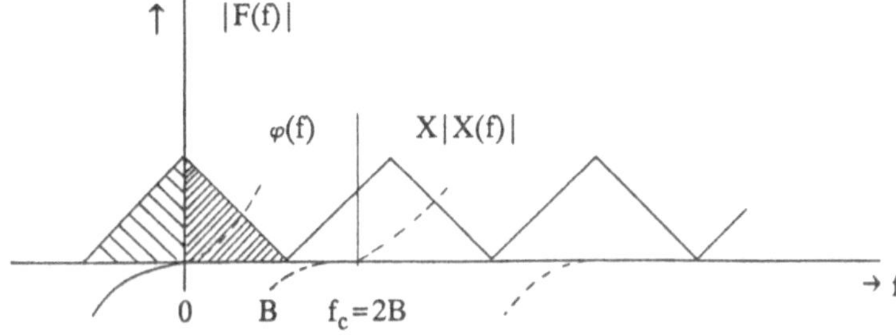

Bild 1.21 Periodisches und schiefsymetrisches Spektrum eines abgetasteten reellen Signals.

Mit $\omega' = \frac{2\pi}{T} - \omega$ gilt

(56') $$X(z=e^{j\omega' T}) = \sum_i a_i \cdot (e^{-j2\pi fi/T + j2\pi i})^* = X^*(z=e^{j\omega T})$$

wobei X^* der konjugierte komplexe Verlauf ist, für den gilt: $|X| = |X^*|$.

Hat also ein analoges Signal S das in Bild 1.21 schraffiert gezeichnete Spektrum F(f) und die Phase $\varphi(f)$, so füllt das Spektrum des abgetasteten Signals x(t) das gesamte Frequenzband eindeutig, d.h. das Signal S(t) darf kein breiteres Spektrum als $B=f_c/2$ aufweisen. Tritt dennoch ein Anteil auf bei $f=B+\Delta f$ entsprechend $|F(B+\Delta f)| = A$, so entsteht nach (57) beim Abtasten ein Anteil bei B-Δf: $|X(B+\Delta f)| = |X(B-\Delta f)| = A \cdot f_c$. Hat aber das Signal S(f) bei der Frequenz B-Δf bereits einen Spektralanteil, so wird dieser durch den Anteil F(B+Δf) beim Abtasten verfälscht; je nach Phasenlage wird die Summe kleiner oder größer. Solche bei der Abtastung entstehenden Verfälschungen, die durch Spektralanteile über der Nyquistfrequenz $B=f_c/2$ hervorgerufen werden, nennt man *Aliasfehler*.

Sei $F_S(j\omega)$ das Fourierspektrum des abzutastende Signals S(t). Dann folgt aus der Periodizität des abgetasteten Signals im Frequenzbereich (vgl. Formel (56)), daß die folgende Summe von Faltungsprodukten der Frequenzanteile oberhalb der Nyquistfrequenz als Aliasstörspektrum auftreten und in das Basisband unterhalb der Nyquistfrequenz beim Abtastvorgang hineingefaltet werden:

(57) $$F_{Al}(j\omega) = \sum_{\substack{i=-\infty \\ i\neq 0}}^{+\infty} F_S(j\omega - ji2\pi/T) \;, \; i \in N$$

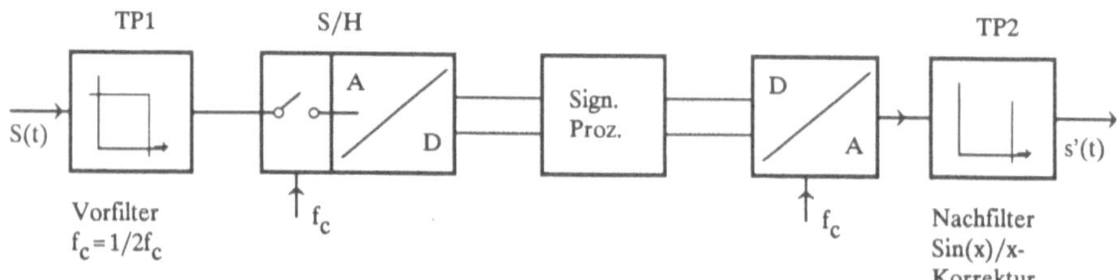

Bild 1.22 Anti-Alias und Sin(x)/x-Korrekturfilterung durch analoge Tiefpässe TP1 und TP2.

Sind diese Aliasfehler einmal vorhanden, so kann man sie später nicht mehr eliminieren (ohne zusätzliche Abtastinformation vom Signal). Aliasfehler treten also dann und nur dann nicht auf, wenn das Signalspektrum oberhalb der Nyquistfrequenz verschwindet. Ist nicht sicher, ob ein abzutastendes Signal Spektralanteile über der Nyquistfrequenz aufweist, so muß vor der Abtastung sicherheitshalber eine *Vorfilterung* vorgenommen werden mit einem Tiefpaß bis zur Nyquistfrequenz.

1.4.3 D/A-Korrekturfilterung

D/A-Nachfilterung: Um den ursprünglichen analogen Verlauf eines Signals nach der D/A-Wandlung wieder herstellen zu können, muß die durch die Abtastung hinzugekommene Periodizität des Spektrums wieder weggefiltert werden. Die theoretische Beschreibung des abgetasteten Signals bezieht sich auf unendlich schmale Dirac-Impulse zu den Abtastpunkten, während das abgetastete Signal an allen anderen Stellen verschwindet. Technisch ist aber erforderlich, eine D/A-gewandelte Amplitude für eine bestimmte Dauer $t \leq \tau$ konstant zu halten, so daß ein Signal entsprechend Bild 1.23a) entsteht.

Dies bedeutet im Zeitbereich eine Faltung des Signals

$$S'(t) = \sum_i a_i \cdot \delta(t/T-i)$$

mit dem RZ-Einheitsimpuls (Return to Zero) der Dauer τ und konstanten Höhe h_0:

$$(58) \qquad h(t) = \begin{cases} h_0 & \text{für } 0<t<\tau \\ 0 & \end{cases}$$

Dadurch wird der periodische Frequenzgang des ideal abgetasteten Signals einer zusätzlichen Filterung unterworfen, die der Fouriertransformierten der Impulsfunktion h(t) entspricht:

$$(59) \qquad F(h) = \int_0^{\tau} h(t) \cdot e^{-j2\pi ft} dt =$$

$$= \int_{-\tau/2}^{\tau/2} h_0 \cdot e^{-j2\pi ft'} dt' = h_0 \cdot \frac{\sin(\pi f\tau)}{\pi f\tau}$$

Das Signal nach der D/A-Umsetzung hat also jetzt das mit F(h) abklingende periodische Verhalten. Soll also das ursprüngliche Signalspektrum wieder erzeugt werden, so muß

1.) eine konstante Tiefpaßfilterung bis zur Grenzfrequenz $f_g = f_c/2$ und

2.) eine sin(x)/x-Korrektur mit dem Frequenzgang $F_K = 1/F(h) = \frac{\pi f\tau}{\sin(\pi f\tau)}$ für $f<f_c/2$ vorgenommen werden.

In den meisten Fällen halten D/A-Wandler den Ausgangswert solange konstant, bis der nächste Taktimpuls eintrifft: also $\tau = T$.

In diesem Fall ($\tau = T$) muß das Korrekturfilter den Frequenzgang

$$(60) \qquad F_K = \frac{\pi f/f_c}{\sin(\pi f/f_c)}$$

aufweisen. Bild 1.23 veranschaulicht die Veränderung eines zunächst periodischen Spektrums in b), wie es nach der Abtastung mit Diracimpulsen entstanden ist, durch die D/A- Wandlung mit endlich Haltedauer τ. Durch die anschließende Tiefpaßfilterung werden die Frequenzanteile oberhalb der Nyquistfrequenz $f_c/2$ wieder unterdrückt, während die Korrekturfilterung (60) dafür sorgt, daß der Frequenzverlauf im Basisband wieder den ursprünglichen waagerechten Verlauf annimmt.

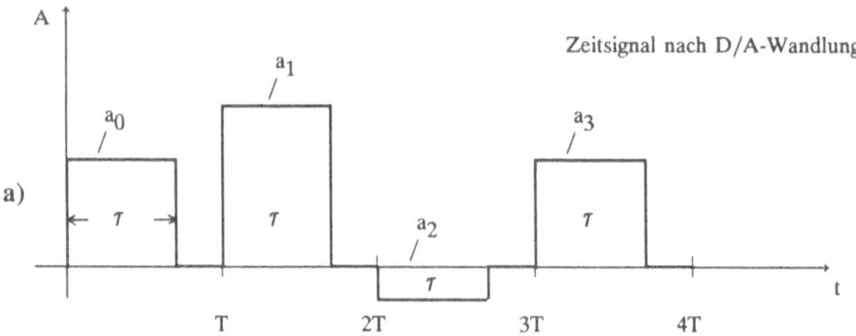

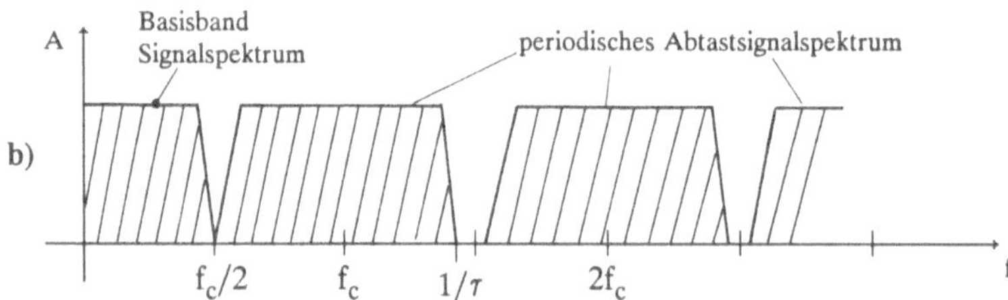

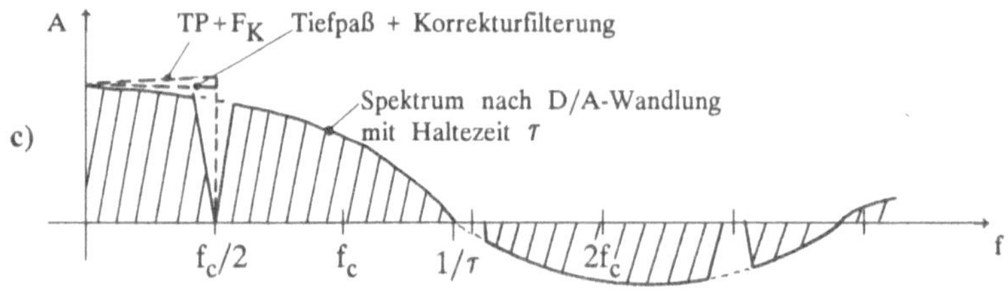

Bild 1.23 Beispiel des Signalverlaufes im Zeit- und Frequenzbereich nach der D/A-Wandlung und Tiefpaß-Korrekturfilterung eines abgetasteten Signals:
a) Zeitverlauf des Signals nach der D)A-Wandlung mit der Haltedauer τ;
b) Periodisches Frequenzspektrum des abgetasteten Signals vor der D/A-Wandlung;
c) Frequenzspektrum des Signals nach der D/A-Wandlung.

1.4.4 z-Transformation und inverse z-Transformation

Mathematische Definition der z-Transformation. Während bisher die z-Transformation als Fouriertransformation eines ideal (mit Dirac-Impulsen) abgetasteten Signals dargestellt wurde, kann etwas allgemeiner die z-Transformation als Abbildung einer komplexen Zahlenfolge

(61) $F = \{a_i | i \in Z\};\ a_i \in C$

in die Komplexe Ebene mit der komplexen Variablen z definiert werden:

(62) $Z(F) = \sum_i a_i \cdot z^{-i} = X(z)$.

Ist $i \geq 0$ so spricht man von der einseitigen z-Transformation, sonst von der zweiseitigen z-Transformation. Mit dieser Definition kann man bereits die wesentlichen Rechenregeln und Transformationsregeln ableiten, so daß man in der Menge der Folgen erst wieder nach einer Rücktransformation die Folgenelemente als äquidistante Abtastwerte einer Zeitfunktion zu interpretieren braucht, wenn dies am Anfang der Fall war.

Die inverse z-Tansformation ergibt sich dann für die einzelnen Folgenelemente aus folgendem Umlaufintegral mit der Kontur C in der komplexen z-Ebene

(63) $X_k = \frac{1}{2\pi j} \oint_C X(z) \cdot z^{k-1} dz, \quad k \in Z$,

so daß sich aus der inversen z-Transformation wieder die gesamte ursprüngliche Folge ergibt:

$$Z^{-1}(X(z)) = \{\frac{1}{2\pi j} \oint_C X(z) \cdot z^{k-1} dz \mid k \in Z\} .$$

Die einzelnen Elemente lassen sich aus dem Satz von Cauchy über Residuen relativ leicht ermitteln aus

(64) $\frac{1}{2\pi j} \oint_C z^n dz = \begin{cases} 1 \text{ für } n=-1 , \\ 0 \text{ sonst } . \end{cases}$

Damit gilt beispielsweise, wenn X(z) bereits in Form einer Potenzreihe $X(z) = \Sigma\, a_i z^{-i}$ vorliegt,

(65) $X_k = \frac{1}{2\pi j} \oint_C (\sum_i a_i z^{-i}) \cdot z^{k-1} dz = \frac{1}{2\pi j} \sum_i [a_i \cdot \oint_C z^{-i+k-1}\, dz] = a_k$,

da wegen (64) mit $n = -i+k-1 = -1$ folgt, daß $i=k$.

Allgemeiner findet man die Koeffizienten als Ergebnisse der Umlaufintegrale über die Singularitäten einer Funktion mit Hilfe folgenden Residuenzsatzes:

Ist $X(z) \cdot z^{k-1}$ singulär von n-ter Ordnung im Punkt z_0 derart, daß sich eine im Punkte z_0 nicht singuläre Funktion F(z) finden läßt, für die in einer Umgebung von z_0 gilt:

(66) $$X(z) \cdot z^{k-1} = \frac{F(z)}{(z-z_0)^s}, \quad \text{mit } F(z_0) \neq \infty,$$

dann ist

(67) $$\frac{1}{2\pi j} \oint_C \frac{F(z)}{(z-z_0)^s} dz = \frac{1}{(s-1)!} \cdot \frac{d^{s-1}}{dz^{s-1}} F(z)) \Big|_{z=z_0}$$

Dabei bedeutet "!" Fakultät mit dem Produkt $k! = 1 \cdot 2 \cdot 3 \cdot 4 \cdot 5 \cdot 6 \cdot \ldots \cdot (k-1) \cdot k$.

Beispiel 1.4.1: Sei $X(z) = 1/(1-az^{-1})$.

Dann ist für $k \geq 0$

$$X_k = \frac{1}{2\pi j} \oint_C \frac{z^{k-1} \cdot z}{(z-a)} dz = [z^{k-1} \cdot z] \Big|_{z=a} = a^k$$

Für $k=-n<0$ kommt eine zweite Singularität der Ordnung n bei $z=0$ hinzu:

$$X_n = \frac{1}{2\pi j} \oint_C \frac{1}{z^n \cdot (z-a)} dz = \frac{1}{(n-1)!} \cdot \frac{d^{n-1}}{dz^{n-1}} \left(\frac{1}{z-a}\right) \Big|_{z=0} + a^{-n}$$

$$= -1/a^n + a^{-n} = 0$$

Damit ist die inverse z-Transformation von $X(z) = 1/(1-az^{-1})$ die Folge

$$Z^{-1}\{X(z) = \frac{1}{1-az^{-1}}\} = \{a^i |\ i \in N\}$$
$$= \{1, a, a^2, a^3, a^4, a^5, a^6, \ldots\}$$

Wird diese Folge wieder in die z-Ebene transformiert, so ergibt sich

$$Z\{a^i |\ i \in N\} = \sum_{i \in N} a^i z^{-i}$$

Es muß sich also die Funktion X(z) auch in der obigen Reihe darstellen lassen. In der Tat ist aus der numerischen Mathematik folgende Reihenentwicklung bekannt:

$$\frac{1}{1-az^{-1}} = \sum_{i=0}^{\infty} (az^{-1})^i = \sum_{i=0}^{\infty} a^i z^{-i}, \quad \text{für } |az^{-1}| < 1$$

Rechenregeln der z-Transformation: Die folgenden formalen Rechenregeln gelten für die allgemein definierte z-Transformation, bei der die zu transformierenden Folgenelemente komplexe Zahlen sein können, keine äquidistante Abtastfolge repräsentieren müssen, sondern auch eine beliebig verteilte Abtastfolge sein können, nicht endlich sein muß und auch keinen Anfang haben muß, d.h. die Folge kann auch im negativ Unendlichen beginnen.

Gegeben seien die Sequenzen

$$\{x_n\} = \{x_n \mid n \in \mathbf{Z}\},\ \{y_n\} = \{y_n \mid n \in \mathbf{Z}\},\ \{u_n\} = \{u_n \mid n \in \mathbf{Z}\} \text{ mit } x_n, y_n, u_n \in \mathbf{C}.$$

Dabei sind **Z** die Menge der ganzen Zahlen und **C** die Menge der komplexen Zahlen. Die z-Transformierten der Folgen bezeichnen wir dann mit

$$Z\{x_n\} = X(z),\ Z\{y_n\} = Y(z),\ Z\{u_n\} = U(z)$$

Die unten angegebenen Operationen in den Folgen, oder auch Sequenzen genannt, übertragen sich dann aus den Operationen in den Sequenzen wie folgt in die z-Ebene:

(Z1) Linearität:

$$Z\{u_n = ax_n + by_n\} = U(z) = a \cdot X(z) + b \cdot Y(z)$$

(Z2) Verschiebung um k (mit k als ganzer Zahl, die natürlich auch negativ sein darf):

$$Z\{u_n = x_{n+k}\} = U(z) = z^{-k} \cdot X(z)$$

(Z3) Differentiation:

$$Z\{u_n = nx_n\} = U(z) = -z \cdot \frac{d}{dz}[X(z)]$$

(Z4) Exponentielle Multiplikation:

$$Z\{u_n = a^n \cdot x_n\} = U(z) = X(\frac{z}{a})$$

(Z5) Komplexe Konjungation:

$$Z\{u_n = x_n^*\} = U(z) = X^*(z^*)$$

(Z6) Variablen-Inversion:

$$Z\{u_n = x_{-n}\} = U(z) = X(\frac{1}{z})$$

(Z7) Real-/Imaginärteilbildung:

$$Z\{u_n = \mathrm{Re}(x_n)\} = U(z) = \frac{1}{2}[X(z) + X^*(z^*)]$$

$$Z\{u_n = \mathrm{Im}(x_n)\} = U(z) = \frac{1}{2j}[X(z) - X^*(z^*)]$$

(Z8) Faltung (Korrelation, Autokorrelation):

$$Z\{u_n = \sum_i x_{i+n} \cdot y_i\} = U(z) = X(z) \cdot Y(z)$$

(Z9) Produktbildung (Leistung, Impulsenergie):

$$Z\{u_n = x_n \cdot y_n\} = \frac{1}{2\pi j} \oint_C X(w) \cdot Y(\frac{z}{w}) \cdot w^{-1} \, dw$$

(Z10) Summation:

$$Z\{u_0 = \sum_i x_i\} = U(z) = U_0 = X(z=1)$$

Schaltungsregeln in der z-Ebene: Ohne auf die Diskretisierung der Amplitude einzugehen, können Operationen wie Multiplikationen, Additionen, Subtraktionen und Speicherungen in Blockschaltbildern dargestellt werden, aus denen die Reihenfolge der Verarbeitung hervorgeht.

Um den Operationen wieder ihre ursprüngliche Bedeutung zu geben, werden die Folgen $\{x_i \mid i \in N\}$ wieder als äquidistante Abtastwerte einer Zeitfunktion interpretiert:

$$x_i = S(iT).$$

Die Linearität (Z1) bedeutet, daß U(z) aus den gesamten Signalen X(z) und Y(z) auch in unterschiedlichen Reihenfolgen gebildet werden kann:

(68) $$U(z) = a \cdot X(z) + b \cdot Y(z) = \left[X(z) + (\frac{b}{a}) \cdot Y(z)\right] \cdot a$$

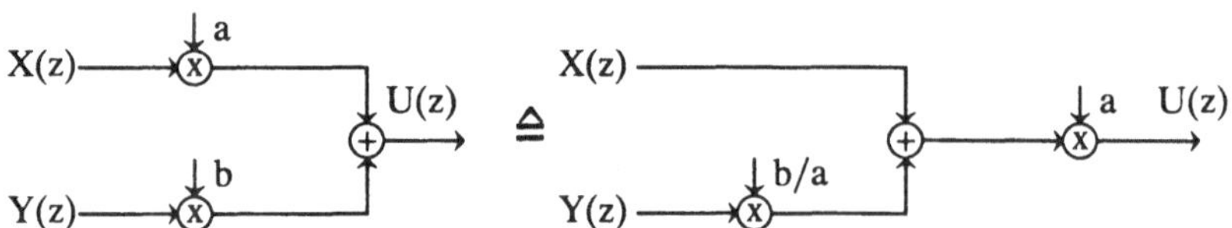

Die Verschiebung (Z2) bedeutet für n>0, daß die Verzögerung um n Abtasttakte einer Multiplikation des Signals mit z^{-n} entspricht. Auch eine Multiplikation mit z^{+n} ist unter bestimmten Vorraussetzungen zulässig: 1. wenn es sich um eine zweiseitige z-Transformation handelt; 2. wenn eine einseitige z-Transformation mit Koeffizient a_i, $i \geq n$ beginnt; 3. wenn zusätzliche Randbedingungen bei z^0 definiert sind.

Die Multiplikation mit einer Konstanten a und die Verzögerung um n Abtastwerte sind vertauschbar:

(69) $$U(z) = X(z)\cdot a\cdot z^{-n} = X(z)\cdot z^{-n}\cdot a$$

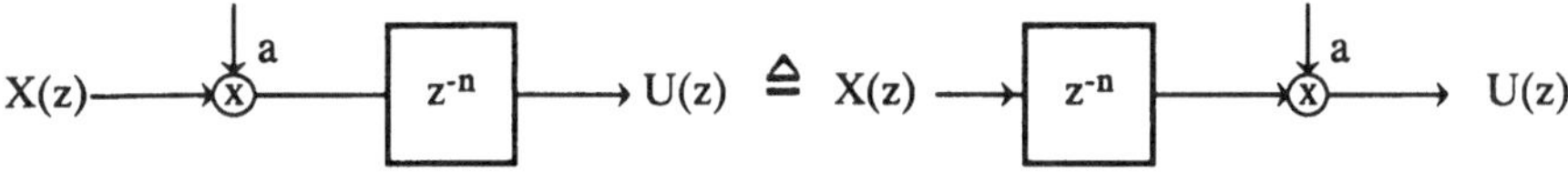

Dabei bedeutet eine Verzögerung um einen Takt, daß ein zum aktuellen Takt ankommender Signalwert abgespeichert und der vorgehende, bereits abgespeicherte jeweils weitergegeben und im Speicher durch den neuen Wert ersetzt wird.

Die laufende Summation einer Folge kann durch eine rekursive Addition ausgeführt werden, die auch mit Akkumulieren bezeichnet wird:

$$y_i = \sum_{\mu=0}^{i} x_\mu$$

Beginnend bei y_0 kann diese Summation auch rekursiv geschrieben werden:

$$y_i = y_{i-1} + x_i \quad \text{mit} \quad y_{-1} = a \text{ als Anfangsbedingung.}$$

In der z-Ebene bedeutet dies:

$$Y(z) = Y(z)\cdot z^{-1} + X(z) \quad \text{oder} \quad Y(z)\cdot(1-z^{-1}) = X(z) \quad \text{oder}$$

(70) $$Y(z) = \frac{X(z)}{(1-z^{-1})} = (\sum_{\mu=0}^{\infty} z^{-\mu})\cdot X(z)$$

Signaltheoretisch kann dieser Akkumulator auch als numerischer Integrator betrachtet werden, der um so genauer inetgriert je kleiner die Abtastintervalle T sind. Wie bereits durch die inverse z-Transformation bekannt, kann ein Polynom von z^{-1} im Nenner auch als Reihe von z^{-1} entwickelt werden, die dann allerdings i.a. nicht endlich ist. Die Funktion $1/(1-z^{-1})=z/(z-1)$ hat einen Pol erster Ordnung bei $z=1$ auf dem Einheitskreis, stellt also keine stabile Funktion dar. Dies wird auch anhand der schaltungstechnischen rekursiven Realisierung deutlich: Ist einmal eine bestimmte Summe in der rekursiven Addierschleife vorhanden, so klingt sie nicht mehr ab, wenn das Eingangssignal null wird. Ist das Eingangssignal X(z) konstant, so steigt die Summe ständig an. Der Schaltungsaufwand der rekursiven Struktur ist natürlich wesentlich kleiner, abgesehen davon, daß in der Praxis nicht unendlich viele Verzögerungsglieder und Addierer realisiert werden können. Dennoch hat die nicht-rekursive Struktur einen Vorteil: Die höchste Taktfrequenz wird nicht durch die Verarbeitungsgeschwindigkeit des Addierers begrenzt.

Haben die Verzögerungsglieder "z^{-1}" anfangs alle den Wert "0", so sind auch folgende beiden Schaltungen äquivalent, wobei man sich die rechte nicht-rekursive Struktur beliebig fortgesetzt vorstellen muß:

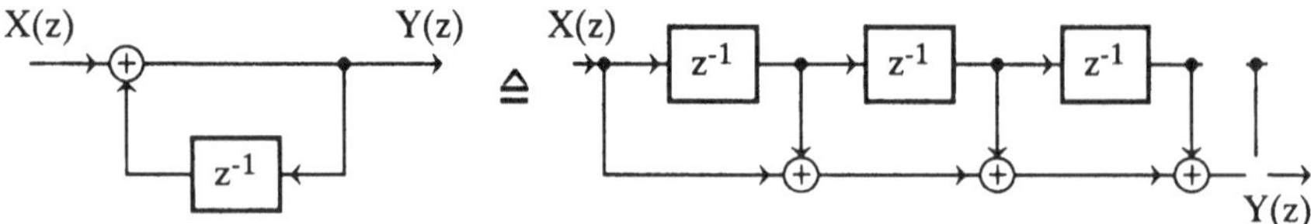

1.4.5 Digitale Filter

Das Analogon von analogen Filtern sind digitale Filter. Unter der Voraussetzung, daß das Abtasttheorem eingehalten wird, kann jedes analoge Filter auch durch ein digitales ersetzt werden. Die Umkehrung gilt nicht. Man unterscheidet zwei Klassen: die rekursiven und transversalen Filter, wobei letztere keine rekursiven Operationen, d.h. rückgeführten Operationen aufweisen.

Endlich viele additive Kombinationen von Verzögerungen und Multiplikationen ergeben

Transversale Filter $H_t(z)$: Da diese Filter endlich viele nicht zurückgeführte Additionen von unterschiedlich verzögerten und multiplikativ gewichteten Werten ausführen, ist eine Antwort auf ein RZ-Einheitsimpuls auch von endlicher Länge. Deshalb werden diese Transversalfilter auch als FIR-Filter (Finite Impulse Response) bezeichnet. Das Ausgangssignal U(z) des digitalen Filters H(z) ist, wie im Frequenzbereich analoger Filter, das Produkt mit dem Eingangssignal. Es bedeutet im Zeitbereich eine Faltung:

$$U(z) = X(z) \cdot H_t(z)$$

$$H_t(z) = \sum_{k=0}^{n} h_k \cdot z^{-k} \qquad\qquad X(z) \longrightarrow \boxed{H_t(z)} \longrightarrow U(z)$$

Folgende drei Realisierungen von Bild 1.24 führen zu dem gleichen Ergebnis. Die Ausführung a) ist unmittelbar abgeleitet aus Formel (70), während in b) realisiert ist

$$H(z) = h_o + z^{-1} \cdot (h_1 + z^{-1} \cdot (h_2 + ... + z^{-1} \cdot h_n))...)$$

und in c)

$$H(z) = (...(((h_n \cdot z^{-1} + h_{n-1}) \cdot z^{-1} + h_{n-2}) \cdot z^{-1} + ... + h_1) \cdot z^{-1} + h_0$$

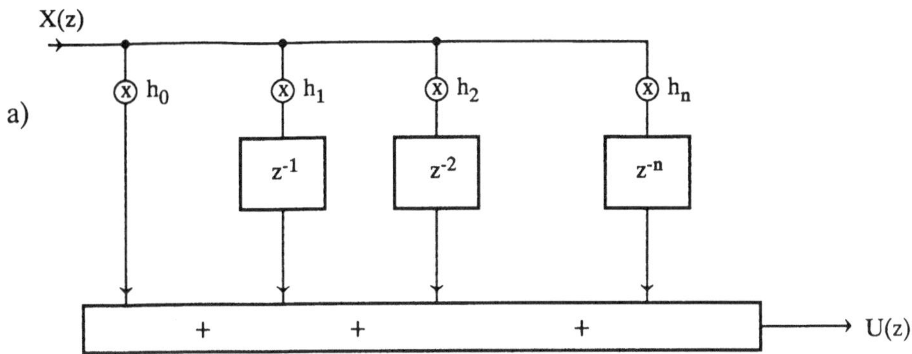

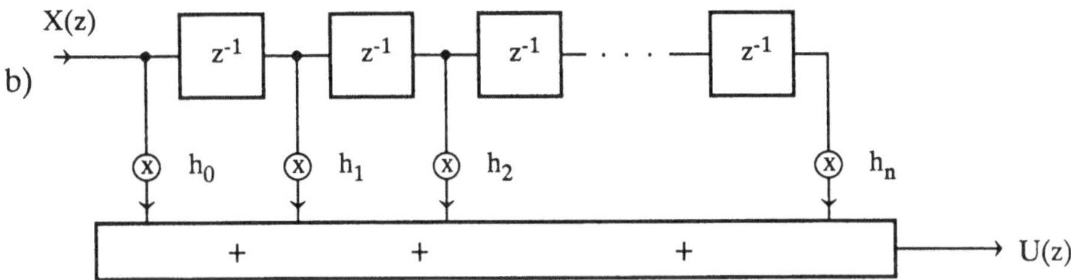

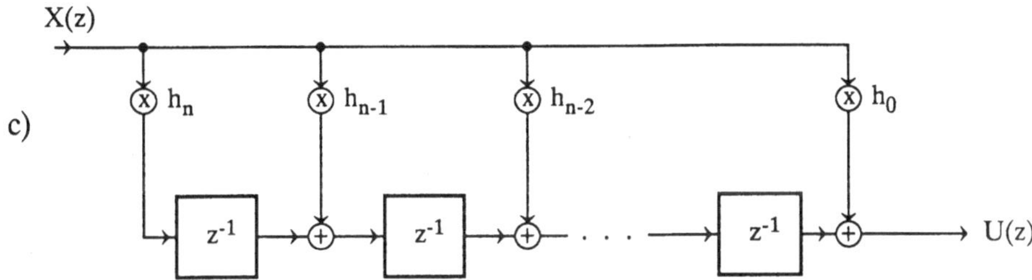

Bild 1.24 Transversalfilter - unterschiedliche Ausführungen des gleichen Filters:
a) Redundante Ausführung mit $n \cdot (n-1)/2$ Speicherbausteinen;
b) Ausführung für n Additionen pro Takt in einem Addierer;
c) Schnellste Ausführung mit n Addierern und n Multiplizierern mit zwei Operation "·" und "+" pro Takt.

Da die Reihenfolge von hintereinander liegender Operationen, wie Verzögerung, Multiplikation und Addition vertauschbar sind, liefern die drei in Bild 1.24 gezeigten unterschiedlichen Filterstrukturen äquivalente digitale Filter. Da im Teilbild b) gegenüber a) die Multiplikationen der Signalwerte im Einganssignal X(z) mit h_k und die Verzögerungen miteinander vertauscht sind, können die Verzögerungsglieder besser ausgenutzt werden, so daß für einen Filtergrad n insgesamt nur n Verzögerungsglieder benötigt werden. Während in a) und b) insgesamt n Additionen "+" pro Takt auszuführen sind, können durch die weitere Verlagerung der Verzögerungsglieder z^{-1} nach hinten in c) eine Addition und eine Multiplikation zusammen eine Taktperiode dauern. In a) hingegen kann eine Multiplikation allein eine Taktperiode dauern.

Rekursive Filter $H_r(z)$: Betrachtet man den Theoretischen Fall, das Signalwerte und Operationen beliebig genau auftreten bzw. ausgeführt werden, so hat die Impulsantwort auf einen RZ-Einheitsimpuls i.a. keine endliche Länge. Rekursive Filter werden deshalb auch oft als IIF-Filter (IIR: Infinite Impulse Response) bezeichnet. Es können auch - im Gegensatz zu transversalen Filtern - Instabilitäten, wie nicht-abklingende Schwingungen auftreten.

Steht die transversale Struktur

(71) $$H(z) = \sum_{k=1}^{n} b_k \cdot z^{-k} = z^{-1} \cdot \sum_{k=0}^{n-1} b_{k+1} \cdot z^{-k} = z^{-1} \cdot H_0(z)$$

wie folgt im Nenner einer Übertragungsfunktion

(72) $$H_r(z) = \frac{1}{1-H(z)} = \frac{1}{1-z^{-1} \cdot H_0(z)}$$

dann kann diese Funktion rekrusiv abgearbeitet werden. Aus

(73) $$U(z) = H_r(z) \cdot X(z) = \frac{X(z)}{1-z^{-1} \cdot H_0(z)}$$

wird

(74) $$U(z) = X(z) + z^{-1} \cdot H_0(z) \cdot U(z).$$

Dieser Funktion entspricht die Schaltung

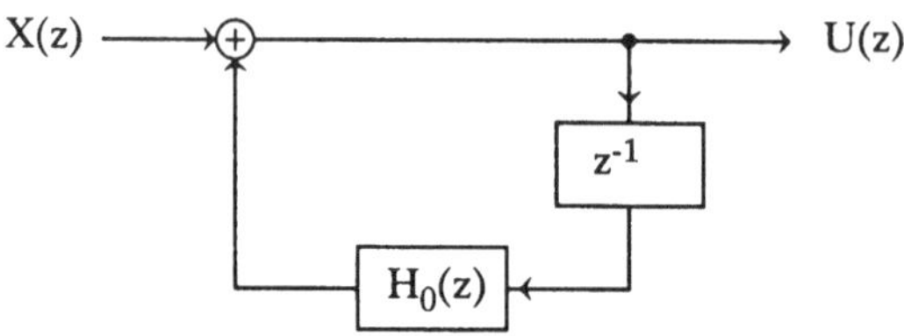

Im allgemeinen setzt sich ein rekursives Filter aus endlich vielen Zähler- und Nennerpotenzen von z^{-1} zusammen, so daß Zähler- und Nennerpolynom einer solchen rationalen Funktion je für sich allein als transversale Filter interpretiert werden können. Zu beachten ist, daß im Rückführungszweig der rekursiven Struktur immer mindestens eine Verzögerung von einer Taktperiode auftritt. Die rationale Funktion eines rekursiven Filters hat also folgende allgemeine Form:

$$(75) \qquad H_r(z) = \frac{H_t(z)}{1-z^{-1}\cdot H_0(z)} = \frac{\sum_{i=0}^{n} h_i\cdot z^{-1}}{1-z^{-1}\cdot\sum_{i=0}^{m-1} b_{i+1}\cdot z^{-1}}$$

Entsprechend der Kommutativität der Ausführung für den rekursiven und transversalen Anteil, kann die Ausführungsreihenfolge vertauscht werden:

$$(76) \qquad U(z) = X(z)\cdot H_t(z)\cdot\frac{1}{1-z^{-1}H_0(z)}$$

$$(77) \qquad = X(z)\cdot\frac{1}{1-z_0^{-1}H_0(z)}\cdot H_t(z)$$

Die Ausführungsreihenfolge kann aber auch entsprechend Bild 1.25 a) vermischt werden. Man nennt eine solche Ausführungsform kanonische Filterstruktur.

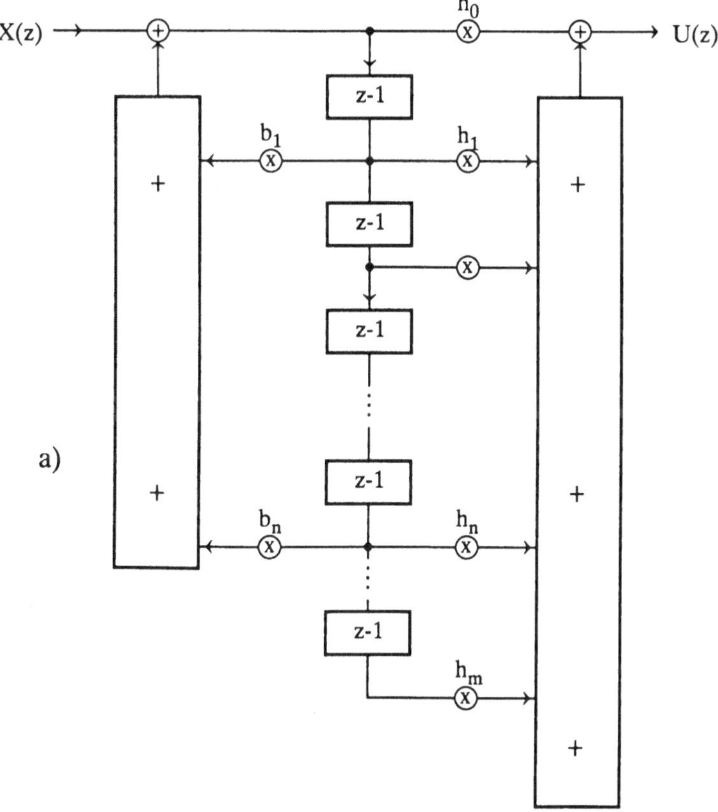

Bild 1.25 a) Kanonische Rekursivfilterstruktur für schnelle Addierer.

Bei der Filterstruktur in Bild 1.25a) müssen in einer Taktperiode m+n+1 Multiplikationen und m bzw. n Additionen ausgeführt werden. Ergeben sich bei höheren Taktfrequenzen Ausfürungszeitprobleme, so können noch die Additionen parallelisiert werden. Eine solche Struktur zeigt Bild 1.25b). Der zeitkritischste Pfad besteht aus der Multiplikation mit b_1 der anschließenden Addition der in VS2 zwischengespeicherten Summe und der vorherauszuführenden Addition des Eingangssignals X(z). Diese drei Operationen müssen in einer Taktperiode abgeschlossen werden und können nicht durch zusätzliche Verzögerungen parallelisiert abgefangen werden. Vorteilhaft wäre noch, die beiden Verzögerungsspeicher VZ1 und VZ1' wie im vorherigen Bild a) in einem zusammenzufassen. Dann können die beiden Additionen im kritischen Pfad ggf. durch einen Addierer mit drei Eingängen realisiert werden.

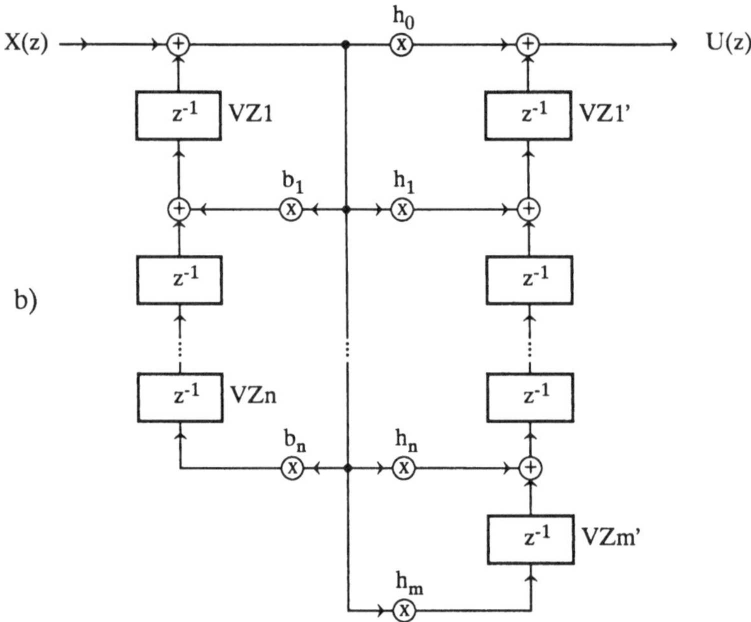

Bild 1.25 b) Kanonische Rekursivfilterstruktur für hohen Durchsatz.

Beispiel 1.4.2: Einfaches rekursives Filter.

Eine einfache rekursive Filterung werde numerisch ausgeführt anhand der Funktion

$$H_r(z) = \frac{1}{1\text{-}0{,}5z^{-1}}$$

Das Eingangssignal X(z) sei der RZ-Einheitsimpuls

$$X(z) = 1 + 0 \cdot z^{-1} + 0 \cdot z^{-2} + 0 \cdot z^{-3} + \ldots = 1$$

Entsprechend der rekursiven Struktur

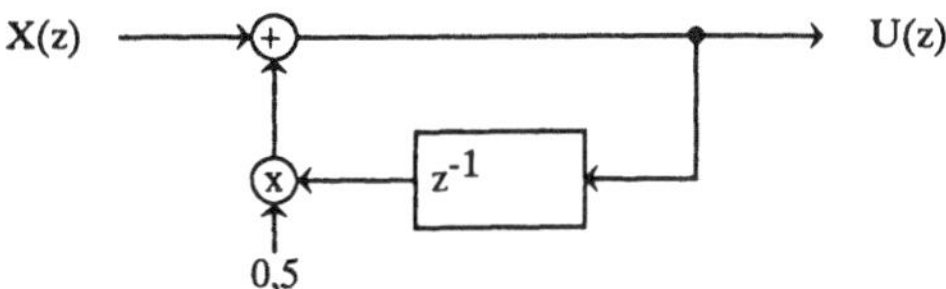

entsteht die in der folgenden Tabelle aufgelistete Impulsantwort

Takt	0	1	2	3	4	5	6	7	8	9
X(iT)	1	0	0	0	0	0	0	0	0	0
U(iT)	1	1/2	1/4	1/8	1/16	1/32	1/64	1/128	1/256	1/512

Wird anstelle $X(z)=1$ die Eingangsfunktion $X(z)=1+z^{-1}+z^{-2}+z^{-3}$ verwendet, so entsteht folgende Ausgangsfunktion U(z)

Takt	0	1	2	3	4	5	6	7	8	9
X(iT)	1	1	1	1	0	0	0	0	0	0
U(iT)	1	1,5	1,75	1,875	0,9375	0,468..	0,234..	0,117..	0,058..	0,029..

Das zum analogen Eingangsimpuls der Dauer 4T und der Konstanten Amplitude 1 gehörige Frequenzspektrum der Impulsenergie wird bekanntlich durch die si-Funktion beschrieben:

$$F_a(f) = \frac{2 \cdot \sin(4\pi fT)}{4\pi fT} \tag{78}$$

Die abgetastete Funktion des konstanten Impulses über die Dauer 4T, die Funktion $X(z)=1+z^{-1}+z^{-2}+z^{-3}$ hat hingegen das periodische Spektrum

$$|X(z=e^{pT})| = \left|\sum_{i=0}^{3} e^{-2\pi fTi}\right| = \left|\left[\sum_{i=0}^{3}\cos(2\pi fTi)\right]^2 + \left[\sum_{i=0}^{3}\sin(2\pi fTi)\right]^2\right|^{1/2}$$

Es stimmt bis zur Nyquistfrequenz $f_{Ny}=1/2T$ gut überein mit (78), weicht darüber hinaus natürlich deutlich ab. Die Übertragungsfunktion des digitalen Filters hat den ebenfalls periodischen Frequenzgang

$$|H_r(z=e^{pT})| = \frac{1}{|1-0{,}5e^{-j2\pi fT}|} = \frac{1}{|[1-0{,}5\cdot\cos(2\pi fT)]^2+[0{,}5\cdot\sin(2\pi fT)]^2|^{1/2}} \tag{79}$$

Eine Übertragungsfunktion H(z) wird oft gekennzeichnet durch die Impulsantwort, d.i. die Ausgangsfunktion $U(z) = H(z) \cdot X_0(z)$ auf den Eingangsimpuls $X_0(z) = 1$. Diese Kennzeichnung entspricht im analogen Zeitbereich der Systemantwort auf einem Dirac-Impuls. Möchte man wissen, welchen Wert die Ausgangsfunktion auf den Einheitssprung

$$X_1(z) = \sum_{i=0}^{\infty} z^{-i}$$

Im eingeschwungenen Zustand liefert, genügt der Ansatz H(z=1), da die Antwort auf den Einheitssprung nichts anderes ist, als das Produkt der Impulsantwort $H(z) \cdot X_0$ (als Signal interpretiert) mit der Einheitssprungfunktion $X_1(z)$

$$U_1(z) = H(z) \cdot X_0(z) \cdot X_1(z) = H(z) \cdot X_1(z)$$

Die Ausgangsfunktion $U_1(z)$ der Übertragungsfunktion $H(z) = \frac{1}{1-az^{-1}}$ konvergiert also auf den Einheitssprung als Eingangsfunktion gegen

$$H(z=1) = \frac{1}{1-a} = \sum_{i=0}^{\infty} a^i$$

Multipliziert man die Übertragungsfunktion mit 1-a, so verhält sich diese digitale Funktion, wie die analoge Funktion eines RC-Gliedes

$$H_a(2\pi f) = \frac{1}{1+j2\pi fRC}$$

Diese Funktion $H_a(2\pi f)$ besitzt bekanntlich die Impulsantwort im Zeitbereich auf den Dirac-Impuls als Eingangsfunktion

$$f_0(t) = Ae^{\frac{-t}{RC}}$$

Man erkennt, daß mit $a = e^{-T/RC}$ diese Impulsantwort an den Stellen $t = iT$ übereinstimmt mit der von

$$H(z) = \frac{A}{1-az^{-1}} = A \cdot (1 + az^{-1} + a^2z^{-2} + a^3z^{-3} + ...)$$

$$= A \cdot (1 + e^{-T}/^{RC} \cdot z^{-1} + e^{-2T/RC} \cdot z^{-2} + ... + e^{-iT/RC} \cdot z^{-i} + ..)$$

Mit A = 1-a repräsentiert also dieses digitales Filter die durch (80) gegebene analoge Schaltung:

$$H(z) = \frac{1-e^{\frac{-T}{RC}}}{1-e^{\frac{-T}{RC}} \cdot z^{-1}}$$

Der Frequenzgang der zugeordneten analogen Übertragungsfunktion ist unterhalb der Nyquistfrequenz vergleichbar mit der digitalisierten Übertragungsfunktion:

$$|H_a(2\pi f)| \approx |H(z=e^{j2\pi fT}| \quad \text{für } f < 1/2T$$

Die Übereinstimmungen von analoger und digitaler Beschreibung werden um so größer, je kleiner T wird, d.h. je enger die Abtastabstände werden.

Möchte man analoge Filter durch digitale erstzen, so geht man am günstigsten von der Filterbeschreibung durch komplexe Pol- und Nullstellen in der p-Ebene aus. Dabei können Pole $p_{\infty i}$ und auch Nullstellen p_{0i} entweder als konjugiert komplexes Paar ader als eine reeller Wert dargestellt werden. Deshalb lassen sich Filter in der p-Ebene aufspalten in in folgende beide Produkte, die sich dann je für sich in die z-Ebene transformieren lassen:

(80) $$H_a(p) = \prod_i H_i(p) \qquad \text{mit den beiden Typen}$$

$$H_{i1}(p) = \frac{\alpha_1 \cdot (p-\alpha_i)}{(p-p_{i\infty}) \cdot (p-p_{i\infty}^*)} \qquad \text{und} \qquad H_{i2}(p) = \frac{(p-p_{i0}) \cdot (p-p_{i0}^*)}{(p-p_{i\infty}) \cdot (p-p_{i\infty}^*)}$$

Eine Abbildung der p-Ebene in die z-Ebene ist durch $z=e^{pT}$ festgelegt bzw. durch $z^{-1}=e^{-pT}$. Um p als Funktion von z^{-1} in der Form als Potenzreihe zu erhalten, kann man die obige Fuktion in eine Taylorreihe an einer beliebigen Stelle z_0 entwickeln:

(81) $$p = \frac{-1}{T} \cdot \ln(z^{-1}) = \frac{-1}{T} \cdot \{\sum_n \frac{d^n}{n! \cdot (dz^{-1})^n} [\ln(z^{-1})] \Big|_{z=z_0} \cdot (z^{-1}-z_0^{-1})^n\}$$

Durch die Differentiation und Einsetzen des Reihenentwicklungspunktes $z=z_0$ ergibt sich dann die folgende Potenzreihe:

(82) $$pT = \ln(z_0) - [(\frac{z}{z_0})^{-1}-1] + \frac{1}{2} \cdot [(\frac{z}{z_0})^{-1}-1]^2 - \frac{1}{3} \cdot [(\frac{z}{z_0})^{-1}-1]^3 + \ldots$$

Aus dieser Reihenentwicklung kann man jetzt unterschiedliche Approximationen anwenden und so zu unterschiedlichen Digitalfilter-Entwürfen aus der p-Ebene gelangen. Die einfachste Methode ist die Reihenentwicklung um den Punkt $z_0=1$ und der Abbruch bei einer bestimmten Potenz, d.h. für Frequenzen um $f=0$ stimmen dann wegen $p_0=0$ die Freqenzgänge genau überein. Dabei liefert der Abbruch nach der ersten Potenz die folgende *Nullpunktsentwicklung:*

$$p = \frac{1}{T} \cdot (1-z^{-1}).$$

Diese Beziehung wird also in $H_a(p)$ eingesetz, so daß sofort das zugehörige digitale Filter strukturierbar ist. Oft ist es jedoch von Bedeutung, daß die Frequenzen von Polen und Nullstellen von digitaler und analoger Funktion genau übereinstimmen. Für diese Forderung verwendet man die *Pol/Nullstellenentwicklung*. Das bedeutet, daß für jeden Pol und für jede Nullstelle in der p-Ebene eine eigene Reihenentwicklung um den jeweiligen Pol bzw. um die jeweilige Nullstelle vorgenommen wird und daß diese Reihenentwicklungen dann an einer bestimmten Potenz abgebrochen werden, am einfachsten nach der ersten Potenz. Die Genauigkeit der Übereinstimmung zwischen den Frequenzgängen des analogen und des digitalen Filters kann man dann auf zwei Wegen erzielen: 1. Erhöhung der Verarbeitungsgeschwindigkeit, d.h. der Taktfrequenz; 2. Erhöhung des Filteraufwandes durch Abruch der Reihen (82) nach 2. oder 3. Potenz. Die Pol/Nullstellenentwicklung ergibt aus (82) für die einzelnen Pole und Nullstellen $p_iT = \ln(z_i)$ bei Abbruch nach der ersten Potenz die Formel

$$(p-p_i) = \frac{1}{T} \cdot [1-(\frac{z}{z_i})^{-1}]$$

Während die Pol/Nullstellenentwicklung zu einer guten Übereinstimmung im Frequenzbereich führt, liefert die folgende Methode der *Impulsinvarianz* eine Übereinstimmung im Zeitbereich. Die komplexe Filterfunktion in der p-Ebene $H_a(p)$ kann über Partialbruchzerlegung (bei Nicht-Auftreten von Mehrfachpolen) aufgespalten werden in die Summe

$$H_a(p) = \sum_i \frac{A_i}{p-p_{i\infty}}$$

Über die Laplace-Transformation ergibt sich dann als Impulsantwort auf den Dirac-Impuls im Zeitbereich die Lösung:

$$F(t) = \sum_i A_i \cdot e^{p_{i\infty}t}$$

Wegen der Linearität der Transformationen kann man für die einzelnen Summanden die z-transformierte Funktion finden, für die im Zeitbereich die Abtastwerte zu den Zeitpunkten $t=kT$ exakt übereinstimmen (vgl. letztes Beispiel). Betrachtet man nämlich die folgende Reihenentwicklung

$$F_i(z) = \frac{A_i}{1- e^{p_{i\infty}T} \cdot z^{-1}} = \sum_k A_i \cdot e^{p_{i\infty}kT} \cdot z^{-k}$$

so stellt man die gesuchte Übereinstimmung zu den Zeitpunten $t=kT$ fest. Damit gilt die Koinzidenz aber auch für die Summe

$$H(z) = \sum_i \frac{A_i}{1- e^{p_{i\infty}T} \cdot z^{-1}}$$

Die Konstanten A_i wie auch die Koeffizienten $e^{p_{i\infty}T}$ sind natürlich i.a. komplexe Zahlen. Faßt man jedoch wieder zwei konjugiert komplexe Polstellen auf einem Nenner zusammen und zwar

$$1- e^{p_{i\infty}T} \cdot z^{-1} \text{ und } 1- e^{p_{i\infty}^*T} \cdot z^{-1},$$

so erhält man in der z-Ebene wie auch in der Zeitebene reelwertige Funktionen. Eine für manche Anwendungen interessante Transformationsapproximation ist die *bilineare Transformation*, die im Gegensatz zur geforderten Transformation $z=e^{pT}$ eine umkehrbar eindeutige konforme Abbildung der p-Ebene in die z-Ebene vermittelt und nur angewendet werden darf, wenn auch die zusätzlich erforderliche nicht-lineare Frequenztransformation ausgeführt wird. Die bilinaere Transformation lautet:

$$p = \frac{2}{T} \cdot \frac{1-z^{-1}}{1+z^{-1}} \quad \text{mit der Umkehrabbildung } z = \frac{1+pT/2}{1-pT/2}$$

In der folgenden Tabelle sind die Koeffizientenbeziehungen für Pol/Nullstellenpaare explizit zusammengestellt für die vier genannten Transformationen.

$H(p) = \dfrac{\alpha_1(p-\alpha_0)}{(p-p_\infty)(p-p_\infty^*)}$ $p=j2\pi fT,$ $p_\infty=\sigma_\infty T+j2\pi f_\infty T$ $\alpha_0=\sigma_0 T$ $H(z) = \dfrac{a_0+a_1z^{-1}}{1+b_1z^{-1}+b_2z^{-2}}$	$H(p) = \dfrac{(p-p_0)(p-p_0^*)}{(p-p_\infty)(p-p_\infty^*)}$ $H(z) = \dfrac{a_0+a_1z^{-1}+a_2z^{-2}}{1+b_1z^{-1}+b_2z^{-2}}$
Nullpunktsentwicklung $c=(1+2\alpha_\infty+2^2_\infty+\beta^2_\infty)$ $a_0=\alpha_1(1-\alpha_0)/c$ $a_1=-\alpha_1/c$ $b_1=-2(1-\alpha_\infty)/c$ $b_2=1/c$	$c=1-2\alpha_\infty+\alpha_\infty^2+\beta_\infty^2$ $a_0=(1-2\alpha_0+\alpha_0^2+\beta_0^2)/c$ $a_1=-2(1-\alpha_0)/c$ $a_2=1/c$ $b_1=-2(1-\alpha_\infty)/c$ $b_2=1/c$
Pol/Nullstellenentwicklung $a_0=\alpha_1$ $a_1=-\alpha_1e^{\alpha_0}$ $b_1=-2e^{\alpha_\infty}\cos\beta_\infty$ $b_2=e^{2\alpha_\infty}$	$a_0=1$ $a_1=-2e^{\alpha_0}\cos\beta_0$ $a_2=e^{2\alpha_0}$ $b_1=-2e^{\alpha_\infty}\cos\beta_\infty$ $b_2=e^{2\alpha_\infty}$
Impulsinvarianz $a_0=\alpha_1$ $a_1=-\alpha_1e^{\alpha_\infty}\cos\beta_\infty-\alpha_1(\alpha_0-\alpha_\infty)\cdot$ $\cdot e^{\alpha_\infty}\dfrac{\sin\beta_0}{\beta_\infty}$ $b_1=-2\alpha_\infty\cos\beta_\infty$ $b_2=e^{2\alpha_\infty}$	$a_0=1+2(\alpha_\infty-\alpha_0)$ $a_1=-2e^{\alpha_\infty}\cos\beta_\infty\ -2(\alpha_\infty-\alpha_0)e^{\alpha_\infty}(\cos\beta_\infty-$ $-\ \alpha_\infty+\dfrac{\sin\beta_\infty}{\beta_\infty})\ -$ $-\ e^{\alpha_\infty}\cdot\dfrac{\sin\beta_\infty}{\beta_\infty}\cdot(\lvert p_\infty\rvert^2-\lvert p_0\rvert^2)$ $a_2=e^{2\alpha_\infty}$ $b_1=-2e^{\alpha_\infty}\cos\beta_\infty$ $b_2=e^{2\alpha_\infty}$
Bilineare Transformation $\beta'_\infty=2\cdot\tan(\beta_\infty/2)$ $c=\ 4\ -2\alpha_\infty+\alpha_\infty^2+\beta'^2_\infty$ $a_0=(2-\alpha_0)\cdot\alpha_1/c$ $a_1=-2\alpha_0\alpha_1/c$ $a_2=-(2+\alpha_0)\alpha_1/c$ $b_1=-2(4-\alpha_\infty^2-\beta'^2_\infty)/c$ $b_2=(4+\alpha_\infty^2+\beta_\infty^2+4\alpha_\infty)/c$	$\beta'_\infty=2\tan(\beta_0/2);\ \beta'_0=2\cdot\tan(\beta_0/2)$ $c=\ 4\ -2\alpha_\infty+\alpha^2_\infty+\beta'^2_\infty$ $a_0=(4-2\alpha_0+\alpha^2_\infty+\beta'^2_0)/c$ $a_1=-2(4-\alpha^2_0-\beta'^2_0)/c$ $a_2=(4+\alpha^2_0+\beta^2_0+4\alpha_0)/c$ $b_1=-2(4-\alpha^2_\infty-\beta'^2_\infty)/c$ $b_2=(4+\alpha_\infty^2+\beta_\infty^2+4\alpha_\infty)/c$

Tabelle 1.4.1: Transformationen der p- in die z-Ebene.

1.5 Physikalischer Aufbau von Halbleitern in Planartechnik

1.5.1 Halbleitereigenschaften

Die Funktion von Transistoren basiert auf Ladungsverschiebungen und dadurch verursachte Leitfähigkeiten in pn- bzw. np-Übergängen in Halbleitermaterialien wie z.B. kristallinem Silizium. Die n- bzw. p-Dotierungen werden durch lokale Diffusion erzielt, die positive bzw. negative Ladungen (Elektronen) freisetzen. Man unterscheidet im wesentlichen drei Dotierungskonzentrationen:

schwache Dotierungen:	n^-, p^-	mit 10^{15} -	10^{16} EL/cm^3
mittlere Dotierungen:	n , p	mit 10^{16} -	10^{19} EL/cm^3
starke Dotierungen:	n^+, p^+	mit >	10^{19} EL/cm^3

Dabei bezeichnet EL eine vorhandene oder fehlende Elementarladung eines Elektrons mit Ladung $|e| = 1{,}602 \cdot 10^{-19}$ As.

In Angström Einheiten, 1 Å = 10^{-8}cm, bedeutet 10^{19} EL/cm^3 = 1 EL/10^5Å^3. Möchte man diese durch in das Material hineindiffundierte Dotierungen erzeugten Ladungsträgerkonzentration auf die Atomkerndichte beziehen, so erhält man diese aus dem spezifischen Gewicht g des Materials, des Atomgewichts A und der Loschmidt'schen Zahl L

$$\rho_{Atom} = \rho \cdot \frac{L}{A}$$

Mit $L = 6{,}025 \cdot 10^{23}[mol^{-1}]$, $A_{Si} = 28{,}06$ [g/mol], $\rho \approx 2{,}3[g/cm^3]$ ergibt sich beispielsweise

$$\rho_{Atom}(Si) = 2{,}3[g/cm^3] \cdot 6{,}025 \cdot 10^{23}[mol^{-1}]/28{,}06[g/mol]$$

$$= 0{,}494 \cdot 10^{23}[cm^{-3}] = 0{,}049[Å^{-3}]$$

Dies entspricht einem mittleren Atomabstand von $(0{,}049)^{-1/3} \approx 2{,}85$Å

Bei einer mittleren Dotierung von 10^{18} EL/cm^3 ist dies eine Konzentration von

$$0{,}49 \cdot \frac{10^{23}}{10^{18}} = 49 \cdot 10^3.$$

Auf ca. 40.000 Si-Atome kommt dann 1 freier Ladungsträger.

Der erste Schritt zur Integration wurde durch die Anordnung von Transistoren in mehr oder weniger einer Ebene ermöglicht. Die Verfeinerung der Strukturen auf den μm-Bereich durch ständig verbesserte Dotierungs-, Ätz-, Strahlungs-Epitaxie- und Aufdampfungstechniken auf Halbleiterplättchen erlaubt heute eine Konzentration von Hunderttausenden von Transistoren auf einen Chip von 50 bis 100 mm^2.

Der Miniaturisierung sind jedoch physikalische Grenzen gesetzt durch kristalline Strukturen und durch die vorhandenen zufälligen Bewegungen von Elektronen, die dann die Wahrscheinlichkeit für "Softfehler" erhöhen, d.h. logische Schaltfunktionen werden ausgelöst durch zufällige Ladungsverschiebungen, die z.T. auch durch auftretende Strahlungsreste (α, β, γ) ausgelöst werden können. Die physikalisch sinnvolle Grenze der Konzentrationsdichte liegt bei ca. $10^5/mm^2 = 1/[10^9 Å^2]$.

Der wesentliche Fortschritt in der Großintegration wurde dadurch erreicht, daß der Aufbau der Transistoranordnung auf planarem Gebiet vereinfacht wurde. Eine weitere wesentliche Verbesserung - vor allem der Integration binär logischer Funktionen - verdanken wir der Entwicklung der MOS-Technik (Metal-Oxyd-Semiconductor) mit Feld-Effekt-Transistoren (MOS-FET). Beide Transistorfamilien, die bipolaren und Feldeffekt-Transistoren, spielen heute in der Großintegration für z.T. unterschiedliche Anwendungsgebiete eine unentbehrliche Rolle.

1.5.2 Mathematische Beschreibung der Halbleitereffekte

Das stabile elektrische Verhalten im Halbleitermaterial kann mit Hilfe der Potentialtheorie beschrieben werden. Die zugrunde liegenden Gleichungen sind die Poisson- und Kontinuitätsgleichungen

(84) $$\underline{\nabla}^2 \Phi = \frac{q}{\epsilon} \cdot [p - p_0 - (n - n_0)]$$

(85) $$\underline{\nabla} \cdot \underline{J}_n = -q \cdot (G_n - R_n)$$

(85') $$\underline{\nabla} \cdot \underline{J}_p = q \cdot (G_p - R_p)$$

wobei ∇ der Differentialoperator (Nabla) $\nabla := (\partial/\partial x, \partial/\partial y, \partial/\partial z)$ und ∇^2 der Laplace-Operator $\underline{\nabla} \cdot \underline{\nabla} = \nabla^2 := \partial^2/\partial x^2 + \partial^2/\partial y^2 + \partial^2/\partial z^2$ darstellt. Die Summe der Kontinuitätsgleichungen (85) und (85') entspricht dann der bekannten Gleichung

(85") $$\underline{\nabla} \cdot \underline{J} = - \frac{\partial \rho}{dt}$$

während (84) der Gleichung

(84') $$\underline{\nabla} \cdot (\epsilon E) = \rho$$

entspricht, mit ρ als Ladungsdichte und E als Feldstärke.

Dabei ist Φ das elektrostatische Potential, n und p sind die Dichten freier Elektronen bzw. fehlender Elektronen (Löcher), n_0 und p_0 sind die dotierten Elektronen-Donatoren (Geber)- bzw. Akzeptoren-Dichten. ϵ ist die Dielektrizitätskonstante des Materials (für freien Raum gilt $\epsilon_0 = 8{,}854$ pF/m) und q ist die Elektronenladung. G,R sind die Generations- bzw. Rekombinationsraten. Schließlich geben $\underline{J}_n$ und $\underline{J}_p$ die (gerichteten) Stromdichten der Elektronen bzw. Löcher an.

Diese Stromdichten sind wiederum abhängig von Potentialgradienten und Ladungsdichtegradienten:

(86) $\underline{J}_n = -q\mu_n n\underline{\nabla}\Phi + qD_n\underline{\nabla}n$

(86') $\underline{J}_p = -q\mu_p p\underline{\nabla}\Phi - qD_p\underline{\nabla}p$

(87) $\underline{J} = \underline{J}_p + \underline{J}_n$

Dabei sind μ_n, μ_p die Mobilitätskonstanten der Elektronen bzw. Löcher im Material; D_n, D_p sind die Diffusionskoeffizienten für negative bzw. "positive Ladungsgeber". Beide hängen zusammen über die Einstein-Relation

(88) $D_n = \mu_n \cdot \frac{kT}{q}$

(88') $D_p = \mu_p \cdot \frac{kT}{q}$

mit der Boltzmannkonstante k ($k = 1{,}38 \cdot 10^{-23}$ Ws/°) und der Absoluten Temperatur T in ° Kelvin. kT ist also eine thermische Energie.

Diese Gleichungen gehören bereits zum klassischen Repertoire, um Ladungsträgertransporte im Gleichgewichtszustand zu beschreiben. Natürlich können die kontinuierlichen Gesetze nicht mehr im Angström- und Nanometerbereich angewendet werden.

Bisherige Übereinstimmungen von Berechnungen und experimentellen Messungen haben gezeigt, daß die Gleichungen bis auf 200 nm-Bereiche bei Silizium und 500 nm-Bereiche bei Gallium-Arsenid anwendbar sind. Aus den Gleichungen können also die statischen Kennlinien von Halbleiterelementen wie Transistoren, Dioden, Widerständen relativ genau ermittelt werden. Allerdings kann das dynamische Verhalten im ns-Bereich nicht beschrieben werden. Man hilft sich dann über RC-Ersatzschaltbilder, deren Werte auch aus den Materialstrukturen hervorgehen, bzw. über Laufzeitabschätzungen, wie es später bei Feldeffekttransistoren durchgeführt wird.

Für genauere Berechnungen greift man am besten auf die Maxwellschen Feldgleichungen zurück

(89) $\underline{\nabla}\mathrm{x}H = æ \cdot \underline{E} + \epsilon \cdot \frac{\partial \underline{E}}{\partial t}$

(90) $\underline{\nabla}\mathrm{x}\underline{E} = -\frac{\partial \underline{B}}{\partial t}$

(91) $\underline{\nabla} \cdot (\epsilon \underline{E}) = \rho$

(92) $\underline{\nabla} \cdot \underline{B} = 0$

mit der elektrischen Leitfähigkeit æ, den vektoriellen elektrischen und magnetischen Feldstärken $\underline{E}$ und $\underline{H}$ und der magnetischen Induktion $\underline{B} = \mu \cdot \underline{H}$, mit μ-Permeabilität.

Die numerische Ermittlung der gesuchten Kennlinien führt man durch über die Diskretisierung der Gleichungen und der Ortskoordinaten, was im Prinzip mit mehrdimensionalen z-Transformationen gelingt.

1.5.3 Typische physikalische Materialkonstanten von Halbleitern

Halbleiter sind solche Stoffe oder Verbindungen, deren Leitfähigkeit zwischen denen der Isolatoren und Metalle liegt. Zwischen leitenden und nichtleitenden Materialien liegt der sehr große Bereich des spezifischen Widerstands von 10^{-4} bis 10^{12} Ωcm. Die heute technisch wichtigsten Halbleiter sind Silizium (Si), Germanium (Ge) und Gallium-Arsenid (GaAs). Dabei sind Silizium (Si) mit der Kernladungszahl 14 und Germanium (Ge) mit der Kernladungszahl 32 4-wertige Elemente, deren 4 Elektronen auf der äußeren Atomhülle im kristallinen Zustand fest in die Gitterstruktur eingebaut sind, d.h. diese bestimmen. Für die Leitfähigkeit wird aber ein Ladungstransport durch bewegte Elektronen (bzw. Defektelektronen, d.s. sich im Austausch befindende fehlende Elektronenladungen) benötigt. Bei der Eigenleitfähigkeit des reinen kristallinen Materials werden freie Ladungen stochastisch aus der thermischen Energie beim Überschreiten eines bestimmten Energieniveaus erzeugt.

Wird ein in Kristallgitter gebundenes Elektron herausgelöst, so entsteht ein Elektron-Defektelektronenpaar. Die für ein Elektron erforderliche Zusatzenergie ΔE liegt für Germanium bei $\Delta E(Ge) = 0.7$ eV, für Silizium bei $\Delta E(Si) = 1{,}1$ eV, und für Gallium-Arsenid bei $\Delta E(GaAs) = 1{,}4$ eV. Einen sehr niedrigen Wert weist die III-V-Verbindung Indium-Antimonid (InSb) auf: $\Delta E(InSb) = 0{,}26$ eV. Die im Gitter gebundenen Elektronen der äußeren Schale haben eine Energieniveauverteilung, die man als Valenzband bezeichnet. Wird die Energie um ΔE über einen nicht stabilen Energieniveaubereich (Verbotenes Band) angehoben, so liegt die Energie im Leitungsband, wo die Elektronen frei beweglich sind. Anhand der Banddifferenz ΔE können Halbleiter von Leitern und Isolatoren unterschieden werden.

Bei Leitern überschneiden sich Valenz- und Leitungsband, d.h. $\Delta E = 0$, so daß nahezu jedes Atom ein freies Elektron abgeben kann. Für Isolatoren ist der Bandabstand unüberbrückbar hoch und liegt zwischen 3 eV und 6 eV. Überwindet ein Elektron die Schwelle ΔE, so bekommt es seine Zusatzenergie ΔE aus der thermischen Energie des Materials. Ist diese höher, so werden häufiger freie Elektronen erzeugt. Deshalb steigt die Leitfähigkeit von Halbleitern mit der Temperatur, während bei Leitern ohnehin genügend freie Elektronen vorhanden sind, deren Beweglichkeit durch erhöhtes Schwingen von Atomen nur eingeschränkt wird. Deshalb haben Leiter eine fallende Leitfähigkeit bei steigender Temperatur.

Die Energie freier Elektronen wird wieder zurückgegeben, wenn solche Elektronen-Defektelektronen-Paare rekombinieren. Der Gleichgewichtszustand zwischen

Generieren und Rekombinieren beschreibt eine von der Temperatur abhängige Ladungsträgerdichte (n_e, n_p), die die Eigenleitfähigkeit des reinen Halbleitermaterials ergeben. Diese Ladungsträgerdichten liegen bei Zimmertemperatur bei: $n_e(Si) \approx 1{,}5 \cdot 10^{+10}$ cm^{-3}; $n_e(Ge) \approx 2{,}5 \cdot 10^{+13}$ cm^{-3}, $n_e(GaAs) \approx 9{,}2 \cdot 10^{6}$ cm^{-3}.

Technisch werden n-leitende Gleichgewichtszustände durch Materialdotierung und Diffusion dadurch erzeugt, daß einige 4-wertige Si-Atome in Kristallgitter durch 5-wertige Atome wie z.B. Phosphor (P), Antimon (Sb) oder Arsen (As) ersetzt werden. Entsprechend müssen für p-leitende Gleichgewichtszustände 3-wertige Elemente wie z.B. Bor (B), Aluminium (Al), Gallium (Ga) oder Indium (In) verwendet werden.

Wird ein 5-wertiges Atom an den Gitterplatz gesetzt, dessen Struktur einem 4-wertigem Material entspricht, so werden nur 4 der 5 Elektronen auf der äußeren Atomhülle fest gebunden. Dieses freie Elektron besitzt dann nur noch eine geringe Bindungsenergie, die durch die natürliche thermische Energiestreuung schnell überwunden wird. Das sich frei von Atom zu Atom bewegende Elektron hat dann eine mittlere kinetische Energie, die der thermischen Energie entspricht:

$$E_e = \frac{3}{2}kT = \frac{m_e v^2}{2}$$

Dabei ist $k = 1{,}380 \cdot 10^{-23}$ J/°K, die Boltzmann-Konstante und T die absolute Temperatur in Grad Kelvin [°K]. Gemäß dieser Energie hat das freie Elektron mit der Masse $m_e = 9{,}11 \cdot 10^{-28}$ g die mittlere Geschwindigkeit von $v = \sqrt{3kT/m_e} \approx$ 120 km/s bei T=300°K. Da das Elektron eine positive nicht neutralisierte Kernladung hinterläßt, entsteht ein positives Potential, daß wieder ein Elektron einfangen kann. Das Einfangen nennt man Rekombinieren, das Freisetzen Generieren.

Die aus der kinetischen Energie resultierende mittlere Geschwindigkeit der Elektronen ist natürlich bei weitem nicht die mittlere Geschwindigkeit in eine bestimmte Richtung. Angaben über Ladungsverschiebungsgeschwindigkeiten in bestimmte Richtungen werden beschrieben durch die Eigenbeweglichkeit der Ladungen, gemessen in

Geschwindigkeit bezogen auf Elektrische Feldstärke $\left[\frac{cm/s}{V/cm} = cm^2V^{-1}s^{-1}\right]$.

Auch den positiv geladenen Stellen mit fehlenden Elektronen (Defektelektronen) kommt eine Beweglichkeit μ_p zu. Die positiven Kernladungen der Atome bleiben zwar fest an Ort und Stelle, aber es kann das positiv geladene Atom ein in der nähe befindliches Valenzelektron eines Nachbaratoms einfangen, so daß dieser dann ein fehlendes Elektron aufweist. Auf diese Art und Weise bewegen sich auch die Defektelektronen.

Die Eigenbeweglichkeiten der Elektronen μ_e und der Defektelektronen μ_p sind für Silizium, Germanium und Gallium-Arsenid folgende Werte:

μ_e(Si) = 1.350 $cm^2V^{-1}s^{-1}$, μ_e(Ge) = 3.950 $cm^2V^{-1}s^{-1}$

μ_e(GaAs) = 8.500 $cm^2V^{-1}s^{-1}$, μ_p(Si) = 480 $cm^2V^{-1}s^{-1}$

μ_p(Ge) = 1.900 $cm^2V^{-1}s^{-1}$, $_p$(GaAs) = 450 $cm^2V^{-1}s^{-1}$

Die vergleichsweise größte Beweglichkeit besitzt der III-V-Halbleiter GaAs für Elektronen μ_e, weshalb dieser Halbleiter heute insbesondere für schnelle Schaltungen in Gbit/s-Bereich angewendet wird. Da die Beweglichkeit der Elektronen viel größer ist als die der positiven Ladungen μ_e(GaAs) >> μ_p(GaAs), werden für besonders hohe Frequenzen vorzugsweise n-dotierte Materialien und n^+-n sowie n-m-Übergänge (n-Halbleiter-Metall) verwendet.

Übergänge von n-leitendem Halbleitermaterial zu Metall werden wir später als Schottky-Kontakte (Schottky-Diode) kennenlernen.

Eine extrem hohe Elektronenbeweglichkeit weist der auch für opto-elektrische Wechselwirkungen bekannte III-V-Halbleiter Indium-Antimomid (InSb) auf: μ_e(InSb) ≈ 80.000 $cm^2V^{-1}s^{-1}$.

Aus der Beweglichkeit und der Dichte der Ladungen ergibt sich die Leitfähigkeit des Materials als Funktion der Dichte von freien Elektronen und freien Defektelektronen:

(93) $$\sigma = e \cdot (\mu_e n_e + \mu_p n_p)$$

wobei $e = 1{,}60 \cdot 10^{-19}$ As die Ladung eines Elektrons ist und n_e, n_p die freien Ladungsträgerdichten sind.

Sind keine Fremdatome (Dotierungen) im Halbleitermaterial, so liefert die obige Formel die Eigenleitfähigkeit σ_i (i: intrinsic) des Materials. Da beim thermisch angestoßenen Überwinden der Valenz-Leitungsbanddifferenz ΔE sich jedesmal ein freies Elektronen Defektelektronenpaar bildet, ist $n_e = n_p = n_i$, so daß gilt

(94) $$\sigma_i = e \cdot n_i \cdot (\mu_e + \mu_p)$$

Germanium hat aufgrund des relativ kleinen Abstandes ΔE des Leitungsbandes vom Valenzband (ΔE(Ge)= 0,7 eV) die relativ hohe Eigenleitfähigkeit von

$$\sigma_i(\text{Ge}) = 1{,}6 \cdot 10^{-19}\ \text{As} \cdot 2{,}4 \cdot 10^{13}\text{cm}^{-3} \cdot (3.600\ \text{cm}^2\text{V}^{-1}\text{s}^{-2} +$$

$$+\ 1.700\ \text{cm}^2\text{V}^{-1}\text{s}^{-1}) = 0{,}02\ \Omega^{-1}\text{cm}^{-1} = \frac{1}{50\Omega\text{cm}} = \frac{1}{0{,}5\text{M}\Omega\mu\text{m}}$$

Ein Würfel von 1μm Kantenlänge hat also von einer Seite zur gegenüberliegenden einen Widerstand von 0,5 MΩ. Diese Einheit nennt man den spezifischen Widerstand, er ist der Kehrwert der Leitfähgkeit.

Für Silizium ergibt sich

$$\sigma_i(\mathrm{Si}) = 1{,}6 \cdot 10^{-19}\mathrm{As} \cdot 6{,}8 \cdot 10^{10}\mathrm{cm}^{-3} \cdot (1.400\ \mathrm{cm}^2\mathrm{V}^{-1}\mathrm{s}^{-1} + 400\ \mathrm{cm}^2\mathrm{V}^{-1}\mathrm{s}^{-1})$$

$$= 20 \cdot 10^{-6}\Omega^{-1}\mathrm{cm}^{-1} = \frac{1}{50\ \mathrm{k}\Omega\mathrm{cm}}$$

$$= \frac{1}{500\mathrm{M}\Omega\mu\mathrm{m}}$$

Hochreines Gallium-Arsenid hat eine Eigenleitträgerdichte von $n_i \approx 9 \cdot 10^{+6}$, so daß die Eigenleitfähigkeit ist

$$\sigma(\mathrm{GaAs}) = 1{,}6 \cdot 10^{-19} \cdot 9 \cdot 10^{6} \cdot (8.500 + 450)\Omega^{-1}\mathrm{cm}^{-1}$$

$$= 1{,}4 \cdot 10^{-8}\Omega^{-1}\mathrm{cm}^{-1} = \frac{1}{70\ \mathrm{M}\Omega\mathrm{cm}}$$

$$= \frac{1}{7 \cdot 10^{5}\mathrm{M}\Omega\mu\mathrm{m}}$$

Technisch eingesetzt werden n- und p-dotierte Halbleiter, die die in Bild 1.26 angegebene Widerstandsbereiche abdecken. Wie die Skala in Bild 1.26 zeigt, ist die Leitfähigkeit bzw. der spezifische Widerstand eine Materialkonstante, die, wie selten eine in der Natur, einen Bereich von 10^{25} abdeckt vom Leiter bei $10^{-6}\Omega$cm bis zum Isolator S_i0_2 von ca. $10^{19}\Omega$cm.

In der Tabelle von Bild 1.27 sind noch einmal die wichtigsten Materialkonstanten der Halbleiter Si, Ge und GaAs vergleichend zusammengestellt.

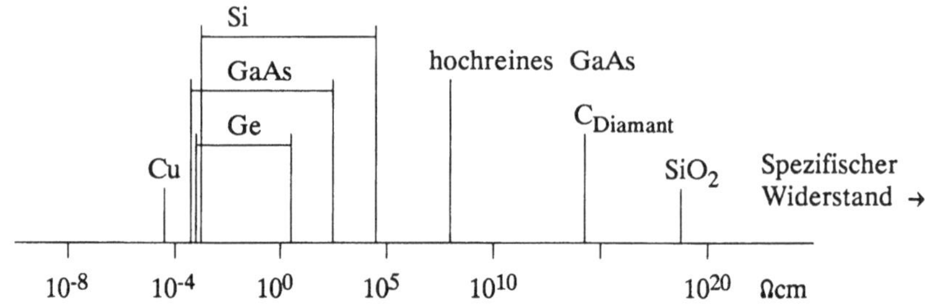

Bild 1.26 Leitfähigkeitsbereiche von kristallinen Halbleitern

	Si	Ge	GaAs
Kernladung	14	32	31/33
Atomdichte [cm^{-3}]	$5 \cdot 10^{22}$	$4{,}4 \cdot 10^{22}$	$4{,}4 \cdot 10^{22}$
Dichte [$g\ cm^{-3}$]	2,3	5,33	5,35
Schmelzpunkt [°C]	1.420	947	1.238
Wärmeleitfähigkeit [$w\ cm^{-1} {}^\circ K^{-1}$]	0,84	0,63	0,4
Spezifische Wärme [$ws\ g^{-1} {}^\circ K^{-1}$]	0,76	0,31	0,32
Dielektrizitätskonstante (relativ)	12	16	11
Bandabstand [eV]	1,12	0,67	1,43
Eigenleitungsträgerdichte [cm^{-3}]	$1{,}5 \cdot 10^{10}$	$2{,}5 \cdot 10^{13}$	$9{,}2 \cdot 10^{6}$
Elektronenbeweglichkeit μ_e[$cm^2 V^{-1} s^{-1}$]	1.350	3.900	8.500
Defektel.-Beweglichkeit μ_p[$cm^2 V^{-1} s^{-1}$]	480	1.900	450
Spezifischer Widerstand (rein) [Ω cm]	$5 \cdot 10^{4}$	$5 \cdot 10^{1}$	$7 \cdot 10^{7}$

Bild 1.27 Wichtigste physikalische Materialkonstanten der Halbleiter Silizium (Si), Germanium (Ge), Gallium-Arsenid (GaAs) bei 300°K

1.5.4 pn-Übergänge in Halbleitern

Die für die Schaltvorgänge in den später zu verschaltenden Logikbausteinen wichtigsten nicht-linearen Funktionen werden von pn-Übergängen (bzw. np-Übergänge) ausgelöst. Deshalb wird das elektrische Verhalten eines solchen Halbleiterübergangs anhand einer einfachen p-n-Übergangs eindimensional physikalisch diskutiert. Bild 1.28 b) zeigt einen Schnitt durch einen p-n-Übergang von ca. 1μm · 2μm, um eine vorstellbare Größenordnung anzugeben. Die rechte Hälfte besteht aus n-leitendem Halbleitermaterial und die linke Seite aus p-leitendem, so daß sich rechts Elektronen und links Defektelektronen frei bewegen können. Die Bewegungsenergie der Elektronen wird der thermischen Energie entnommen. Deshalb steigt mit der (absoluten) Temperatur die Geschwindigkeit der Elektronen und die Wahrscheinlichkeit, daß gebundene Valenzelektronen in freie Übergehen. Zurück bleibt dann eine ortsgebundene positive Ladung, die erst neutralisiert wird, wenn zufällig ein in der nähe befindliches Elektron rekombiniert. Die Bewegungsenergie der Elektronen bzw. der Defektelektronen führt dazu, daß Elektronen, also negative freie Ladungen n^-, von rechts nach links in das p-Gebiet diffundieren und Defektelektronen von links nach rechts. Aufgrund der zurückbleibenden ortsgebundenen entgegengesetzten Ladung entsteht also rechts ein positives und links ein negatives Ladungsniveau. Diese Diffusion der freien Ladungsträger setzt sich solange fort, bis die Potentialdifferenz so groß ist, daß die entstehende Feldstärke wieder gleichviele Ladungsträger zurückholt.Das Gleichgewicht stellt sich entsprechend Gleichung (84) ein. Es entsteht direkt an der pn-Übergangsstelle ein großer Mangel an freien Ladungsträgern.

Die resultierende Summe aus freien und gebundenen Ladungsträgerdichten ergibt dann die in Bild 1.28 d) skizzierte Ladungsdichte

(95) $$\rho = q \cdot (n^+ - n^+_0 - n^- - n^-_0)$$

Gemäß Gleichung (84) folgt dann die in Bild 1.28 c) skizzierte Potentialverteilung durch zweimalige Integration der Ladungsdichte ∂.

Da sich die Leitfähigkeit σ zusammensetzt aus der Dichte freier Ladungsträger n^-, n^+ und der ihr entsprechenden Ladungsträgerbeweglichkeit μ_e, μ_p, sinkt die Leitfähigkeit stark in der Ladungsträger-armen Zone (vgl. Bild 1.28 f): Es entsteht eine Sperrschicht. Die von der x-Koordinate abhängige Leitfähigkeit ist gegeben durch

$$\sigma(x) = e \cdot (n^-(x) \cdot \mu_e + n^+(x) \cdot \mu_p)$$

Der gesamte Widerstand R pro Querschnittsfläche A^2 ergibt sich dann aus der folgenden Integration:

(96) $$R/A^2 = \int \frac{1}{\sigma(x)} dx$$

Die in Bild 1.28 skizzierten leitenden Kontaktstellen wurden in die Darstellung des pn-Übergangsverhalten nicht mit einbezogen. Auch an diesen Kontaktstellen bilden sich Potentialverteilungen aus, die in der Regel durch Metall-Halbleiterübergänge (Schottky-Kontakt) beschrieben werden können. Diese weiteren, hier weggelassenen Potentialverteilungen führen dazu, daß eine in Bild 1.28 e) scheinbar nach außen wirkende Halbleiterspannung nicht beobachtbar ist, da am Metallübergang sich kompensierende Potentialverteilungen ausbilden.

Legt man an den Halbleiterübergang, wie in Bild 1.28 a) links gezeigt, von außen eine zusätzliche Spannung in "Sperrichtung" des Übergangs an, so werden die freien negativen und positiven Ladungen entsprechend des zusätzlichen Potentialgefälles, von der Sperrschicht noch weiter abgesaugt. Die Trägerdichte der freien Ladungen n^+ und n^- verringern sich in der Umgebung des HL-Überganges noch mehr (vgl. Bild 1.29 b) links). Die Leitfähigkeit σ wird, wie dann in Bild 1.29 e) links dargestellt, noch geringer: Der Gesamtwiderstand R/A^2 wird mithin noch größer. Es kann kein Strom fließen, der Übergang sperrt.

Wird hingegen eine Spannung von außen in "Durchlaßrichtung" angelegt, wie in Bild 1.29 a) rechts gezeigt, so werden die freien Ladungsträger mehr zum pn-Übergang gedrückt - aufgrund des zusätzlichen elektrischen Feldes. Freie Ladungsträger können dadurch auch den HL-Übergang passieren.

Die Leitfähigkeit σ wird nirgends sehr klein (vgl. Bild 1.29 e) rechts), der Gesamtwiderstand ist also klein: Es fließt Strom in der jetzt hiernach bezeichneten Durchlaßrichtung.

Damit sind einige wesentliche Halbleitereffekte eines pn-Überganges phänomenologisch beschrieben. Die bei einem solchen pn-Übergang (mit mittleren Dotierungen) auftretende Abhängigkeit des Stromes von einer von außen angelegten Spannung wird durch folgende Großsignal-Kennlinie näher beschrieben.

Kennlinie einer Diode: Die folgende im wesentlichen von Shockley entwickelte Formel approximiert die exponentielle Diodenkennlinie für kleine positive und negative Spannungen (im Volt-Bereich):

(97) $$I = I_0 \cdot [\exp(qU/akT) - 1]$$

Dabei ist q die Ladung eines Elektrons, k die Boltzmann-Konstante und T die absolute Temperatur, so daß $kT/q = U_T$ die Thermospannung bei Zimmertemperatur von 20°C ist ($U_T = 1{,}3807 \cdot 10^{-23}[VAs/°] \cdot 293{,}16[°]/1{,}602 \cdot 10^{-19}[As] = 25{,}26[mV]$).

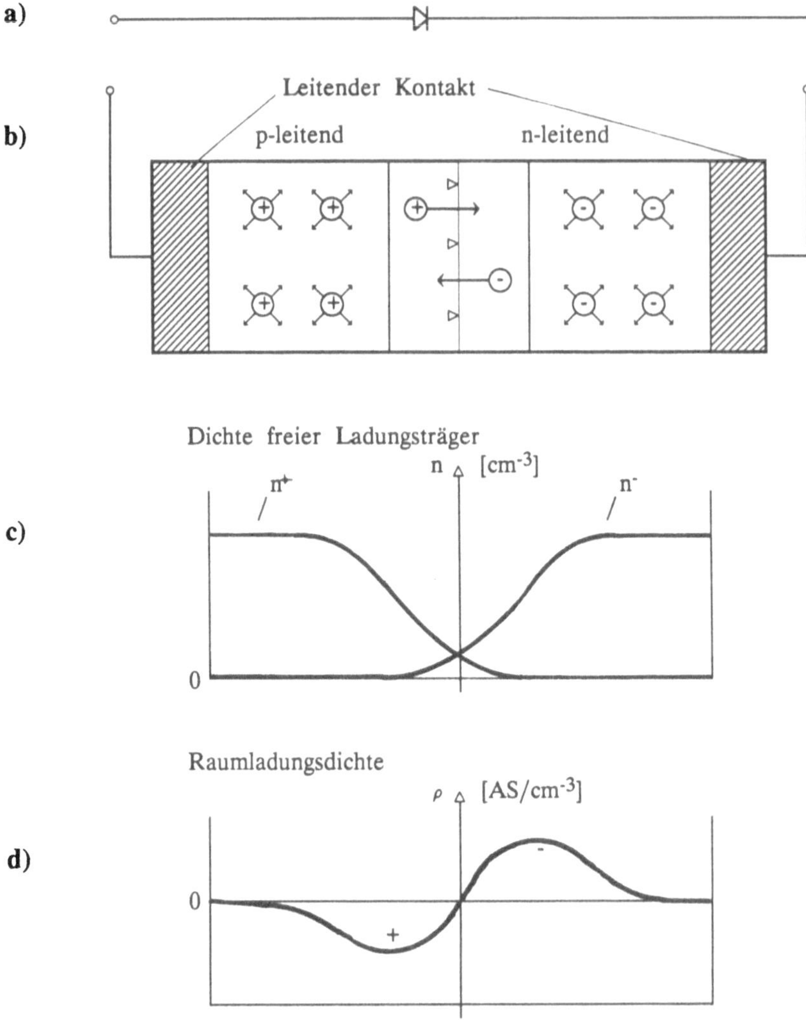

Bild 1.28 pn-Übergang im Halbleiter
a) Schaltungssymbol : Diode
b) HL-Materialanordnung mit frei beweglichen Ladungsträgern: ⊖ ≙ Elektronen, ⊕ ≙ Defektelektronen
c) Dichte freier Ladungsträger: n^+ ≙ Defektelektronen, n^- ≙ Dichte freier Elektronen
d) Raumladungsdichte resultieren aus Ladungsträgerdichte freier und ortsgebundener Ladungsträger

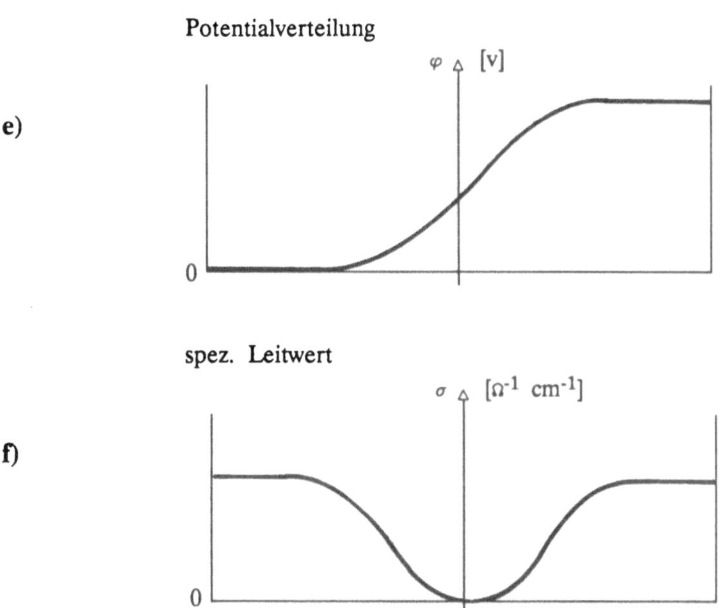

Bild 1.28 pn-Übergang im Halbleiter
e) aus Raumladungsdichte resultierende Potentialverteilung
f) aus freier Ladungsdichte resultierende spezifische Leitfähigkeit als Funktion des Ortes

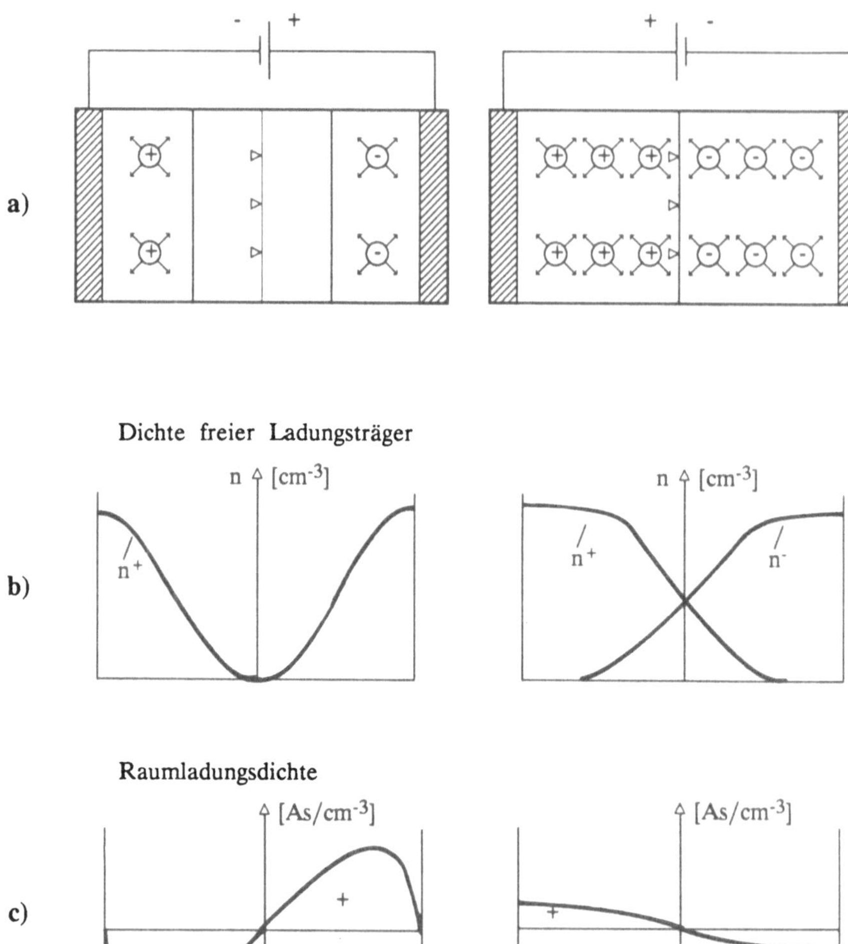

Bild 1.29 pn-Übergangsverhalten bei angelegten Spannungen
a) Materialanordnung mit freien Ladungsträgern
b) Dichteverteilung der freien Ladungsträger bei angelegten Spannungen im Sperr- bzw. Durchlaßbereich
c) Zugehörige Raumladungsverteilungen aus freien und ortsgebundenen Ladungen

d)

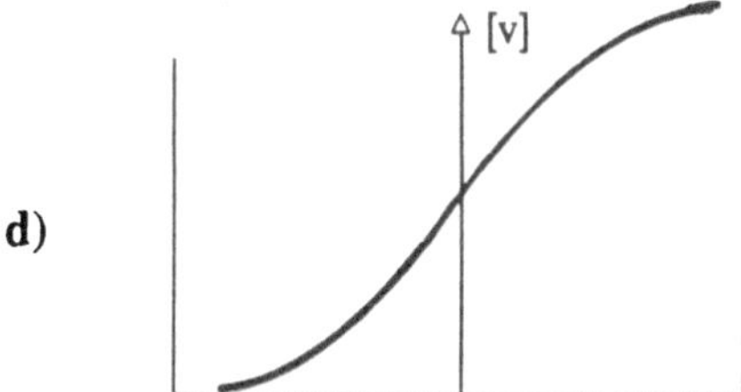

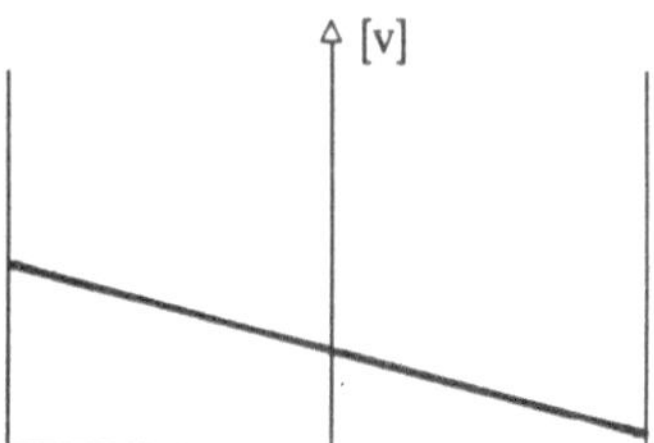

e)

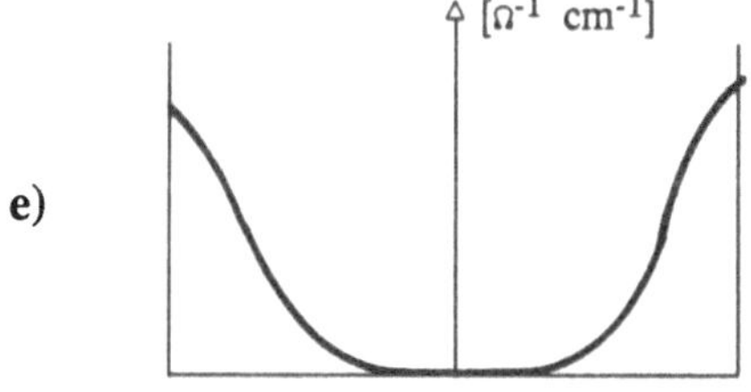

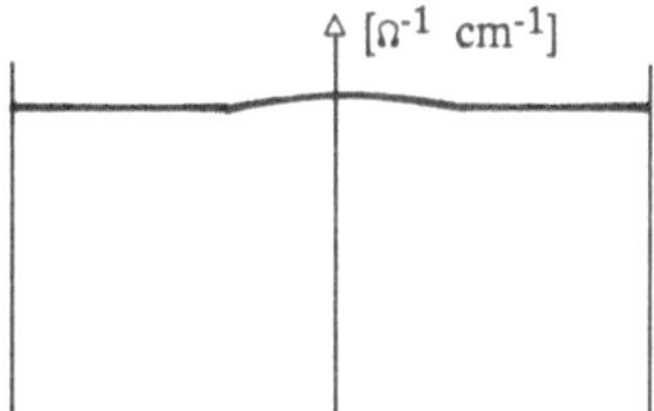

Bild 1.29 pn-Übergangsverhalten bei angelegten Spannungen
d) Zugehöriger Potentialverlauf
e) Ortsabhängige Leitfähigkeit

I_0 drückt dabei einen Ruhestrom in Sperrrichtung aus. a ist ein Anpassungsfaktor, der in der Regel zwischen 1 und 2 liegt. Im Bereich höherer Stromdichte, bevor ein ohmsches bzw. lineares Verhalten einsetzt, ist (für Si-Dioden) der Anpassungsfaktor etwa 2: a=2. Jedoch gibt es auch Dioden (z.B. GaAs-Dioden), die bereits bei kleineren Stromdichten den Faktor a=2 aufweisen. Die Formel (97) ist mit a=1 bekannt als Strom-Spannungskennlinie für Dioden von S h o c k l e y.

Der grundsätzliche Verlauf der Großsignal-Kennlinie einer normalen Diode ist in Bild 1.30 skizziert. Der exponentielle Verlauf der Kennlinie endet in Vorwärts- wie in Rückwärtsrichtung: Letztere wird durch den Z e n e r - Effekt begrenzt, während in Vorwärtsrichtung bei Trägersättigung ein ohmsches Verhalten eintritt, d.h. die exponentielle Kurve geht über in eine Gerade.

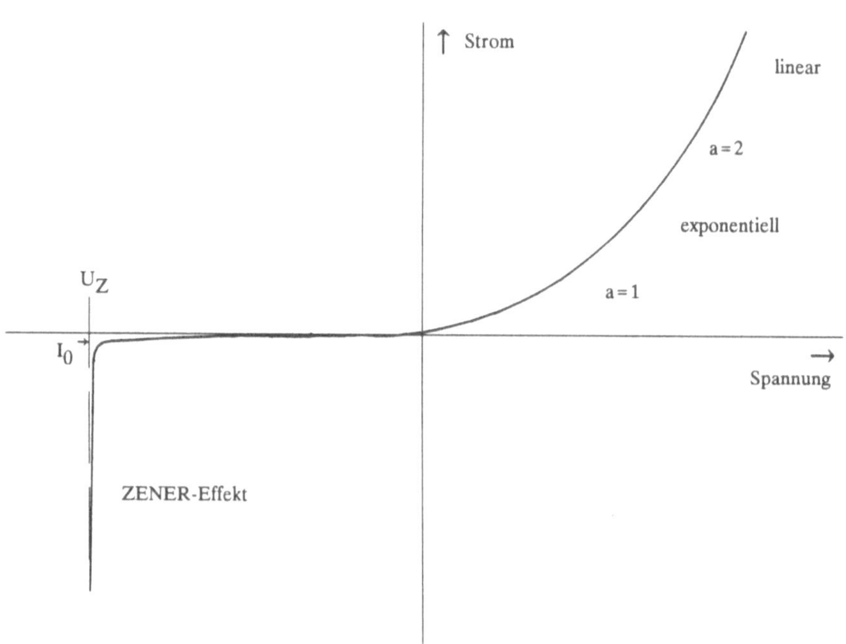

Bild 1.30 Charakteristische, idealiisierte Diodenkennlinie bzw. Strom-Spannungskennlinie eines pn-Überganges.

Zenerdiode: Wird die Spannung in Sperr- oder Rückwärtsrichtung immer größer, so erreicht die Feldstärke in der Sperrschicht bald eine Größe, die ausreicht, den gebundenen Elektronen die Energiedifferenz zum Leitungsband zu übergeben. Dadurch werden Ladungsträger plötzlich frei, die einen beträchtlichen Strom in Sperrichtung auslösen. Man nennt diese Spannung, die relativ temperaturunabhängig ist, die Durchbruchspannung U_Z. Die frei werdenden Elektronen können durch die hohe Feldstärke eine noch höhere Geschwindigkeit, bzw. Energiepotential bekommen, die ein Herausschlagen anderer noch gebundener Elektronen aus dem Valenzband bewirkt. Dieser hinzukommende Lawineneffekt führt zu einem sehr steilen Anstieg des Stromes in Sperrichtung bei Erhöhung der Sperrspannung um U_Z. Sorgt man dafür, daß die dabei entstehende Wärme abgeführt wird, so kann man die sehr steile Kennlinie bei $U=U_Z$ zur Spannungsstabilisierung verwenden. Die hierfür eingesetzten Dioden heißen dann Zenerdioden.

Tunneldiode: Bei pn-Übergängen mit hohen Dotierungen (im Bereich von 10^{19} bis 10^{20} cm^{-3}) tritt am Übergang selbst eine so hohe Diffusionsspannung auf, daß die dadurch hervorgerufene örtliche Feldstärke so hoch ist, um gebundene Elektronen zu freien Ladungsträgern zu machen, sie in das Leitungsband anzuheben. Man kann dies auch so interpretieren, daß es aufgrund dieser

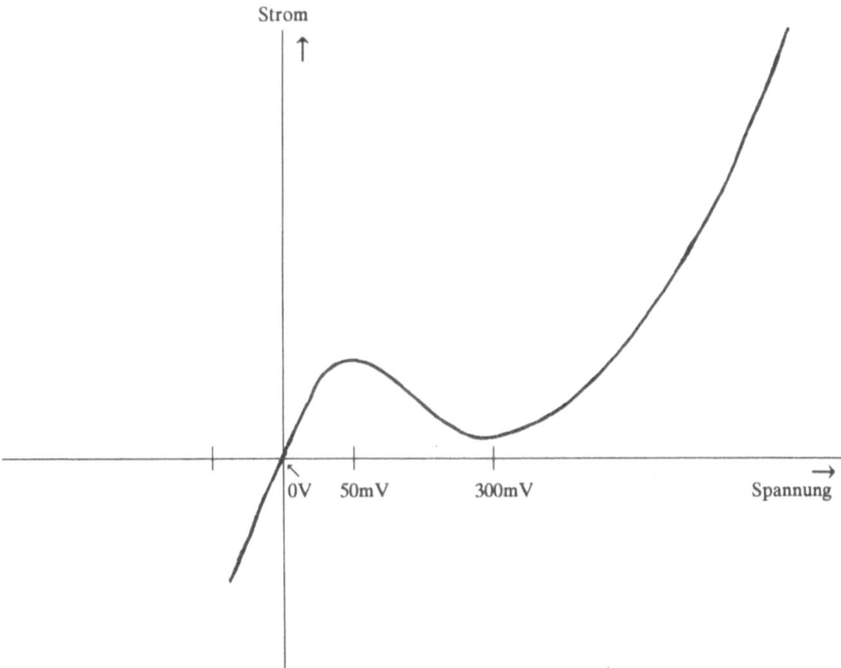

Bild 1.31 Charakteristische Kennlinie einer Tunneldiode

hohen Feldstärken zum Überlappen des Valenzbandes auf der p-dotierten Seite mit dem Leitungsband auf der n-dotierten Seite kommt, mit einer dünnen Energiepotentialbarriere an der Übergangsstelle. Diese Barriere kann dann von einigen Elektronen untertunnelt werden, auch wenn dies von der reinen Energiebillianz her nicht möglich wäre. Es findet also ein Ladungsträgeraustausch statt, der diese Tunneldiode auch im stromlosen Zustand leitend macht. Da, wie auch Bild 1.28 zeigt, die elektrische Feldstärke in "Sperrrichtung", d.h. in diesem Falle besser Rückwärtsrichtung genannt, wirkt, kann durch Anlegen einer äußeren Spannung in Vorwärtsrichtung die Feldstärke am Übergang reduziert werden. Die geringere Feldstärke reicht dann für immer weniger Elektronen aus, die Energiedifferenz zum Leitungsband zu überwinden, d.h. die breitere Energiebarriere zu untertunneln: Der Ladungsträgeraustausch nimmt ab, und damit auch die Leitfähigkeit insgesamt. Dieser Effekt beginnt, wie in Bild 1.31 dargestellt, bei beispielsweise 50 mV äußerer Spannung deutlich wirksam zu werden, so daß bei weiterer Erhöhung der äußeren Spannung bis etwa 300 mV der Strom sogar abfällt. In diesem Bereich tritt also eine negative Kennlinie auf. Bei noch weiterer Erhöhung der Spannung wird dann die entstandene geringe Sperrschicht wie bei einer normalen Diode wieder abgebaut: Der Strom wächst wieder mit der Spannung an. Die negative Kennlinie wird in Schaltungen ausgenutzt als aktives Element für schnelle mono- oder bistabile Schalter sowie für HF-Oszillatoren.

Varaktordiode: Betreibt man eine Diode in Sperrrichtung unterhalb der Zenereffekt-Spannung $U_Z < U < 0$ (vgl. Bild 1.30), so bildet die dünne Sperrschicht im Submikrometerbereich zusammen mit den Ladungsträgern eine Kapazität. Da sich beim Erhöhen der Spannung in Sperrrichtung die Dicke der Sperrschicht erhöht, verringert sich die Kapazität dieser Diode. Es liegt also eine reziprok von der Spannung abhängige Kapazität vor. Übliche Werte einer solchen Varaktordiode können beispielsweise sein ca. 50 pF bei -6 V und ca. 100 pF bei -1 V. Diese mit der Höhe der Spannung reziproke Kapazitätscharakteristik wird vorzugsweise verwendet zur Frequenzregelung und zur Phasenstabilisierung in Oszillatoren bzw. PLL-Schaltungen (phase locked loop).

Schottkydiode: Allgemein bezeichnet man einen Metall-Halbleiterübergang als einen *Schottky-Kontakt*. Da die Beweglichgkeit der Elektronen im Halbleiter größer ist als die der Defektelektronen (vgl. Tabelle in Bild 1.27), ist der Übergang von Metall zu n-dotierten Halbleitern interessanter. Ähnlich wie bei einem pn-Übergang (vgl. Bild 1.28), bildet sich beim mn-Übergang im n-Halbleiter eine positive Raumladungszone, die ohne eine äußere Spannung ebenfalls eine Sperrschicht im n-Halbleiter ausbildet, so daß eine dem pn-Übergang ähnliche statische Kennlinie entsteht (vgl. 1.30). Wegen der hohen Leitfähigkeit bildet sich beim Metall lediglich eine negative Oberflächenladung. Im Unterschied zum pn-Übergang werden im Raumladungsgebiet keine positiven (langsameren) Ladungsträger gespeichert. Beim Umschalten einer positiven Spannung an der Metallseite wird der Elektronenstrom vom n-Halbleiter ins Metall deshalb sofort gestoppt. Wegen der fehlenden positven Raumladung erreichen Schottky-Übergänge Schaltzeiten im 100 ps-Bereich.

Besonders schnelle Schottky-Dioden, die u.a. für Gleichrichter und Demodulatorschaltungen bis über 10 GHz benötigt werden, können aus Gold-Germanium-Übergängen realisiert werden, da Germanium eine höhere Elektronenbeweglichkeit als das leicht handhabbare Si aufweist (vgl. Tab. in Bild 1.27).

PIN-Diode: Ein pin-Übergang besitzt zwischen der p-leitenden und der n-leitenden Halbleiterschicht eine zusätzliche dünne intrinsische Schicht, d.h. eine nicht dotierte durch Eigenleitung bestimmmte Schicht. In Durchlaßrichtung ergibt sich eine ähnliche statische Kennlinie, wie bei einem pn-Übergang, während in Sperrrichtung die Zener-Durchbruchspannung praktisch vermieden wird und der Übergang bis in den 100 V-Bereich hinein sehr hochohmig werden kann. Die sehr hohe Durchbruchspannung macht den pin-Übergang für Leistungszwecke interessant, wie z.B. Leistungsgleichrichtung, Durchschaltung an IC-Peripherie, Umschaltung von Radaranlagen von Senden auf Empfang und umgekehrt.

GUN-Diode: Diese Diode besitzt einen n^+n^-n-Übergang und hat vor allem für GaAs wegen der sehr hohen Elektronenbeweglichkeit Bedeutung erlangt. Sie besitzt eine der Tunneldiode ähnliche statische Kennlinie (vgl. Bild 1.31) mit negativem Kennlinienteil im Durchlaßbereich und kann für sehr schnelle Schaltvorgänge bis unter 1 ns eingesetzt werden. Diese kurzen Zeiten werden durch Vermeiden von p-Dotierungsschichten erzielt. Der negative Kennlinienanteil entsteht aus unterschiedlichen Elektronen-Driftgeschwindigkeits-Abhängkeiten von Feldstärken in den unterschiedlich dotierten Schichten.

Damit sind die für Schaltvorgänge wichtigsten HL-Übergänge dargestellt und die jeweils zugrunde liegenden physikalischen Effefkte phänomenologisch beschrieben. Die anhand von Diodentypen erklärten Halbleiterübergänge sind auch in integrierten Bausteinen in Planartechnik einsetzbar. Die angeführten Diodentypen sind als Einzelbausteine für spezielle Anwendungen verfügbar.

1.5.5 Aufbau des bipolaren Transistors

Um Signale zu regenerieren oder zu verstärken, benötigt man steuerbare pn-Übergänge. Die Steuerung erfordert einen dritten Anschluß. Eine Möglichkeit bieten bipolare Transistoren, die aus drei abwechselnd aufeinanderfolgende Halbleiterschichten positiver und negativer Dotierungen bestehen. Zwei unterschiedliche Anordnungen sind möglich: npn- und pnp-Übergänge. Bild 1.32 a) stellt beide Anordnungen stark vereinfacht dar. Die drei Anschlüsse heißen: Emitter (E), Basis (B) und Kollektor (C). Das Schaltsymbol in Bild 1.32 b) unterscheidet die zwei Typen derart, daß der Emitterpfeil die Diodenrichtung zwischen dem Basis-Emitter-Übergang kennzeichnet.

Die Funktion des Transistors beruht auf der proportionalen Verstärkung des Basisstromes auf den Kollektorstrom, d.h. ein zwischen Basis und Emitter fließender Strom verursacht ein um bis 1000-fach höheren Strom zwischen Kollektor und Emitter. Für digitale Anwendungen der Transistoren ist vor allem die Schaltgeschwindigkeit von Bedeutung. Dabei sind die zwei Zustände "kein Strom" und "Sättigungsstrom" zwischen den möglichst schnell hin- und herschaltenden

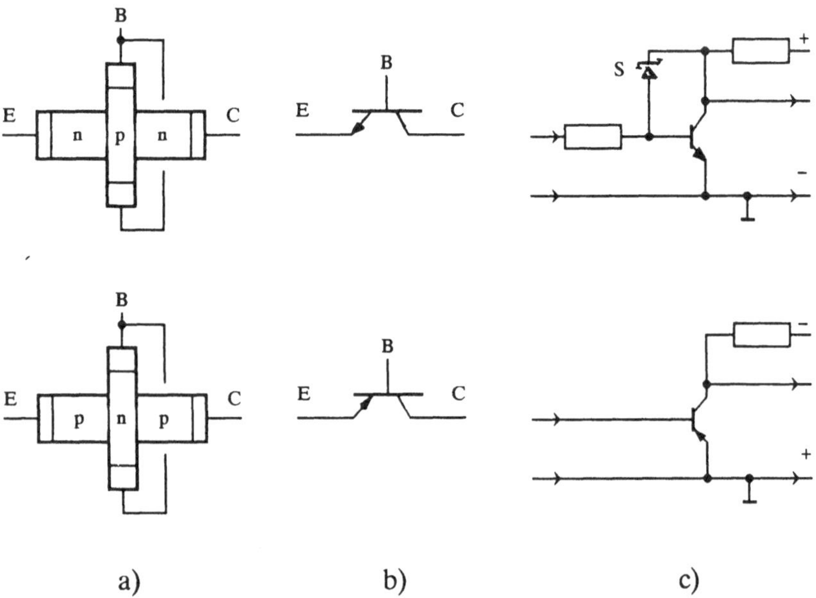

Bild 1.32 Bipolare Grundtypen, durch Dotierungszonenfolge unterschieden: npn bzw. pnp Transistor.
E: Emitter; **B**: Basis; **C**: Kollektor; **S**: Schottkydiode.
a) Schematische Darstellung der physdikalischen Halbleiterschichten,
b) Schaltungssymbole der Transistoren,
c) Schaltungsanordnung (oben: mit beschleunigender Schottkydiode).

Ein- und Ausgängen der Trasistoren wichtig. Der lineare Zusammenhang zwischen Basis- und Kollektorstrom ist dabei für digitale Anwendungen unwichtig und braucht nicht durch besondere Maßnahmen gepflegt zu werden. Fließt von Basis zu Emitter kein Strom mehr, so wird i.a. erst nach einer gewissen Rekombinationszeit in der Basis-Kollektorschicht der Kollektor-Emitterstrom gestoppt. Diese nachteilige Schaltverzögerung kann verhindert werden durch eine Schottkydiode, die parallel zum Kollektor-Basis-Übergang geschaltet wird (mit gleicher Sperr-/Durchlaßrichtung). Transistoren, bei denen dieser beschleunigende Schottky-Übergang bereits mit im Baustein integriert ist, heißen Schottky-Transistoren. Sie zeichnen sich demzufolge durch höhere Schaltgeschwindigkeiten aus. Die Beschaltung eines Transitors mit Wiederständen und Schottkydiode ist in Bild 1.32 c) gezeigt.

Neben diesen beiden Grundtypen gibt es für integrierte Verknüpfungen auch Transistor-Varianten mit mehreren Emittern $E_1,...,$ E_n oder Kollektoren $C_1,...C_n$. Durch zunehmende Präzisierung und entscheidende Verbesserungen der Fertigungstechniken ist es gelungen, bipolare Transistoren planar auf einer Fläche (je nach Ausführung und Leistung) von 5 bis 50 μm^2 zu konzentrieren, so daß auf mittleren Chipflächen von ca. 50 mm^2 eine hohe Anzahl von Transistoren integriert werden kann. die im wesentlichen durch die beschränkte Wärmeabfuhr begrenzt wird. Den Aufbau eines planaren Transistortyps, der sich auch für höhere Leistungen eignet, ist in Bild 1.33 dargestellt. Auf der linken Seite ist ein planarer Transistor in einer n-leitenden Kollektorwanne gezeigt und auf der rechten Seite ein solcher mit zwei Emittern. Beide Transistoren sind über das p-Substrat und die hineindiffundierte p-Halbleitersperrschichtwanne isoliert. Diese Isolierwanne, im waagerechten Schnitt des mittleren Bildes dargestellt, ist natürlich erst dann wirksam, wenn der Kollektor gegenüber dem Substrat eine positive Spannung aufweist. Darauf ist bei der Beschaltung dieses Typs zu achten.

Gefertigt werden solche Transistoren in Verbindung mit Lastwiderständen, die dann i.a. aus kontaktierten p-Streifen in einer n-Wanne (wie die Kollektorwanne) bestehen, in mehreren Prozeßschritten: Das Ausgangsmaterial ist ein p-Substrat-Wafer. In dieses wird an den Stellen der zukünftigen Kollektorwannen eine begrabene n^+ Schicht (n^+ buried layer) hineindiffundiert. Hieraus läßt man eine n-leitende Si-Epetaxieschicht aufwachsen. In diese werden dann die p-Diffusionen entsprechend dem Schaltungskonzept für die Isoliertrennwände und die Basiswannen strukturiert vorgenommen. Die Strukturen werden dabei über das Belichten zusätzlich aufgebrachter Photoschichten erreicht, bei denen der belichtete Teil aushärtet und der andere weggeätzt wird. Danach werden noch die oberen n^+ Schichten für Emitter und Kollektoren hineindiffundiert. Am Schluß werden in die per Oxidation entstandene SiO_2-Schicht die Kanäle für die (Alluminium-) Kontaktierung hineingeätzt, und das Aluminium inclusive eines Teils der Verdrahtung kann aufgedämpft werden. Darüber benötigt man dann i.a. noch eine oder mehrere Isolier- und Verdrahtungsschichten (strukturierte und durchkontaktierte Metallschichten), um die entworfene Schaltung zu realisieren. Um hieraus einen einsetzbaren integrierten Baustein

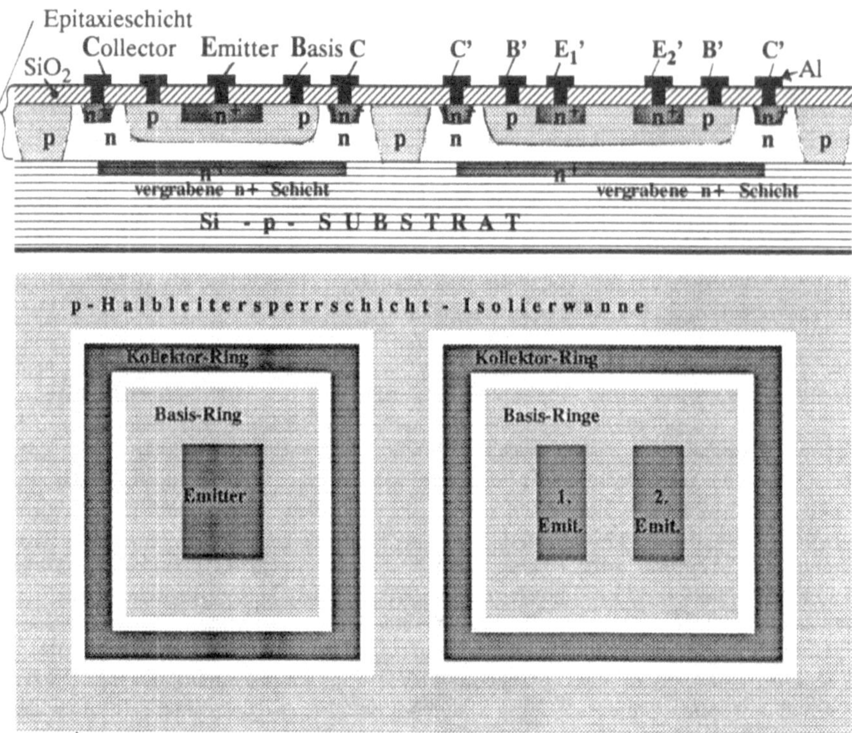

↑ *Schnitt unter SiO_2 Isolierschicht*

↓ *Draufsicht mit Metallisierung*

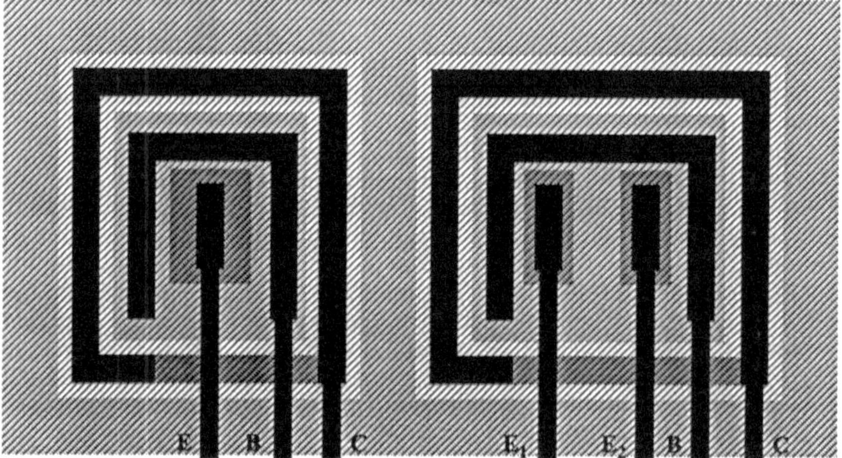

Bild 1.33 Planare npn-Transistoren mit Kollektorring in p-Sperrschicht-Isolierwannen auf p-Substrat, dargestellt im senkrechten und waagerechten Schnitt sowie Draufsicht mit Metallisierung.

zu machen, ist es schließlich noch erforderlich, dieses Chip in ein größeres Gehäuse zu Verpacken und die Kontaktierungen (i.a. mit dünnem Golddraht) zu den standardisierten Außenkontakten des Gehäuses durchzuführen.

Das statische elektrische Verhalten von Transistoren wird anschaulich durch ein Ausgangskennlinienfeld beschrieben, in dem die Abhängigkeit des Kollektorstromes von der Spannung zwischen Kollektor und Emitter mit dem Basisstrom als Parameter dargestellt wird. Bild 1.34 zeigt den prinzipiellen Verlauf der Kurven in einem Ausgangskennlinienfeldes eines typischen Transistors.

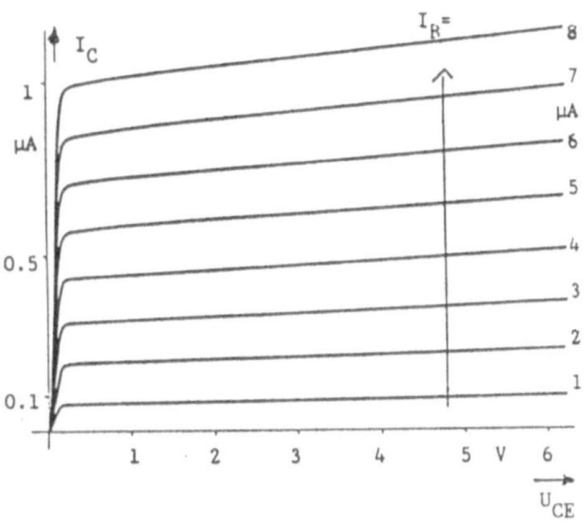

Bild 1.34 Prinzipielles Ausgangskennlinienfeld eines npn Transistors

Um jedoch ganze funktionsfähige Schaltungen auf einem Chip integrieren zu können, benötigt man noch die monolithische Realisierung von weiteren, aus der konventionellen Schaltungstechnik bekannten Elementen, wie Widerständen und Kondensatoren.

Durch eine andere Anordnung der pn-Übergänge lassen sich dann auch neben Dioden und Transistoren Widerstände und Kondensatoren aufbauen. Die Isolierung solcher Elemente von anderen kann man wieder durch in Sperrichtung betriebene pn-Übergänge erreichen.

Bild 1.35 vergleicht mögliche pn- und np-Anordnungen für verschiedene planare Bauelemente im senkrechten Schnitt. Oben links ist ein lateraler pnp-Transistor auf einem p-Substrat im Schnitt gezeigt. Während bei dem vorher in Bild 1.33 dargestellten npn-Transistor der Kollektor den Emitter wannenformig einhüllt, liegen hier Kollektor und Emitter nebeneinander und werden durch die Basis-n-Schicht getrennt und gesteuert. Es ist bei dieser Anordnung darauf zu achten, daß in jedem Schaltzustand des Transistors die Basis gegenüber dem Substratpotential positiv ist, um die np-Sperrschichtisolierung sicherzustellen. Rechts danaben ist eine in Sperrichtung betriebene Diode als gepolter Kondensator dargestellt. Selbstverständlich kann diese Anordnung auch als Diode betrieben werden, wenn nur darauf geachtet wird, daß die n-Schicht gegenüber dem p-Substrat immer positives Potential hat. Auf der rechten Seite des oberen Schnittes von Bild 1.35 ist ein doppelseitiger Sperrschichtkondensator gezeigt, mit dem man größere Kapazitäten erzielen kann. Wie Bild 1.35 links unten zeigt, können Widerstände durch p-Streifen in einer n-Wanne auf p-Substrat oder auch, wie hier nicht gezeigt, direkt durch n-Streifen auf p-Substrat realisiert werden, wenn es die auftretenden Widerstandspotentiale erlauben.

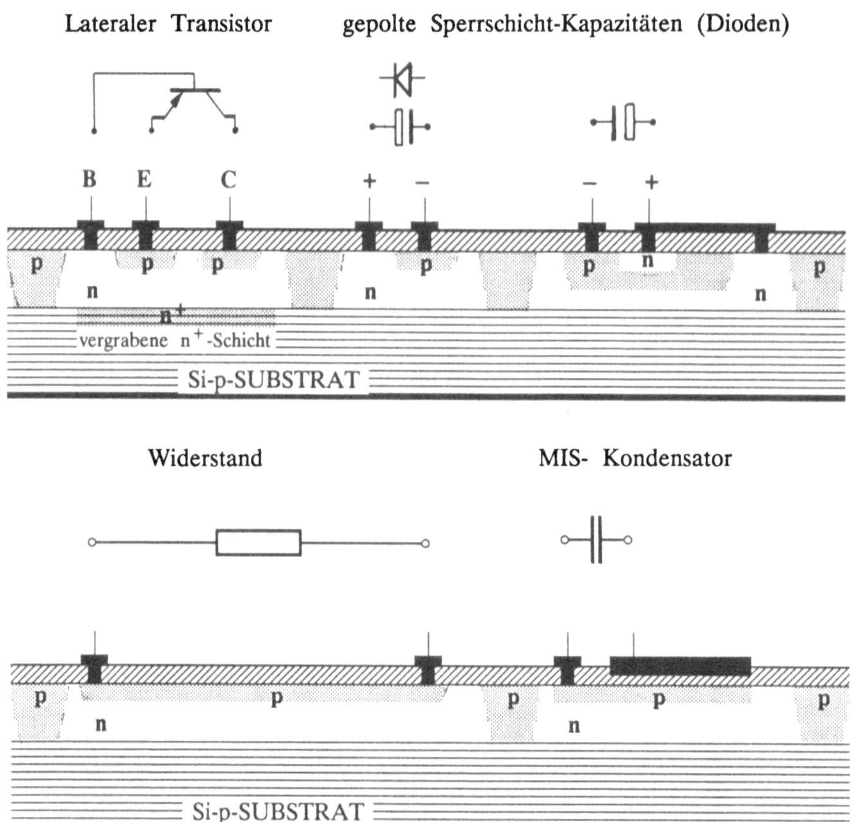

Bild 1.35 Senkrechter Schnitt durch planare elektronische Bauelemente auf Si-p-Substrat: Lateraler pnp-Transistor, gepolte Sperrschicht-Kondensatoren (Dioden), Widerstand, MIS-Kondensator (unipolar, Metal Isolation Semiconductor)

Ein, wie in Bild 1.35 gezeigter Widerstand, der durch einen dünnen p-Streifen in n-Umgebung oder auch durch einen n-Streifen in p-Umgebung realisiert ist, läßt sich durch Einwirkung senkrechter elektrischer Felder verändern d.h. nahezu leistungslos steuern. Dies führt zu dem im nächsten Abschnitt beschriebenen wichtigsten leicht integrierbaren und leicht verschaltbaren Feldeffekt-Transistor. In Bild 1.35 rechts unten ist schließlich noch die Realisierung eines unipolaren Kondensators gezeigt, der die natürliche hochwertige undd auch dünne SiO_2-Isolierung ausnutzt. Während bei den Sperrschicht-Kondensatoren eine früher beschriebene reziproke Abhängigkeit der Kapazität von der Spannung auftritt, kann beim MIS-Kondensator diese Abhängigkeit vermieden werden.

1.5.6 Aufbau des Feldeffekt-Transistors (FET)

Der überwiegende Anteil an hochintegrierten digitalen Schaltungen wird heute in MOS-Technik (Metal Oxid Semiconductor) aufgebaut. Das wichtigste Schaltelement ist der Feldeffekt-Transistor. Aber auch analoge oder gemischt analog-digitale (hybride) Schaltungen werden in MOS-Technik hergestellt.

Der Feldeffekt-Transistor ist von der Wirkungsweise her ein spannungsgesteuerter Widerstand. Er ist deshalb ein unipolarer Transistor. Seine Anschlüsse bestehen aus Source (S), Drain (D), Gate (G) und ggf. Bulk (B), die in deutsch auch die Bezeichnungen Quelle, Senke, Tor, Substrat tragen.

Bild 1.36 zeigt den grundsätzlichen Aufbau eines n-Kanal-MOS-FET. Der Aufbau ist symmetrisch, so daß Source und Drain im Prinzip vertauschbar sind.

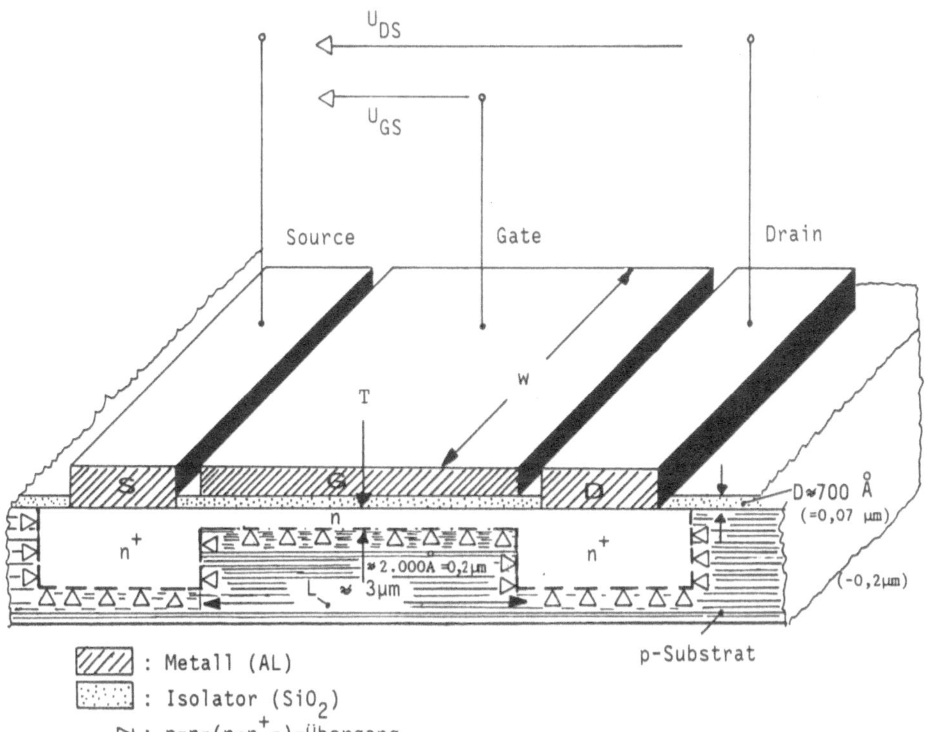

Bild 1.36 Prinzipieller Aufbau eines selbstleitenden n-Kanal Feldeffekttransistors (Depletion MOSFET).

Aufgrund der nur einmaligen Dotierung durch n- bzw. n+-Schichten auf der Oberfläche eines p-Substrat ist auch der Herstellungsprozeß besonders einfach, wodurch bereits anfangs bei der Einführung der MOS-Technik relativ schnell hohe Integrationsdichten erzielt wurden. Nach Grad und Art der Dotierung des Kanals und dessen Umgebung kann man vier verschiedene Typen von MOS-Feldeffekt-Transistoren unterscheiden: den *n-Kanal MOS-FET* und den *p-Kanal MOS-FET*, von denen jeder *selbstleitend* oder *selbstsperrend* sein kann. Ein selbstleitender Transistor ist dabei ein MOS-FET, der zwischen Drain und Source bereits einen niedrigen Widerstandswert aufweist, wenn das Gate spannungsfrei ist. Dieser wird als Verarmungstyp (Depletion MOSFET) bezeichnet, da eine Steuerung des Transistors, also ein Umschalten in den anderen Zustand, den nichtleitenden Zustand, durch eine Trägerverarmung im Kanal (der Zone unter dem Gate) zustande kommt.

Selbstsperrender **n-MOSFET** Selbstleitender **n-MOSFET**

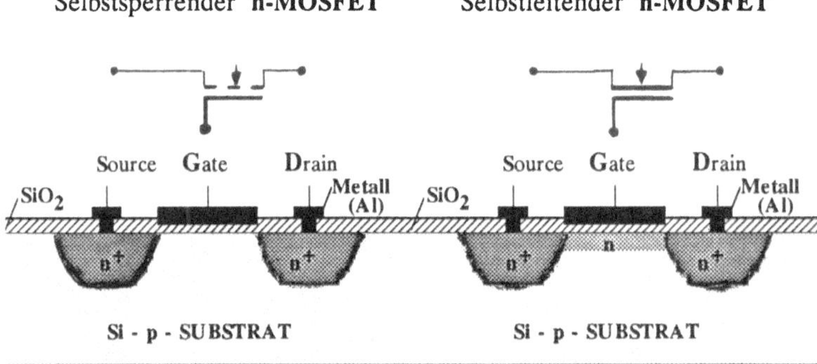

Sperrsch.-Feldeff.-Trans. **pn-FET** Schottky-Barrieren-Trans.**MESFET**

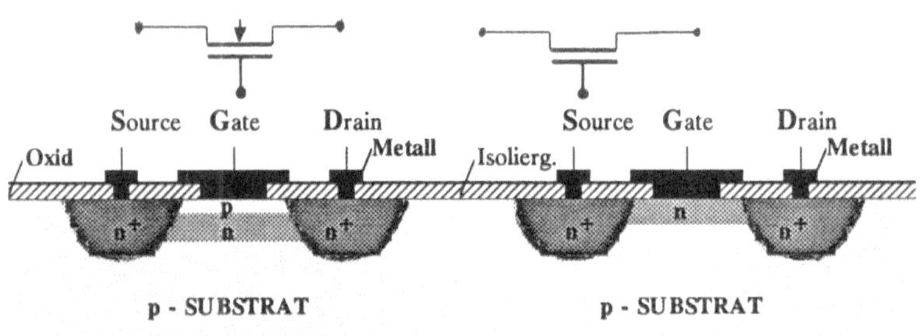

Bild 1.37 Aufbau und Vergleich verschiedener Feldeffekttransistoren: Schaltungssymbole und senkrechte Schnittdarstellung.

Beim n-leitenden Kanal, wie er in Bild 1.36 und Bild 1.37 gezeigt ist, müssen also Elektronen aus dem n-dotierten Kanal unter dem Gate verdrängt werden, damit der Verarmungs-n-Kanal-MOSFET nichtleitend wird. Demgegenüber wird beim selbstsperrenden Feldeffekttransistor, beim Anreicherungstyp (Enhancement MOSFET), die Steuerung vom nichtleitenden in den leitenden Zustand durch eine Ladungsträgeranreicherung erzielt, die von einem vom Gate ausgehenden elektrischen Feld hervorgerufen wird. Der in Bild 1.36 eingezeichnete n-Kanal entsteht also nicht durch Implantation p-leitender Atome, sondern durch ein am Gate anliegendem positiven Potential, das Elektronen in den Kanal hineinzieht - von der n^+Source-Schicht her.

Der Enhancement-MOS-FET, wie er in Bild 1.37 oben links im Schnitt dargestellt ist, ist selbstsperrend, d.h. wenn keine Gate-Spannung U_{GS} angelegt wird, ist der Source-Drain-Kanal gesperrt, der Widerstand also sehr hochohmig. Der Depletion-MOS-FET befindet sich bereits im leitenden Zustand bei $U_{GS}=0$.

Der von Drain nach Source fließende Strom I_{DS} wird beim MOSFET durch eine angelegte Spannung U_{GS} praktisch leistungslos gesteuert. Kapazitive Gate-Ströme liegen bei langsameren Schaltvorgängen in der Größenanordnung von pA, das ergibt Widerstandswerte, die bei $10^{10}\Omega$ liegen.

Neben den vier Typen von MOSFET's werden auch Sperrschicht-Feldeffekt-Transistoren hergestellt. Bei diesen Feldeffekt-Transitoren wird der Gate-Kondensator durch einen in Sperrichtung vorgespannten Halbleiterübergang gebildet. In Bild 1.37 ist unten links ein n-Kanal-Feldeffekt-Transistor gezeigt, bei dem der n-leitende Kanal zwischen Source und Drain durch einen am Gate liegenden pn-Übergang gesteuert wird.

Wird die Gate-Sperrschicht durch einen Schottky-Kontakt-Übergang gebildet, wie es in Bild 1.37 unten rechts gezeigt ist, dann spricht man von einem MESFET (Metal Semiconductor Field Effekt Transistor). Solche Schottky-Kontakt-Feldeffekt-Transistoren werden vor allem auf GaAs-Substrat hergestellt, um sehr hohe Schaltgeschwindigkeiten im Subnanosekundenbereich zu erreichen. Bei kleinen n-Kanallängen (ca. 1 μm) erreichen GaAs-MESFET's durchaus Schaltzeiten von 100 ps.

p-Kanal-Feldeffekt-Transistoren können gleichartig aufgebaut sein; es sind dabei lediglich die p- und n-Dotierungen zu vertauschen.Da die Elektronen-beweglichkeit größer ist als die der Defektelektronen, sind auch die Schaltgeschwindigkeiten der n-FET's höher als die der jeweils gleichen p-FET's. Aus diesem Grunde werden die n-Kanal-FET's in der Regel den p-Kanal-FET's vorgezogen. Letztere werden dann dort eingesetzt, wo sie unentbehrlich sind: z.B. in direkten Reihenschaltungen mit n-FET, um eine leistungsarme komplementäre Kombination zu bilden, wie sie später in der CMOS-Technik beschrieben wird. Sollen auf gleichem p-Substrat n-Kanal und p-Kanal Feldeffekttransistoren realisiert werden, so wird für den p-leitenden Kanal vorher noch einen n-Wanne in das p-Substrat difundiert, möglicherweise gleich für mehrere p-Kanal-Feldeffekttransistoren.

In Bild 1.38 sind statische Kennlinien von n-Kanal-Feldeffekt-Transistoren gezeigt. Bild 138 a) zeigt die grundsätzlich Abhängigkeit des von Drain nach Source fließenden Stromes ($I_D = I_{DS}$) von der Spannung zwischen Gate und Source ($U_G = U_{GS}$) für den selbstleitenden (depl.) und für den selbstsperrenden Feldeffekt-Transistor. Die Schwellenspannung U_{th} (threshold voltage) ist dabei diejenige Gatespannung, bei der ein nennenswerter Strom im Kanal zu fließen beginnt. Bild 1.38 b) zeigt den grundsetzlichen Verlauf des Drainstromes $I_D = I_{DS}$ von der Spannung zwischen Drain und Source $U_D = U_{DS}$. Der Parameter ist dabei die jeweils konstante, über der Schwellenspannung U_{th} liegende Spannung zwischen Gate und Source U_{DS}-U_{th}. Die gestrichelte Linie kennzeichnet dabei den Übergang in den Sättigungsbereich. Die jeweilige Draingrenzspannung, ab der eine Sättigung einsetzt, ist mit U_{po} (pitch off voltage) bezeichnet.

Der gleiche prinzipielle Verlauf der Kennlinien gilt für p-Kanal-Feldeffekt-Transistoren, mit dem Unterschied, daß sämtliche Ströme und Spannungen an den beiden Diagrammen von Bild 1.38 mit umgekehrten Vorzeichen zu versehen sind: Es ist zu setzen für $I_D = -I_{DS} = I_{SD}$ also der Strom, der von Source nach Drain fließt, für $U_D = -U_{DS} = U_{SD}$, die Spannung von Source nach Drain, und für $U_G = -U_{GS} = U_{SG}$. Mit diesen Zählrichtungen auch in gleicher Weise selbstsperrende und selbstleitende FET's unterscheiden, die in Bild 1.37 unten skizzierten Sperrschicht-Feldeffekt-Transistoren gehören zu den selbstleitenden FET's, da erst durch das Anlegen einer gegenüber Source negativen Spannung die Sperrschicht in den n-Kanal hinein verlagert wird und die Elektronen als Ladungsträger bei weiterem Erhöhen der Spannung aus dem n-Kanal verdrängt werden, so daß dieser sperrt.

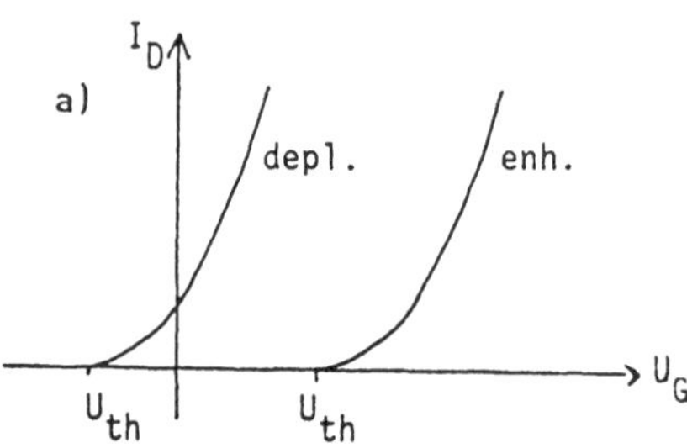

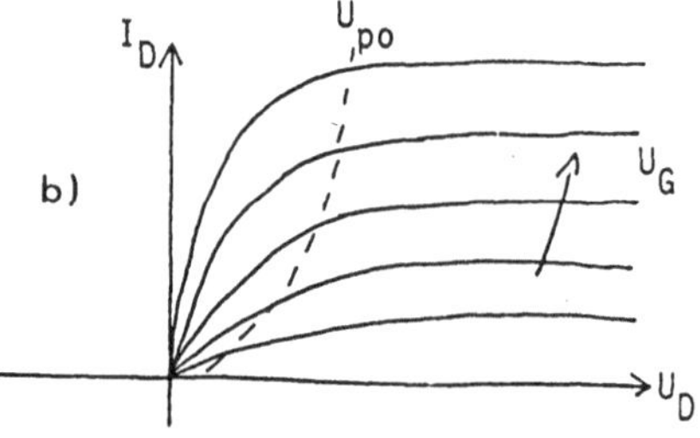

Bild 1.38 Statische Kennlinien von n-Kanal-Feldeffekt-Transistoren:
a) Drainstrom I_D in Abhängigkeit von der Gatespannung für selbstleitende (depl.) und selbstsperrende (enh.) FET's;
b) Drainstrom in Abhängigkeit von der Drainspannung mit jeweils konstanter Gatespannung U_G als Parameter.

Während die statischen Kennlinien zwischen n- und p-leitende FET im prinzipiellen Verlauf weitgehend vergleichbar sind, unterscheidet sich das dynamische Verhalten Verhalten beider Typen aufgrund der unterschiedlichen Ladungsträgerbeweglichkeiten. Wie aus der Tabelle in Bild 1.27 bekannt, ist die Beweglichkeit der positiven Ladungsträger, der Defektelektronen, bei Halbleitern merklich kleiner, bei GaAs sogar wesentlich kleiner. Schaltungen, bei denen es auf hohe Schaltgeschwindigkeiten ankommt, werden deshalb so ausgelgt, daß möglichst wenig p-Kanal Transistoren benötigt werden. Bei GaAs-MESFET's setzt man deshalb n-leitende Typen voraus.

1.5.7 Großsignal-Modell des MOS-FET

Um die elektrischen Eigenschaften eines Feldeffekttransistors abzuschätzen, wird zunächst ein idealisierter Aufbau eines Feldeffekttransistors gemäß Bild 1.37 zugrunde gelegt, bei dem auch die Kanal-Abmessungen so sind, daß Randeffekte vernachlässigt werden können: Breite (W) >> Länge (L) >> Dicke (D).

Unter diesen Voraussetzungen läßt sich die im Kanal befindliche Ladungsmenge abschätzen aufgrund der vorhandenen Gate-Metall und dem n-Kanal mit dem (Si)-Oxid (SiO_2) als Dielektrikum. Diese Kapazität ist (vgl. Bild 1.37)

$$C = \epsilon \cdot L \cdot \frac{W}{D} \tag{90}$$

Die Gate-Source-Schwellspannung U_{th}, ab der überhaupt ein Strom zwischen Drain und Source fließen kann, ist durch die Dotierungsunterschiede zwischen Source- und Gate-Region und der Kanaldicke D_K bestimmt.

Die sich im Kanal befindliche Ladungsmenge Q_K läßt sich aus der wirksamen Spannung U_{GS}-U_{th}, falls diese Differenz größer als Null ist, und der Kapazität (90) abschätzen

$$Q_K = (U_{GS} - U_{th}) \cdot C \tag{91}$$

Das auf die Ladung einwirkende elektrische Feld $E \approx U_{DS}/L$ und die Beweglichkeit der Ladung μ ergeben dann die mittlere Wanderungsgeschwindigkeit der Elektronen, die ja im n-dotierten Material die Majoritätsträger sind:

$$v_e = \mu_e \cdot E = \mu_e \cdot \frac{U_{DS}}{L} \tag{92}$$

Damit ist auch die mittlere Laufzeit τ der Elektronen durch den Kanal gegeben:

$$\tau_e = \frac{L}{v_e} \tag{93}$$

woraus sich der Strom ermitteln läßt

$$I_{DS} = \frac{Q_K}{\tau_e} = -\left(\frac{\epsilon \cdot L \cdot W}{D}\right) \cdot (U_{GS} - U_{th}) \cdot \frac{\mu_e \cdot U_{DS}}{L^2}, \text{ bzw.}$$

(94)

$$I_{DS} = \frac{\epsilon \cdot W \cdot \mu_e}{D \cdot L} \cdot (U_{GS} - U_{th}) \cdot U_{DS}$$

Diese Beziehung gilt für relativ kleine Drainspannungen in Bezug zur Gatespannung und zwar etwa in dem Bereich:

(95) $U_{DS} < U_{GS} - U_{th}$ und

$U_{GS} > U_{th}$

Ist die Spannung U_{GS} zwischen Gate und Source kleiner als die Schwellenspannung U_{th}, so bleibt der Drainstrom null. Ist die Schwellenspannung überschritten und hat die Drainspannung etwa diesen überschrittenen Anteil der Gatespannung erreicht, gilt also $U_{DS} \approx U_{GS} - U_{th}$, so beginnt die für den Ladungstransport im Kanal verantwortliche laterale Feldstärke sich ungleichmäßig aufzuteilen: Am Ende des Kanals, beim Übergang zur Drainregion, ist eine höhere Feldstärke vorhanden. Dies führt dazu, daß die effektive Feldstärke im Kanal selbst, die die Ladungen proportional zur Ladungsträgerbeweglichkeit μ transportiert, nur noch etwa halb so groß ist: $E_{eff} \approx U_{DS}/2L$ für $U_{DS} \approx U_{GS} - U_{th}$. Steigt nun die Drainspannung noch weiter an, so steigt die Feldstärke im Kanal selbst nicht weiter an, es erhöht sich lediglich die Feldstärke beim Übergang zur Drainregion. Dies führt zwar an dieser Stelle zu einer Erhöhung der Ladungsträgergeschwindigkeit, nicht aber zu einer Erhöhung des Stromes durch den Kanal. Der Drainstrom wird also in dem Bereich $U_{DS} > U_{GS} - U_{th}$ nahezu unabhängig von der Drainspannung: Der Strom bleibt in diesem Sättigungsbereich konstant, wie es die Kennlinien in Bild 1.39 angeben. Unterhalb der Sättigungsgrenze steigt der Strom gemäß Gleichung (94) linear mit der Drainspannung an. Dies sind die im Nullpunkt beginnenden Geraden, deren Steigung mit der Gatespannung als Parameter wächst. Wenn man die zusammengehörenden waagerechten und schrägen Geraden schließlich im Übergangsbereich zur Sättigung durch einen geeigneten Bogen verbindet, erhält man die in Bild 1.39 gezeigten Kennlinien, die recht gut den gemessenen in Bild 1.38 entsprechen.

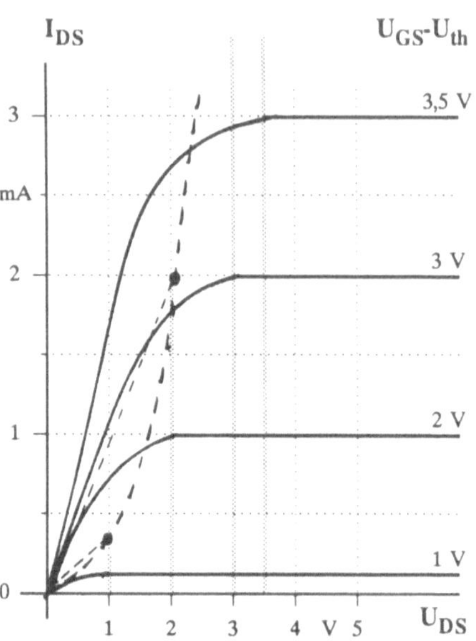

Bild 1.39 Ausgangskennlinienfeld eines n-Kanal-Feldeffekt-Transistors aus dem FET-Großsignalmodell.

Betrachtet man das Verhältnis U_{DS}/I_{DS} für kleine Drainspannungen $U_{DS} << U_{GS}$, so ergibt sich als Funktion von der Gatespannung ein spannungsgesteuerter Widerstand mit folgender reziproker Abhängigkeit:

$$(96) \qquad R_{DS} = \frac{U_{DS}}{I_{DS}} = \frac{\frac{D \cdot L}{\epsilon \cdot W \cdot \mu_e}}{(U_{GS} - U_{th})}$$

Dieser Innenwiderstand des Feldeffekt-Transistors bestimmt bei Reihenschaltung mehrerer gleicher FET's zusammen mit der Gate-Kapazität C die RC-Ladungszeitkonstante τ_{del}

Dieser Widerstand wird im Diagramm von Bild 1.39 dargestellt durch die im Nullpunkt beginnenden steigenden Geraden. Eine höhere Steilheit bedeutet hierbei einen kleineren Widerstand.

$$(97) \qquad \tau_{del} = R_{DS} \cdot C = \frac{L^2}{\mu_e \cdot (U_{GS}-U_{th})}$$

Betrachtet man also eine senkrechte Linie U_{DS} = const., z.B. U_{DS} = 2V, so bildet der halbe Wert des Schnittpunktes mit der Parabel auf der Senkrechten den Anfangspunkt für den waagerechten Anteil der Kennlinie mit konstanter Gatespannung hier z.B. $U_{gs}-U_{th}$ = 2V. Verbindet man schließlich noch diesen Anfangspunkt des waagrechten Teils durch einen passenden Kreisbogen mit der zugehörigen Widerstandsgeraden, für $U_{gs}-U_{th}$ = 2V in den einem Fall, so erhält man das Kennlinienfeld $I_{DS}(U_{DS})$ mit $U_{gs}-U_{th}$ als Parameter. Vergleicht man dieses aus den drei Großsignalbereichen zusammengesetzte Kennlinienfeld mit einem gemessenen, so kann man eine recht gute Übereinstimmung bemerken, die zeigt das richtig getroffene Vereinfachungen in unterschiedlichen Grenzfällen brauchbare Hilfsmittel für Modellierungen liefern können.
Die Grenze zur Sättigung wird dann aus den Stellen $U_{DS} = U_{GS}-U_{th}$ durch die aus (94) entstehende Parabel

$$(94') \qquad I_{DS} = \frac{\epsilon \cdot W \cdot \mu_e}{D \cdot l} \cdot U_{DS}^2 \text{ , für } U_{DS} = U_{GS}-U_{th}$$

beschrieben. Sie ist im Diagramm von Bild 1.39 gestrichelt eingezeichnet.

Steigt die Drainspannung weiter über diese Sättigungsgrenze hinaus, so bleibt der Strom konstant (auf dem halben Wert der Parabel) :

$$(98) \qquad I_{DS} = \frac{\mu_e \cdot \epsilon \cdot W \cdot (U_{GS}-U_{th})^2}{2 \cdot D \cdot L} \text{ , für } U_{DS} > U_{GS}-U_{th}$$

Der halbe Wert wird, wie oben angegeben, durch die halbe effektive Feldstärke im Kanal verursacht, die dann auch für höhere Werte von U_{DS} auf $E_{eff} = (U_{GS}-U_{th})/2L$ stehen bleibt.

1.5.8 CMOS-Technik (Complementary MOS)

Wenn ein n-MOS- oder ein p-MOSFET im leitenden Zustand ist, fließt bei vorhandener Spannung U_D ein Strom, der eine Verlustleitsung bewirkt. Durch eine Kombination aus beiden Typen, aus n- und p-Kanal-Transistoren, kann man erreichen, daß ein Strom nur zum Schaltzeitpunkt kurz fließt und dann wieder nahezu verschwindet bis zum nächsten Umschaltzeitpunkt.

Dadurch wird eine extrem kleine Verlustleistung erzielt, die etwa proportional mit der Schaltfrequenz steigt.

Dies bedeutet allerdings auch, daß sich die erforderliche Anzahl von Transistoren erhöht und daß grundsätzlich auf einem Chip beide FET-Typen mit n- und p-Kanälen realisiert werden müssen.

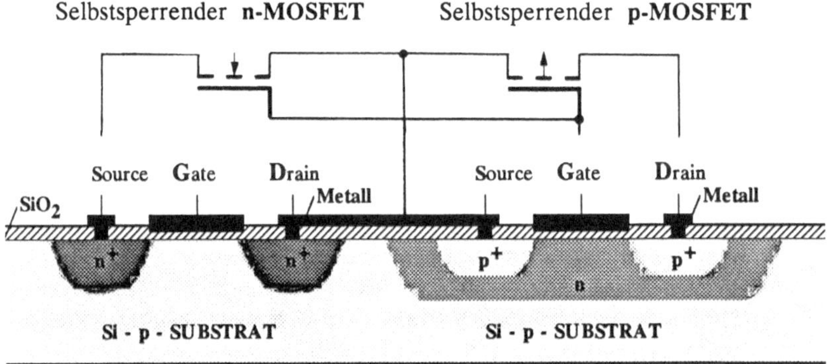

Bild 1.40 Schnitt durch einen CMOS-Inverter auf p-Substrat und zugehöriges Schaltbild

Die CMOS Schaltungen werden, um Verlustleistung zu sparen, so ausgelegt, daß im Ruhestand mindestens einer von zwei in Reihe geschalteten Transistoren gesperrt ist. Wie Bild 1.41 zeigt, ist bei einem hohen Einganssignal V_e der p-Kanaltransistor T_p gesperrt, der Transistor T_N leitend, so daß das Ausgangssignal U_a das Nullpotential hat, es fließt also kein Strom. Ist das Einganssignal auf null, so ist der selbstsperrende Transistor T_N gesperrt und der p-Transistor aber leitend, so daß das Ausgangssignal auf das Potential Up gehoben wird. Wenn dieses Ausgangssignal wieder nur isolierte weitere Gates steuert, fließt also auch in diesem Ruhezustand kein Strom. Beim Potentialwecchsel des Signals sind beide Transitoren kurz leitend, so daß ein Stromstoß vorhanden ist. Ein Strom muß nicht bei jeder Eingangssignaländerung fließen.

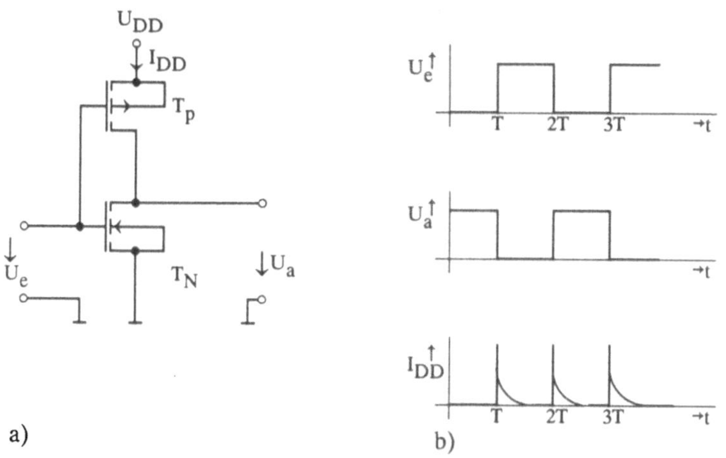

Bild 1.41 CMOS-Inverter: a) Schaltbild; b) Zeitdiagramm.

Wie das Beispiel eines NAND und eines NOR-Gatters in Bild 1.42 zeigt, fließt nur dann kurzzeitig ein Strom, wenn das Ausgansgssignal in den anderen Zustand wechselt.

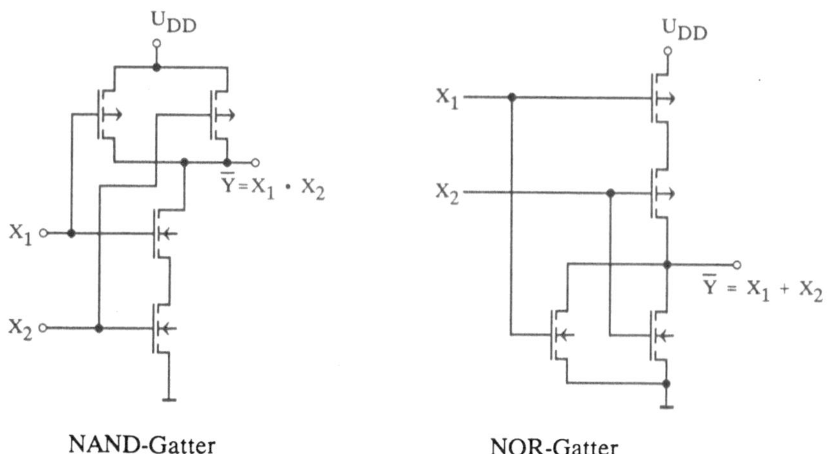

Bild 1.42 NAND- und NOR-Gatter in CMOS-Technik.

Nicht immer muß auch in der CMOS-Technik eine komplementäre Reihenschaltung von n- und p- MOS Transistoren vorliegen. Insbesondere bei schnellen Schaltungen wird man, wo es geht n-Kanal-Transistoren den p-Kanaltransistoren vorziehen, wenn man durch negierte Steuersignale sicherstellen kann, daß im Ruhestand kein Strom fließt.

Da bei n-MOS und ECL-Logikschaltungen die erreichbare Komplexität oft durch die Verlustleitung begrenzt wird, hat die CMOS-Technik heute eine wichtige Bedeutung erreicht. Für die nächsten Jahre sind in der Fertigung Kanallängen von 0,8 μm bei Gatterlaufzeiten 5-20 ns geplant, die eine Komplexität von mehreren hunderttausend Transistoren erreichen können.

1.5.9 Logikfamilien

Die wichtigsten logischen Schaltungsfamilien, in denen heute integrierte Bausteine hergestellt werden, sind in Tabelle Bild 1.21 zusammengestellt. Darunter sind auch einige zu finden, die heute bereits eine mehr historische Bedeutung haben, und die kaum noch in großen Stückzahlen gefertigt werden, wie z.B.die Diode-Transistor-Logik (DTL) oder auch die "Integrated Injection Logik" (I^2L=IIL). Die wichtigsten Logikfamilien für hochintegrierte schnelle Bausteine sind heute zweifellos CMOS, NMOS, ECL (Emitter Coupled Logik), STTL (Schottky Transistor Logik) mit schnellen und leistungsarmen Derivaten.

Darüber hinaus sind aber heute bereits schnellere und auch komplexere Technologien in der Vorphase zur Produktion. Dazu gehört beispielsweise auchn die aus der bipolaren und der CMOS-Technik kombinierte Logik BICMOS. Es eröffnen sich hier auch vor allem für die Integration von ganzen Systemen neue Möglichkeiten, da hier ananloge und digitale Schaltungselemente monolithisch integriert werden können über einen Frequenzbereich bis 1GHz. Eine noch schnellere und leistungsarmere Technologie mit dem III-V-Halbleiterelement GaAs verspricht auch für integrierte digitale Schaltungen Taktfrequenzen zwischen 10GHz und 20GHz realistisch werden zu lassen. Damit wird auch für die hochfrequente Telekommunikation die hochintegrierbare Digitaltechnik erschlossen. Vorteilhaft ist auch, daß sowohl analoge als auch digitale Schaltelemente auf einem Chip integrierbar sind. Heute erhältliche Analogschaltungen wie GaAs-MMIC's (Gallium Arsenid Micorwave Monolithic Integrated Circuits) bestehen aus aktiven und passiven Komponenten. Dabei ermöglichen die semi-isolierenden Eigenschaften des GaAs-Materials die Herstellung kompletter Mikrostreifenleitungen. GaAs-MMIC's sind wie Verstärker, Phasenschieber, Oszillatoren und Schalter bereits für den Frequenzbereich bis 20GHz kommerziell erhältlich. Bisher wurde im Labor eine höchste Frequenz von 115GHz erreicht. Schnelle GaAs-Digitalschaltungen werden aus anwendungsspezifischen verschiedenen Transistoren gefertigt. Die größte Bedeutung haben dabei der MESFET (Metal Semiconductor Field Effect Transistor), der HEMT (High Electron Mobility Transistor) und der HBT (Heterojunction Bipolar Transistor).

Die in Tabelle von Bild 1.43 erfaßten Technologien liefern noch keine Angaben über die erwähnten zukünftigen Technologien, da sich hier noch ein gefestigter Standard in den nächsten Jahren herausbilden wird. Die in der Tabelle aufgelisteten Technologien sind zusätzlich anhand von Grundschaltungsbeispielen erläutert. Die mit Bemerkungen, Logikbeispielen, Typbezeichungen, Laufzeiten, typischen Spannungen und mittleren Verlustleistungen versehenen Hinweise machen die Tabelle zum Teil selbsterklärend, so daß an dieser Stelle nicht noch näher darauf eingegangen werden muß.

Der jeweilige Integrationsgrad, für welchen die Schaltungsfamilien geeignet sind, wird unterschieden in

SSI	Smal	Scale	Integration	bis	100 TF
MSI	Medium	Scale	Integration	bis	1.000 TF
LSI	Large	Scale	Integration	bis	10.000 TF
VLSI	Very Large	Scale	Integration	bis	100.000 TF
ULSI	Ultra Large	Scale	Integration	über	100.000 TF

wobei TF Transistorfunktionen auf einem Chip bedeutet. Für regelmäßige Speicherstrukturen, wie dynamische RAM's werden heute durchaus 4 Mbit Speicher angestrebt, was auf mindestens 4.000.000 TF pro Chip führt.

In Bild 1.44 wird anhand eines Diagramms noch eine kurze Übersicht gegeben über die verfügbaren Halbleiter-Technologien, so daß die Entstehungsgeschichte, Abhängigkeiten und Synergien erkannbar werden.

Schaltungs-familie	Integr. Grad	Bemerkungen	Logische Bausteine	Grundschaltung
DTL Diode-Transistor-Logik	SSI	Vorläufer von TTL kein Einsatz mehr	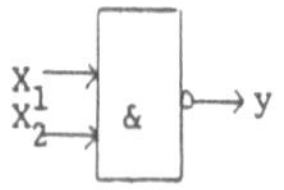 X_1, X_2 & y	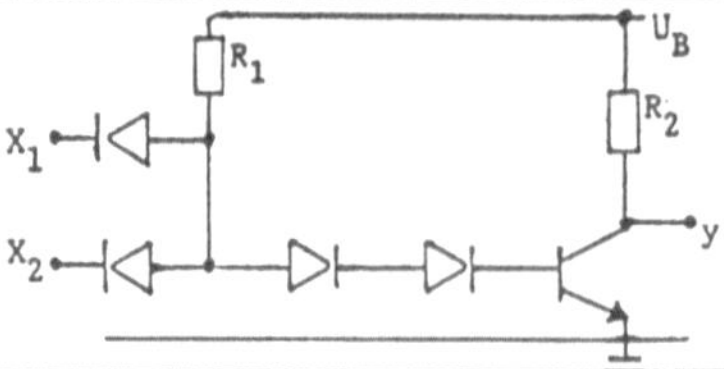 X_1, X_2, R_1, R_2, U_B, y
TTL Transistor-Transistor-Logik	SSI MSI	Multi-Emitter Transistor	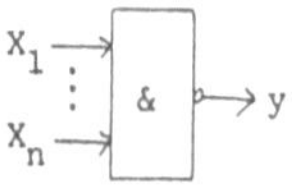 X_1 … X_n & y n ≤ 8	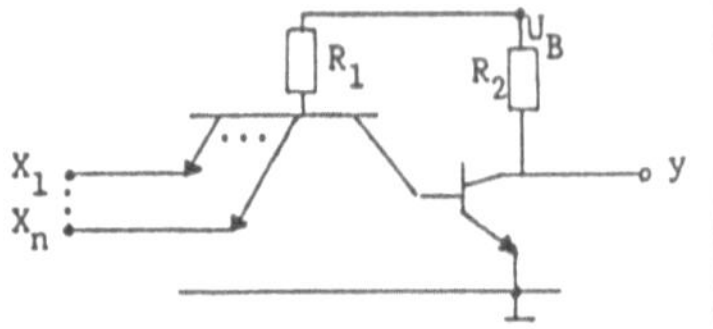 X_1, X_n, R_1, R_2, U_B, y
STTL Schottky-TTL (Weiterentwicklung: Low-Power-Schottky TTL)	MSI	höhere Schaltgeschw. als bei TTL		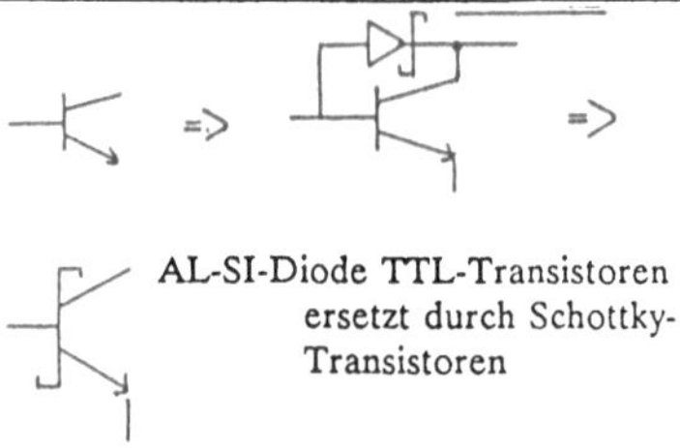 => => AL-SI-Diode TTL-Transistoren ersetzt durch Schottky-Transistoren
Lowpower Schottky				
Lowpower adv. Schottky				
fast Schottky				
advanced Schottky				
ECL Emitter Coupled Logik Standard	MSI LSI	Hohe Schaltgeschw. 100-500 MHz	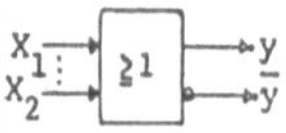 X_1, X_2 ≥1 y, $\bar{y}$	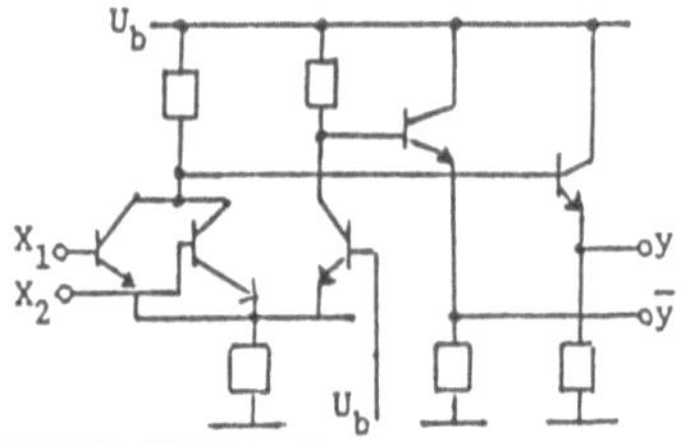 U_b, X_1, X_2, y, $\bar{y}$, U_b
high speed				

Bild 1.43 Übersicht zur Kennzeichnung der wichtigsten Logikfamilien
a) DTL bis ECL-Anwendungsbereiche

Schaltungs-familie	Typ	Betriebs-Spannung	Verlust-leistung t_{pd}	Gatterlauf-zeit t_{pd}	Laufzeit Leistungs Produkt P_V
DTL Diode-Transistor-Logik					
TTL Transistor-Transistor-Logik	7400	5V	10 mW	10 ns	100 pJ
STTL Schottky-TTL (Weiterent-wicklung: Low-Power-Schottky TTL)	74S00	5V	19 mW	3 ns	57 pJ
Lowpower Schottky	74LS00	5V	2 mW	10 ns	20 pJ
Lowpower adv. Schottky	74ALS00	5V	1 mW	4 ns	4 pJ
fast Schottky	74700	5V	4 mW	3 ns	12 pJ
advanced Schottky	74AS00	5V	10 mW	1,5 ns	15 pJ
ECL Emitter Coupled Logik standard	10.100 10.200	-5,2V -5,2V	Incl. Emitter wider-stand 35 mW 35 mW	2 ns 1,5 ns	70 pJ 53 pJ
high speed 10H100 100.100	1.600	-5,2V -5,2V -5,2V	70 mW 35 mW 50 mW	1 ns 1 ns 0,7 ns	70 pJ 35 pJ 38 pJ

Bild 1.43 b) Fortsetzung Logikfamilien: DTL- bis ECL-Bausteinparameter

Schaltungs-familie	Integr. Grad	Bemerkungen	Logische Bausteine	Grundschaltung
CMOS Complementary MOS Standard	MSI LSI VLSI	Extrem geringe Verlust-leistung (10-100 MHz)	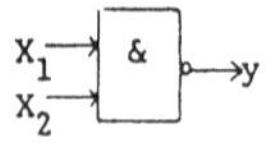 x_1, x_2 & y	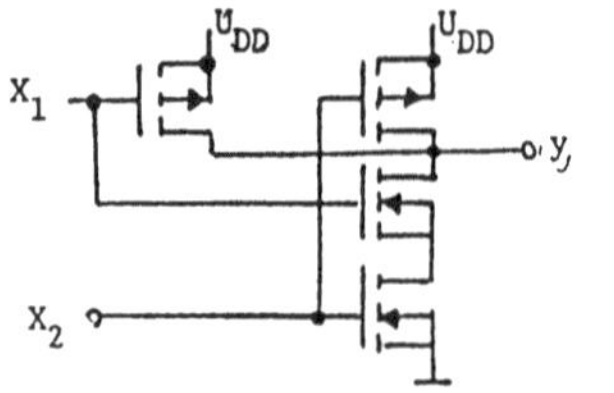 U_{DD}, U_{DD}, x_1, y, x_2
highspeed		TTL-compatibel		
CMOS als Trans-mission Gate		kurze Schaltzeiten	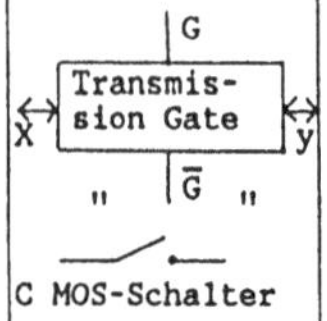 G, Transmis-sion Gate, X, y, " $\overline{G}$ " C MOS-Schalter	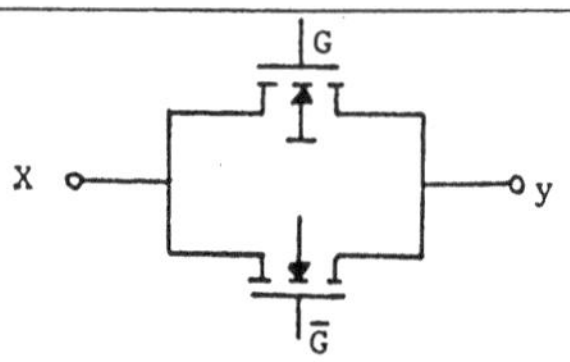 G, X, y, $\overline{G}$
NMOS (PMOS)	LSI VLSI	-Hoher Inte-grationsgrad -Langsamer als ECL -Lastwiderst.*) -Anwendung nur in hoch-integrierten Schaltungen	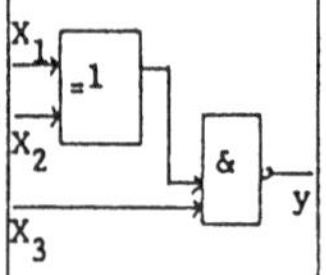 x_1, =1, x_2, &, y, x_3	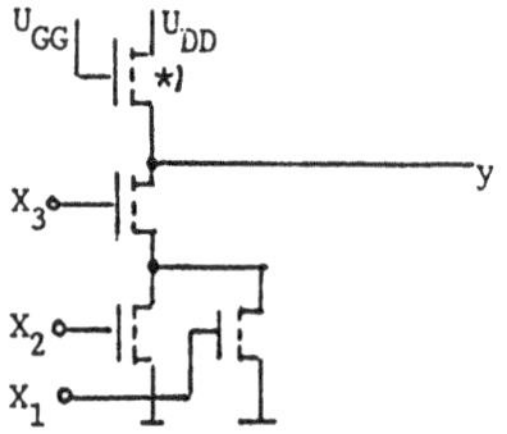 U_{GG}, U_{DD}, *), y, x_3, x_2, x_1
I^2L Integrated Injection Logik	LSI VLSI	-Hoher Inte-grationsgrad -keine Wider-stände -hohe Schalt-geschwindig-keit -einfache Schaltungen -Technologie hat sich wegen schlechten Fanout's nicht durchgeset	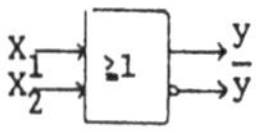 x_1, x_2, ≥1, y, $\overline{y}$	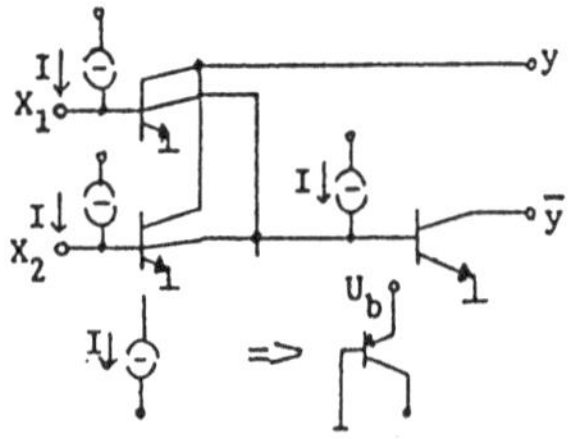 I, x_1, y, I, x_2, I, $\overline{y}$, U_b, I, =>

Bild 1.43 c) Fortsetzung Logikfamilien: CMOS bis I^2L Anwendungsbereiche

Schaltungs-familie	Typ	Betriebs-Spannung	Verlust-leistung t_{pd}	Gatterlauf-zeit t_{pd}	Laufzeit Leistungs Produkt $P_V \cdot tpd$
CMOS Complemen-tary Mos Standard	4.000 14.000 74C00	5V 10V 15V	0,3 μW/KHz 1 μW/KHz 3 μW/KHz	90 ns 50 ns 30 ns	0,03 pJ/KHz 0,05 pJ/KHz 0,09 pJ/KHz
highspeed	74HC00 74HCT00	5V 5V	0,5 μW/KHz 0,5 μW/KHz	10 ns 10 ns	0,005 pJ/KHz 0,005 pJ/KHz
CMOS als Transmission Gate		5V			
NMOS (PMOS)					
I^2L Integrated Injection Logik					

Bild 1.43 d) Fortsetzung Logikfamilien: Elektrische Bausteinparameter für CMOS - I^2L

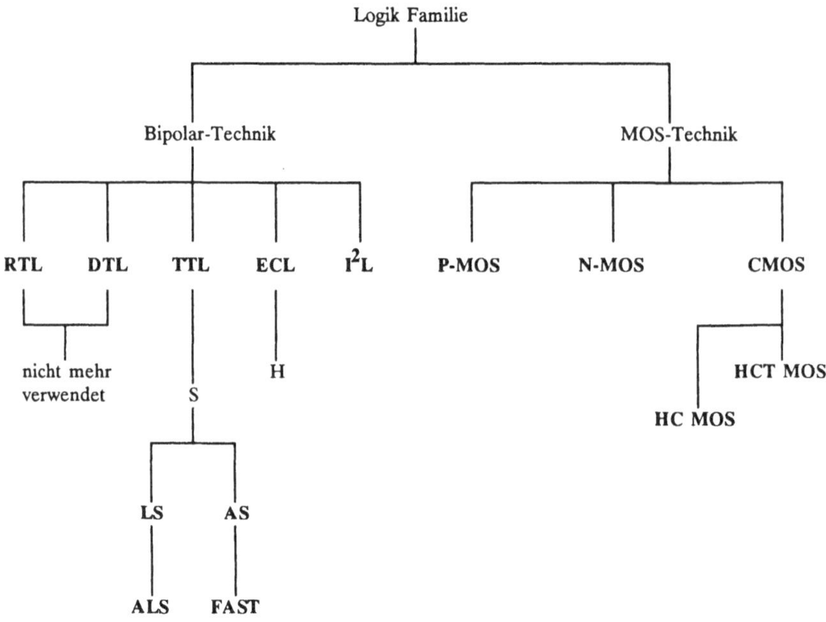

Bild 1.44 Übersicht über Entstehungsgeschichte der Logikfamilien

2 Boolesche Algebra und ihre elektrische Realisierung

Der Begriff "Boolesche Algebra" deutet darauf hin, daß eine seit ca. 150 Jahren bekannte mathematische Beschreibung logischer Sachverhalte die Grundlage dieses Kapitels bildet. Der englische Mathematiker und Logiker *George Boole (1815-64)* erkannte die Unabhängigkeit eines mathematischen Formalismus von einer speziellen inhaltlichen Deutung und wandte diese Erkenntnis auf die beim menschlichen Denken gültigen logischen Gesetze an. 1854 hatte er als erster den algebraischen Logikkalkül entwickelt, in dem er logische Begriffe und ihre Verknüpfungen durch mathematische Einheiten und Zeichen symbolisierte und die Gesetze der Algebra anwandte. Diese Interpretation machte ihn zum Begründer der formalen Logik. Eine praktische informations- und computertechnische Anwendung war dadurch verständlicherweise noch nicht erschlossen.

Unabhängig von der algebraischen Logik konkretisierte erst viel später (1938) der amerikanische Mathematiker und als Schöpfer der Informationstheorie[1)] berühmt gewordene Informatiker *Claude E. Shannon (*1916)* die Gesetze der Schaltalgebra. Es zeigte sich aber bald, daß die altbekannte Boolesche Algebra und die Shannon'sche Schaltalgebra nur verschiedene Bezeichnungen und Interpretationen des gleichen Formalismus sind. Dies hatte weitreichende Konsequenzen: Inhalte und logische Zusammenhänge der natürlichen menschlichen Sprache können technisch nachgebildet werden. In der Schaltalgebra können zwei Zustände "0" und "1" durch Schalterstellungen "Ein" und "Aus" dargestellt werden. Verknüpfungen von Variablen, die je einen Zustand "0" oder "1" aufweisen, können durch die Steuerung kombinierter Schalter ausgeführt werden. Andererseits stellen aussagenlogisch die Zustände "0","1" die Aussageninhalte "falsch" bzw. "wahr" dar, während die Verknüpfungen von Variablen den logischen Zusammenhang von Aussageninhalten darstellen.

Die technisch realisierbare Komplexität und Schaltgeschwindigkeit von Funktionen der Schaltalgebra bestimmen die Leistungsfähigkeit des technischen Systems. Vergleicht man die ständig wachsende technische Leistungsfähigkeit der künstlichen Intelligenz, mit den sprach- und denkspezifischen Fähigkeiten des menschlichen Gehirns, so kann man sicher sein, daß in Zukunft für eine klar definierte Syntax einer Sprache, zusammen mit einem fast unerschöpflichen Speichervolumen (sprich Wortschatz) der sprachspezifische Computer - vor allem in Dolmetscher-Funktion- ein hilfreiches Werkzeug für uns sein wird. Dies wird so selbstverständlich sein, wie heute ein mechanischer Kran auch 1000 Zentner und mehr problemlos wunschgemäß transportiert.

Die vielfältigen technischen Realisierungsmöglichkeiten logischer Funktionen über einen algebraischen Formalismus stellen indessen nur einen kleinen Anwendungsteil der Booleschen Algebra dar. Weit wichtiger waren bislang die mathematischen Anwendungen: Die gewohnten Rechenoperationen mit ganzen und rationalen Zahlen können durch Boolesche Operationen ausgeführt werden. Die technische Realisierung dieser Boolescher Funktionen erlaubt dann schließlich

---

1 *C.E. Shannon:* The mathematical theory of comunication (1949)

die Lösung komplexer numerischer Probleme in Sekundenschnelle, wofür ein Mensch Jahre benötigte. Dabei beschränkt man sich bei der Ausführung bestimmter Operationen, wie beispielsweise bei der numerischen Integration, auf eine vorgebbare endliche Genauigkeit. Das numerische Operieren mit reellen Zahlen muß dabei ebenfalls in natürlicher Weise durch Operieren mit vorgegebener Genauigkeit ersetzt werden; es ist nicht möglich, die irrationale Zahl π im Zehnersystem, ja nicht einmal im rationalen Zahlensystem, exakt anzugeben: Man beschränkt sich beispielsweise auf eine Genauigkeit von 9 oder 18 Stellen hinter dem Komma ($\pi \approx 3{,}141592654$), während der ideelle Wert (der irrationale Zahl) nicht mit einer endlich langen Zahl darstellbar ist. Da auch in der Praxis kein Platz ist für unendlich lange Darstellungen, genügt es jeweils, Methoden zu realisieren, mit deren Hilfe die Genauigkeit erhöht werden kann (auf Kosten von Rechenzeit und Speicherplatz).

Bildet man hingegen endliche Zahlenkörper mit ihren Operationen technisch nach, so kann man über die Boolesche Algebra ein umkehrbar eindeutiges Abbild erzeugen und bei allen Operationen die exakten Ergebnisse numerisch ermitteln.

Die getroffenen Aussagen über die technische Realisierbarkeit logischer und mathematischer Operationen werden in Kap. 2 nachgewiesen, derart daß jede möglich algebraische Verknüpfung durch einen "Booleschen Ausdruck" ersetzt wird, und daß dadurch jeder Boolesche Ausdruck durch eine Kombination logischer Gatter technisch ausführbar wird. Diese beiden Grundtatsachen sind in den Tabellen der Bilder 2.1 und 2.5 zusammengefaßt. Anhand von Beispielen wird dann weiterhin gezeigt, daß jedes logisches (Basis-) Gatter durch einfache elektrische Feldeffekt-Transistorschaltungen ausführbar ist.

Der Entwurf digitaler Systeme bedeutet, die Vielzahl komplexer (logischer, mathematischer, nachrichtentechnischer) Funktionen in einzelne Boolesche Funktionen zu zerlegen. Technisch wird dann jede Aussage bzw. jede Variable durch ein elektrisches Signal repräsentiert und jede Verknüpfung durch ein elektrisch realisiertes logisches Gatter. Dabei kann die erforderliche Anzahl von Gatterfunktionen so groß werden, daß sie nur noch computerunterstützt bewältigt und verwaltet werden kann. Der Entwurfsvorgang ist leider nicht eindeutig: Verschiedene Gatteranordnungen können die gleichen Funktionen repräsentieren. Deshalb kommt es bei dem Entwurf darauf an, die aufwandsgünstigste Lösung zu finden. Man geht deshalb so vor, daß man zunächst eindeutige Darstellungen in der Booleschen Algebra ermittelt, sog. Normalformen, und von diesen mithilfe der Regeln der Booleschen Algebra eine systematische Reduktion von Schaltfuntionen, d.h. Gatterfunktionen, vornimmt. Die Regeln zur Vereinfachung werden in diesem Kapitel angegeben. Beim computerunterstützten Entwurf werden diese Regeln in Programmen ausgedrückt.

Das oberste Ziel wird sein, sämtliche Entwurfsvorgänge von der Schaltungsstruktur bis hinunter zu Transistor- und Verdrahtungs-Layouts vollständig auf einen Entwurfscomputer zu verlagern. Da das Halbleitermaterial für die Schaltfunktionen meistens Silizium ist, nennt man derartige vollständige Entwurfssysteme Silicon-Compiler, die aber hier nur erwähnt sein sollen, da dieses Gebiet noch Gegenstand zahlreicher Forschungsvorhaben ist.

2.1 Verknüpfungen

2.1.1 Darstellung der Variablen

Der überwiegende Anteil logischer Digitalschaltungen basiert auf einer binären Logik, d.h. der Wertevorat besteht aus der kleinstmöglichen Menge: aus zwei Zuständen. Eine einzelne Variable kann also höchstens die Information von 1 bit tragen. Diese Zustände werden in der Booleschen Algebra mit "0" und "1" gekennzeichnet. Mit der Kombination zweier Variabler x, y, von denen jede unabhängig nur die Werte 0 und 1 annimmt, kann man also $2^2=4$ Zustände darstellen:

$x, y \in \{0,1\}$ erlauben den Wortvorrat 4:

$(x,y) = (0,0), (0,1), (1,0), (1,1)$

Eine Menge von n binären Variablen $x_0,x_1,...,x_{n-1}$ kann in einem Vektor $\underline{x}=(x_{n-1},x_{n-2},...,x_0)$ zusammengefaßt werden. Ein solcher Vektor beschreibt also einen von 2^n möglichen Zuständen und kann damit eine Information von n bit tragen.

In der Schaltungstechnik werden die zwei Zustände einer Variablen in der Regel durch zwei unterschiedliche Spannungspegel L (low) und H (high) repräsentiert. Es wird dabei zugeordnet:

bei positiver Logik	bei negativer Logik
$0 \triangleq L$	$0 \triangleq H$
$1 \triangleq H$	$1 \triangleq L$

Das Verknüpfen zweier Variabler x,y bedeutet, daß diesen beiden Variablen eine dritte Variable z zugeordnet wird: $(x,y) \rightarrow z$. Das heißt: jedem der vier Zustände von (x,y) wird jeweils ein bestimmter Zustand (0 oder 1) von z zugeordnet. Da es dabei 4^2 Zuordnungsmöglichkeiten gibt, existieren für zwei binäre Variable insgesamt maximal 16 Verknüpfungen, die später alle in einer Tabelle zusammengefaßt werden.

Die Bedeutung der 2^n Wörter eines n-dimensionalen Vektors aus n binären Variablen ist frei wählbar. Beispielsweise können hierbei die natürlichen Zahlen $0,1,2,..,2^n-1$ dargestellt werden oder auch 2^n Wörter der deutschen Sprache. Den Vorgang der spezifischen Zuordnung nennt man Codierung. Z.B. können 16.000 Wörter einer Sprache durch Vektoren aus 14 binären Variablen codiert und repräsentiert werden ($2^{14}=16.684 > 16.000$). Es muß nur einmal genau festgelegt werden, welches Wort welcher binären Kombination entspricht. Diese Kombination kann man dann als Adresse auffassen, an der das entsprechende Wort (in einem anderen Code) abgelegt und aufrufbar ist.

In der Aussagenlogik können die Variablen bestimmte Aussagen darstellen, deren Zutreffen variabel bleibt. Z.B. x:="die Sonne scheint", y:="es ist Tag".

Wenn eine Aussage x zutrifft bzw. wahr ist, dann erhält die Variable x den Zustand "1", andernfalls, wenn diese Aussage falsch ist, bekommt die Varialble x den Zustand "0". x=1 bedeutet also: die Aussage x ist "wahr"; x=0 bedeutet: die Aussage x ist "falsch". Da die Aussage nur falsch oder richtig sein darf, kann man also mit binären Verknüpfungen Aussagenlogik betreiben. Z.B. ist die UND-Kombination zweier Aussagen x,y nur dann wahr, wenn jede einzelne Aussage x und auch y wahr ist, d.h. die Variable z=x"UND"y, die die UND-Kombination der beiden Aussagen repräsentiert, darf nur dann den Zustand "1" aufweisen, wenn sowie x als auch y den Zustand "1" haben, während in den drei anderen Fällen z den Zustand "0" annehmen muß. In analoger Weise werden dann auch ODER-Verknüpfungen wie auch ENTWEDER-ODER-Verknüpfungen und Implikationen bzw. WENN-DANN Aussagen dargestellt. Z.B. die formale Aussage "WENN x DANN y" darf nicht zulassen, daß aus einer wahren Aussage eine falsche folgt, alle anderen Möglichkeiten sind zugelassen, d.h. wahr: Aus einer falschen Aussage kann durchaus eine wahre oder auch eine falsche folgen. Um beim obigen Beispiel zu bleiben: Wenn die Sonne nicht scheint, kann es Tag sein oder auch nicht, d.h. Nacht. Die Aussage "z" := "WENN x DANN y" wird dann algebraisch ausgedrückt durch $z = x \rightarrow y$. Dabei darf bei dieser aussagenlogischen Implikation, wie dargelegt, z nur dann den Zustand "0" annehmen, wenn x den Zustand "1" hat und y den Zustand "0" hat. Bei allen anderen Kombinationen muß dann z den Zustand "1" annehmen.

Neben den logischen und aussagelogischen Interpretationen können natürlich auch andere, wie algebraische vorgenommen werden. Z.B. können dann, wenn die Variablen die Zahlen 0 und 1 darstellen, die Verknüpfungen Multiplikationen oder Modulo-1-Additionen bedeuten. Die Multiplikation entspricht dann der obigen "UND"-Verknüpfung und die Modulo-1-Addition wird dann zwei ungleichen Zuständen zweier Variabler eine 1 zuordnen und zwei gleichen eine 0

2.1.2 Logische Basisgatter und deren Symbole

Die wichtigsten logischen Basisverknüpfungen und Operationen sind: die UND-Verknüpfung "AND", die ODER-Verknüpfung "OR", die ENTWEDER-ODER-Verknüpfung "EXOR" und die Negationsoperation. Algebraisch wird eine UND-Verknüpfung durch ein Mal "·" und die ODER-Verknüpfung durch ein Plus "+" dargestellt: $z=x \cdot y$ bzw. $z=x+y$. In mehr mathematisch orientierter Literatur werden für "AND" und "OR" die Zeichen "∧" bzw. "∨" bevorzugt, um sie nicht mit dem gewohnten Multiplizieren bzw. Addieren zu verwechseln: $z=x \wedge y$ bzw. $z=x \vee y$. Dennoch gibt es Analogien zu Plus und Mal, die auszunutzen sinnvoll erscheint. Deshalb werden wir hier die Zeichen Mal und Plus verwenden für die UND- bzw. ODER-Verknüpfung zweier binärer Variabler und abweichende Regeln im Auge behalten. Die Operation der Negation bedeutet lediglich das Vertauschen der beiden Zustände "0" und "1"; dies wird durch ein Strich über der Variablen ausgedrückt bzw. durch ein Negationszeichen "¬" vor der Variablen:
$z= \text{Negation}(x) = \neg(x) = \bar{x}$.

In Bild 2.1 sind die 6 wichtigsten Verknüpfungen zweier Variabler zusammengestellt und die Wertzuordnungen definiert. Während die vier Zustandskombinationen

der Ursprungsvariablen x,y im oberen Feld der ersten Spalte angegeben sind, befinden sich die durch die jeweilige Verknüpfung definierten zugehörigen Zustände der Ergebnisvariablen z in der entsprechenden Feldzeile. Die Verknüpfungen "NAND" und "NOR" gehen dabei aus den Verknüpfungen "AND" bzw. "OR" durch Negation der Ergebnisvariablen hervor. Die Verknüpfung "ÄQUIVALENZ", bezeichnet mit "≡", läßt sich, wie man an den Wertzuordnungen sofort erkennt, auch als Negation der Ergebnisvariablen einer "EXOR"-Verknüpfung darstellen:
$z = x \equiv y = \overline{x \oplus y}$.

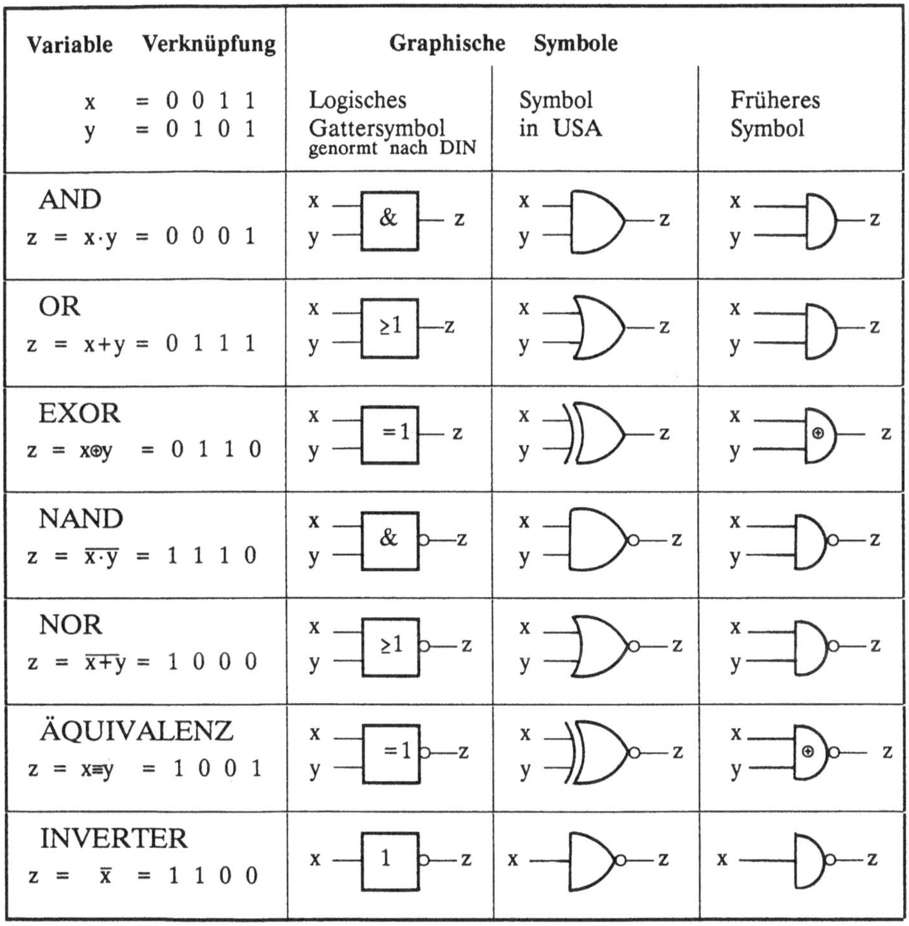

Variable Verknüpfung x = 0 0 1 1 y = 0 1 0 1	Graphische Symbole Logisches Gattersymbol genormt nach DIN	Symbol in USA	Früheres Symbol
AND $z = x \cdot y$ = 0 0 0 1	x, y – [&] – z	x, y – z	x, y – z
OR $z = x + y$ = 0 1 1 1	x, y – [≥1] – z	x, y – z	x, y – z
EXOR $z = x \oplus y$ = 0 1 1 0	x, y – [=1] – z	x, y – z	x, y – [⊕] – z
NAND $z = \overline{x \cdot y}$ = 1 1 1 0	x, y – [&]o – z	x, y – z	x, y – z
NOR $z = \overline{x + y}$ = 1 0 0 0	x, y – [≥1]o – z	x, y – z	x, y – z
ÄQUIVALENZ $z = x \equiv y$ = 1 0 0 1	x, y – [=1]o – z	x, y – z	x, y – [⊕]o – z
INVERTER $z = \overline{x}$ = 1 1 0 0	x – [1]o – z	x – z	x – z

Bild 2.1 Logische Basisgatter: Verknüpfungen mit Wertetabellen und gebräuchliche Schaltungssymbole.

Beim Entwurf logischer Schaltungen ist es übersichtlicher, die logischen Verknüpfungen durch Gattersymbole mit Eingangsleitungen als Eingangsvariablen und einer Ausgangsleitung als Ausgangs- oder Ergebnisvariable graphisch darzustellen. Gleichzeitig ergibt sich durch die graphische Darstellung schon eine hohe Realisierungsnähe, da die Übermittlung von binären Variablen schaltungstechnisch auch direkt durch Leitungsverbindungen ausgeführt werden kann. Während in der zweiten Spalte von Bild 2.1 die in in Deutschland genormten Schaltungssymbole angegeben sind, zeigt die dritte Spalte die heute in angelsächsischen Ländern gebräuchlichen Schaltungssymbole, wie sie auch die aus USA stammenden CAE-Entwurfsrechner verwenden (Computer Aided Engineering). Die in älterer Literatur verwendeten (zeichnungstechnisch praktischen) Symbole sind in der letzten Spalte angegeben. Die Negation der Ausgangsvariablen wird einheitlich als Kringel am Ausgang dargestellt. Bei negierten Eingangsvariablen verwendet man dieses Kringel sinngemäß auch am Eingang.

2.2 Rechenregeln der Booleschen Algebra

2.2.1 Boolesche Axiome

Eine Algebra besteht aus einer Menge von Elementen mit auf ihr definierten Operationen und Verknüpfungen. Ein Axiomensystem besteht aus einer vollständigen Anzahl unabhängiger und widerspruchsfreier Regeln für die Operationen auf einer Menge. Durch wiederholte und gemischte Anwendungen verschiedener Axiome entstehen weitere Rechenregeln. Die gesamten Rechenregeln der Booleschen Algebra können auf 10 Axiome reduziert werden. Sämtliche Gesetze und Rechenregeln in dieser Algebra müssen allein durch logische Schlußfolgerungen aus diesen Axiomen beweisbar sein. Wie sich aus dem Axiomensystem der Booleschen Algebra zeigen wird, besteht die Menge der Elemente nur aus einem neutralen Element der Multiplikation, bezeichnet mit "1", und einem neutralen Element der Addition, bezeichnet mit "0". Sämtliche Variablen der Booleschen Algebra, deren Anzahl unbeschränkt sein darf, nehmen dann immer einen dieser beiden Werte an. Dies ist auch der Grund, weshalb diese Algebra für die Digitaltechnik eine so zentrale Bedeutung erlangt hat: Sämtliche Operationen sind binär ausführbar und können auf eine geringe Anzahl verschiedener Gatteroperationen zurückgeführt werden. Durch Vektorbildung von Variablen lassen sich dann auch, wie sich beweisen läßt, sämtliche Operationen endlicher Zahlenkörper mittels einer ihr entsprechenden Schaltungslogik ausführen.

Die den binären Operationen zwischen den Variablen zugrunde gelegten Regeln können rein algebraisch formuliert werden. Die im folgenden angegeben 10 mathematischen Regeln definieren bereits alle in einer Booleschen Algebra gültigen Operationen zwischen den Variablen. Solche definierten algebraischen Regeln, die aus keinen anderen bereits gegebenen herleitbare sind, heißen Axiome. Wie sich mathematisch zeigen läßt, braucht in den Axiomen nich explizit gefordert zu werden, daß die Variablen nur zwei Zustände ("0" und "1") annehmen dürfen; dies folgt ebenfalls aus den vollständigen Axiomen.

Boolesche Axiome

a, b, c $\in$ {0,1} seien binäre Variable.

Für die Variablen gelten folgende Axiome (Rechenregeln:

(1)	$a+b = b+a$	*Kommutativgesetze*
(2)	$a \cdot b = b \cdot a$	
(3)	$a+(b+c) = (a+b)+c$	*Assoziativgesetze*
(4)	$a \cdot (b \cdot c) = (a \cdot b) \cdot c$	
(5)	$a+(b \cdot c) = (a+b) \cdot (a+c)$	*Distributivgesetze*
(6)	$a \cdot (b+c) = a \cdot b+a \cdot c$	
(7)	$a+0 = a$	*0,1 Existenz*
(8)	$a \cdot 1 = a$	
(9)	$a \cdot \bar{a} = 0$	*Existenz des Komplements*
(10)	$a+\bar{a} = 1$	

Alle weiteren Regeln lassen sich aus diesen ableiten; die Regeln (1) bis (10) bilden das vollständige Axiomesystem der Booleschen Algebra.

2.2.2 Schaltungstechnische Bedeutung der Axiome

Das Assoziativgesetz der Plus-Operation bedeutet z.B., daß folgende drei Schaltungen äquivalent sind:

$$(a + b) + c = a + (b + c) = a + b + c = y$$

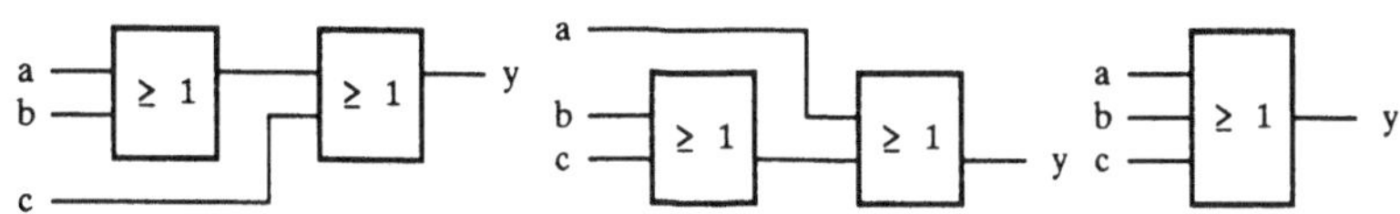

Das Assoziativgesetz der Mal-Operation führt zur gleichen schaltungstechnischen Konsequenz, mit dem Unterschied, daß anstelle der obigen OR-Gatter AND-Gatter zu setzen sind:

$$(a \cdot b) \cdot c = a \cdot (b \cdot c) = a \cdot b \cdot c = y$$

Die Erweiterung auf n binäre Eingangsvariable zeigt, daß n-1 binäre Additionen bzw. Multiplikationen in einem Baustein realisiert werden können, da durch diese Assoziativgesetze die Reihenfolge der Ausführung ohne Einfluß auf das Ergebnis ist. Deshalb können auch n-fach OR- und AND-Gatter verwendet werden, deren schaltungstechnische Symbole in Bild 2.2 angegeben sind.

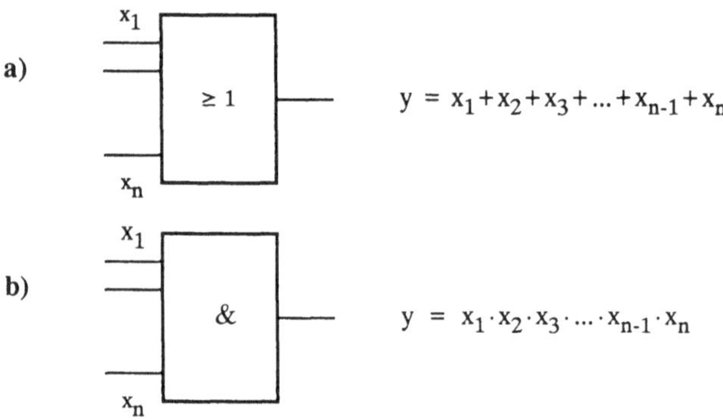

Bild 2.2 a) n-faches OR-Gatter, b) n-faches AND-Gatter

Regel (5) bedeutet, daß zwei OR-Gatter, deren Ausgänge über ein AND-Gatter verknüpft werden und bei denen eine Eingangsvariable eines OR-Gatters mit einer Eingangsvariablen des anderen OR-Gatters übereinstimmt, ersetzt werden kann durch ein AND-Gatter mit den Eingängen b,c, dessen Ausgang mit der dritten Variablen a zusammen in einem OR-Gatter verknüpft wird. Somit können also die auf der rechten Seite von Gleichung (5) erforderlichen 3 Gatter durch zwei ersetzt werden, die der linken Seite dieser Gleichung entsprechen. Das Entsprechende gilt für das zweite Distributivgesetz (6). Weiterhin bedeutet Gleichung (7), daß ein OR-Gatter, das eine Variable a mit der Konstanten $b_0=0$ verknüpft , weggelassen werden kann, indem die Ausgangsvariable gleich der Eingangsvariablen a gesetzt wird. Dies in dualer Weise bei Gleichung (8). Weitere schaltungstechnische Äquivalenzen und Vereinfachungen werden weiter unten an entsprechender Stelle gegeben.

2.2.3 Duale Operationen

Definition einer dualen binären Operation: *Zwei Operationen $f_1(x_1,x_2)$ und $f_2(x_1,x_2)$ heißen dual zueinander, wenn gilt*

$$\overline{f_1}(x_1,x_2) = f_2(\overline{x}_1,\overline{x}_2)$$

Die gleiche Definition gilt für die Erweiterung auf n Variable $x_1,...,x_n$: Die negierte Ergebnisvariable $\overline{y}$ einer Funktion von x_1 bis x_n, also mit $y=f_1(x_1,...,x_n)$, soll identisch sein mit der Ergebnisvariablen einer anderen, (zu ihr dualen) Funktion $f_2(x_1,...,x_n)$, deren sämtliche Eingangsvariablen negiert wurden:

$$\overline{y} = f_2(\overline{x}_1,...,\overline{x}_n).$$

Beispiel:

x_1	x_2	$\overline{x}_1$	$\overline{x}_2$	$f_1(x_1,x_2) = x_1+x_2$	$\overline{f}_1(x_1,x_2)$	$f_2(\overline{x}_1,\overline{x}_2) = \overline{x}_1 \cdot \overline{x}_2$
1	1	0	0	1	0	0
1	0	0	1	1	0	0
0	1	1	0	1	0	0
0	0	1	1	0	1	1

Bild 2.3 Wahrheitstabelle für zwei duale Funktionen.

Aus dieser Wahrheitstabelle folgt, daß + und · duale Operationen sind. Durch wiederholte Anwendung des obigen Beispiels ergeben sich die dualen Operationen für n Variable, die unter dem Namen De Morgan bekannt wurden.

2.2.4 De Morgan'sche Regeln

(11) $$\overline{(x_1+x_2+...+x_n)} = \overline{\sum_{\mu=1}^{n} x_\mu} = \overline{x}_1 \cdot \overline{x}_2 \cdot ... \cdot \overline{x}_n = \prod_{\mu=1}^{n} \overline{x}_\mu$$

und

(12) $$\overline{\prod_{\mu=1}^{n} x_\mu} = \sum_{\mu=1}^{n} \overline{x}_\mu$$

Dabei wurde das Summenzeichen für die mehrfache Anwendung der binären Plusoperation und das Pi-Zeichen für die der binären Maloperation eingesetzt. Für die schaltungstechnische Anwendung kann man also festhalten:

a) *Ein n-faches NAND-Gatter ist äquivalent mit einem n-fachen OR-Gatter, das die negierten Eingangsvariablen verwendet.*
b) *Umgekehrt ist ein n-faches NOR-Gatter äquivalent mit einem n-fachen AND-Gatter, dessen Eingangsvariablen negiert wurden.*

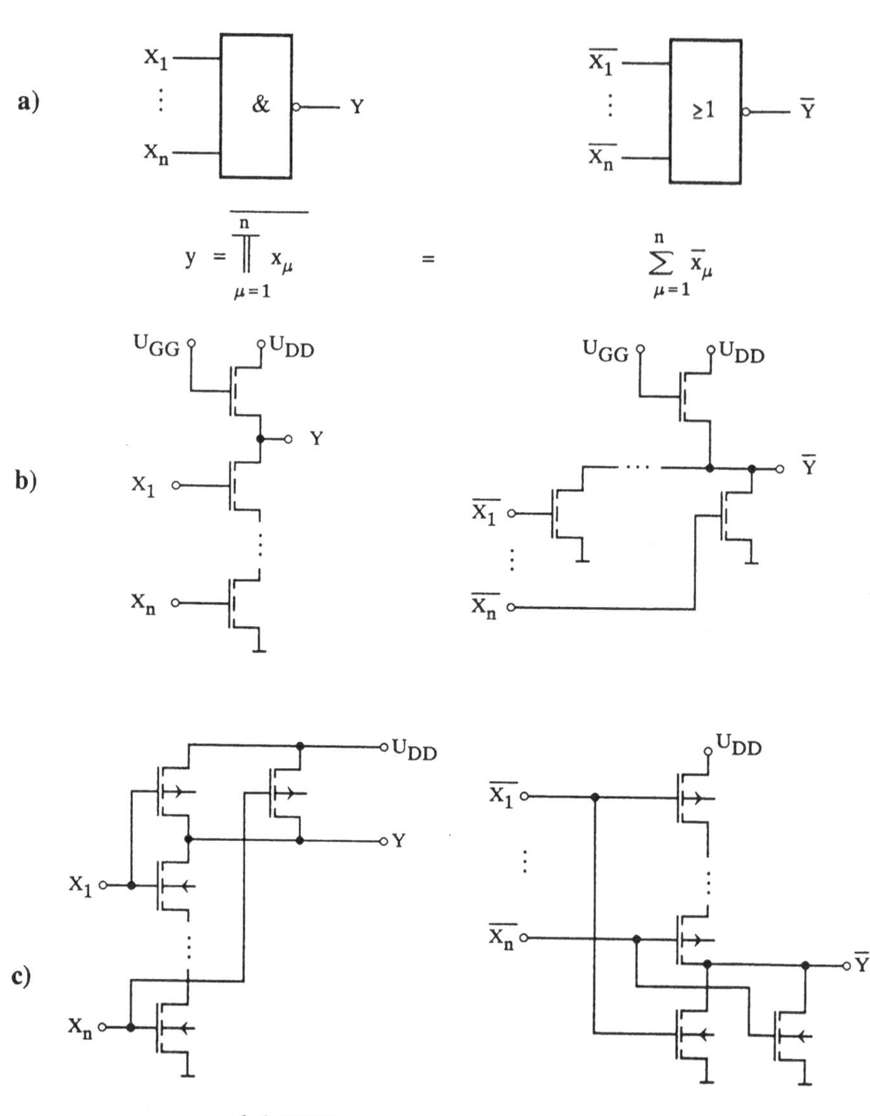

Bild 2.4 Duale Operationen mit Realisierungsbeispiel:
a) Schaltungssymbol mit Booleschem Ausdruck;
b) zugehörige Schaltbilder für NMOS-Realisierung;
c) zugehörige Schaltbilder für CMOS-Realisierung.

OR- und AND-Gatter führen also zueinander duale Operationen aus, demzufolge auch NOR- und NAND-Gatter. Bild 2.4 zeigt nebeneinader ein NAND- und ein NOR-Gatter und darunter ihre elektrischen Realisierungen: b) in NMOS, c) in CMOS. Dabei sind anstelle von Lastwiderständen Last-Transistoren eingesetzt, die in b) als selbstsperrende Transistoren ausgeführt sind, deren Gates ein positives Potential U_{GG} bekommen müssen, damit sie leitend werden; es könnten hierfür auch selbstleitende Transistoren eingesetzt werden, deren Gatepotentiale an die zugehörigen Drainpotentiale gelegt werden (vgl. hierzu Kap. 1.5). Bei der CMOS-Realisierung in c) werden hingegen ebensoviele Last- wie Steuertransistoren benötigt, wobei, wie das Bild zeigt, die Lasttransistoren komplementäre gesteuerte p-MOSFETs sind und die Steuertransistoren n-MOSFETs, also mit einem n-leitenden Kanal versehene selbstsperrende Feldeffekttransistoren in MOS-Technik (Metall Oxid Semiconductor). Die Serien-Parallelkombination ist erforderlich, damit nur während der Änderung des Ausgangssignals kurzzeitig ein Strom fließt, der nach dem Übergang sofort wieder versiegt. Für AND- bzw. OR-Gatter ist an den jeweiligen Ausgang noch ein CMOS-Inverter zu schalten. In der Realisierung sind also AND- und OR-Gatter aufwendiger als NAND- und NOR-Gatter. Deshalb bevorzugt man letztere beim Schaltungsentwurf, wenn man nicht ohnehin noch einen Ausgangstreiber benötigt. Die Serien-Parallel-Kombination der Transistoren in c) erfordert natürlich auch unterschiedliche Auslegungen der einzelnen Transistoren, die sich in unterschiedlichen Kanalbreiten der Feldeffekttransistoren ausdrückt.

2.2.5 Idempotenzgesetz der Booleschen Algebra

Wie die Regeln (1) bis (10) des Axiomensystems der Booleschen Algebra und insbesondere die Distributivgesetze bereits zeigen, sind die beiden binären Plus- und Mal-Operationen gleichwertig - im Gegensatz zum gewohnten Rechnen mit reellen Zahlen. Treten Verknüpfungen mit den gleichen Variablen auf, dann gilt in der Booleschen Algebra folgendes Idempotenzgesetz:

(13) $a+a = a$

(14) $a \cdot a = a$

Um zu zeigen, daß diese Idempotenzgesetze aus den obigen Axiomen folgen, führen wir den Beweis Schritt für Schritt, indem bei jeder Umformung nur eine einzige Regel des Axiomensystems angewendet wird. Die Nummer der jeweils angewendeten Regel steht über dem Gleichheitszeichen.

Beweis:

(13') $a+a \overset{(8)}{=} (a+a)\cdot 1 \overset{(10)}{=} (a+a)\cdot(a+\overline{a}) \overset{(5)}{=} a+(a\cdot\overline{a}) \overset{(9)}{=} a+0 \overset{(7)}{=} a$ qed.

(14') $a\cdot a \overset{(7)}{=} (a\cdot a)+0 \overset{(9)}{=} (a\cdot a)+(a\cdot\overline{a}) \overset{(6)}{=} a\cdot(a+\overline{a}) \overset{(10)}{=} a\cdot 1 \overset{(8)}{=} a$ qed.

2.2.6 Absorptionsgesetz

Obwohl die binären Plus- und Mal-Operationen gleichrangig sind, wird der Einfachheit halber in gewohnter Weise der Mal-Operation der Vorrang gegeben; damit kann man, wie in der folgenden Gleichung des ersten Absorptionsgesetzes, Klammern um die mit Mal verknüpften Variablen sparen.

(15) $a+a\cdot b = a$

(16) $a\cdot(a+b) = a$

Beweis

(15') $a+a\cdot b \overset{(8)}{=} a\cdot 1+a\cdot b \overset{(6)}{=} a\cdot(1+b) \overset{(10)}{=} a\cdot(b+\bar{b}+b) \overset{(1)}{=} a\cdot(b+b+\bar{b}) \overset{(13)}{=}$

$= a\cdot(b+\bar{b}) \overset{(10)}{=} a\cdot 1 \overset{(8)}{=} a$ qed.

(16') $a\cdot(a+b) \overset{(6)}{=} a\cdot a+a\cdot b \overset{(14)}{=} a+a\cdot b \overset{(15)}{=} a$ qed.

Anmerkung: Die Anwendung der Assoziativgesetze (3) und (4) wird durch das Weglassen der Klammern bei drei gleichartigen aufeinanderfolgenden Verknüpfungen der Einfachheit halber vorausgesetzt. Weiterhin gelten die Vereinfachungen:

(17) $a+1 = 1$

(18) $a\cdot 0 = 0$

(19) $\bar{\bar{a}} = a$

Beweis

(17') $a+1 \overset{(10)}{=} a+a+\bar{a} \overset{(13)}{=} a+\bar{a} \overset{(10)}{=} 1$ qed.

(18') $a\cdot 0 \overset{(9)}{=} a\cdot(a\cdot\bar{a}) \overset{(4)}{=} (a\cdot a)\cdot\bar{a} \overset{(13)}{=} a\cdot\bar{a} \overset{(9)}{=} 0$ qed.

2.2.7 Boolesche Ausdrücke

Definition: *Ein Ausdruck $f(x_1,...,x_n)$, der neben den Variablen nur die Zeichen "+", "·", "¯", "=", enthält, heißt ein Boolescher Ausdruck.*

Behauptung: *Jede Verknüpfung zweier Variabler a,b kann durch einen Booleschen Ausdruck dargestellt werden und durch logische Gatter realisiert werden.*

Beweis: Da es zwischen zwei Variablen a und b 4 Kombinationen gibt, gibt es insgesamt $4^2=16$ mögliche Zuweisungen zu einer dritten Ergebnisvariablen y, d.h. es gibt insgesamt 16 unterschiedliche binäre Verknüpfungen. Da die Hälfte dual zueinander ist, d.h. aus der Negation hervorgeht, braucht der Beweis nur für 8 zueinander nicht duale Verknüpfungen geführt zu werden. Der Vollständigkeit halber werden alle möglichen Verknüpfungen zweier binärer Variablen zusammengestellt.

Daß dabei dann auch uninteressante, triviale Zuordnungen, wie die konstanten, enthalten sein müssen, ist konsequent. Es zeigt aber klar, daß die obige zu beweisende Behauptung ohne Ausnahmen gilt. In Bild 2.5 sind die vier binären Kombinationen der Eingangsvariablen a, b in den obersten Zeilen angegeben. Die daraus resultierenden 16 Zuordnungskombinationen der Ergebnisvariablen sind dann in der zugehörigen Spalte, nach dem Dualcode geordnet, aufgezählt. Das zugehörige Verknüpfungszeichen enthält die Spalte davor, während die Spalte danach mindestens einen zugehörigen Booleschen Ausdruck angibt, der die zu beweisende Behauptung belegt. Dabei sind die Verknüpfungen (7) und (8), (6) und (9) usw. zueinander dual, d.h. sie ergeben sich durch Negation aus der jeweiligen anderen. Wie die Tabelle zeigt, gehen dann auch die Booleschen Ausdrücke aus der Negation hervor.

Variable →		a	1 0 1 0	
↓ Verknüpfung ↓		b	1 1 0 0	f(a,b) =
	Bezeichnung	Verknüpfg. Zeichen	Ergebnis-Zuordnung	Zugehöriger Boolescher Ausdruck
(15)	Konst.Funkt.		1 1 1 1	$a+\overline{a}$
(14)	Disjunktion	$a+b$	1 1 1 0	$a+b$
(13)	Implikation	$a \rightarrow b$	1 1 0 1	$\overline{a}+b$
(12)	2.Projektion		1 1 0 0	b
(11)	Rückschluß	$a \leftarrow b$	1 0 1 1	$a+\overline{b}$
(10)	1.Projektion		1 0 1 0	a
(9)	Äquivalenz	$a \equiv b = \overline{a \oplus b}$	1 0 0 1	$a \cdot b+\overline{a} \cdot \overline{b}$
(8)	Konjunktion	$a \cdot b$	1 0 0 0	$a \cdot b$
$(7)\approx\overline{(8)}$	Schefferfunkt.	$a/b = \overline{a \cdot b}$	0 1 1 1	$\overline{a \cdot b} = \overline{a}+\overline{b}$
$(6)\approx\overline{(9)}$	Antivalenz	$a \not\equiv b = a \oplus b$	0 1 1 0	$\overline{a \cdot b+\overline{a} \cdot \overline{b}} = (\overline{a}+\overline{b}) \cdot (a+b)$
$(5)\approx\overline{(10)}$	inver. 1. Proj.		0 1 0 1	$\overline{a}$
$(4)\approx\overline{(11)}$	neg. Rückschl.	$\overline{a \leftarrow b}$	0 1 0 0	$\overline{a+\overline{b}} = \overline{a} \cdot b$
$(3)\approx\overline{(12)}$	inv. 2. Proj.		0 0 1 1	$\overline{b}$
$(2)\approx\overline{(13)}$	negierte Impl.	$\overline{a \rightarrow b}$	0 0 1 0	$\overline{\overline{a}+b} = a \cdot \overline{b}$
$(1)\approx\overline{(14)}$	neg. Disjunkt.	$\overline{a+b}$	0 0 0 1	$\overline{a+b} = \overline{a} \cdot \overline{b}$
$(0)\approx\overline{(15)}$	0-Projektion		0 0 0 0	$\overline{a+\overline{a}} = \overline{a} \cdot a = 0$

Bild 2.5 Vollständige Verknüpfungstabelle mit zugehörigen Booleschen Ausdrücken.

2.3 Schaltungsreduktion

2.3.1 Boolesche Normalformen

Ein Boolescher Ausdruck kann als Funktion von n Variablen die Variablen selbst und/oder deren negierte Variablen in beliebiger Reihenfolge und beliebig gemischten binären Plus- und Mal-Verknüpfungen zwischen den Variablen enthalten. Setzt sich ein Boolescher Ausdruck aus plus-verknüpften Termen zusammen, deren Variable selbst jeweils mal-verknüpft sind, so nennen wir die Terme in gewohnter Weise Summanden. Mal-verknüpfte Terme hingegen heißen Faktoren. Ein Plus-Term eines Booleschen Ausdrucks sei ein Teil, in dem nur Plus-Verknüpfungen von Variablen oder von deren Komplemente (negierten Variablen) auftreten. Entsprechend sei ein Mal-Term ein Teil eines Booleschen Ausdrucks, in dem nur Mal-Verknüpfungen von Variablen oder von deren Komplement aufreten.

Definition der Booleschen Normalform: *Ein Boolescher Ausdruck, der in Summanden aus Mal-Termen bzw. in Faktoren aus Plus-Termen aufgespalten ist, heißt eine* **disjunktive Form (DF)** bzw. **konjunktive Form (KF)** *des Ausdrucks, z.B.:*

(20) (DF): $f_D = a \cdot b + c \cdot \bar{b} + \bar{a} \cdot d \cdot b$

(21) (KF): $f_K' = (a+b) \cdot (c+\bar{b}) \cdot (\bar{a}+d+b)$

Treten in sämtlichen Termen jeweils alle vorkommenden Variablen oder deren Komplemente auf, so heißt der Boolesche Ausdruck **disjunktive Normalform (DNF)**, bzw. **konjunktive Normalform (KNF)**, z.B.:

(22) (DNF): $f_{DN} = a \cdot b \cdot \bar{c} \cdot \bar{d} + a \cdot \bar{b} \cdot c \cdot d + \bar{a} \cdot \bar{b} \cdot \bar{c} \cdot d$

(23) (KNF): $f_{KN}' = (a+b+\bar{c}+\bar{d}) \cdot (a+\bar{b}+c+d) \cdot (\bar{a}+\bar{b}+\bar{c}+d)$

Jeder Boolesche Ausdruck läßt sich durch Erweiterung auf die disjunktive und auf die konjunktive Normalform bringen.

Die disjunktive Form (DF) gewinnt man durch ausmultiplizieren bzw. ausaddieren, z.B.:

(22) $f = a \cdot (b+c)+c =$
(22') $f_D = a \cdot b+a \cdot c+c =$
(22") $f_K = (c+a) \cdot (c+b+c) = (c+a) \cdot (c+b)$

Die einzelnen Terme (Summanden bzw. Faktoren) können mit Faktoren $1=x+\bar{x}$ bzw. Summanden $0=x \cdot \bar{x}$ mit den fehlenden Variablen erweitert werden, um auf die DNF bzw. KNF zu kommen, z.B.

(22') $f_D = a \cdot b+a \cdot c+c = a \cdot b \cdot (c+\bar{c})+a \cdot (b+\bar{b}) \cdot c+(a+\bar{a}) \cdot (b+\bar{b}) \cdot c =$

$$= \underline{abc} + ab\bar{c} + \underline{abc} + \underline{a\bar{b}}c + \underline{abc} + \underline{a\bar{b}}c + \bar{a}bc + \bar{a}\bar{b}c$$

In der letzten Zeile der Gleichung (22') wurde dabei, der Übersichtlichkeit wegen, der Punkt bei der Mal-Verknüpfung einfach weggelassen. Unter Anwendung der Idempotenzgesetze folgt, daß mehrfach auftretende, gleichlautende Terme weggelassen werden können:

(22''') $f_{DN} = abc + ab\bar{c} + a\bar{b}c + \bar{a}bc + \bar{a}\bar{b}c$

Aus der konjunktiven Form (22") wird durch Hinzufügen von $0 = x \cdot \bar{x}$ der fehlenden Variablen in den Termen und anschließendem Ausaddieren die konjunktive Normalform:

(22") $f_K = (a+c) \cdot (c+b) = (a+b \cdot \bar{b}+c) \cdot (a \cdot \bar{a}+b+c)$

$= \underline{(a+c+b)} \cdot (a+\bar{b}+c) \cdot \underline{(a+b+c)} \cdot (\bar{a}+b+c)$

(22'''') $f_{KN} = (a+b+c) \cdot (a+\bar{b}+c) \cdot (\bar{a}+b+c)$

f_{DN} ist eine disjunktive Normalform (DNF) und f_{KN} eine konjunktive Normalform (KNF). In diesen treten keine Terme (Summanden bzw. Faktoren) doppelt auf, da andernfalls wie in (22") die Idempotenzgesetze angewendet werden können.

Die Terme (Summanden) $(x_1 \cdot x_2 \cdot \ldots \cdot x_n)$ der DNF heißen *Minterme.*

Die Terme (Faktoren) $(x_1+x_2+\ldots+x_n)$ der KNF heißen *Maxterme.*

Wie aus den Konstruktionen der disjunktiven und konjunktiven Normalformen hervorgeht, kann jeder Boolesche Ausdruck in seine Minterme und in seine Maxterme zerlegt werden. Wie man sich aufgrund der Wertetabelle einer Funktion leicht überzeugt, sind Minterme und Maxterme eines Booleschen Ausdrucks eindeutig bestimmt, d.h. jeder Boolesche Ausdruck besitzt genau eine disjunktive und genau eine konjunktive Normalform. Obwohl durch das Hinzufügen von Variablen ein Boolescher Ausdruck zunächst vergrößert wird, bringt es den Vorteil einer eindeutigen Dartellung einer Funktion, von der aus man dann allgemeingültige Reduktionsmethoden ansetzen kann.

2.3.2 Algebraische Reduktion Boolescher Ausdrücke

Die Darstellung einer Booleschen Funktion ist nicht eindeutig: Die gleiche Funktion kann durch eine (unendliche) Vielzahl von Realisierungen dargestellt werden. Dies ist darin begründet, daß ein Boolescher Ausdruck durch den Mal-Term $x \cdot \bar{x}=0$ additiv oder durch den Plus-Term $x+\bar{x}=1$ multiplikativ ergänzt werden kann, ohne daß sich die algebraische Funktion ändert.

Umgekehrt hat man bei einem gegebenen Booleschen Ausdruck oft die Möglichkeit, derartige redundante logische Terme zu eleminieren, um den erforderlichen Gatteraufwand zu minimieren. Die Schwierigkeit liegt oft darin, redundante Terme zu erkennen.

Beispiel: Ein Boolescher Ausdruck sei in seiner DNF gegeben

(24) $y = \bar{a}\bar{b}c + \bar{a}b\bar{c} + a\bar{b}\bar{c} + a\bar{b}c + ab\bar{c}$

Nach dem Idempotenzgesetz kann ein bereits vorhandener Summand hinzugefügt werden ($x = x+x$)

(24') $y = \underset{o}{\bar{a}\bar{b}c} + \underset{0}{\bar{a}b\bar{c}} + \underset{*}{a\bar{b}\bar{c}} + \underset{o}{a\bar{b}c} + \underset{*}{ab\bar{c}} + \underset{0}{ab\bar{c}}$

Es werden nun gemeinsame Faktoren gesucht, bei denen zwei komplementäre Variable ausgeklammert werden können. Die in Gleichung (24') gleich gekennzeichneten Variablen sind jeweils komplementär und als Plus-Term multiplikativ ausgeklammert werden. Nach Umordnen und Zusammenfassen erhält man

$$y = (a+\bar{a})\cdot\bar{b}\cdot c + (a+\bar{a})\cdot b\cdot\bar{c} + a(b+\bar{b})\cdot\bar{c}$$

wegen $x+\bar{x} = 1$ und $x\cdot 1 = x$ erhält man

(24") $y = \bar{b}\cdot c + b\cdot\bar{c} + a\cdot\bar{c} = \bar{b}\cdot c + (b+a)\cdot\bar{c}$

Dies führt bei der Schaltbildrealisierung auf folgende in Bild 2.6. gezeigte Vereinfachung an Logik-Gatterfunktionen: Während links im Bild die der Gleichung (24) entsprechende Gatterlogik graphisch dargestellt ist, zeigt die rechte Seite die vereinfachte Gatterlogik mit der gleichen Funktion.

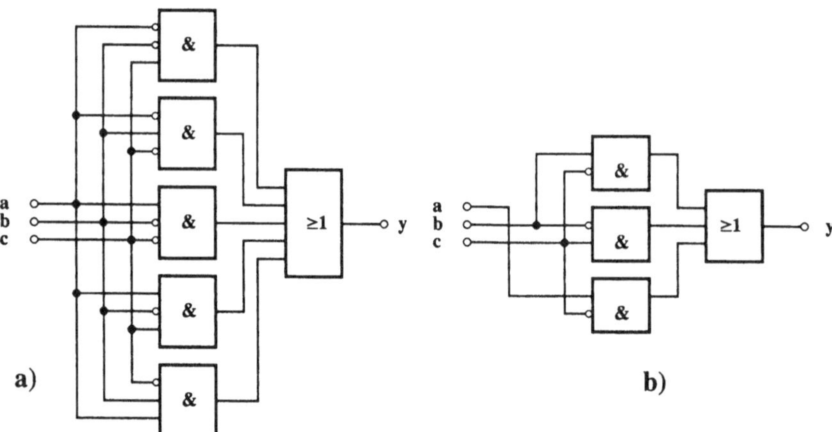

Bild 2.6 Schaltungsbeispiel zur algebraischen Vereinfachung der Schaltlogik: a) Redundante Gatterlogik; b) reduzierte Gatterkogik.

Die meisten Gatterbausteine sind bereits so ausgelegt, daß sie ein Signal x und gleichzeitig das invertierte $\bar{x}$ liefern. Man kann also im obigen Beispiel davon ausgehen, daß die Signale a,b,c und $\bar{a}$,$\bar{b}$,$\bar{c}$ verfügbar sind und die Inverter am Eingang der Gatter nicht explizit benötigt werden.

Wie sich durch Ausklammern eines Faktors $x+\bar{x} = 1$ Funktionen algebraisch vereinfachen lassen, können in dualer Weise Reduktionen auch durch mögliches Ausklammern eines gemeinsamen Summanden $x \cdot \bar{x} = 0$ errreicht werden, wie z.B.

$$(25) \qquad y = (a+b+\bar{c}) \cdot (\bar{a}+b+\bar{c}) \cdot (\bar{a}+b+c) =$$

$$= (a+b+\bar{c}) \cdot (\bar{a}+b+\bar{c}) \cdot (\bar{a}+b+\bar{c}) \cdot (\bar{a}+b+c) =$$

$$= (a \cdot \bar{a}+b+\bar{c}) \cdot (\bar{a}+b+\bar{c} \cdot c) = (b+\bar{c}) \cdot (\bar{a}+b)$$

2.3.3 Reduktion von Schaltfunktionen mit KV-Diagramm (Karnaugh-Veitch)

Der Vorgang zur Reduktion von Schaltkreisen wird (bis zu ungefähr vier Variablen) übersichtlicher, wenn man die algebraische Funktion in einer Tafel darstellt. Dabei geht man zunächst von der disjunktiven Normalform (DNF) aus, auf die jeder Ausdruck gebracht werden kann.

Die in dem algebraischen Ausdruck auftretenden Minterme werden in einer Tabelle durch eine "1" gekennzeichnet. Bei drei Variablen können maximal $2^3=8$ Minterme auftreten. Entsprechend enthält die Tabelle die in Bild 2.7 angegebenen 8 Felder. Die Minterme in den waagerechten Spalten enthalten hier die Variable a und $\bar{a}$, während in den senkrechten 4 Spalten die restlichen vier Kombinationen so angeordnet sind, daß $b \cdot c$ und $b \cdot \bar{c}$ sowie $\bar{b} \cdot c$ und $\bar{b} \cdot \bar{c}$ nebeneinander liegen. Vereinfacht kennzeichnet man dann, wie in Bild 2.7 rechts angegeben, nur noch die Bereiche, in denen Minterme mit a, b, bzw. c vorkommen; die nicht gekennzeichneten enthalten dann konsequenter Weise die negierten Variablen.

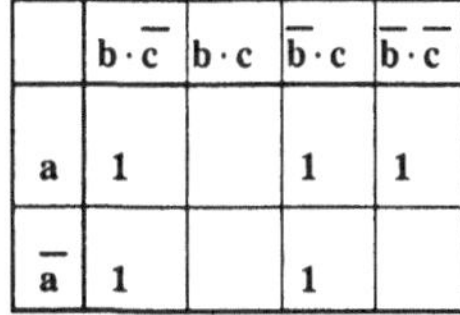

	$b \cdot \bar{c}$	$b \cdot c$	$\bar{b} \cdot c$	$\bar{b} \cdot \bar{c}$
a	1		1	1
$\bar{a}$	1		1	

Tabelle benachbarter Minterme

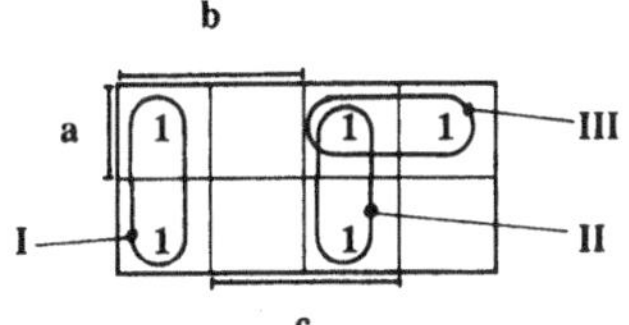

Übersichtlichere Darstellung

$$y = \bar{a}\,\bar{b}\,c + \bar{a}\,b\,\bar{c} + a\bar{b}\,\bar{c} + a\bar{b}\,c + ab\bar{c}$$

Bild 2.7 KV-Diagramm für 3 Variable

Jedem Feld in dem KV-Diagramm entspricht also ein Minterm: z.B. Feld 1.1 dem Minterm $ab\bar{c}$. Die Aufteilung der Variablen wird dabei so vorgenommen, daß je eine Variable und deren Komplemente nebeneinander liegen.

Die Reduktion kann dann wie folgt vorgenommen werden: Man faßt nebeneinanderliegende belegte Felder (Anzahl jeweils Zweierpotenzen) zusammen, so daß jeweils x und $\bar{x}$ auftreten, denn diese Summanden können algebraisch derart zusammengefaßt werden, daß die ausklammerbare Variable x nicht mehr auftritt. Wegen des Idempotenzgesetzes $y = y+y = y+y+y=...$ darf ein Element in mehreren zusammengefaßten Gruppen auftreten. (vgl. Bild 2.7 b, das Element $a\bar{b}c$)

Aus der Zusammenfassung in die Gruppe I,II,III in Bild 2.7 b) erkennt man:

In Gruppe I treten a und $\bar{a}$ auf; es bleibt der Term $b \cdot \bar{c}$.
In Gruppe II treten a und $\bar{a}$ auf; es bleibt $\bar{b} \cdot c$.
In Gruppe III treten c und $\bar{c}$ auf; es bleibt $a \cdot \bar{b}$.

Aus der Summe resultiert die reduzierte Funktion

$$y' = b \cdot \bar{c} + \bar{b} \cdot c + a \cdot \bar{b} = b \cdot \bar{c} + \bar{b} \cdot (a+c)$$

Entsprechend der Anordnung der Variablen, gelten auch gegenüberliegende Seiten als benachbart. Deshalb kann man anstelle der Gruppe III auch eine Gruppe III' bilden, die aus den beiden Mintermen $ab\bar{c} + a\bar{b}\bar{c}$ besteht, so daß

in Gruppe III' b und $\bar{b}$ auftreten und übrig bleibt $a \cdot \bar{c}$.

Daraus ergibt sich die aus der algebraischen Vereinfachung bereits bekannte Form (24"):

$$y = b\bar{c} + \bar{b}c + a\bar{c}$$

Um zu verifizieren, ob die algebraischen Ausdrücke y und y' auch tatsächlich äquivalent sind, kann man für beide Funktionen die Verknüpfungstabelle aufstellen, in der sämtliche Kombinationen der Eingangsvariablen a,b,c, das sind $2^3=8$, auftreten. Für diese nochmalige Kontrolle ist die Wertetabelle für die obigen Funktionen y und y'in Bild 2.8 angegeben. Dabei durchlaufen die Variablen a,b,c alle 8 möglichen Kombinationen. Aus diesen Wertkombinationen werden dann zunächst die daraus resultierenden Werte der auftretenden Terme $b \cdot \bar{c}$, $\bar{b} \cdot c$, $a \cdot \bar{c}$ und $a \cdot \bar{b}$ ermittelt. Aus diesen Werten können dann jeweils leicht die Plus-Verknüpfungen für die Ergebnisvariablen y und y' nach obigen Formeln ermittelt werden. Die übereinstimmung der Werte von y und y' für sämtliche Wertkombinationen der Eingangsvariablen zeigt, daß diese beiden unterschiedlich reduzierten Funktionen auch tatsächlich übereinstimmen. Selbstverständlich geht im vorliegenden Falle die Übereinstimmung beider Funktionen auch aus der einwandfrei nachprüfbaren Ableitung hervor. Dennoch ist es in der Praxis hin und wieder ratsam, die Richtigkeit reduzierter Schaltfunktionen anhand von Wertetabellen zu verifizieren.

Variable	a	0	0	0	0	1	1	1	1
	b	0	0	1	1	0	0	1	1
	c	0	1	0	1	0	1	0	1
Zwisch. Ergebnisse	$b\cdot\bar{c}$	0	0	1	0	0	0	1	0
	$\bar{b}\cdot c$	0	1	0	0	0	1	0	0
	$a\cdot\bar{c}$	0	0	0	0	1	0	1	0
	$a\cdot\bar{b}$	0	0	0	0	1	1	0	0
Ergebnisse	y	0	1	1	1	1	1	1	0
	y'	0	1	1	1	1	1	1	0

$$y = b\cdot\bar{c} + \bar{b}\cdot c + a\cdot\bar{c}$$
$$y' = b\cdot\bar{c} + \bar{b}\cdot c + a\cdot\bar{b}$$

Bild 2.8 Wertetabelle für die Funktionen y und y'

KV-Diagramm für 4 Variable. Die KV-Tafel in Bild 2.7 enthält in horizontaler Richtung 2 Variable und in vertikaler nur eine. Ordnet man auch in vertikaler Richtung ebenfalls zwei Variable an, so erhält man eine KV-Tafel für vier Variable. Dabei sind wie vorher auch die jeweils gegenüber liegenden vertikalen und horizontalen Seiten benachbart.

Wie vorher bereits ausgeführt, bringt man die algebraische Funktion von vier Variablen auf ihre disjunktive Normalform (DNF) und ordnet jedem auftretenden Minterm genau ein Feld in der KV-Tafel zu. Die KV-Tafel wird, wie in Bild 2.10 gezeigt, an den Rändern wieder mit den zusammenhängenden Variablenfeldern beschriftet, so daß jeweils die Variablen selbst sowie deren Komplemente zusammenhängend nebeneinander liegen. Die Felder, deren Minterme in der DNF auftreten, sind gekennzeichnet (z.B. durch eine "1"). Nebeneinanderliegende belegte Felder, die eine Rechteckform ergeben und deren Anzahl eine Zweierpotenz ist, können dann zusammengefaßt werden. Werden zwei Minterme zusammengefaßt, so fällt eine Variable heraus, bei vier zusammengefaßten Mintermen fallen zwei Variable heraus und bei 8 zusammengefaßten Variablen bleibt schließlich von vier Variablen eine übrig.

Eine beliebige binäre Funktion $y = F(x_0,x_1,...,x_{n-1})$ von n Variablen kann eindeutig durch die Wertzuweisungen für alle möglichen 2^n Kombinationen der Eingangsvariablen festgelegt werden, für jede Kombination ist der Ergebniswert von y entweder 0 oder 1. Setzt man für eine bestimmte Variablenkombination $\underline{x} = (x_0,x_1,x_2,...,x_{n-1}) = (0,1,1,...,0)$ den Minterm $m_k = \bar{x}_0\cdot x_1\cdot x_2\cdot ...\cdot \bar{x}_{n-1}$ für den Zustand $x_r=0$ steht also im Minterm die negierte Variable $\bar{x}_r$ und sonst die nichtnegierte Variable - dann kann die Funktion $y = F(x_0,...,x_{n-1})$ durch die Summe genau derjenigen Minterme beschrieben werden, für deren Variablenkombination die Ergebnisfunktion den Wert eins hat: $y=1$. Auf diese Weise erhält man also aus der vollständigen Wertetabelle die eindeutig bestimmte disjunktive Normalform.

Sei $y(k) \in \{0,1\}$, $k \in \mathbf{N}$, der Ergebnisfunktionswert, der der Variablenkombination $\underline{x}(k)$ gemäß dem Dualcode entspricht, mit

(26) $$k = \Sigma_{+\,\mu}\; x_\mu(k) \cdot 2^\mu \ , \ \mu \in \{0,1,...,n\text{-}1\}.$$

Dabei ist mit der Summation Σ_+ die Addition in den natürlichen Zahlen **N** und mit "·" die Multiplikation in den natürlichen Zahlen zu verstehen. Sei weiterhin m_k der zugehörige Minterm, in dem also x_μ negiert auftritt, falls x_μ den Wert 0 hat, sonst aber direkt als x_μ. Dann wird die Funktion eindeutig dargestellt durch folgende disjunktive Normalform (DNF):

(27) $$F_{DN} = F(x_0,x_1,...,x_{n-1}) = \Sigma_k\; y(k) \cdot m_k \ , \ k \in \{0,1,2,...,2^n\text{-}1\}$$

Dabei gibt das Summenzeichen die Plus-Operation in der Booleschen Algebra an, und ein Minterm m_l, der mit $y(l)=0$ multipliziert wird $(0 \cdot m_l = 0)$, kann als nicht vorhanden interpretiert werden.

Betrachtet man die negierte Funktion $z=\overline{y}=\overline{F}(x_0,...,x_{n-1})$, so kann diese eindeutig durch die in (27) fehlenden Minterme dargestellt werden:

(28) $$z = \overline{y} = \overline{F}(x_0,x_1,...,x_{n-1}) = \Sigma_k\; \overline{y}(k) \cdot m_k \ , \ k \in \{0,1,2,...,2^n\text{-}1\}.$$

Bildet man davon wieder die Negation, so entsteht die ursprüngliche Funktion: $\overline{z}=\overline{\overline{y}}=y$. Die negierten Minterme können als Maxterme definiert werden:

(29) $$\overline{m}_i := M_i \quad \text{, zum Beispiel}$$

$$\overline{m}_i = \overline{(x_0 \cdot \overline{x}_1 \cdot \overline{x}_2 \cdot x_3 \cdot ,..., \cdot \overline{x}_{n-1})} =$$

$$M_i = (\overline{x}_0 + x_1 + x_2 + \overline{x}_3 + ,..., + x_{n-1})$$

Negiert man also Gleichung (28) und wendet auf die rechte Seite die de Morgan'schen Regeln und die Definition (29) an, so erhält man die eindeutig bestimmte konjunktive Normalform (KNF):

(30) $$F_{KN} = F(x_0,x_1,...,x_n) = \overline{\Sigma_k\; \overline{y}(k) \cdot m_k} = \Pi_k \cdot (y(k) + M_k) \ , \ k \in \{0,..,2^n\text{-}1\}.$$

In dieser konjunktiven Normalform (KNF) treten diejenigen Maxterme M_l nicht auf, für die $\overline{y}(l)=1$ gilt, denn in der Booleschen Algebra folgt: $(1+M_l) \cdot z = 1 \cdot z = z$.

Ist also eine binäre Funktion $y=F(x_0,...,x_{n-1})$ von n binären Variablen durch ihre Wertetabelle $y(k)\in\{0,1\}$, $k\in\{0,1,2,...,2^n-1\}$ gegeben, so ist ihre zugehörige disjunktive Normalform eindeutig gegeben durch die Formel (27) und die eindeutig bestimmte konjunktive Normalform durch die Formel (30).

Beispiel: Gegeben sei die Wertetabelle einer algebraischen Funktion $y = f(a,b,c,d)$ von vier binären Variablen $a=x_0$, $b=x_1$, $c=x_2$, $d=x_3$ nach Bild 2.9

lfd.Nr.	k=	0	1	2	3	4	5	6	7	8	9	10	11	12	13	14	15
	a=	0	1	0	1	0	1	0	1	0	1	0	1	0	1	0	1
Vari-	b=	0	0	1	1	0	0	1	1	0	0	1	1	0	0	1	1
able	c=	0	0	0	0	1	1	1	1	0	0	0	0	1	1	1	1
	d=	0	0	0	0	0	0	0	0	1	1	1	1	1	1	1	1
Funktwert	y=	0	0	1	0	1	1	0	0	1	1	1	1	1	1	0	0
Minterme	$f_{DN}=$			$+m_2$		$+m_4$	$+m_5$			$+m_8$	$+m_9$	$+m_{10}$	$+m_{11}$	$+m_{12}$	$+m_{13}$		
Maxterme	$f_{KN}=$	M_0	$\cdot M_1$		$\cdot M_3$			$\cdot M_6$	$\cdot M_7$							$\cdot M_{14}$	$\cdot M_{15}$

Bild 2.9 Wertetabelle einer Funktion $y=f(a,b,c,d)$ mit zughöriger disjunktiver (DNF) und konjunktiver Normalform (KNF).

Die disjunktive Normalform (DNF) ergibt sich also aus der Summe der Minterme m_i, für die der Funktionswert eins ist: $y(i)=1$. Die übrigen liefern die Maxterme. Dadurch sind die DNF und KNF unmittelbar gegeben durch:

(31) $y = f_{DN}(a,b,c,d) = m_2+m_4+m_5+m_8+m_9+m_{10}+m_{11}+m_{12}+m_{13}$

(32) $y = f_{KN}(a,b,c,d) = M_0\cdot M_1\cdot M_3\cdot M_6\cdot M_7\cdot M_{14}\cdot M_{15}$

Dabei sind die Minterme und Maxterme wie folgt festgelegt (vgl. (29):

$m_2=\bar{a}\cdot b\cdot\bar{c}\cdot\bar{d}$, $m_4=\bar{a}\cdot\bar{b}\cdot c\cdot\bar{d}$, $m_5=a\cdot\bar{b}c\cdot\bar{d}$, ..., $m_{13}=a\cdot\bar{b}\cdot c\cdot d$

$M_0=(a+b+c+d)$, $M_1=(\bar{a}+b+c+d)$, $M_3=(\bar{a}+\bar{b}+c+d)$,..., $M_{15}=(\bar{a}+\bar{b}+\bar{c}+\bar{d})$

Nachdem die Normalformen für eine Funktion bestimmt sind, deren aufwandsgünstigstes Gatterschaltbild zu entwerfen ist, wird die Anzahl der Gatterfunktionen soweit als möglich mittels der KV-Tafel für 4 Variable reduziert. Zwei Ausgangsfunktionen stehen für die Reduktion zur Verfügung: die DNF und die KNF.

Oft wird der Einheitlichkeit halber einfach nur die DNF als Ausgangsfunktion zur Reduktion verwendet. Es ist jedoch zeitsparend, diejenige Normalform als Ausgangsfunktion zu wählen, die bereits die geringsten Terme aufweist. Die DNF weist im vorliegenden Fall 9 Terme auf. Demzufolge hat die KNF 2^n-9=16-9=7 Terme. Es wäre also für den geübten Praktiker vorteilhaft, sofort die KNF als Ausgangsfunktion zu verwenden. Aus didaktischen Gründen wollen wir jedoch beide KV-Tafeln, die für die DNF und die für die KNF, entwickeln und reduzieren. Der anschließende Vergleich wird zeigen: der Reduktionsaufwand für die konjunktive Normalform ist im vorliegenden Fall geringer. Bild 2.10 zeigt die KV-Tafeln für die Minterme und Maxterme einer Funktion von vier Variablen. Die Variablen a,b,c,d sind dabei so verteilt, daß sich eine möglichst regelmäßige Numerierung der Felder für die zugehörigen Minterme ergibt: Stellt man sich Zeilen und Spalten-Nummer 2 und 3 (bei 0 beginnend) vertauscht vor, so hätte man eine regelmäßige Zählung von links nach rechts, zeilenweise fortgesetzt von oben nach unten. Wie Bild 2.10 zeigt, unterscheidet sich die KV-Tafel für die Maxterme, für die KNF also, von der linken Tafel für die Minterme nur durch eine komplementäre Variablenangabe an den Seiten: Wo die Variablen x an den Seiten der Minterm-KV-Tafel stehen, weist die Maxterm-KV-Tafel $\bar{x}$ auf. Dies entspricht der Definition nach Gleichung (29) und hat den Vorteil, daß für beide Tafeln die gleiche Feldnumerierung beibehalten werden kann.

Darüber hinaus erkennt man aus Bild 2.9: die nicht auftretenden Mintermnummern sind konsequenter Weise die Maxtermnummern der Funktion. Entsprechend der Funktionswerte der Funktion y=f(a,b,c,d) (vgl. Bild 2.9), kennzeichnet man in der Minterm-KV-Tafel die Felder mit Auftretenden Mintermen durch eine **1**, während die Felder der auftretenden Maxterme dann durch eine **0** gekennzeichnet werden. Da sich beide komplementär ergänzen, braucht man in der Praxis nicht zwei Tafeln zeichnen.

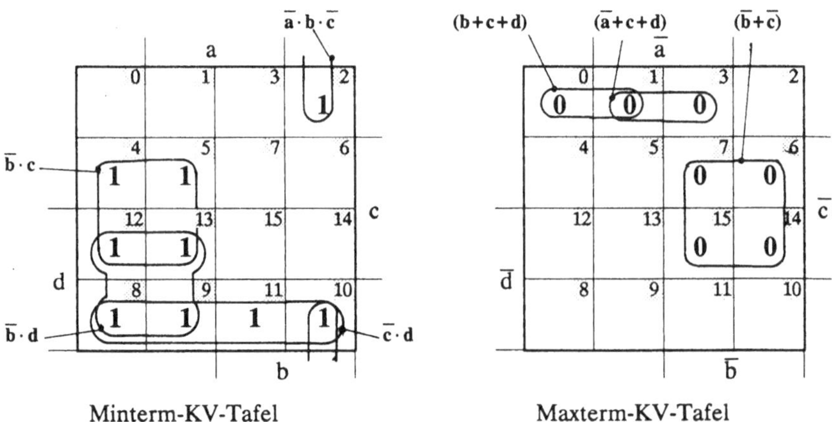

Bild 2.10 KV-Tafeln für 4 Variable der Funktion y = f(a,b,c,d) nach Bild 2.9.

Wie eine Zweier-Potenz-Anzahl benachbarter Minterme zu einem Ausdruck zusammengefaßt werden kann, ist in Bild 2.10 links gezeigt: Die Felder der Minterme 4, 5, 12, 13 ergeben beispielsweise den Term $\bar{b}\cdot c$ und die Felder 12, 13, 8, 9 können zusammengefaßt werden zu dem Term $\bar{b}\cdot d$. Dabei bemerkt man, daß die Felder 12, 13 doppelt benutzt wurden. Dies ist grundsätzlich beliebig oft möglich, da wegen des Idempotenzgesetzes (13) die wiederholte Addition deselben Terms den Wert der Gleichung nicht verändert. Die vier Minterme 8, 9, 10, 11 ergeben zusammen gefaßt den Term $\bar{c}\cdot d$, wobei die Minterme 8 und 9 wieder doppelt benutzt wurden. Man erkennt auch, daß man durch das mehrfache Benutzen eine höhere Reduktion erreicht; hätte man nur die beiden Minterme 10 und 11 zusammengefaßt, erhielte man den größeren Term $b\cdot\bar{c}\cdot d$. Schließlich sind auch die beiden gegen-überliegenden Minterme 2 und 10 benachbart: Sie liefern den Term $\bar{a}\cdot b\cdot\bar{c}$. Insgesamt resultiert also nach dieser Zusammenfassung aus der DNF (31) folgende reduzierte disjunktive Form

(33) $$y = f_D(a,b,c,d) = \bar{b}\cdot c+\bar{c}\cdot d+\bar{a}\cdot b\cdot\bar{c}$$

Der in Bild 2.10 gekennzeichnete Term $\bar{b}\cdot d$ kann dabei weggelassen werden, da die Felder 8 und 9 auch im Term $\bar{c}\cdot d$ enthalten sind. Bei Bedarf läßt sich $\bar{c}$ noch algebraisch ausklammern, so daß sich ergibt

(33') $$y = \bar{b}\cdot c+\bar{c}\cdot(d+\bar{a}\cdot d)$$

Die reduzierte konjunktive Form geht dann durch Zusammenfassen der nicht mit "1" belegten Felder hervor, also nach Bild 2.10 rechts durch Zusammenfasssen folgender mit "0" belegten Felder: 6, 7, 14, 15 in $(\bar{b}+\bar{c})$, 0 und 1 in $(b+c+d)$ und schließlich 1 und 3 in $(\bar{a}+c+d)$. Damit ergibt sich aus der KNF (32) die reduzierte konjunktive Form

(34) $$y = f_K(a,b,c,d) = (\bar{b}+\bar{c})\cdot(b+c+d)\cdot(\bar{a}+c+d)$$

wobei sich der gemeinsame Term $c+d$ bei Bedarf noch ausklammern läßt:

(34') $$y = (\bar{b}+\bar{c})\cdot(\bar{a}\cdot b+c+d)$$

Zählt man die Anzahl der erforderlichen Verknüpfungen ab, so liefern die reduzierten Formen (33') und (34') die einfachsten Dartsellungen. Gegenüber (33) und (34) bedeutet dies zwar eine Verknüpfung weniger, aber die ersten beiden Formen haben den Vorteil, daß nur maximal zwei (wenn auch Dreifach-Gatter) in Reihe liegen, was ggf. zu einer schnelleren Verarbeitungszeit führt.

I. a. wird man bei der Reduktion sofort mit derjenigen Normalform beginnen, die die geringsten Terme enthält. Darüber hinaus erkennt man auch bei der Erstellung der KV-Tafel rasch, welche Felder besser zusammengefaßt werden können: die mit "1" oder die mit "0" belegten.

Multipliziert man zur Probe (34') aus, so erhält mam wegen $\bar{b}\cdot b=0$ und $\bar{c}\cdot c=0$ die Darstellung (33) mit dem zusätzlichen, nach Bild 2.10 redundanten Term $\bar{b}\cdot d$.

2.3.4 Unbestimmte KV-Diagramme

Bei der in Bild 2.9 angegebenen Funktionstafel sind für alle Kombinationen der Eingangsvariablen die Werte der Ausgangsfunktion $y(k) \in \{0,1\}$ eindeutig bestimmt, d.h. fest zugeordnet. Es kann nun vorkommen, daß in einer ansteuernden Logik einige Kombinationen k_u der Eingangsvariablen einfach nicht auftreten können, so daß für diese Kombinationen auch die Ausgangsfunktion keine definierten Werte annehmen muß, d.h. $y(k_u) = x = dc$ (do'nt care) kann willkürlich gewählt werden. Unbesetzte Variablenkombinationen können in redundanten Codes auftreteten, wie beispielsweise im BCD-Code (Binary Coded Decimal), in dem die 10 Zahlen 0 bis 9 durch 4 Bit im Dualcode (vgl. (26)) dargestellt werden und die Dualcode-Basiszahlen 10 bis 15 unbesetzt bleiben; hierfür wird dann ein zweites 4-bit BCD-Wort, das entsprechend dem Decimalsystem eine 1 darstellt, vorangestellt, und das erste (rechte) 4-bit Wort gibt dann die Positionen 0 bis 9 wieder an.

Werden beispielsweise in einer 7-Segment-Anzeige nach Bild 2.11 a) die im BCD-Code angegebenen Zahlen 0 bis 9 dargestellt, so bleiben die Kombinationen $(x_3,x_2,x_1,x_0) \in \{(1,0,1,0),\ (1,0,1,1),\ (1,1,0,0),\ (1,1,0,1),\ (1,1,1,0),\ (1,1,1,1)\}$ unbesetzt. Jedes der 7 Segmente wird durch eine Funktion $f_1,...,f_7$ von den vier Variablen x_3, x_2, x_1, x_0 angesteuert. Die zugehörigen Wertetabellen zum Entwurf der Ansteuerungslogik sind in Bild 2.11 b) angegeben.

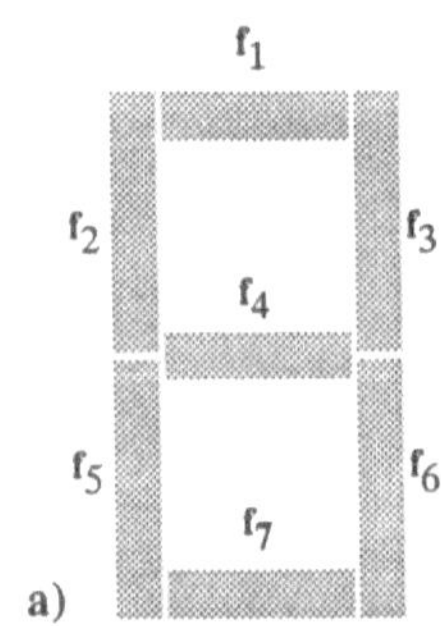

b)

lfd.Nr.	k=	0	1	2	3	4	5	6	7	8	9	10	11	12	13	14	15
	x_0=	0	1	0	1	0	1	0	1	0	1	0	1	0	1	0	1
Vari-	x_1=	0	0	1	1	0	0	1	1	0	0	1	1	0	0	1	1
able	x_2=	0	0	0	0	1	1	1	1	0	0	0	0	1	1	1	1
	x_3=	0	0	0	0	0	0	0	0	1	1	1	1	1	1	1	1
Funk-	f_1=	1	0	1	1	0	1	1	1	1	1	x	x	x	x	x	x
	f_2=	1	0	0	0	1	1	1	0	1	1	x	x	x	x	x	x
tions-	f_3=	1	1	1	1	1	0	0	1	1	1	x	x	x	x	x	x
	f_4=	0	0	1	1	1	1	1	0	1	1	x	x	x	x	x	x
werte	f_5=	1	0	1	0	0	0	1	0	1	0	x	x	x	x	x	x
	f_6=	1	1	0	1	1	1	1	1	1	1	x	x	x	x	x	x
	f_7=	1	0	1	1	0	1	1	0	1	1	x	x	x	x	x	x

Bild 2.11 Segmentanordnung (a) und Wertetabelle (b) zur Ansteuerung einer 7-Segment-Anzeige der Zahlen 0 bis 9.

Die Funktionswerte $f_i(k)$ sind derart belegt, daß eine "1" das Einschalten des i-ten Leuchtstabes bewirkt, während bei einer "0" der i-te Stab nicht leuchtet. Die richtige Kombination zeigt dann die arabische Zahl k∈{0,1,...,)} an. Aus der Funktionswertetabelle in Bild 2.11 kann nun die Gatterlogik für die Funktionen f_1 bis f_7 entworfen und über KV-Tafeln reduziert werden. Dabei können die mit x gekennzeichneten Ergebnisse derart beliebig belegt werden, daß sich die größtmögliche Zusammenfasssung von Funktionen ergibt und somit die aufwandsminimalste Gatterlogik. Bild 2.12 enthält die KV-Tafeln zum entwerfen der Logik für die Ansteuerung des ersten und zweiten Leuchtstabes durch die Funktionen f_1 in der linken Tafel a) und f_2 in der rechten Tafel b). Dabei ist in a) die Maxtermtafel und in b) die Mintermtafel angegeben.

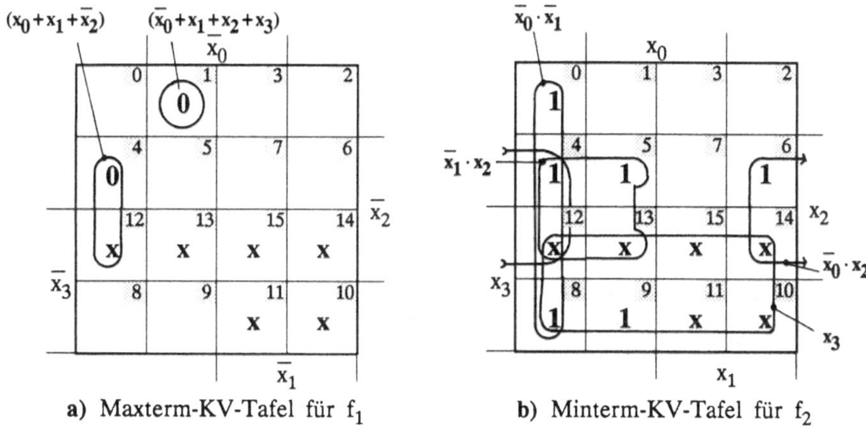

a) Maxterm-KV-Tafel für f_1

b) Minterm-KV-Tafel für f_2

Bild 2.12 KV-Tafeln mit 4 Variablen der Funktionen f_1 und f_2 der 7-Segment-Anzeige.

Aus der Maxterm-KV-Tafel für die Funktion f_1 geht hervor, daß der Maxterm M_1 isoliert auftritt und der Maxterm M_4 nur mit dem unbestimmten Feld M_{12} zusammengefaßt werden kann. Es ergibt sich also die reduzierte Funktion

(35) $$f_1 = (\bar{x}_0+x_1+x_2+x_3)\cdot(x_0+x_1+\bar{x}_2)$$

Herausgezogen werden könnte noch der gemeinsame Summand x_1, was aber kaum zu einer geeigneteren Schaltungslogik führt, da mehr serielle Gatter auftreten:

(35') $$f_1 = x_1+(x_0+\bar{x}_2)\cdot(\bar{x}_0+x_2+x_3)$$

In der Minterm-KV-Tafel für f_2 kann folgende Zusammenfassung vorgenommen werden, wenn die unbestimmten Felder x mit "1" bestzt werden:

(36) $$f_2 = \bar{x}_0\cdot\bar{x}_1+\bar{x}_1\cdot x_2+\bar{x}_0\cdot x_2+x_3 = \bar{x}_0\cdot(\bar{x}_1+x_2)+\bar{x}_1\cdot x_2+x_3.$$

Betrachtet man anstelle der Mintermtabelle die Maxtermtabelle von f_2, so erkennt man, daß die vier auftretenden Maxterme M_1, M_2, M_3 und M_7 in folgenden 3 Termen zusammengefaßt werden könnnen:

(36') $$f_2 = (\bar{x}_0+\bar{x}_1)\cdot(\bar{x}_0+x_2+x_3)\cdot(\bar{x}_1+x_2+x_3) = (\bar{x}_0+\bar{x}_1)\cdot(\bar{x}_0\cdot\bar{x}_1+x_2+x_3).$$

In der nächsten Funktion f_3 treten nur die beiden Maxterme M_5 und M_6 auf, die jeweils mit einem unbestimmten benachbarten Maxterm zusammengefaßt werden können:

(37) $$f_3 = (\bar{x}_0+x_1+\bar{x}_2)\cdot(x_0+\bar{x}_1+\bar{x}_2) = \bar{x}_0\cdot\bar{x}_1+x_0\cdot x_1+\bar{x}_2$$

Die Funktion f_4 setzt sich zusammen aus den drei Maxtermen $M_0\cdot M_1\cdot M_7$, die wie folgt in zwei Terme zusammengefaßt werden können:

(38) $$f_4 = (x_1+x_2+x_3)\cdot(\bar{x}_0+x_1+\bar{x}_2)$$

Bei der nächsten Funktion f_5 ist wieder die Anzahl der Minterme geringer: $f_5=m_0+m_2+m_6+m_8$. Zusammengefaßt können werden m_0 und m_8 sowie m_2 und m_6 mit den unbestimmten Feldern 10 und 14. Dies ergibt

(39) $$f_5 = \bar{x}_0\cdot\bar{x}_1\cdot\bar{x}_2+\bar{x}_0\cdot x_1 = \bar{x}_0\cdot(\bar{x}_1\cdot\bar{x}_2+x_1).$$

f_6 besitzt nur einen Maxterm M_2, der sich mit dem unbestimmten Feld 10 zusammenfassen läßt:

(40) $$f_6 = x_0+\bar{x}_1+x_2.$$

Schließlich weist die letzte Funktion drei Maxterme auf: $f_7=M_1\cdot M_4\cdot M_7$. Dabei können nur M_4 und M_7 mit je einem unbestimmten Feld zusammengefaßt werden:

(41) $$f_7 = (\bar{x}_0+x_1+x_2+x_3)\cdot(x_0+x_1+\bar{x}_2)\cdot(\bar{x}_0+\bar{x}_1+\bar{x}_2)$$

Mit diesen sieben reduzierten Funktionen ist also eine Ansteuerlogik für die 7-Segment-Anzeige der arabischen Zahlen 0 bis 9 gegeben. Aufgrund der Einfacheit dieser Booleschen Funktionen in den Gleichungen (35) bis (41) wird an dieser Stelle darauf verzichtet, die zugehörigen 7 Gatterschaltungen zusätzlich graphisch darzustellen.

Betrachtet man die sieben Ausgangsfunktionen in Abhängigkeit von den 4 Eingangsvariablen, so entspricht die Tabelle des Bildes 2.11 b) einer Codetabelle, deren Umsetzung kommerziell in programmierbaren logischen Arrays vorgenommen werden kann, wie es später noch genauer dargestellt wird. Man kann sich aber jetzt bereits vorstellen, daß sämtliche 16 &-Verknüpfungen der Eingangsvariablen in einem Baustein ausgeführt werden. Verdrahtet man dann (softwaregesteuert) die Ausgänge der benötigten AND-Gatter, den auftretenden Mintermen entprechend, mit den Eingängen vorrätiger Mehrfach-OR-Gatter, so bilden deren Ausgänge die gewünschten Funktionen f_i. Bei einem speziellen IC-Entwurf wird man aber auf die reduzierte Logik zurückgreifen.

2.3.5 Programmierte Schaltungsreduktion

Ausgehend von Booleschen Normalformen konnten mit Hilfe von KV-Diagrammen benachbarte Minterme oder Maxterme erkannt und zusammengefaßt werden zugunsten einer einfacheren Gatterlogikschaltung. Dieses Verfahren war graphisch auf Funktionen bis zu vier Variablen sinnvoll beschränkt. Bereits bei fünf Variablen wird das graphische Reduktionsverfahren unübersichtlicher, da man erst unter Zuhilfenahme der dritten Dimension die zusammenfaßbaren Blöcke sofort optisch erfassen würde, ansonsten sich aber mit mehreren Tafeln helfen müßte. Bei einer größeren Anzahl von Variablen ist es daher sinnvoll, sich auf rechnergestützte Reduktionsverfahren zu konzentrieren.

Eine Funktion von n Variablen kann dabei als Tabelle abgelegt werden, in die drei mögliche Zustände 0,1,x (x entspricht unbestimmt) eingetragen werden:

(42) $$F(x_0,x_1,...,x_n) = F(k) \in \{0,1,x\}, \quad k\in\{0,1,2,...,2^n-1\}.$$

Ein Schaltungsreduktionsprogramm kann nun wie folgt aufgebaut werden:
Die Tabelle gemäß (42) wird von $k=0$ an durchlaufen. Ist $F(k_0)=1$, so werden sämtliche benachbarten Zahlen ermittelt (oder einer vorhererstellten Tabelle entnommen

(43) $$B(k_0)\subset\{0,1,2,...,2^n-1\}$$

entsprechend der Dualcode-Zuordnung

(44) $$k = \Sigma_i \; +x_i\cdot 2^i, \quad i\in\{0,1,2,...,n-1)$$

mit $x_i\in\{0,1\}$. Dabei sind sämtliche Zahlen z zu k_0 benachbart, die sich aus (44) ergeben durch Änderung von nur einem (von n) Variablenwerten. Sei also $\underline{x}(k_0)=(x_0(k_0),x_1(k_0),...,x_{n-1}(k_0))$ die zu k_0 gehörige Variablenkombination. Dann sind alle direkt benachbarten Kombinationen gegeben durch:

(45) $$B(k_0)=\{\; k_{0,i}= \sum_{\substack{\mu=0\\ \neq i}}^{n-1} +x_\mu(k_0)\cdot 2^\mu + \overline{x_i}(k_0)\cdot 2^i \;|\; i\in\{0,1,...,n-1\}\;\}$$

Taucht beim Durchsuchen dieser direkt benachbarten Menge ein Minterm (oder auch ein unbestimmter Wert) auf in der durch (42) definierten Menge, so kann dieser mit dem von $\underline{x}(k_0)$ gegebenen zusammengefaßt werden, wobei die zugehörige Variable x_i weggelassen werden kann. Treten in der direkt benachbarten Menge $B(k_0)$ zwei Minterme auf, z.B. die zu den Nummern $k_{0,i}$ und $k_{0,j}$ gehörenden, so ist zu prüfen, ob auch der zu $k_{0,i,j}$ gehörenden Minterm auftritt. Dabei geht diese Mintermnummer hervor aus der Summe (44), in der beide Variable x_i und x_j negiert eingesetzt werden. Tritt der letztere Minterm zusätzlich auf, so können die vier Minterme (incl. den zu k_0 gehörigen) zusammengefaßt werden in dem Term, in dem die Variablen x_i und x_j weggelassen sind. Das eben beschriebene Suchverfahren kann nun noch fortgesetzt werden. Treten α direkt benachbarte Minterme auf zu den Zahlen k_{0,μ_1} bis k_{0,μ_α}, so prüft man, ob auch die 2^α

Negationskombinationen, die sich aus den Variablen $x_{\mu 1}$ bis x_{μ_α} ergeben, auf zugehörige Minterme führen. Ist dies der Fall, so können die zugehörigen 2^α Minterme zusammengefaßt werden zu einem, in dem die Variablen $x_{\mu 1}$ bis x_{μ_α} nicht vorkommen. Auf diese Weise kann also ein Rechnerprogramm erstellt werden, in dem systematisch alle Minterme (oder auch Maxterme) auf Zusammenfaßbarkeit abgeprüft, die zusammengefaßten Terme registriert und gegebenenfalls redundante Terme weggelassen werden.

Programmgesteuert kann also systematisch für eine binäre Ausgangsfunktion die aufwandsgünstigste Gatterschaltung gefunden werden. Jedoch ist dieser Gatteraufwand für eine einzige Funktion nicht das einzige Entwurfskriterium. Oft spielt auch die Schaltgeschwindigkeit eine entscheidende Rolle. Diese hängt i.a. von der Anzahl der sequentiell zu durchlaufenden Gatter ab. Man muß dann im Entwursfprogramm bei jedem Vereinfachungsschritt die maximale Zahl zu durchlaufender Gatter zählen und diejenigen Realisierungen nicht zulassen, die ein oberes Limit überschreiten. Ein wichtiges Gütekriterium beim Entwurf ist das Produkt "Gatterzahl•Schaltverzögerung". Dabei ist zu berücksichtigen, daß bei getakteten Systemen die ungünstigste (größte) Schaltverzögerungszeit erst ab einer bestimmten Grenze stört, die dann zu überschreiten aber auch verboten sein kann.

Wie im obigen Beispiel der 7-Segment-Anzeige, benötigt man i.a. mehrere Ausgangsfunktionen in Abhängigkeit derselben Eingangsvariablen. Das maßgebende Entwurfskriterium ist dann natürlich der gesamte Gatteraufwand bzw. die ungünstigste Verzögerungszeit. Minimiert man dann den Gatteraufwand für jede einzelne Ausgangsfunktion separat, so kann dies insgesamt zu einer schlechten Lösung führen. Es ist folglich beim Entwurf jeweils abzuprüfen, wieviele erforderliche Gatter ggf. gemeinsam nutzbar sind. Realisiert man beispielsweise die Anzeigensteuerung aus Bild 2.11 durch Maxterme, so kann z.B. der Maxterm M_1 für 5 verschiedene Ausgangsfunktionen (f_1,f_2,f_4,f_5,f_7) gleichzeitig verwendet werden, so daß nach Möglichkeit dieser nicht zusammengefaßt werden sollte. Deshalb wird im Entwurfsprogamm der Gesamtaufwand (ggf. multipliziert mit der größten Schaltverzögerungszeit) zu minimieren sein.

3 Schaltwerke

Die durch logische Gatter realisierten Schaltfunktionen (sprich Boolesche Funktionen) liefern Ausgangsfunktionen, die eine direkte algebraische (Boolesche) Abhängigkeit der Ausgangsfunktionen von den Eingangsfunktionen darstellen. Wird eine Eingangssignalkombination zum Zeitpunkt t_0 angelegt, d.h. werden die einzelnen zugeordneten elektrischen Signalwerte zu diesem Zeitpunkt t_0 gültig, so werden die Signalwerte der Ausgangsfunktionen erst zu einem späteren Zeitpunkt $t_0+\tau$ gültig; erst dann haben sämtliche Ausgangssignale den eingeschwungenen Zustand angenommen. Die Zeitdauer τ nennt man Verarbeitungszeit der Gatterschaltung. Welche Werte die Eingangssignale zu irgendeinem Zeitpunkt vor t_0 hatten, spielt dabei für die Ausgangsfunktionen (ab dem gültigen Zeitpunkt $t_0+\tau$) keine Rolle. Es handelt sich also um logische Schaltfunktionen ohne Speicherwirkung. Kommt hingegen eine Abhängigkeit der Ausgangsfunktionen von Eingangssignalkombinationen vor dem definierten Zeitpunkt t_0 hinzu, genauer gesagt von Signalkombinationen von früheren gültigen Zeitpunkten t_0-iT, $i \in \mathbf{N}$, so handelt es sich um eine Logikschaltung mit Speicherwirkung oder allgemeiner gesagt mit Gedächtnis. Eine solche Logikschaltung mit einer Speicherfähigkeit früherer Signalkombinationen, die mit als Eingangsvariable verwendet werden können, nennen wir *Schaltwerk*. In diesem Kapitel werden die wichtigsten elementaren Speicherzellen auf Gatterebene und einige Anwendungen in Zähl- und Synchronisierschaltungen dargestellt.

3.1 Flipflops (FF)

Die wesentlichen Elemente von Flipflops sind bistabile Kippstufen, die sich aus rückgekoppelten Gattern ergeben. Flipflops werden zur Speicherung von Daten (Zuständen) in *asynchronen* und *synchronen* (getakteten) Schaltwerken benötigt. Bei der Abspeicherung von Zuständen unterscheidet man zwischen *zustandsgesteuerter* (statischer) und *flankengesteuerter* Abspeicherung durch ein Taktsignal C.

3.1.1 RS-Flipflop

Die Bezeichnung RS ist eine (engl.) Abkürzung von "Zurücksetzen" und "Setzen" (RS: Reset, Set) eines Ausgangs-Signals Q durch zwei Eingangs-Signale R und S. Das RS-Flipflop ist das einfachste asynchrone Speicherelement, eine einfache Speicherzelle. Sie besteht aus zwei rückgekoppelten NOR-Gattern, entsprechend Bild 3.1. Die aus den De Morganschen Regeln (vgl. 2.2.4) hervorgehende Realisierung in komplementärer Logik ergibt zwei rückgekoppelte NAND-Gatter (vgl. Bild 3.1 b). Die Schaltfunktion des RS-Flipflops ermittelt man am einfachsten durch Auftrennen der Verbindung von Q zum NOR-Gatter, dessen Eingang dann mit Q' bezeichnet werde (vgl. Bild 3.1 a). Darüber hinaus werde vorübergehend $\overline{Q}$ durch $\tilde{Q}$ ersetzt, um nicht eine Invertierung vorauszusetzen.

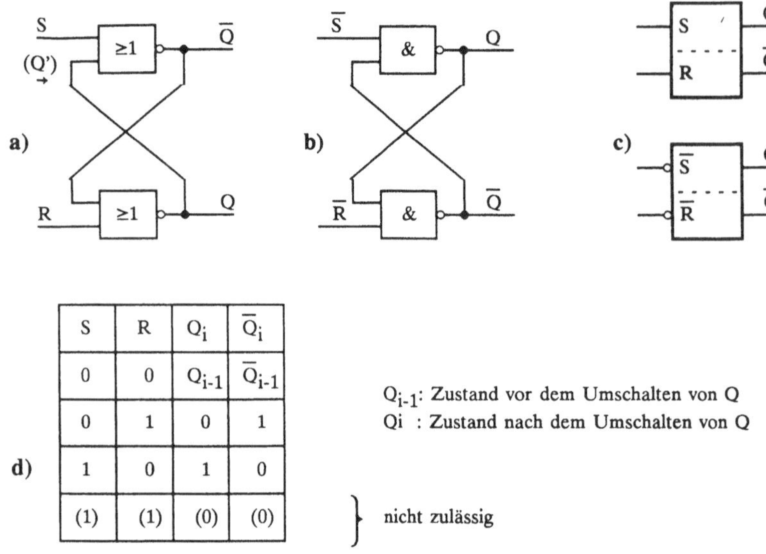

S	R	Q_i	$\overline{Q}_i$
0	0	Q_{i-1}	$\overline{Q}_{i-1}$
0	1	0	1
1	0	1	0
(1)	(1)	(0)	(0)

Bild 3.1 RS-Flipflop:
a) Schaltung aus 2 NOR-Gattern; b) Schaltung aus 2 NAND-Gattern;
c) Schaltungssymbole; d) Wahrheitstafel des RS-Flipflops.

Aus der Schaltung ergeben sich die Booleschen Funktionen:

(1) $$Q(t) = \overline{R(t\text{-}\Delta t)+\tilde{Q}(t\text{-}\Delta t)} \quad ; \quad \tilde{Q}(t\text{-}\Delta t) = \overline{S(t\text{-}2\Delta t)+Q'(t\text{-}2\Delta t)}.$$

Durch Einsetzen folgt:

(2) $$Q(t) = \overline{R(t\text{-}\Delta t)+\overline{[S(t\text{-}2\Delta t)+Q'(t\text{-}2\Delta t)]}}$$

Dabei wurde Δt als mittlere Gatterverzögerungszeit eingesetzt. Schließt man die aufgetrennte Stelle wieder, so gilt zu jedem Zeitpunkt $Q'(t) = Q(t)$. Man fordert nun, daß sich die Werte der Signale R(t) und S(t) in dem Zeitraum von $t\text{-}2\Delta t = iT\text{-}2\Delta t$ bis $t = iT$ nicht ändern. Bezeichnet man schließlich Q(iT) mit Q_i und $Q(iT\text{-}2\Delta t)$ mit Q_{i-1}, so kann Q_i als Zustand nach einem Schaltvorgang und Q_{i-1} als Zustand vor einem Schaltvorgang interpretiert werden. Mit Hilfe der De Morganschen Regeln ergeben sich sodann aus (2) die beiden folgenden Booleschen Verknüpfungen. Dabei werden die (möglicherweise neuen Zustände) der ab dem Zeitpunkt $t = iT\text{-}2\Delta t$ konstanten Eingangssignale mit S und R bezeichnet.

(3) $$Q_i = \overline{R}\cdot(S+Q_{i-1}).$$

Wegen der Symmetrie der Schaltung folgt mit vertauschten Ein- und Ausgangssignalen sofort die Gleichung für die zweite Ausgangsvariable:

(4) $\tilde{Q}_i = \overline{S} \cdot (R + Q_{i-1})$.

Aus diesen beiden Gleichungen ermittelt man leicht die in Bild 3.1 d) angegebene Wahrheitstabelle des RS-Flipflops.

Die beiden Ausgänge des RS-Flipflops nehmen also komplementäre Zustände an, wenn nicht beide Signale R und S gleich 1 sind. Für $R=S=0$ bleibt der alte Zustand vor dem Schaltvorgang erhalten. Hierauf beruht die für Anwendungen wichtige Speicherwirkung. Für $R=S=1$ tritt ebenfalls ein stabiler Zustand ein, bei dem die Ausgänge $Q=\tilde{Q}=0$ nicht komplementär sind. Wenn R und S jedoch später bei einem nächsten Schaltvorgang beide 0 werden, tritt ein undefinierter Zustand ein: Je nach zufällig bedingten unterschiedlichen Übergangsgeschwindigkeiten der Eingangssignale R, S können durch minimale Unterschiede zwischendurch die Zustandskombinationen $(R,S)=(0,1)$ oder $(R,S)=(1,0)$ kurzzeitig durchlaufen werden. Es wären dann für $R=S=0$ die drei Zustände der Ausgangssignale denkbar. $(Q,\tilde{Q})=(0,0),(1,0),(0,1)$. Deshalb muß der Zustand $R=S=1$ als nicht erlaubt deklariert werden. Bei Verwendung dieses Flipflops ist also darauf zu achten, daß dieser Zustand nicht eintreten kann.

3.1.2 Taktzustandgesteuertes RS-Flipflop

Als taktzustandgesteuerte Flipflops werden Flipflopschaltungen bezeichnet, bei denen die Ausgänge nur während eines Taktzustandes (entweder "0" oder "1") gesetzt werden können. Diese Eigenschaft wird für synchrone Schaltwerke benötigt.

Schaltungstechnisch unterscheidet sich das taktzustandgesteuerte RS-Flipflop vom RS-Flipflop nur dadurch, daß vor dessen R-S-Eingängen lediglich noch je ein &-Gatter geschaltet ist, das mit dem Takt C gekoppelt ist, so daß die Eingangsinformation nur dann übernommen werden kann, wenn der Takt C (clock) "H" ist, d.h. den Wert "1" aufweist.

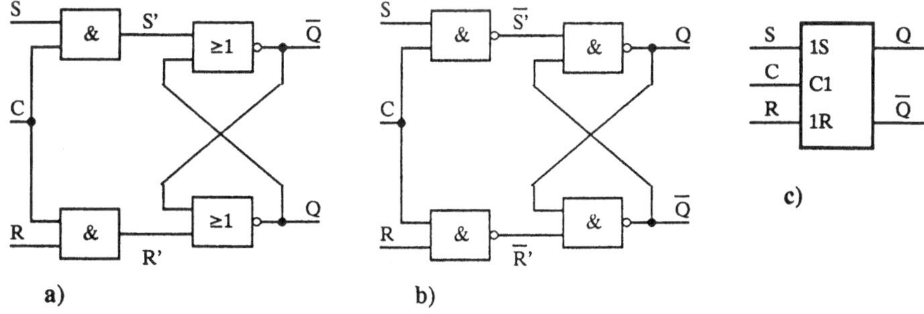

Bild 3.2 Taktzustandgesteuertes RS-Flipflop:
a) Schaltung mit AND- und NOR-Gattern;
b) Schaltung mit NAND-Gattern; c) Schaltungssymbol.

Wie die Schaltung in Bild 3.2 zeigt, gilt für C=1 die Wahrheitstabelle von Bild 3.1 d), und für C=0 wird R=S=0, d.h. es wird der vorherige Zustand abgespeichert. R=S=1 ist wieder ein unerlaubter Zustand der Eingangsvariablen, da der Folgezustand undefiniert ist, bzw. von Zufälligkeiten abhängt.

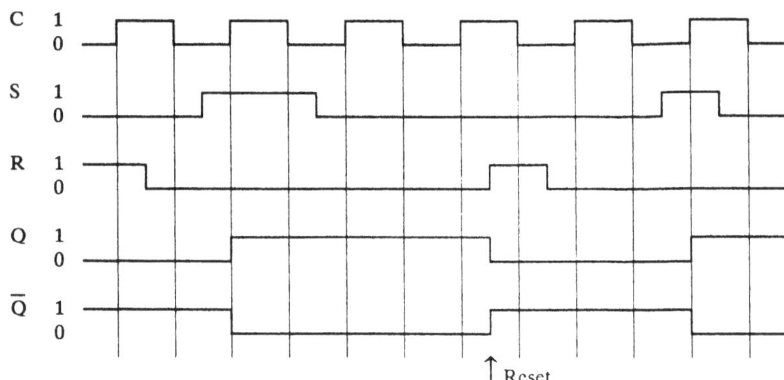

Bild 3.3 Zeitdiagramm-Beispiel zum Übergangsverhalten eines taktzustandgesteuerten RS-Flipflops.

Im Beispiel von Bild 3.3 wird das Übergangsverhalten erläutert. Es zeigt, daß eine durch S=1 in Q gesetzte 1 solange in Q erhalten bleibt, bis sie durch ein RESET 1 wieder zurückgenommen wird.

3.1.3 Taktzustandgesteuertes D-Flipflop (Delay FF, D-Latch)

Das D-Flipflop hat die Aufgabe, den Zustand eines Datensignals D über eine Taktperiode abzuspeichern. Zu diesem Zweck braucht man nur das in Bild 3.2 a) gezeigte Eingangssignal S=D und R=$\overline{D}$ zu setzen. Dies erreicht man, wie Bild 3.4 a) zeigt, durch einen zusätzlichen Inverter.

Die Wahrheitstabelle in Bild 3.4 b) zeigt, daß während der Dauer C=0 derjenige Zustand des Datensignals D in Q abgespeichert wird, der am Ende der Halbperiode von C=1 bestand. $\overline{Q}$ ist jeweils das invertierte Signal von Q. Bei der Realisierung eines solchen D-Flipflops in CMOS-Technologie kann man durch Verwendung von Transmission-Gates auf AND- und NOR-Gatter verzichten: Bild 3.5 zeigt, daß man mit 2 Transmission-Gates (TG) und 4 Inverter auskommt.

Das Transmission-Gate TG 1 ist im Zustand C=1 leitend, während TG 2 bei diesem Taktzustand gesperrt ist, so daß der Zustand von D über die Inverter an Q, bzw. $\overline{D}$ an $\overline{Q}$ übermittelt wird. Beim Übergang des Taktes C von C=1 auf C=0 wird

TG 1 gesperrt und TG 2 leitend, so daß über die beiden Inverter INV 1 und INV 2 und TG 2 der beim Übergang vorhandene Zustand D für einen halben Taktzyklus aufrecht erhalten, d.h.gespeichert wird bis zum nächsten Übergang des Taktes C von 0 auf 1.

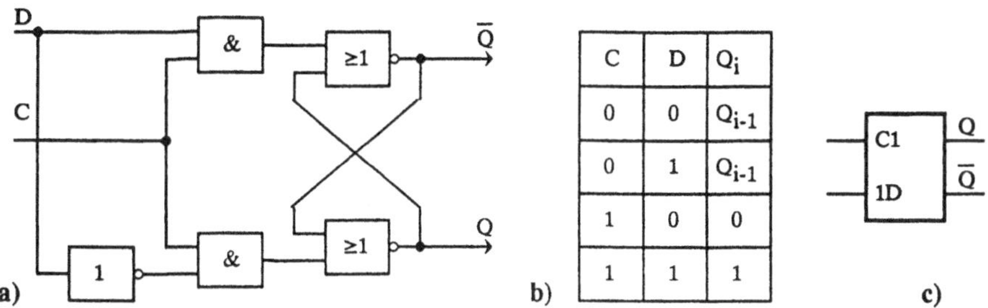

C	D	Q_i
0	0	Q_{i-1}
0	1	Q_{i-1}
1	0	0
1	1	1

Bild 3.4 Taktzustandgesteuertes D-Flipflop:
a) Schaltung aus taktzustandgst. RS-Flipflop mit zusätzlichem Inverter;
b) Wahrheitstabelle; c) Schaltungssymbol.

Neben dem Gatterschaltbild (Bild 3.5 a)) des D-Flipflops zeigt Bild 3.5 b) zusätzlich die Transistorschaltungen des CMOS-Tramsmission-Gates und des CMOS-Inverters. Das Transmission-Gate ist dabei als Parallelschaltung eines n-Kanal-Feldeffekt-Transistors und eines p-Kanal-Feldeffekt-Transistors ausgeführt.

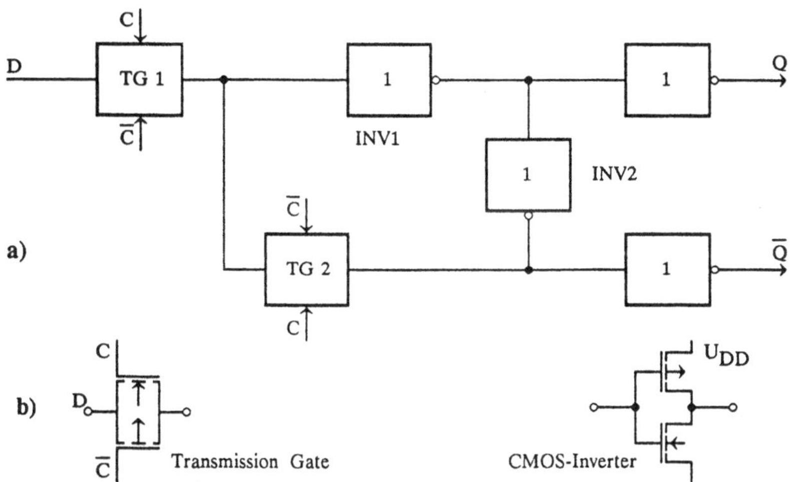

Bild 3.5 Schaltung eines D-Flipflops in CMOS-Technologie:
a) Gatter-Schaltbild;
b) CMOS-Transistorzellen: Transmission Gate, Inverter.

Diese Parallelschaltung gewährleistet eine relativ niederohmige Durchschaltung bei jedem (in Frage kommenden) Eingangssignal-Potential, da immer bei einem der beiden Transistoren die Einsatzspannung U_{th} zwischen Source und Gate überschritten wird.

3.2 Zweiflankengetriggerte Flipflops mit Zwischenspeicherung

Die taktzustandsgesteuerten Flipflops haben die Eigenschaft, daß sich das Ausgangssignal Q während der halben Taktperiode C=1 noch ändern kann. Man bezeichnet sie deshalb als transparente Flipflops. Für viele Anwendungen ist jedoch ein definierter abgespeicherter Zustand über eine ganze Taktperiode hinweg wichtig. Diese Eigenschaft erreicht man durch eine Zwischenspeicherung mit Verriegelung, indem der erste Speicher solange gegenüber Veränderungen gesperrt wird, bis der zweite den Signalzustand übernommen hat und seinerseits wieder gegenüber Veränderungen gesperrt ist.

3.2.1 RS-Master-Slave-Flipflop

Bild 3.6 zeigt, daß das Master-Slave-RS-Flipflop aus der Hintereinanderschaltung zweier RS-FF's besteht, bei der das zweite FF mit dem invertierten Takt von C angesteuert wird.

Das Setz-Eingangssignal S muß in einer Halbperiode C=1 mit dem Wert S=1 anliegen, um in das Master FF übernommen zu werden. Hat der Ausgang Q' bereits den Wert 1, so ist ein Änderung des S-Eingangssignals auf 1 ohne Belang. Wie Bild 3.6 c) verdeutlicht, muß das Setzsignal S bis spätestens vor Ende der Halbperiode C=1 gesetzt sein, um in diesem Taktzyklus noch übernommen werden zu können. Der für den Übernahmevorgang mögliche Änderungsbereich ist in Bild 3.6 c) schattiert eingetragen. Beim Übergang des Taktzustandes von 1 auf 0 (C:1->0) wird zunächst das Master-FF für Änderungen gesperrt und gleich danach wird der Signalwert von Q' in das Slave-FF übernommen. Während sich noch das Ausgangssignal Q' des Master-Flipflops in dem schattiert gezeichneten Zeitraum (abhängig von S) ändern kann, übernimmt das Slave-Flipflop erst den Ausgangswert Q', wenn das Master-Flipflop gegen Änderungen der Eingsangssignale durch C=0 gesperrt ist. Die Gatterlaufzeit des Taktinverters sichert dabei die gültige Wertübergabe. Der Ausgang Q des Slave-FF kann sich dann immer nur zu definierten Zeitpunkten ändern, beim Übergang C:1->0 (zuzüglich einer geringen Gatterlaufzeit des Taktinverters). Dies ist für eine sich anschließende synchrone Signalverarbeitung mit bestimmten Laufzeiten wichtig.

Wie bereits beim RS-Flipflop diskutiert, kann der gesetzte Zustand Q'=1 erst wieder geändert werden, wenn das Zurücksetzsignal R (Reset) während einer Takthalbperiode C=1 den Wert 1 annimmt. Der Änderungsbereich für das Zurücksetzen ist dabei mit dem des S-Signals vergleichbar. Hat das R-Signal einmal den Wert 1 erreicht in der Halbperiode C=1 (über einen für das Umkippen des Flipflops erforderlichen Zeitraum), so haben weitere Änderungen des Reset-Signals keine Auswirkungen mehr, solange sich das Set-Signal nicht ändert.

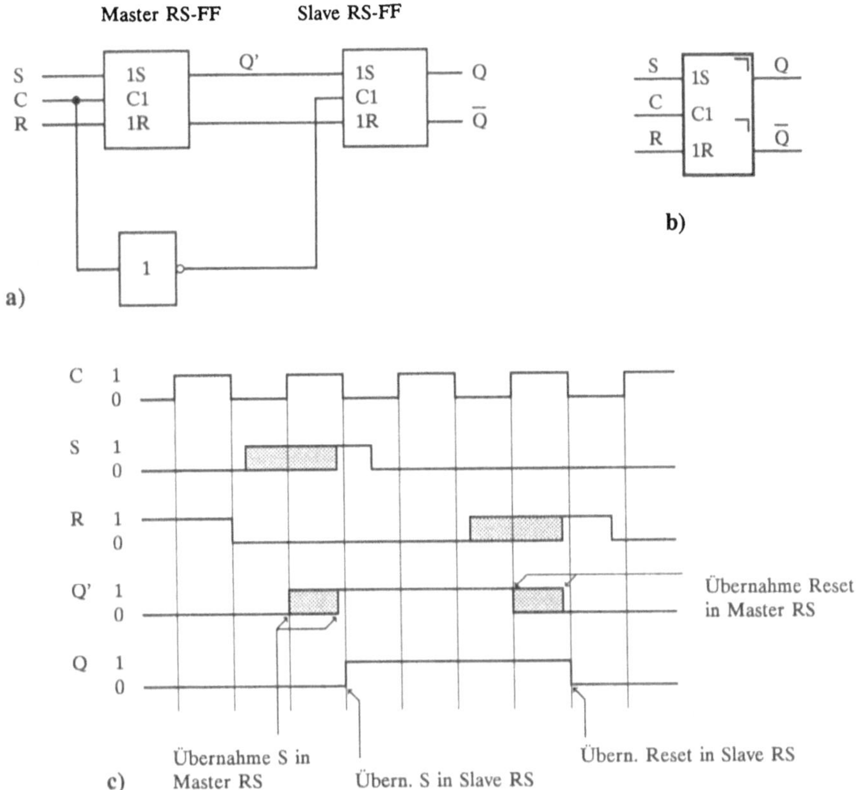

Bild 3.6 Master-Slave-RS-Flipflop:
a) Serielle Schaltung aus RS-FF;
b) Schaltungssymbol;
c) Zeitdiagramm zur R-S-Zustandsübergabe.

3.2.2 JK-Master-Slave-FF

Auch beim RS-Master-Slave-FF ist der Zustand $R=S=1$ nicht erlaubt, da der Übergang auf $(R,S)=(0,0)$ undefiniert ist. Dieser Nachteil läßt sich durch eine Rückkopplung der Ausgangssignale Q und $\overline{Q}$ auf den Eingang vermeiden durch

(5) $$S = J \cdot \overline{Q} \quad \text{und} \quad R = K \cdot Q ,$$

wobei J und K die neuen Eingangssignale sind. Die Schaltung ist in Bild 3.7 a) angegeben. Man nennt sie JK-Master-Slave-FF und verwendet das unter b) angegebene Schaltungssymbol. Der rechte Winkel im Schaltungssymbol kennzeichnet die verzögerte Wirkung des Ausgangssignals erst bei fallender Taktflanke, während das Eingangssignal bereits bei steigender Flanke übernommen und im Master-Flipflop gehalten werden kann.

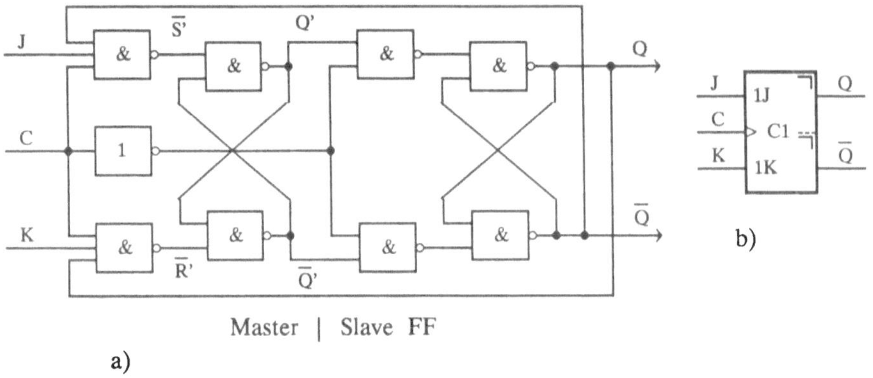

Bild 3.7 JK-Master-Slave-Flipflop:
a) Gatterschaltung;
b) Schaltungssymbol.

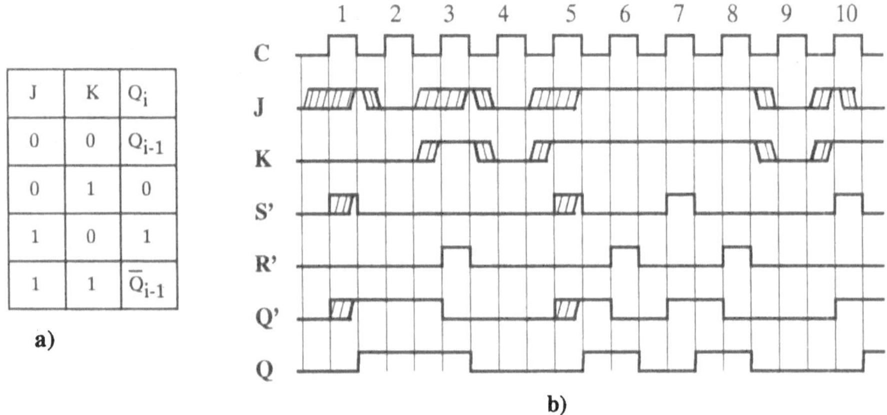

J	K	Q_i
0	0	Q_{i-1}
0	1	0
1	0	1
1	1	$\overline{Q}_{i-1}$

Bild 3.8 JK-Master-Slave-Flipflop:
a) Wahrheitstabelle;
b) Zeitdiagramm.

Das Übergangsverhalten des JK-Master-Slave-Flipflops ist in Bild 3.8 dargestellt. Bei der Ansteuerung der JK-Signale ist besonders darauf zu achten, daß die Eingangssignale J bzw. K den Steuerungspegel "H", bzw. den logischen Wert "1", innerhalb der Halbperiode C=1 aufweisen. Dabei ist immer nur ein Eingang - in Abhängigkeit vom Ausgangssignalzustand von Q - wirksam: Solange Q=0 gilt, ist J geöffnet und K gesperrt, andernfalls ist es umgekehrt.

Von der Funktion her kann ein Steuersignal auf J oder K während einer Halbperiode C=1 ansteigen und auch wieder abfallen (wenn es für eine gewisse Übergabedauer konstant war). Eine steigende Flanke wird vom Master-Flipflop in dieser Halbperiode übernommen und dieser Zustand kann in der gleichen Periode auch nicht zurückgesetzt werden, denn der andere, zum Rücksetzen benötigte Eingang ist gesperrt, und das Master-Flipflop ändert den Zustand in einer Periode nur einmal. Es ist jedoch sicherer, wenn die Steuersignale J und K ihren Steuerzustand bereits bei steigender Taktflanke erreicht haben und sich dann in dieser Halbperiode nicht mehr ändern (vgl. Änderungen von K im Zeitdiagramm Bild 3.8 b)). Deshalb hält man sich beim Schaltungsentwurf an die Regel: *Die JK-Eingangssignale sollen sich nur in der Halbperiode C=0 ändern!* Ein Nichtbeachten dieser Regel ist eine häufige Fehlerquelle.

Wie auch aus dem Zeitdiagramm ersichtlich, übernimmt das zweite Flipflop, Slave-Flipflop genannt, einen veränderten Zustand nur bei der fallenden Taktflanke. Zu diesen Zeitpunkten wird auch das Master-Flipflop gesperrt, so daß in der Halbperiode C=0 keine Änderungen mehr möglich sind.

Aus der Wahrheitstabelle und aus dem Zeitdiagramm ist zu erkennen, daß im Zustand J=K=1 am Ausgang die Q-Signale bei jedem Zyklus invertiert werden. Das heißt, in diesem Zustand wirkt das Flipflop als 2:1-Frequenzteiler. Dieses Verhalten macht, wie wir später sehen werden, dieses JK-FF für Zählschaltungen geeignet.

Ein JK-Master-Slave-FF, bei dem die JK-Eingänge fehlen (d.h. die Wirkung von J=K=1 im &-Gatter haben) wird als *T-Flipflop* bezeichnet und für Frequenzteilungen verwendet. Es hat das in Bild 3.9 angegebene Schaltungssymbol.

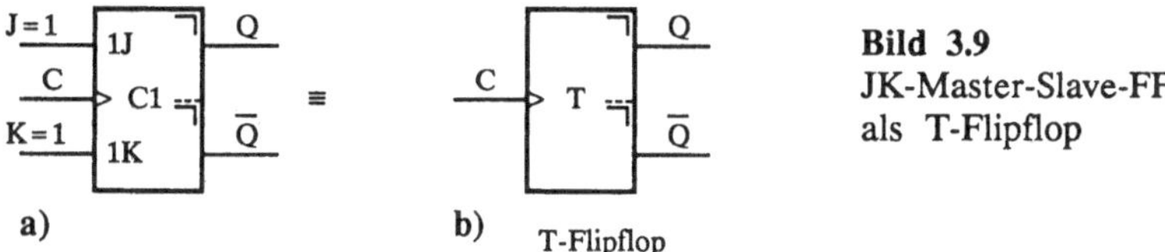

Bild 3.9
JK-Master-Slave-FF als T-Flipflop

3.3 Einflanken-getriggerte Flipflops

Für viele Anwendungen in synchronen Schaltungen ist es nachteilig, Signale über eine Halbperiode konstant zu halten oder die Auswirkung der Eingangszustandsänderungen erst eine halbe Taktperiode später am Ausgang verfügbar zu haben. Abhilfe schaffen flankengetriggerte Flipflops, bei denen die Eingangssignale nur kurz vor dem Taktwechsel C:0→1 bzw. 1→0 um t_{setup} bis kurz nach dem Taktwechsel um t_{hold} anstehen müssen.

Die Verzögerung der Ausgangssignalwechsel gegenüber dem Eingangssignalwechsel bezeichnet man als Propagation Delay t_{pd} (vgl. Bild 3.10).

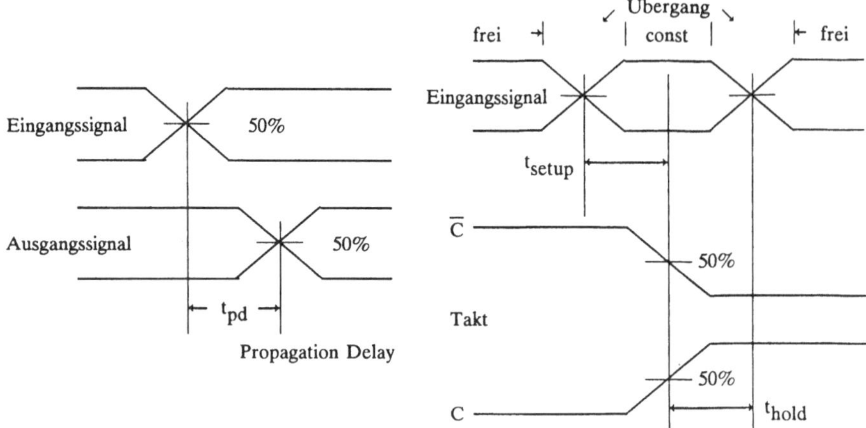

Bild 3.10 Definition von Gatterverzögerungszeiten.
t_{pd}: Gatter-Verzögerungszeiten (pd: Propagation Delay);
t_{setup}: Vorsatz-Zeit (Setup Time); t_{hold}: Haltezeit (Hold Time).

3.3.1 Einflankengetriggertes D-Flipflop

Einflankengetriggerte Flipflops übernehmen den Eingangssignalzustand mit der (i.a. positiven) Taktflanke und stellen diesen Zustand unmittelbar danach am Ausgang konstant für den weiteren Teil der gesamten Taktperiode zur Verfügung. Während früher die Flankentriggerung oft durch RC-Hochpaßfilterung des Taktsignals realisiert wurde, vermeidet man heute für monolithische Ausführungen Kondensatoren. Nur kurz wirkende Taktimpulse kann man integriert leichter durch Verzögerungen über Inverterlaufketten und (elektrische) Subtraktion vom nicht-verzögerten Originalsignal bilden. Darüber hinaus gibt es die Möglichkeit, wie im folgenden Master-Slave-Flipflop gezeigt, durch eine invertierte und geringfügig verzögerte Taktansteuerung des Master-Flipflops den Einganssignalzustand am Ende der Halbperiode C=0, bei steigender Taktflanke also, in das Slave-Flipflop zu übernehmen und sofort zu halten. Dadurch erzielt man die Wirkung einer positiven Flankentriggerung und vermeidet die bei der ähnlichen Schaltung des RS-Master-Slave-Flipflops auftretende Verzögerung des zur positiven Taktflanke angelegten Eingangssignals um eine halbe Taktperiode bis zum Ausgangssignalwechsel. Dadurch daß bei einem taktzustandsgesteuerten D-Flipflop (vgl. Bild 3.4) das Ausgangssignal in der Halbperiode C=1 dem Eingangssignal unmittelbar folgt (im Gegensatz zum RS-Flipflop), kann sich auch der Ausgangszustand, entsprechend dem des Eingangssignals, mehrmals ändern. Die wirksame Zustandsabspeicherung erfolgt nur am Ende dieser Halbperiode.

Es besteht, wie das zweiflankengesteuerte D-Flipflop, aus zwei in Reihe geschalteten D-Flipflops, die mit komplementärem Takt angesteuert werden. Um Gatter-Verzögerungszeiten auszunutzen, wird das Master-Flipflop über einen Inverter geleitet.

Anstelle der in Bild 3.4 angegebenen, vor das RS-FF geschalteten 2 &-Inverter-- Gatter, werden bei der Realisierung vorzugsweise 2 NAND-Gatter verwendet, wie es Bild 3.11 zeigt.

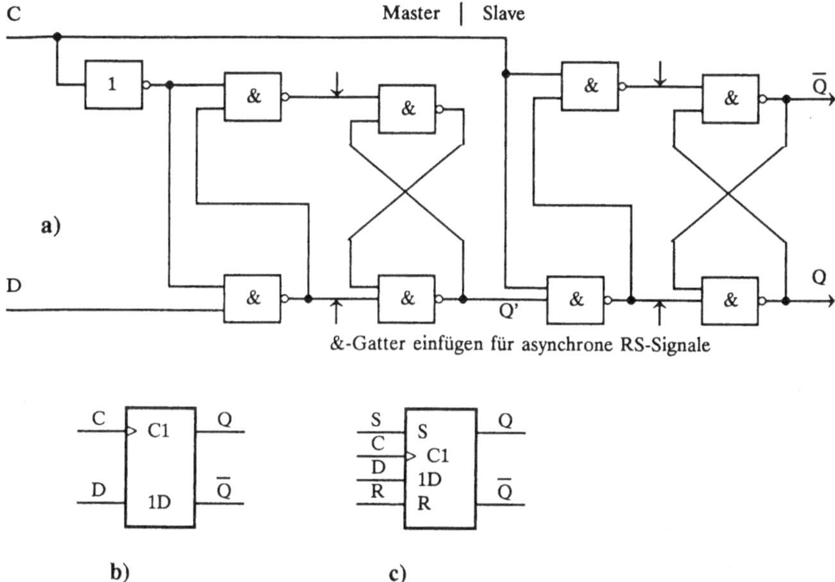

Bild 3.11 Einflankengetriggertes D-Flipflop:
a) Schaltbild aus Master-Slave-FF;
b) Schaltungssymbol;
c) Schaltungssymbol eines einflankengetriggerten D-Flipflops mit zusätzlichem asynchronen Set- und Reset-Eingängen.

Beim Neustart von digitalen Schaltwerken benötigt man definierte Startbedingungen. Deshalb sind bei D-Flipflops, die ja den vorherigen Zustand am Ausgang halten, asynchrone Set- und Reset-Eingänge von Interesse, durch die zu einem beliebigen Zeitpunkt alle beeinflussenden Speicherparameter in den Ursprungszustand versetzt werden können. Zu diesem Zwecke verwendet man D-Flipflops mit zusätzlichem Setz-(S) und Rücksetzeingang (R). Bild 3.11 c) zeigt das entsprechende Schaltungssymbol. Schaltungstechnisch können diese Eingänge in dem in Bild 3.11 a) dargestellten D-Flipflop realisiert werden durch Einfügen von &-Gatter vor die Flipflops (an den mit Pfeilen gekennzeichneten Stellen), deren freie Eingänge dann allerdings zunächst mit den asynchronen negierten Steuersignalen $\overline{R}$ und $\overline{S}$ wirksam werden.

Würde eine Schaltung aus NOR-Gatter-Flipflops eingesetzt, so könnte man zusätzliche asynchrone R- und S- Eingänge durch Einfügen von OR-Gatter vor die Flipflops realisieren, die dann auch mit dem nicht-negierten RS-Signalen wirksam sind. Noch einfacher gestaltet sich das Einfügen der Asynchronen RS-Eingänge, wenn man anstelle der Zweifach-NOR-Gatter der Flipflops jeweils Dreifach-NOR-Gatter verwendet; die zusätzlichen nicht beschalteten Eingänge stellen dann die asynchronen Setz- und Rücksetz-Eingänge dar.

Solange der Takt C=0 ($\overline{C}$=1) ist, folgt das Master-D-FF dem Eingangssignal D und das Slave-D-FF ist gegenüber Änderungen von Q' gesperrt, und hält den alten Zustand gespeichert. Geht C auf 1, so wird der Zustand von D bei der Flankenänderung im Master-FF eingefroren und das Slave-FF geöffnet. Dieses übernimmt den Zustand von Q', d.h. den von D bei ansteigender C-Flanke. Mit abfallender Flanke wird das Slave-Flipflop wieder gesperrt, bevor sich Q' ändert. Dadurch bleibt der Zustand von Ausgang Q bis zur nächsten ansteigenden C-Flanke erhalten, bei der dann wieder der neue Zustand von D übertragen wird.

3.4 Flipflop-Schaltwerke

Der Transport und die Verarbeitung von Daten ist ohne schnelle und stabile Speichervorgänge nicht denkbar. Basisbausteine hierfür sind Flipflops. Die wichtigsten Grundtypen wurden in den Abschnitten 3.1 bis 3.3 besprochen. Das einfachste aus zwei Gattern bestehende Flipflop kann die Information von 1 Bit speichern, indem es in einem von zwei möglichen stabilen Zuständen verharrt. Durch logische Beschaltungen von Ein- und Ausgängen können dann in Flipflopschaltungen Informationen, sprich Daten eingetragen, gelesen, überschrieben oder gelöscht werden. Auf den o.g. Flipflops basierend, werden im folgenden die wichtigsten Grundschaltungen aus Flipflops besprochen, die zur systematischen Datenverarbeitung und -strukturierung benötigt werden.

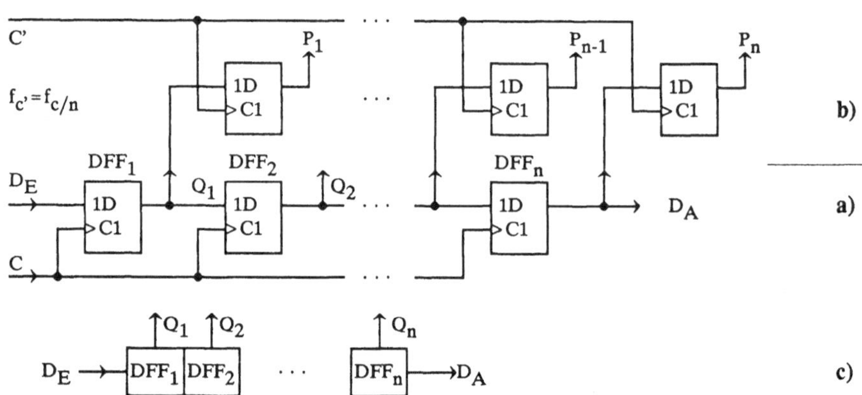

Bild 3.12 Schieberegistergrundschaltung mit Parallel-Wandlung:
a) Serielles Schieberegister;
b) Zusatzschaltung für Serien/Parallel-Wandlung;
c) Schaltungssymbol.
DFF_i: i-tes einflankengetriggertes D-Flipflop.

3.4.1 Schieberegister

Ein Schieberegister hat die Funktion, eine Datenkette, d.h. serielle Daten über eine geeignete Speicherkette zu schieben. Schieberegister bestehen aus Reihenschaltungen von Flipflops, vorzugsweise einflankengetriggerte D-FF, die es ermöglichen, am Eingang angelegte Daten zu speichern, sie bei jedem Takt um ein Glied zu verschieben, um sie am Ausgang, nach n Taktperioden wieder abgreifen zu können.

Bild 3.12 zeigt die einfachste Grundschaltung des Schieberegisters, das aus einer Kette von n D-Flipflops besteht. Die Daten D_E werden im Takt mit der Frequenz f_c seriell eingelesen, und am Ausgang werden diese Daten seriell mit einer Verzögerung um n Taktperioden wieder abgegeben. Wie Bild 3.12 zeigt, stehen die eingelesenen Daten an den Abgriffen Q_1,..,Q_n in paralleler Form zur Verfügung. Wird an Q_1 bis Q_n je ein weiteres D-Flipflop angeschlossen, das mit einer Taktfrequenz $f_{c'} = f_c/n$ angesteuert wird, so erhält man einen n-bit-Serien-Parallel-Wandler, bei dem die Daten jeweils mit der positiven Taktflanke abgeholt und gespeichert werden.

Lf.Nr.	C	D_E	Q_1	Q_2	Q_3	Q_4	C'	P_1	P_2	P_3	P_4
	0	D_1	-	-	-	-					
1	1	D_1	D_1	-	-	-	1	-	-	-	-
	0	D_2	D_1	-	-	-	1				
2	1	D_2	D_2	D_1	-	-	1				
	0	D_3	D_2	D_1	-	-	1				
3	1	D_3	D_3		D_1	-	0	-	-	-	-
	0	D_4	D_3		D_1	-	0				
4	1	D_4	D_4	D_3	D_2	D_1	0				
	0	D_5	D_4	D_3	D_2	D_1	1	D_4	D_3	D_2	D_1
5	1	D_5	D_5	D_4	D_3	D_2	1	D_4	D_3	D_2	D_1
	0	D_6	D_5	D_4	D_3	D_2	1	"	"	"	"
6	1	D_6	D_6	D_5	D_4	D_3	1	"	"	"	"
	0	D_7	D_6	D_5	D_4	D_3	1	"	"	"	"
7	1	D_7	D_7	D_6	D_5	D_4	0	"	"	"	"
	0	D_8	D_7	D_6	D_5	D_4	0	"	"	"	"
8	1	D_8	D_8	D_7	D_6	D_5	0	"	"	"	"
	0	D_9	D_8	D_7	D_6	D_5	0	D_4	D_3	D_2	D_1
9	1	D_9	D_9	D_8	D_7	D_6	1	D_8	D_7	D_6	D_5
	0	D_{10}	D_9	D_8	D_7	D_6	1	"	"	"	"

Bild 3.13 Funktionstabelle eines 4-bit-Schieberegisters mit Serien-Parallel-Wandlung

3.4.2 Rechts-Links-Schieberegister

Das in Bild 3.12 angegebene Schieberegister erlaubt das bitweise Verschieben von Daten von links nach rechts. Für viele Anwendungen in der Datenverarbeitung benötigt man ein steuerbares Schieben der Daten von links nach rechts oder von rechts nach links. Beide Möglichkeiten kann man durch eine selektive Datenübergabe erreichen, wie sie in Bild 3.14 angegeben ist. Die Richtungswahl wird dabei vorgenommen über ein Steuersignal S, das im Zustand S=1 eine Datenübergabe von links nach rechts und im anderen Zustand S=0 eine Datenübergabe von rechts nach links bewirkt. Die Richtungsselektion wird dabei hardwaremäßig ausgeführt durch die Parallelschaltung zweier &-Gatter, deren Ausgänge über ein OR-Gatter verbunden sind. Wird dann je eins der beiden &-Gatter mit einem Steuersignal S versehen, das andere mit dem dazu invertierten Signal, so wird bei S=1 das eine und bei S=0 das andere Eingangssignal weitergereicht.

Das Schaltbild 3.14 läßt erkennen, daß bei S=1 der Dateneingang DI_l ausgewählt wird und das Eingangsbit in das linke flankengetriggerte D-Flipflop eingetragen wird bei steigender Taktflanke, während zum gleichen Zeitpunkt das noch am Ausgang dieses Flipflops anliegende vorherige Datensignal in das zweite D-Flipflop übernommen wird. Um n Taktperioden verzögert, treffen die Daten dann am Ausgang DO_r ein. Die gültigen Daten stehen wieder kurz nach der positiven Taktflanke stabil an. Im anderen Falle S=0 werden die oberen Eingänge der Multiplexerbausteine geöffnet - über die &-Verknüpfung mit dem invertierten Signal von S. Dadurch wird der rechte Eingang DI_r geöffnet und das hier anliegende Datensignal wird bei positiver Taktflanke in das rechte D-Flipflop eingetragen. Mit jeder positiven Taktflanke werden dann die an den D-FF-Ausgängen anliegenden Daten um ein DFF

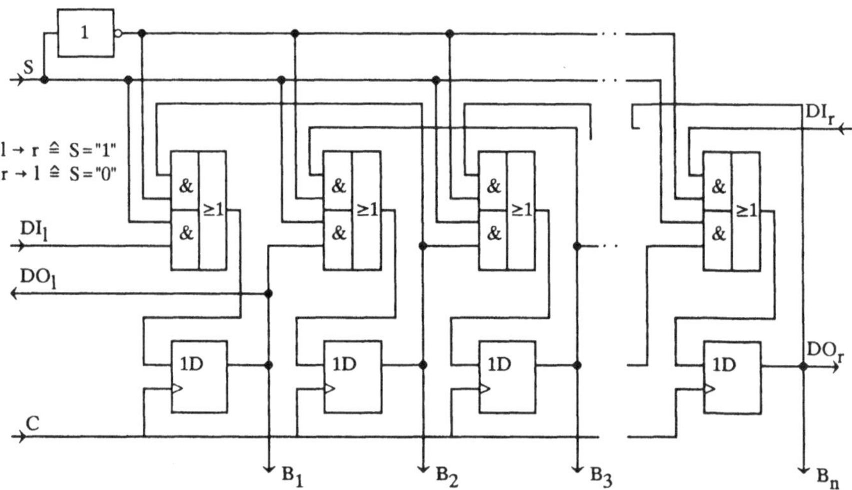

Bild 3.14 Rechts-links-Schieberegister:
S="1": Schieben von links nach rechts $DI \triangleq DI_l$; $DO \triangleq DO_r$
S="0": Schieben von rechts nach links $DI \triangleq DI_r$; $DO \triangleq DO_l$

von rechts nach links übernommen. Am Ausgang DO_l können sie schließlich, um n Taktperioden verzögert, jeweils nach positivem Flankenwechsel abgenommen werden.

Schließt man an die Ausgänge B_1 bis B_n noch flankengetriggerte D-Flipflop-Eingänge an, und taktet diese mit der n-fachen Taktperiodendauer, so kann man die Daten auch parallel gewandelt mit der Freqenz $f_{c'}=f_c/n$ abnehmen.

3.4.3 Schieberegister mit paralleler Eingabe

Bei einer seriellen Datenübertragung stellt sich die Aufgabe, parallel vorhandene Daten (die Bitbreite liegt meist bei 1, 2, 4 byte, entsprechend 8, 16, 32 bit) in eine serielle Form zu bringen. Hierfür wird also ein Parallel-Serien-Wandler benötigt. Er läßt sich aus den o.g. Schieberegistern aufbauen.

Bild 3.15 zeigt die Schaltung eines Schieberegisters, das auch als Parallel-Serien-Wandler für n-bit-Blöcke benutzt werden kann, wenn der langsame Takt C_L entsprechend Bild 3.15 b) synchron zu dem schnellen Takt C_S angelegt wird. Ist $C_L=0$, so wirkt die Schaltung als normales Schieberegister. Geht der langsame Takt C_L für eine volle Taktperiode von C_S auf 1, so führen die Multiplexer hier die Umschaltung der D-Flipflop-Eingänge auf die in diesem Zeitraum konstant anliegenden Daten B_1 bis B_n durch. Die Umschaltung der Datenübergabe von Q_i auf B_i wird einmal in n Taktperioden vorgenommen.

Ist bei dieser Schaltung das langsame Taktsignal C_L dauernd "0", so arbeitet die Schaltung als Links-rechts-Schieberegister. Durch eine Erhöhung der langsamen

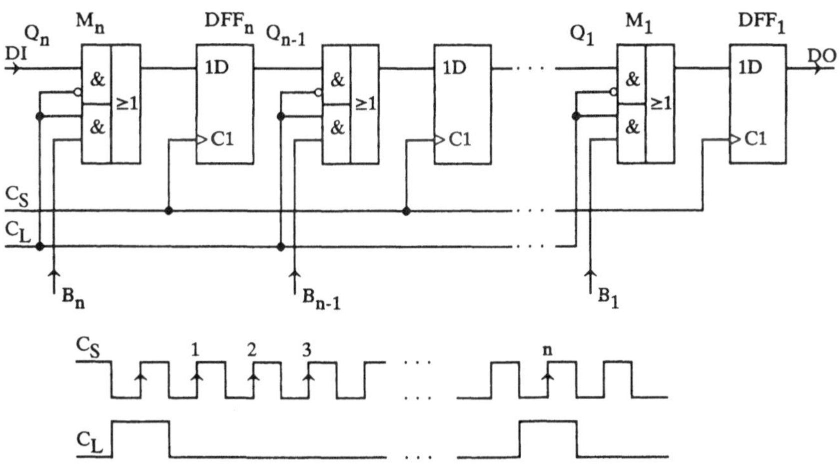

Bild 3.15 Schieberegister mit zusätzlicher paralleler Eingabe. DO: Datenausgabe, seriell; $B_1,...,B_n$: Dateneingabe parallel; $M_1,...M_n$: Multiplexer.
a) Schaltung aus flankengetriggerten D-Flipflops und Multiplexer,
b) Taktsteuerung für Funktion als Parallel-Seriell-Wandlung;
$C_L \equiv 0$: Funktion als Schieberegister.

Impulsfolgefrequenz, derart daß jede (n-k)-te Taktperiode von C_S durch $C_{L'}=1$ ausgewählt wird, kann die gleiche Schaltung natürlich auch für eine Parallel-Serien-Wandlung für m=n-k bit breite Daten verwendet werden.

Bei den o.g. Schieberegistern wurden flankengetriggerte D-Flipflops verwendet, die die Eingangssignale sofort nach erfolgtem Flankenanstieg an den Ausgang weiterreichen. Dies birgt aber auch für den praktischen Entwurf eine Gefahr: Ist durch die Aufbereitung der Taktversorgung eine völlige Gleichzeitigkeit der Anstiegsflanke nicht sichergestellt, so kann es vorkommen, daß bei unglücklicher Auslegung ein annehmendes Flipflop nicht das vorherige, sondern dasselbe Datensignal wie das gebende Flipflop speichert. Dies kann passieren, wenn durch eine Vielzahl von zu versorgenden Flipflops der Takt durch mehrere Leistungstreiber weiter aufbereitet werden muß. Bekommt dann ein annehmendes Flipflop ein gegenüber dem abgebenden Flipflop geringfügig verzögertes Taktsignal, so hat u.U. das vorgeschaltete Flipflop bereits umgeschaltet und das annehmende Flipflop speichert dann fälschlicherweise dasselbe Signal ab.

Aus sicherheitstechnischer Sicht empfiehlt es sich daher, ggf. aus den vorher genannten Gründen keine einflankengetriggerten Flipflops, sondern zweiflankengetriggerte D-Flipflops mit einer um eine halbe Taktperiode verzögerten Umschaltung des Slave-Flipflops zu verwenden. Voraussetzung ist natürlich, daß es die erforderliche Signalverarbeitungszeit zuläßt.

3.4.4 Vergleich von Speicherinhalten

Suchvorgänge, beispielsweise bei einer Textverarbeitung, führen auf zahlreiche Vergleichsoperationen; ein Wort aus einem kurzen Text von 20 Seiten zu suchen, kann bedeuten, daß dieses eine Wort mit 5.000 Wörtern zu vergleichen ist. Deshalb ist schnelle Verarbeitung und eine Parallelisierung wichtig.

Algebraisch ist die Vergleichsoperation binärer Variabler die Äquivalenz:

(5) $$y = (a \equiv b) = a \cdot b + \bar{a} \cdot \bar{b}$$

Dual hierzu ist die Antivalenz bzw. die Exor-Verknüpfung:

(6) $$\bar{y} = (a \not\equiv b) = a \oplus b = (a+b) \cdot (\bar{a}+\bar{b}) = (a \cdot \bar{b} + \bar{a} \cdot b)$$

Die schaltungstechnische Ausführung erfolgt vorzugsweise in NAND-Logik

(7) $$y = \overline{\overline{(a \cdot b)} \cdot \overline{(\bar{a} \cdot \bar{b})}}$$

Sollen n Speicherinhalte miteinander verglichen werden, d.h. die Wortgleichheit von $\underline{a} = (a_1,...,a_n)$ und $\underline{b} = (b_1,...,b_n)$ soll ermittelt werden, so bedeutet die Wortäquivalenz, daß jedes Bit des ersten Wortes mit jedem Bit des zweiten Wortes zu vergleichen ist und Gleichheit nur dann vorhanden ist, wenn alle Bits übereinstimmen.

(8) $$y = (\underline{a} \equiv \underline{b}) = (a_1 \equiv b_1) \cdot (a_2 \equiv b_2) ... (a_n \equiv b_n) = y_1 \cdot y_2 \cdot ... \cdot y_n = \overline{(\bar{y}_1 + \bar{y}_2 + ... + \bar{y}_n)}$$

Aus dieser Funktion folgt die in Bild 3.16 angewendete Schaltung. Liefert in dieser getakteten Schaltung der Ausgang y den Wert 0, so besteht Gleicheit, andernfalls nicht.

Wird nach einer bestimmten Zeichenkette gesucht, so wird in das eine Register das Suchwort eingetragen, während das andere Register als Schieberegister betrieben wird. Das Schieben wird gestoppt, wenn durch y=1 ein Treffer gemeldet wird. Besteht das Suchwort aus alphanumerischem Text, so ist ein Zeichen des Wortes in der Regel im ASCII-Code mit 8 bit gespeichert. Es empfiehlt sich dann, die parallele Byte-Struktur nicht zu verlassen und die in Bild 3.16 gezeigte Vergleichsschaltung 8 mal parallel zu betreiben und die 8 y-Ausgänge dann noch über OR-Gatter zu verbinden, deren Ausgangssignal dann die Treffermeldung liefert. Um uns eine Vorstellung über die erforderliche (minimale) Zeichenkettensuchdauer zu verschaffen, betrachten wir beispielsweise einen 100-seitigen Text mit 75 Buchstaben pro Zeile und 50 Zeilen pro Seite bei einer ausführbaren Taktfrequenz von 1 MHZ. Wenn die Voraussetzungen geschaffen sind, die Daten mit einer Geschwindigkeit von 8 Mbit/s auszulesen, dann benötigt dieser aufwendige Suchvorgang nur eine Zeit von $100 \cdot 75 \cdot 50/10^6 = 0{,}375$ s. Dieses Beispiel zeigt, welche Leistungsfähigkeit durch spezielle Hardwareschaltungen erzielbar ist. Einbinden in Systeme wird man derartige Zusatzhardware erst, wenn solche Leistungsmerkmale von besonderem Interesse sind. Die Textverarbeitung liefert im vorliegenden Fall ein solches Beispiel von Interesse.

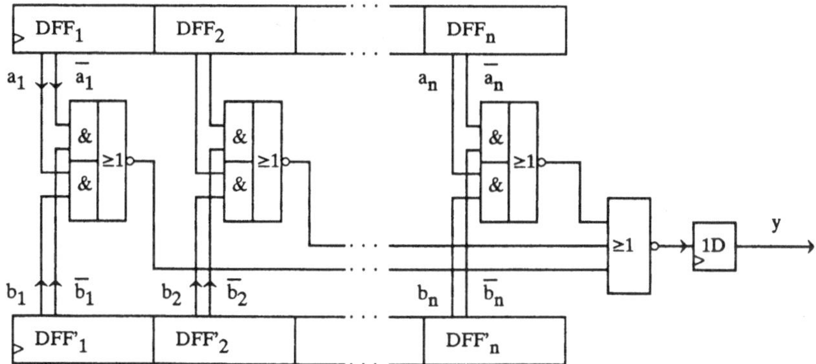

Bild 3.16 Schaltung zum getakteten Vergleich von Registerinhalten. $\underline{a} \equiv \underline{b} \Rightarrow$ y="1". Taktsteuerverbindungen sind zugunsten der Übersichtlichkeit weggelassen; das Flankentrigger-Symbol ⊳ kennzeichnet die Taktsteuerung.

3.5 Zählschaltungen

Zählschaltungen sind in der gesamten Datenverarbeitung unentbehrlich. Schnelle Hardwareschaltungen für Zähler werden daher immer wieder benötigt. Man sollte deshalb in IC-Entwurfssystemen Dateien fertiger Zählschaltungen für einen raschen Zugriff verfügbar halten.

3.5.1 Asynchroner Dualzähler

Werden die Dateneingänge eines JK-Flipflops mit "1" belegt J=K=1, so erhält man ein T-Flipflop (TFF), das zur 2:1 Taktfrequenzteilung benutzt werden kann. Die Serienschaltung solcher T-Flipflops verdoppelt also mit jedem TFF die Taktperiode des Ausgangssignals:

(9) $$T_i = 2T_{i-1} = 2 \cdot 2T_{i-2} = 2^i T,$$

so daß nach dem i-ten TFF die Taktperiode $T_i = 2^i T$ ist. Bild 3.17 zeigt diese Serienschaltung.

Vernachlässigt man die Verzögerungszeiten der einzelnen TFF's, so liefern die Ausgänge $\underline{z} = (z_1, z_2, \ldots, z_n)$ den Dualcode, der die Anzahl der Takte modulo 2^n zählt, mit z_1 als LSB. Bild 3.17 b) veranschaulicht über das Zeitdiagramm die Zustandsänderungen bis n=4. Das Überlaufsignal, meistens RCO-Signal genannt (Ripple Carry Output), kann dazu benutzt werden, um den Zähler zu vergrößern bei weiterer Serienschaltung von T-Flipflops. Da sich jedoch in dieser asynchronen

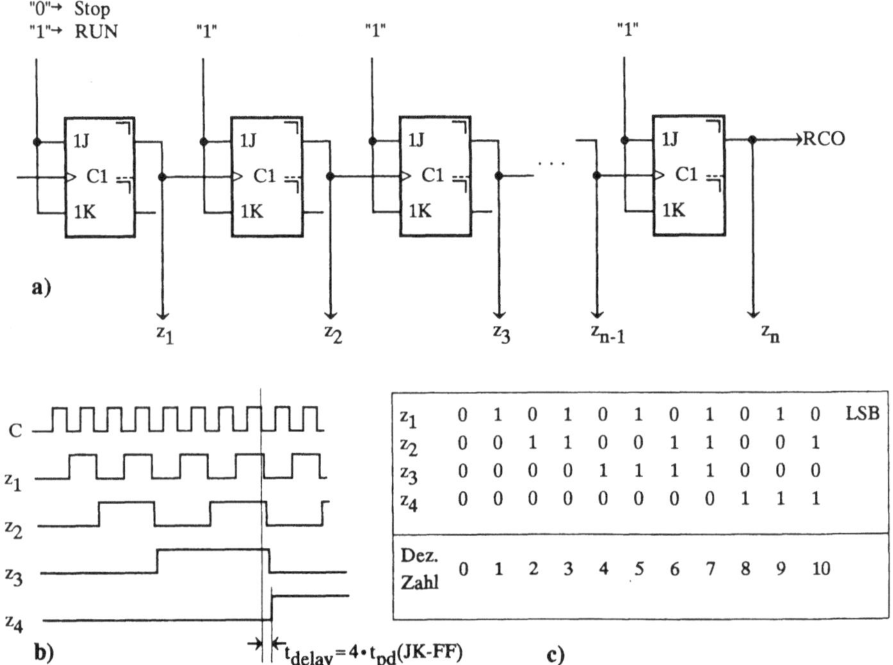

z_1	0	1	0	1	0	1	0	1	0	1	0	LSB
z_2	0	0	1	1	0	0	1	1	0	0	1	
z_3	0	0	0	0	1	1	1	1	0	0	0	
z_4	0	0	0	0	0	0	0	0	1	1	1	
Dez. Zahl	0	1	2	3	4	5	6	7	8	9	10	

Bild 3.17 Asynchroner Dualzähler (RCO: Ripple Carry Output):
a) Schaltbild aus JK-Flipflops;
b) Zeitdiagramm;
c) Zugeordnete logische Zustände.

Schaltung die Gatterverzögerungszeiten t_{pd} (propagation delays) der einzelnen T-Flipflops addieren, hat ab einer bestimmten Anzahl von T-Flipflops das LSB bereits auf den nächsten Wert geschaltet, während das MSB aufgrund der sich addierenden Verzögerungen erst einen Taktzyklus zu spät umschaltet. Dadurch wird zu diesem Zeitpunkt beim Taktflankenanstieg aus den versetzten Signalen eine falsche Zahl decodiert. Das Codewort $\underline{z}$ könnte also ohne Verzögerungskompensation nicht richtig decodiert werden. Für Anwendungsfälle, bei denen nur das MSB ausgewertet wird, reicht diese Schaltung natürlich aus. Die beim Taktflankenanstieg erfolgte Decodierung der Signale z_1 bis z_4 zeigt Bild 3.17 c).

Setzt man die J-K-Eingänge des ersten Flipflops gleich Null, $J=K=0$, so wird am Ausgang der vorherige Zustand beibehalten, der Zähler bleibt also stehen. Deshalb kann man die J-K-Eingänge des ersten FF zur Start-Stop-Steuerung verwenden. Will man jeden Zählerstand innerhalb derselben Taktperiode auswerten, so müssen alle Bits innerhalb der Periodendauer T umkippen können. Dies leisten die im folgenden beschriebenen synchronen Zähler.

3.5.2 Synchroner Dualzähler

Vorwärtszähler: Im Gegensatz zu den asynchronen Zählern wird bei den synchronen jedes Flipflop mit dem Takt C angesteuert, so daß jedes Flipflop mit der Taktflanke schaltet.

Bild 3.18 zeigt die Schaltung eines synchronen Vorwärtszählers für n Bit. Bei diesem Zähler werden alle Bits zum gleichen Zeitpunkt beim Taktübergang C: $1\to0$ gesetzt und bleiben über die Periodendauer T konstant. Da sich die J-K-Eingänge während der Halbperiode $C=1$ nicht ändern sollen, muß darauf geachtet werden, daß die Verarbeitung in der Ansteuerungslogik der JK-Eingänge innerhalb der Halbperiode $C=0$ erfolgt. Wäre dies nicht der Fall, so könnte es vorkommen, daß aufgrund unterschiedlicher Gatterlaufzeiten ein Ausgangssignal vorübergehend noch den Zustand "1" annimmt, wohingegen der eingeschwungene Zustand eine "0" verlangt. Ab der positiven Taktflanke würde dann im JK-Masterflipflop eine "1" erkannt, gehalten und übergeben. Deshalb muß für die Laufzeit der in Bild 3.18 angegebenen Schaltung gelten:

$$t_{pd}(FF) + t_{pd}(AND) + t_{setup}(FF) < T/2 \tag{10}$$

Die Funktion des synchronen n-bit-Zählers ist anhand des Zeitdiagramms erläutert: Nur in einer Periode, in der die Q-Ausgänge aller jeweils vorherigen Flipflops den Wert "1" annehmen, wird über die Mehrfach-&-Verknüpfung eine "1" an die zusammengeschalteten JK-Eingänge dieses Folge-Flipflops weitergegeben. Dann liegt in dieser Periode auch an allen J-K-Eingängen der vorgeschalteten Flipflops eine "1". Dadurch werden am Schluß dieser Periode mit dem Taktwechsel C:$0\to1$ die Q-Ausgang all dieser Flipflops ihren Zustand invertieren: $Q_{i+1}=\overline{Q}_i$. Die Übernahmepfeile deuten dies im Zeitdiagramm an. Hieraus geht hervor, daß nach dem Takt, in dem alle n JK-Fflipflopps den Ausgangszustand "1" haben, alle diese Ausgänge auf "0" umschalten, so daß danach der Zählvorgang dual wieder bei Null beginnt. Es handelt sich also um eine modulo 2^n-Zählung.

Synchroner Dualrückwärtszähler: Betrachtet man beim Dualcode die durch die negierten Bits zugeordnete Zahl k_n, so gilt die Beziehung:

$$(11) \quad k_n = \sum_{\mu=0}^{n-1} \bar{z}_\mu \cdot 2^\mu = 2^n - 1 - \sum_{\mu=0}^{n-1} z_\mu \cdot 2^\mu = 2^n - 1 - k$$

Wenn also beim Vorwärtszähler die Zahl k je um 1 aufwärts läuft, zählt die Zahl k_n rückwärts von 2^n-1 bis 0. Diese Eigenschaft nutzt man für die Schaltung des synchronen Rückwärtszählers aus: Man führt die gleichen &-Verknüpfungen wie beim Aufwärtszähler aus, benutzt aber hierfür die Signale $\bar{Q}$ anstelle von Q, die ja als Ausgangssignale an jedem JK-Flipflop ohnehin vorhanden sind.

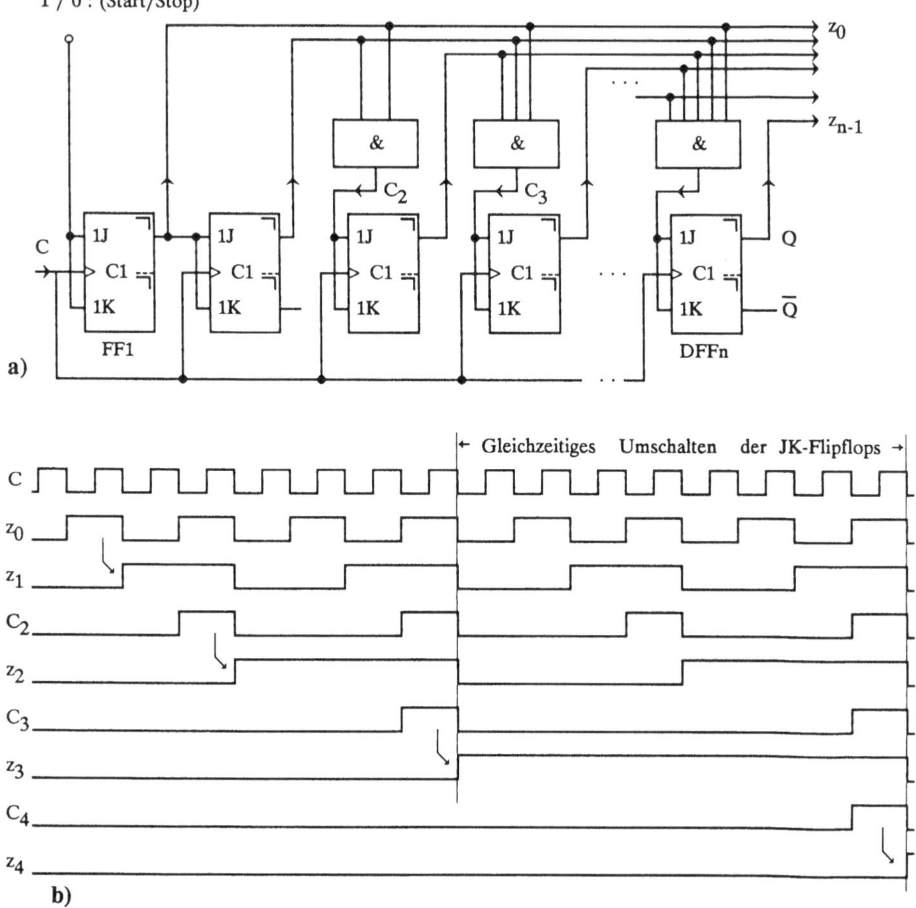

Bild 3.18 Synchroner Vorwärtsdualzähler für n Bit:
a) Schaltbild aus JK-Flipflops und &-Gattern;
b) Zeitdiagramm.

Im Zeitdiagramm von Bild 3.19 b) beginnt das Rückwärtszählen bei gleichem Anfangszustand der Flipflops dann nicht mit $z_0=z_1=...=z_{n-1}=0$, sondern mit $z_0=z_1=...=z_{n-1}=1$, wodurch sich die zugeordnete Dualzahl jeweils um 1 reduziert bei jedem Takt. Die zugehörige Schaltung wird beim folgenden kombinierten Zähler mit dargestellt (vgl. Bild 3.19).

3.5.3 Synchroner Vorwärts-Rückwärts-Zähler

Aus dem Vorwärtszähler (Bild 3.18) und dem gleichartig aufgebauten Rückwärtszähler, bei dem lediglich die $\overline{Q}$-Ausgänge benutzt werden anstelle der Q-Ausgänge der JK-Flipflops, läßt sich durch Nutzung beider Ausgänge ein steuerbarer Vorwärts-Rückwärtszähler (Up Down Counter) aufbauen. Um den Zähler auch anhalten und wieder weiter laufen lassen zu können, benutzt man ein ENABLE-Signal (EN) (Weiterzählen/Stop), das Vorrang vor dem Vorwärts-Rückwärts-Steuersignal $U/\overline{D}$ (Up/Down) hat. Die Bezeichnung $U/\overline{D}$ deutet an, daß der Zähler aufwärts zählt (Up), wenn das Steuersignal "1" ist, und abwärts (Down), wenn dieses nicht "1" ist, also"0". Das RCO-Signal wird jeweils "1", wenn die Modulo-Bereichsgrenze 2^n-1/0 übersprungen wird. Damit wird der Zähler (-Modulo-Bereich) beliebig erweiterbar.

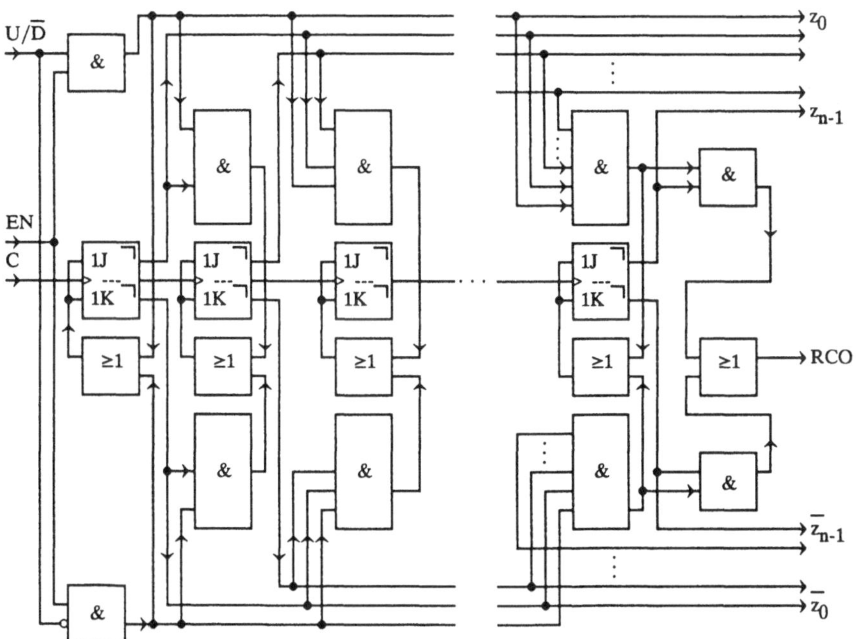

Bild 3.19 Schaltbild eines synchronen Vorwärts-Rückwärts-Zählers.
C:Clock, U/D: Up/Down, EN:Enable

Die beiden Steuersignale U/$\overline{D}$ und EN bewirken, daß der Zähler an einer beliebigen Stelle durch EN=0 angehalten werden und das Zählen von dieser Stelle aus wieder fortgesetzt werden kann mit EN=1 - entweder aufwärts mit U/$\overline{D}$=1 oder zurück mit U/$\overline{D}$=0. Die Aufwärts-Abwärts-Richtungen können natürlich auch geändert werden, wenn EN=1 bleibt.

3.5.4 Synchrone Untersetzer

Synchrone Untersetzerschaltungen werden oft benötigt, um Taktsteuerungen für Multiplexer und Demultiplexer-Schaltungen auszuführen, wie z.B. bei der Parallel-Serien-Wandlung in Bild 3.15 b). Die Schaltung eines 4:1-Untersetzers aus 4 RS-Master-Slave-Flipflops ist in Bild 3.20 gezeigt. Zu Beginn wird mit einem Signal R/S der Anfangszustand gesetzt: der Ausgang des ersten Flipflops wird asynchron auf "1", die anderen werden auf "0" gesetzt. Wie aus der Schaltung ersichtlich, kann anfangs mittels der asynchronen RS-Eingänge auch ein anderes Bitmuster gesetzt werden, das dann zyklisch durchgeschoben wird, z.B. können die ersten drei Flipflops auf "1" und das vierte auf "0" gesetzt werden.

In natürlicher Weise kann diese Schaltung auf n RS-Master-Slave-Flipflops verlängert werden mit rückgekoppelten Ausgängen, so daß ein Zyklus von n Taktperioden entsteht.

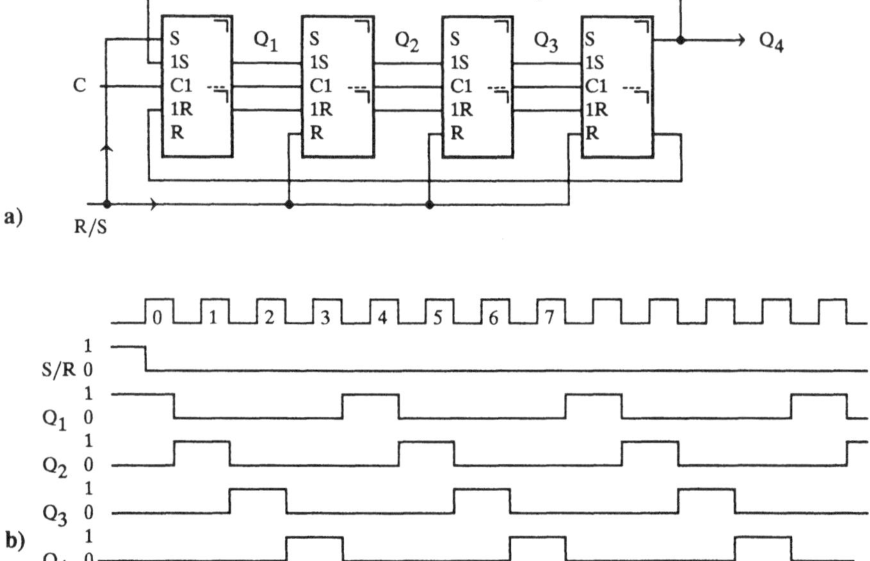

Bild 3.20 Synchroner Untersetzer 4:1:
a) Schaltbild aus Master-Slave-RS-Flipflops;
b) Zeitdiagramm.

3.6 Synchronisierschaltungen

Beim Transport von Daten müssen Sender und Empfänger die Zeitintervalle kennen, in denen Daten übergeben werden. Der Sender kann z.B. über eine separate Verbindung jeweils einen kurzen Impuls senden, der das Setzen von Daten auf vereinbarten n Leitungen signalisiert, so daß die Daten kurz danach umgespeichert werden können. In der Regel arbeiten Sender und Empfänger getaktet. Haben beide den gleichen Taktgeber, so spricht man von einer *synchronen* Verarbeitung und Zeitintervalle für die Datenübergabe können vereinbart werden. Kennen beide noch dieselbe Taktphase (den gleichen Taktanstiegszeitpunkt), so spricht man von einer *monochronen* Verarbeitung. Arbeiten Sender und Empfänger mit unterschiedlichen, unabhängigen Taktfrequenzen, so liegt eine *asynchrone* Verarbeitung vor. Daten liegen dann in der Regel über mehrere Taktperioden an und Übergabezeitbereiche werden protokollarisch vereinbart. Die Daten werden dann zunächst in Pufferspeichern abgelegt, bevor sie weiterverarbeitet werden. Arbeiten Sender und Empfänger zwar mit nominell gleichen, aber unabhängigen Taktfrequenzen, so können über längere Zeit minimale Frequenzunterschiede auftreten. Eine solche Kopplung nennt man *plesiochron.* Wird dann geringfügig schneller gesendet als empfangen, so wächst beim Empfänger u.U. ein getaktet zu verarbeitender Datenberg an, wenn der Sender nicht prophylaktisch Leerplätze einbaut, die keine Daten tragen. Arbeitet hingegen der Empfänger geringfügig schneller, so muß er die Möglichkeit haben, Leerschritte einzulegen. In einem Übertragungsprotokoll muß also im ersten Fall, wenn der Sender geringfigig schnelle getaktet wird, ein kleiner Reservekanal bereitstehen, der die überzähligen Daten aufzunehmen in der Lage ist. Man spricht in diesem Falle vom *positiven Stopfen.* Im zweiten Fall, wenn also der Sender geringfügig langsamer ist, müssen im Übertragungsprotokoll Plätze vereinbart werden, die frei bleiben können. Da wegen einer effizienten Übertragung keine eigenes Datenleerwort verfügbar gehalten wird, muß dem Empfänger noch an einer vereinbarten Stelle mitgeteilt werden, wann festgelegte Plätze frei geblieben sind. In diesem Falle spricht man vom *negativen Stopfen.*

Um die Konsequenzen eines Plesiochronen Taktversorgung zu verdeutlichen betrachten wir ein digitales Telefon-Ferngespräch, bei dem Quellen und Senken analoge Sprachsignale sind. Nominell werden die Signale beider Teilnehmer mit 8 kHz abgetastet und und analog zurück konvertiert. Befindet sich jedoch ein Teilnehmer in Deutschland und der andere in USA, so können beide 8-kHz-Taktfrequenzen geringfügig voneinander abweichen, da beide Taktfrequenzen unabhängig generiert werden und geringe Toleranzen aufweisen können. Angenommen beide Taktgeneratoren haben eine Genauigkeit von $10^{-9.}$ Dann können beide Taktfrequenzen um $\Delta f < f_0 \cdot 10^{-9} = 8\text{kHz} \cdot 10^{-9} = 8 \cdot 10^{-6}\text{Hz}$ voneinander abweichen. Die Differenz kann also maximal $2 \cdot \Delta f = 1{,}6 \cdot 10^{-5}\text{Hz}$ betragen. Dies bedeutet, daß innerhalb eines Tages, in 24 Stunden also, $\Delta n = 2 \cdot \Delta f \cdot 60 \cdot 60 \cdot 24$ sec/tag $= 1{,}38$ Abtastwerte pro Tag zuviel oder zu wenig eintreffen können. Damit nicht jeder die Abtastfrequenz des jeweils anderen detektieren und regenerieren muß, um die D/A-Wandlung mit der Abtastfrequenz (des anderen) durchführen zu können, wird natürlich an einem Ort die eigene hochstabile Taktfrequenz für das Abtasten und zurückwandeln verwendet. Dadurch können aber im obigen Beispiel pro Tag 1 bis 2 Abtastwerte mehr eintreffen als verarbeitet werden können, was einer Signalverzögerung von 2/8ms=0.25 ms entspricht. LAufen hingegen zwei Abtastwerte zuwenig ein, so braucht man zwei

Abtastwerte auf Vorrat, die man ggf. im Lauf eines Tages aufbrauchen kann. Will man also Schwankungen in beide Richtungen abfangen, benötigt man pro Tag einen Puffer von bereit 4 Abtastwerten. Würde man die gleichen Überlegungen auf die Dauer eines Jahres übertragen, führte die zu unzumutbaren Verzögerungen.

Abhilfe würde natürlich ein voll synchrones Netz nach einem "Master-Slave-Prinzip" schaffen. Jedoch können sich Gleichberechtigte nicht einigen, wer der "Master" und wer der "Slave" ist. Deshalb sind also maximal zwei Abtastwerte pro Tag als Verlust einzuplanen, damit derart bedingte Verzögerungen nicht anwachsen. In dem betrachteten Telefonnetzbeipiel kann man nun so vorgehen, daß jeder Teilnehmer mit einem Vorrat von zwei Abtastwerten beginnt und nach 24 Stunden eine maximale "Neustartpause" von 2 Abtastakten einlegt, um den Ausgangszustand wiederherzustellen. Sinnvoller Weise wird das eine Vermittlungsstelle jeweils zu einem definierte Zeitpunkt, z.B. 0^h Ortszeit tun, wo wenig Gespräche zu erwarten sind. Die plesiochrone Verarbeitung führt also auf eine zu beachtende Problematik bei der Echtzeit-Kommunikation. Bei einer üblichen Datenübertragung, bei der kleine Verzögerungen keine Rolle spielen, tritt dieses Problem des Verlustes nicht auf, da eine entsprechende Pufferung vorgesaehen werden kann.

In einem abgeschlossenem System bevorzugt man eine synchrone Datenverarbeitung. Dabei kann durchaus die Taktfrequenz des Empfängers aus dem ankommenden Datenstrom regeneriert werden. Diese Frequenzanpassung wird dann über PLL-Schaltungen (Phase Locked Loop) vorgenommen, bei denen noch begrenzte Phasenschwankungen auftreten können, die bei mehreren sequentiellen Schaltungen stabilisiert werden müssen.

Zur getakteten Datenverarbeitung benötigt man die im folgenden dargestellten Synchronisierschaltungen.

3.6.1 Impulssynchronisierung

Die Synchronisierung von Impulsen hat den Zweck, asynchron auftretende Synchronisiersignale x(t) in taktsynchrone umzusetzen. Dabei unterscheidet man bei der Erfassung zwischen synchroner und asynchroner Detektion. Bei der synchronen werden nur die Signalwerte zum Taktflankenanstiegszeitpunkt ausgewertet, d.h. kurze Impulse, die zwischen den ansteigenden Taktflanken auftreten, werden nicht erfaßt.

Die Schaltung in Bild 3.21 setzt sich zusammen aus einem kombinierten asynchronen und synchronen Detektor und einem *Monoflop*. Letzteres hat die Aufgabe, Datenänderungen von einer Taktperiode zur anderen von "0" auf "1" mit einer Folge "0"-"1"-"0" zu beantworten, unabhängig davon, nach welcher Taktperiode das Datensignal wieder von "1" auf "0" zurückgeht.

Synchron detektiert wird in Bild 3.21 das Signal $x_s(t)$ über den D-Eingang eines einflankengetriggerten D-Flipflops. Das Ausgangssignal y_1 ist dann bereits als synchronisiertes Signal verwendbar, das solange (über vielfache von Taktzyklen) "1" bleibt, wie es das Eingangssignal zum Taktbeginn ist.

Kurzzeitig zwischendurch auftretende Sprünge des Signals $x_s(t)$, wie der Impuls I_4 in Bild 3.21 b) zeigt, werden ignoriert. Die synchrone Detektion darf deshalb nur dann angewendet werden, wenn der asynchron auftretende Synchronisierimpuls mit Sicherheit länger ist als eine Taktperiode.

Über den asynchronen Setzeingang S des ersten D-Flipflops in Bild 3.21 a), bei dem der D Eingang "0" bleibt, kann man auch sehr kurze Impulse (vgl. I_1 in Bild 3.21 b)) detektieren. Der während der Taktperiode asynchron gesetzte Ausgang des ersten Flipflops wird beim nächsten Taktperiodenbeginn in das zweite D-Flipflop übernommen und für eine ganze Taktperiode gehalten. Jeder kurze Triggerimpuls wird also bei der asynchronen Detektion erfaßt und zum positiven Taktzeitpunkt dem Ausgangssignal (y_2) synchron übergeben.

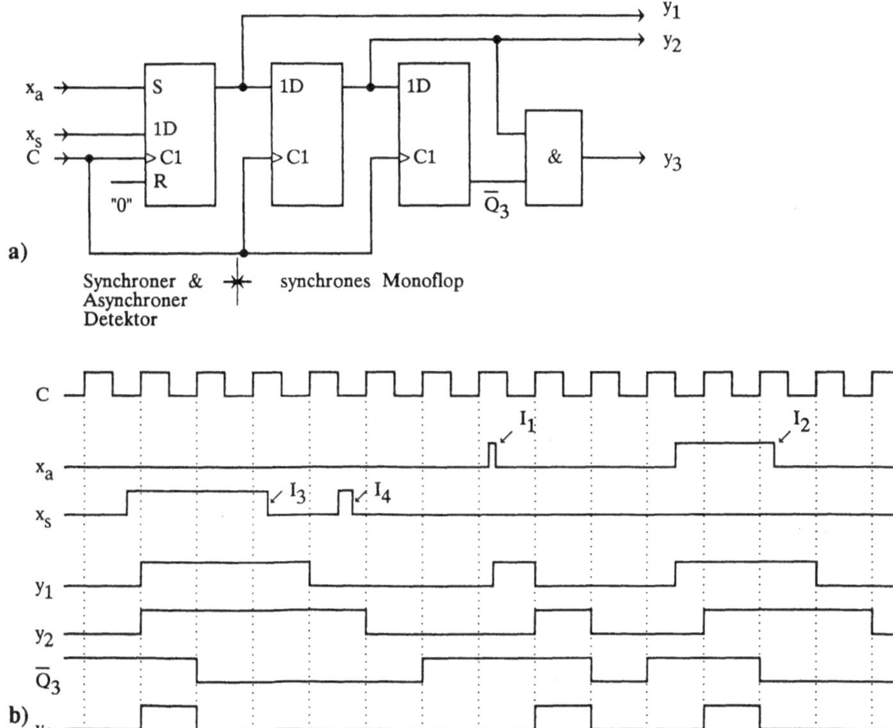

Bild 3.21 Impulssynchronisationsschaltung mit synchronen und asynchronen Impulsdetektor und Monoflop:
a) Schaltbild;
b) Zeitdiagramm zu zwei vorgegebenen asynchr. Signale $x_a(t)$, $x_s(t)$.

Bezüglich der Dauer der synchronen Ausgangsimpulse unterscheidet man die zwei Fälle, daß dieser mindestens solange "1" bleibt wie der Eingangsimpuls, oder daß jeder Eingangsimpuls, gleich welcher Länge, immer umgesetzt wird in einen synchronen Ausgangsimpuls von 1 Taktperiodendauer (vgl. Ausgangssignal y_3 in Bild 3.21)). Letzteres erreicht man durch Verwendung eines synchronen Monoflipflops. Bild 3.21 a) zeigt die Schaltung unter Verwendung von einflankengetriggerten D-Flipflops. Für längere Impulse wie I_2 und I_3 unterscheidet sich das Ausgangssignal y_2 nicht bei synchroner und asynchroner Detektion. Hätte man nur die erstere zu berücksichtigen, könnte das zweite D-Flipflop eingespart werden.

3.6.2 Elastische Speicher

Ein elastischer Speicher soll Taktschwankungen zwischen zwei kommunizierenden Systemen abfangen, so daß keine Daten verlorengehen, wenn Phasenschwankungen auftreten. Grundsätzlich handelt es sich also um die Verkopplung synchron arbeitenden Syteme, von denen eines den Takt angibt und das andere diesen übernimmt, d.h. direkt über eine Taktleitung geliefert bekommt, oder ihn aus Datensignalen regeneriert. Das Regenerieren aus Datenbitübergängen oder das Wiedererzeugen über Frequenzvervielfacher-Schaltungen verursacht Taktphasenschwankungen, die über mehrere Taktperioden gehen können.

Vor allem bei Glasfaserübertragungen GHz-Bereich, taucht das Problem auf, daß der Takt C_1 bei der Ausgabe von Daten eines Systems nicht phasenstarr mit dem Takt C_2 bei der Eingabe von Daten in ein anderes System verkoppelt werden kann, aber daß die Frequenzablage von C_2 gegenüber C_1 auf Null geregelt werden kann über PLL-Schaltungen (Phase Locked Loop), d.h. über eine lange Zeit treten keine Taktfrequenzdifferenzen . Die Phasenschwankungen zwischen C_1 und C_2 seien begrenzt auf $\Delta\Phi_{max}$:

(12) $$\Phi_2 = \Phi_1 \pm\Delta\Phi \; ; \; \Delta\Phi < \Delta\Phi_{max}$$

Im Zeitbereich unterscheiden sich dann die Abtastzeitpunkte t_i (Taktflankenanstieg) der beiden Systeme durch Taktjitter τ_j:

(13) $$t_{1i} = t_{2i} \pm \tau_j \; , \; \tau_j < \tau_{jmax} = T \cdot \Delta\Phi_{max}/360°$$

Dabei ist T die beiden Systemen gemeinsame mittlere Taktperiodendauer. Solange der Phasenjitter τ_j kleiner als die halbe Taktperiodendauer T/2 ist, kann die Datenübergabe über 2 einflankengetriggerte D-Flipflops abgewickelt werden, da die Ausgangssignale des flankengetriggerten D-Flipflops über fast 1 Taktperiode T anliegen. Bild 3.22 zeigt die einfache Schaltung mit den Taktsignalen und deren Schwankungsbereichen gegeneinander. Hierfür muß der maximale Taktjitter kleiner sein als die halbe Taktperiode abzüglich der erforderlichen Datenkonstanz bei der Datenübergabe:

(14) $$\tau_{jmax} < T/2 - t_{setup} - t_{hold}.$$

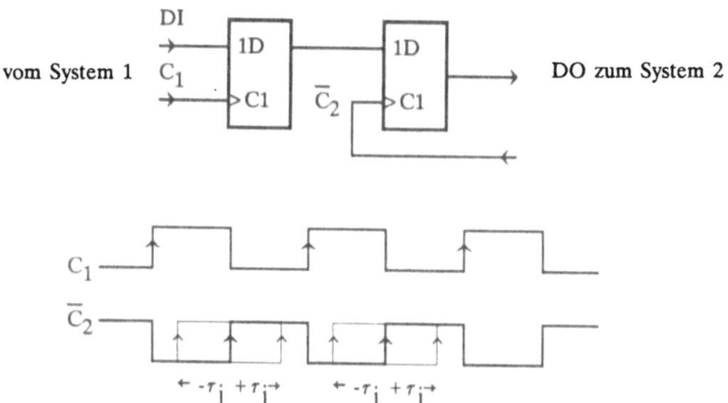

Bild 3.22 Datenübergabe bei kleinem Taktjitter.

Ist der Taktphasenjitter größer oder gleich ±T/2, so versagt die in Bild 3.22 angegebene Schaltung mit 2 D-Flipflops. Beim Entwurf eines elastischen Speichers für einem Phasenjitter, der größer ist als eine halbe Taktperiode, müssen die Signale so oft (k mal) parallelisiert werden, bis die parallelen Ausgangssignale länger als der doppelte maximale Taktjitter τ_{jmax} am Ausgang eines Flipflops anstehen kann:

(15) $$k \cdot T = T' > 2 \cdot (\tau_{jmax} + t_{setup} + t_{hold}).$$

Für den Fall

$$|t_{1i} - t_{2i}| < T - t_{setup} - t_{hold}$$

muß also eine Parallelisierung des Signalflusses auf mindestens 2 Bit vorgenommen werden.

Bild 3.23 a) zeigt einen elastischen Speicher aus D-Flipflops (DFF), T-Flipflops (TFF) und Multiplexer (M). Die Schaltung ist durch einen auf 2 Bit parallelisierten Speicher in der Lage den o.g. Taktjitter von fast einer Taktperiode abzufangen. Die Taktaufbereitung (Taktfrequenzhalbierung) wird in den T-Flipflops TFF 1 für C_1 und TFF 2 für C_2 vorgenommen.

Die parallelisierten Datensignale Q_{p1} und Q_{p2} stehen am Ausgang der D-Flipflops DFF 2 und DFF 3 für etwas weniger als 2 Taktperioden 2T an. Deshalb können diese Daten in die einflankengetriggerten D-Flipflops DFF 4 und DFF 5 auch bei Phasenschwankungen von C_2 um $|\pm \Delta\tau| < T - \tau_{con}$ richtig übernommen werden (wobei τ_{con} noch Takt- und Datenverzögerungszeiten sowie Setup- und Holdzeiten berücksichtigt). Der 2. Block mit DFF 4, 5, 6, M1 und TFF 2 arbeitet dann wieder phasensynchron (monochron), gesteuert durch den Takt C_2.

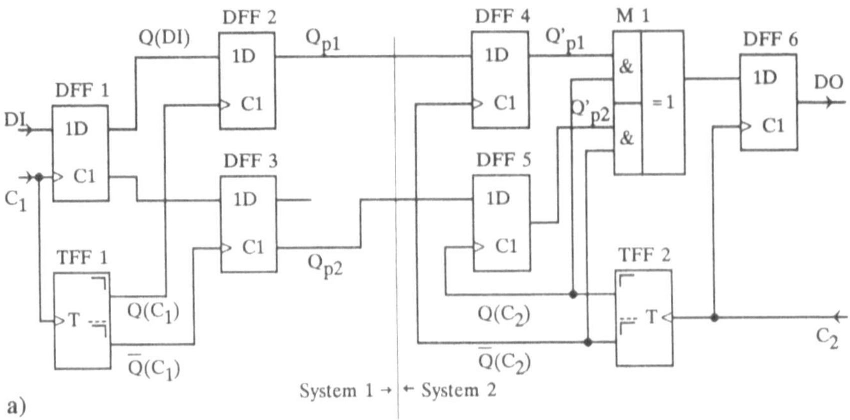

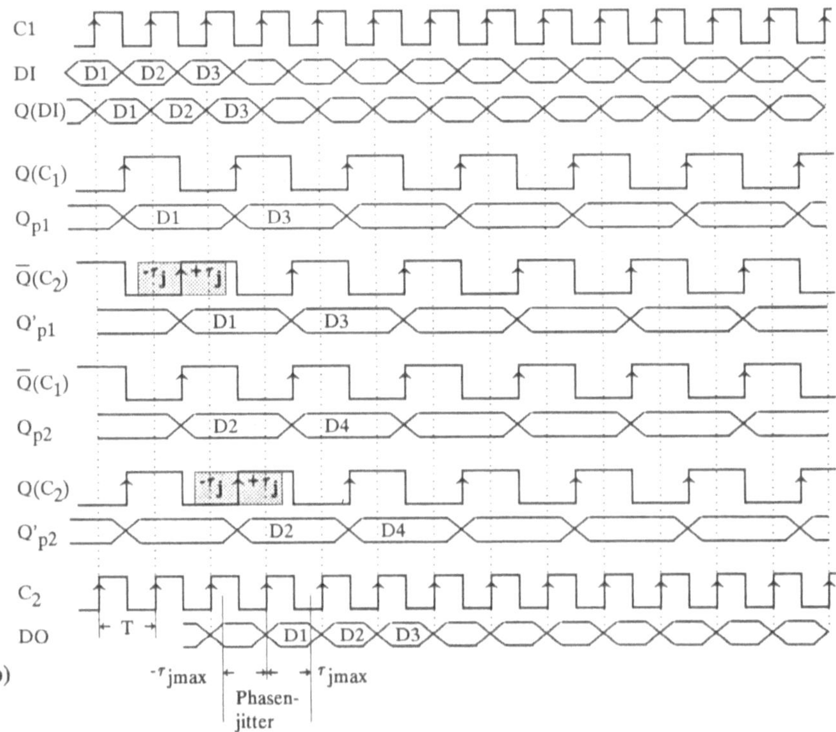

Bild 3.23 Elastischer Speicher für Phasenjitter $\Delta\tau < T$
a) Schaltung aus Flipflops und Multiplexer
b) Zeitdiagramm für Daten- und Taktsignale

Die Übernahme der Daten Q'_{p1} bzw. Q'_{p2} mit der positiven Flanke von C_2 in DFF 6 ist zeitlich so gelegt, daß der Multiplexer M1 Verzögerungszeiten von fast T/2 aufweisen kann, denn das &-verknüpfte Signal $y = Q'_{p1} \cdot Q(C_2)$ wird erst mit der positiven Taktflanke von C_2 abgeholt, nach einer halben Taktperiode T/2 . Die Taktschwankungen werden ja bereits in DFF 4 und DFF 5 abgefangen. Das gleiche gilt in jeder zweiten Taktperiode für $y' = Q'_{p2} \cdot \overline{Q}(C_2)$. Das Datensignal über DFF 3 wird 2 mal invertiert. Dies wird nur deshalb ausgeführt, um beide Ausgänge von DFF 1, Q und $\overline{Q}$ zu nutzen, damit nicht ein Ausgang doppelt belastet wird (FANOUT = 2), was zusätzlich Verzögerungen verursachen würde.

Wie im Zeitdiagramm von Bild 3.23 b) verdeutlicht, kann sich der Taktjitter von C_2 gegenüber C_1 innerhalb der schattierten Bereiche von $\overline{Q}(C_2)$ und $Q(C_2)$ bewegen; die darüber dargestellten Daten D1 bzw. D2 von Q_{p1} bzw. Q_{p2} liegen über diesen Zeitraum immer konstant an.

Neben diesen beiden Beispielen (vgl. Bilder 3.22, 3.23) sind auch andere Schaltungen zur Taktanpassung, d.h. Sychronisierung ausführbar. Ein ebenfalls gern angewendetes Prinzip ist die Überabtastung und redundante Zwischenspeicherung. Dabei sollte die Taktfrequenz des Empfängers mindestens doppelt so groß sein wie die des Senders, damit mindestens ein sicherer Abtastwert dabei ist; denn wenn die Datenaufnahme zum Zeitpunkt des Datenwechsels des Senders stattfindet, speichert man u.U. Zufallswerte ab, während eine halbe Sende-Taktperiode später die Daten den stabilsten Zeitpunkt haben. Über eine Auswahl- und Taktvergleichslogik kann man wieder die ursprüngliche nicht-redundanten Datenfolge zusammenstellen und synchronisiert weiterverarbeiten.

4 Integrierte Halbleiterspeicher

Zum Abspeichern von Informationen, auf die man zu einem späteren Zeitpunkt wieder zugreifen möchte, benötigt man Datenspeicher, die über eine möglichst hohe Speicherkapazität verfügen. Die heute wichtigsten technischen Datenspeichermedien sind: 1. die seit langer Zeit genutzten *magnetischen Speicher*, 2. die seit neuester Zeit bekannt gewordenen *optischen Speicher* und 3. die für die schnelle Datenverarbeitung unverzichtbaren *integrierten Halbleiterspeicher*. Die magnetische Aufzeichnung von Daten auf Bändern oder Festplatten wird für große Datenmengen genutzt, für die Zugriffszeiten im ms-Bereich und darüber unerheblich sind; dabei sind Bänder vor allem für die nicht-residente Datenhaltung umfangreicher Programme von Interesse. Optische Speicher, wie die mit Laserstrahl abgetasteten CDs (Compact Disk) erlauben Datenmengen im Gbyte-Bereich zu speichern bei Zugriffszeiten im ms-Bereich und hohen Auslesegeschwindigkeiten im Mbyte/s-Bereich. Die Irreversibilität und die hohen Kosten der Aufzeichnung stehen einer breiten Anwendung in der Datenverarbeitung noch im Wege. Es ist jedoch damit zu rechnen, daß in einigen Jahren auch reversible optische Plattenspeicher für das Lesen und Schreiben großer Datenmengen kostengünstig nutzbar sein werden.

Bei der logischen und arithmetischen Verarbeitung von Daten und Signalen muß man im Kern einer Anlage schnell und gezielt auf Daten zugreifen können. Schnell bedeutet beispielsweise für magnetische Massenspeicher Zugriffszeiten im µs-Bereich und für Hauptspeicher einer CPU im ns-Bereich. Für die letzteren kommen nur Halbleiterspeicher in Frage, bei denen die Information auf kleinen (hauptsächlich Si-Halbleiter-) Chips gespeichert bzw. zwischengespeichert wird. Aus Platzgründen ist eine hohe Integrationsdichte von mehreren (zig) kbit/mm^2 erwünscht. Da es sich bei der Realisierung solcher schneller Speicherbausteine i.a. um regelmäßige Layout-Strukturen handeln wird, sind heute auch Konzentrationsdichten von 1.000 bis 5.000 bit/mm^2 erzielbar.

Die ständig erhöhte Integration schneller Halbleiterspeicher hat es auch in kleineren und mittleren Computern zur Selbstverständlichkeit werden lassen, mit Hauptspeicherkapazitäten von 0,5 bis 32 Mbyte zu operieren. Daneben werden auch neue Anwendungsgebiete erschlossen, wie z.B. digitale Videosignal-Verarbeitung,-Speicherung und -Übertragung, bei denen der Mangel an schnellen (kostengünstigen) Bildspeichern erst heute behoben werden kann. Es erfordert z.B. das Abspeichern eines einzigen farbigen Fernsehvollbildes in Studioqualität innerhalb 1/25 sec einen Speicherbedarf von $2 \cdot 8[\mathrm{bit}] \cdot 13{,}5[\mathrm{MHz}]/25[\mathrm{s}] = 8{,}64\ [\mathrm{Mbit}]$ (inklusive Zeilen- und Bildrücklauf). Oder - um ein weiteres aktuelles Beispiel aus der Telekommunikation zu nennen - bei der Audiosignalverarbeitung in HiFi-Studioqualität benötigt man für das Puffern oder Zwischenspeichern der digitalisierten stereophonen Signale über nur 10 Sekunden einen Speicherplatz von $2 \cdot 16[\mathrm{bit}] \cdot 32[\mathrm{kHz}] \cdot 10[\mathrm{s}] = 10{,}24\ [\mathrm{Mbit}]$.

Hieraus wird ersichtlich, daß z.B. ein 1 Mbit-Baustein, wie er heute (als DRAM) verfügbar ist, ein breites Anwendungsgebiet findet. Die Entwicklungsbemühungen konzentrieren sich nun bereits auf 4- und 8-Mbit-Bausteine. Auch 16 Mbit sind im Gespräch, und es ist denkbar, daß diese durch Nutzung der dritten Ortsdimension (der Materialtiefe) auch bald kommerziell herstellbar sein werden.

4.1 Speicheraufbau

4.1.1 Speichertypen

Von der Funktion her unterteilt man die Halbleiterspeicher oft in 2 Klassen: in die Festwertspeicher d.h. nur lesbaren Speicher (ROM) und in die Schreib-Lese-Speicher (RAM). Es empfiehlt sich jedoch bei der heute anzutreffenden Vielfalt an Halbleiterspeicherbausteinen, weitere merkmalspezifische Klassen zu unterscheiden, wie inhaltsadressierbare Speicher (CAM), Ladungstransportspeicher-(CCD) und programmierbare Array-Speicher (PLA).

Eine Übersicht über die wichtigsten Halbleiter-Speichertypen ist in Bild 4.1 zusammengestellt. Die beiden von der Funktion her unterschiedenen Klassen der nur zum Lesen geeigneten Festwertspeicher (ROM) und der Schreib-Lese-Speicher (RAM) tragen z.T. Bezeichnungen, die zu interpretieren sind: Die eigentlichen "Nur-Lese-Speicher" sind die maskenprogrammierten Festwertspeicher (ROM) und die irreversiblen, programmierbaren Festwertspeicher (PROM), während in die löschbaren Speicherbausteine auch Informationen eingetragen werden können. Das Schreiben ist lediglich wesentlich aufwendiger - es erfordert besondere Programmiergeräte und besondere Spannungen - als das Lesen, weshalb sie auch nach wie vor als ROMs bezeichnet werden können. Bei den Schreib-Lese-Speichern ist die Unterteilung in statische und dynamische Bausteine so zu verstehen, daß die in die letzteren eingelesenen Informationen mit der Zeit flüchtig sind und laufend regeneriert werden müssen, während bei den statischen Speichern die einmal (in Flipflops) eingelesenen Informationen beliebig lange erhalten bleiben, wenn sie nicht überschrieben werden. Vorausgesetzt ist natürlich das dauernde Anliegen der Versorgungsspannung.

Halbleiterspeicher

Bild 4.1 Übersicht über Halbleiterspeichertypen

Die Ladungstransportspeicher werden auch als dynamische Schieberegister bezeichnet. Für die Assoziativspeicher wird auch die direkte Übersetzung "Inhaltsadressierbare Speicher" verwendet. Die Bezeichnung Logik-Matrix wird kaum verwendet; man spricht kurz von PLAs.

4.1.2 Speicherorganisation

Die meisten Standardbausteine sind Speicher mit wahlfreiem Zugriff (Random Access). Auch ROM-Standard-Bausteine haben diese Eigenschaft. Bei wahlfreiem Zugriff sind die Speicher so organisiert, daß nach Anlegen einer Adresse im Dualcode, bestehend aus n Bit (n = 6, 8, 10, 12, 14, 16,..) und ggf. nach Aktivieren einer Leseleitung, an den Ausgängen jedes abgespeicherte Wort mit einer Breite von m Bit (m = 1, 2, 4, 6, 8,...) nach einer definierten Zugriffszeit ausgelesen werden kann. Ensprechend ihrer Speicherkapazität kennzeichnet man die Bausteine als 2^n x m -Typ, z.B. 512x1, 1024x8 oder 1kx8 (k:=1024), 16kx4, 64kx8, 128kx4.... In einem Speicher vom letztgenannten Typ sind also $2^7 \cdot 2^{10} \cdot 2^2 = 2^{19} = 524.288$ bit abgespeichert. Im Gegensatz hierzu haben i.a. Pufferspeicher, wie Schieberegister, FIFO- und LIFO-Register keinen wahlfreien Zugriff auf alle Wörter (First In First Out; Last In First Out, Stack).

Die Zugriffszeiten bei den o.g. RAM- und ROM-Standardbausteinen liegen je nach Logikfamilie (Technologie) zwischen 5 und 200 ns. Wie der Zugriff erfolgt, wird anhand der Adressierung erläutert, die in Bild 4.2 dargestellt ist. Man unterscheidet zwischen ein- und zweidimensionaler Adressierung. Erstere wird für große Wortbreiten und relativ kleine Speicherkapazitäten eingesetzt, letztere in der Regel.

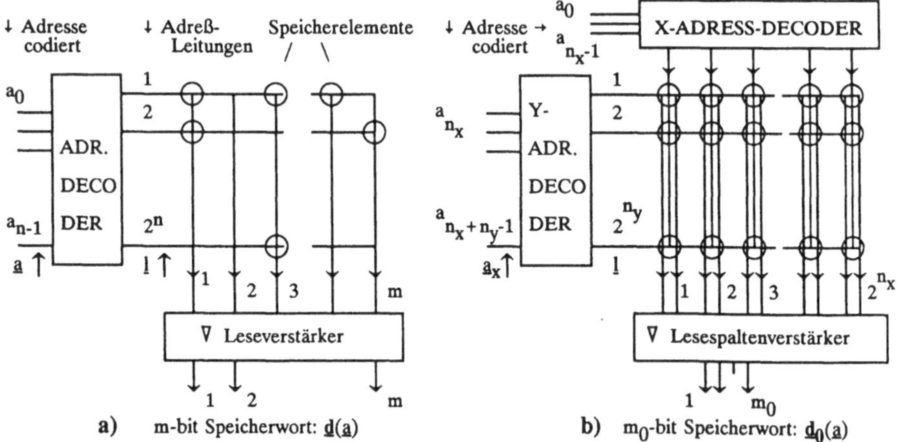

Bild 4.2 Organisation von Halbleiterspeichern:
a) eindimensionale Adressierung für hohe Speicher-Wortbreite;
b) zweidimensionale Adressierung für hohen Adreßraum.

Wie das Auslesen einer eingeschriebenen Information erfolgt, wird zunächst anhand von Bild 4.2 a) erläutert. Bei der hier verwendeten eindimensionalen Adressierung wird im Adreßdecoder ein angelegtes Adreßwort entsprechend dem Dualcode decodiert, so daß dem Adreßwort $\underline{a}$ die k-te Leitung k($\underline{a}$) zugeordnet ist. Mit einem n-Bit-Adreßwort können also 2^n unterschiedliche Leitungen angesprochen werden. Die dem Codewort zugeordnete Leitung k($\underline{a}$) wird vom Adreßdecoder auf "1" gesetzt bzw.auf hohes Potential gelegt, alle anderen Leitungen bleiben inaktiviert. Über die senkrechten (Lese-) Leitungen 1 bis m werden dann (ggf. über einen Leseverstärker) die an den Kreuzungspunkten abgelegten 1-Bit-Informationen abgerufen. Dabei bedeutet beispielsweise ein am Kreuzungspunkt angegebener Ring, daß an diesen Stellen aufgrund einer geschaffenen Einwegverbindung eine "1" ausgelesen wird, an den anderen Leseleitungen eine "0". Wie diese Einwegverbindung gesetzt wird, die Information also eingelesen bzw. einprogrammiert wird, ist in den nächsten Abschnitten dargestellt.

Bei der eindimensionalen Adressierung beträgt die Anzahl der Adreßleitungen 2^n. Selbst wenn man - was realistisch ist - Adreßleitungen auf Chipmetallisierungen im Abstand von 5 μm anordnet, bringt man auf einer Distanz von 5 mm nur 1.000 Adreßleitungen unter. Das ist natürlich für viele Anwendungen zu wenig. Bei einer zweidimensionalen Adressierung, wie sie in Bild 4.2 b) dargestellt ist, kann an jedem Kreuzungspunkt einer x-Adreßleitung mit einer y-Adreßleitung eine abrufbare Information von m_0 bit plaziert sein, die dann über eine Leseleitung sequentiell oder über m_0 Leseleitungen parallel ausgelesen werden kann. Eine Leseleitung deckt dabei alle vom y-Adreßdecoder angesteuerten (im Bild 4.2 b) horizontalen) Leitungen ab. Für eine Adreßwortbreite von n bit, mit $n = n_x + n_y$, benötigt man also nur insgesamt $l = 2^{n_x} + 2^{n_y}$ Adreßleitungen bei der zweidimensionalen Adressierung anstelle von 2^n Leitungen bei einer eindimensionalen Adressierung. Das ursprüngliche Adreßwort $\underline{a}$ wird dann in zwei kleinere Adreßwörter $\underline{a}_x$ und $\underline{a}_y$ aufgespalten. Über &-Verknüpfungen zwischen den x- und y-Adreßleitungen wird dann die entsprechende m_0-Bit-Speicherzelle aktiviert. Über den im Bild eingezeichneten Lesespaltenverstärker sorgt eine (verdrahtete) OR-Verknüpfung dafür, daß nur die Daten an der aktivierten x-Adresse ausgegeben werden. Würde man Daten einschreiben wollen, so benötigte man bei dem gleichen Adressierungsprinzip anstelle des Leseverstärkers einen Schreibverstärker. Darauf wird später noch näher eingegangen.

4.2 Festwertspeicher

Die Festwertspeicher kann man unterteilen in irreversible und reversible Speicher. In die ersteren kann die unveränderliche Information bereits beim Herstellen der Bausteine durch Masken eingebracht werden oder nach Fertigstelllung der Bausteine durch einmalige, nicht mehr rückgängig zu machende programmierbare Einbrennvorgänge. Bei den reversiblen Speichern kann die eingebrachte Information wieder gelöscht werden - entweder adreßgezielt oder insgesamt, so daß der gleiche Speicherbaustein erneut zum Einlesen anderer Informationen benutzt werden kann. Solange das Einlesen viel länger dauert als das Auslesen bzw. spezielle Zusatzeinrichtungen benötigt, spricht man auch bei den reversiblen Speichern von Festwertspeichern.

4.2.1 Maskenprogrammierte Festwertspeicher

Der Aufbau von Festwertspeichern ist einfach. Deshalb lassen sich auch hohe Integrationsdichten erzielen. In Festwertspeichern kann während des Betriebes der Informationsgehalt nicht geändert werden, bei maskenprogrammierten überhaupt nicht. Da die ein einziges Mal einzutragende Information bereits unveränderbar bei der Chipherstellung bekannt sein muß, d.h. beim Aufbringen der Verdrahtungsmasken. Dies erschwert den Programmiervorgang und reduziert den Bedarf, der dann nur dort vorhanden, wo immer wieder (zigtausendfach) derselbe Speicherinhalt benötigt wird, wie bei einem "Bootprogramm" oder bei einer einmal festgeschriebenen Steuerungssoftware für bestimmte tausendfach reproduzierte Prozessrechnerabläufe. Eine solche per Hardware in der Speichermaske abgelegte Software wird auch als *Firmware bezeichnet.*

Die grundsätzliche Organisation und Adressierung wurde bereits in Bild 4.2 dargestellt und erläutert. Das Auslesen von Informationnen, das sind binäre Datenwörter, die zu jeweiligen Adreßwörtern gehören, findet bei eindimensionaler Adressierung im einzelnen wie folgt statt:

1.) Anlegen eines codierten Adreßwortes z.B. $\underline{a}=(0,0,1,1)$.

2.) Decodieren des Adreßwortes gemäß der Dualcodezuordnung.

$$k = \sum_{i=0}^{n-1} a_i \cdot 2^i \quad , \text{ z.B. } k\{\underline{a}=(0,0,1,1)\}=3.$$

Die Adreßleitung l_k wird auf "1" gelegt, bzw. an eine bestimmte Spannung, alle anderen Leitungen sind "0", bzw. haben keine Spannung.

3.) An den jeweiligen Kreuzungspunkten der Leitungsmatrix, die mit Speicherelementen belegt sind, wird eine "1", bzw. ein Spannungsanteil, auf der jeweiligen Kreuzungsleitung in den Lese-verstärker gegeben, der dann an diesen Stellen eine "1" im Datenwort setzt, an den anderen eine "0".

Auf diese Weise können also zu 2^n Adreßwörtern $\underline{a}=(a_{n-1},...,a_1,a_0)$ auch 2^n verschiedene Datenwörter $\underline{d}=(d_{m-1},...,d_0)$ ausgelesen werden, die maskenprogrammiert einmal fest durch die Belegung der Kreuzungspunkte vorgegeben sind. Die Speicherkapazität einer solchen Matrix beträgt also $2^n \cdot m$ bit.

Die Speicherelemente an den Kreuzungspunkten können sein:

- Widerstände
- Dioden
- Feldeffekt-Transistoren (MOS)
- Bipolare Transistoren (ECL, TTL)

Bild 4.3 zeigt die erforderliche Schaltung einer Speichermatrix aus Widerständen. Diese Widerstandsschaltung hat eigentlich nur noch historische Bedeutung.

Denn die Wiederstandsmatrix weist einen entscheidenden Nachteil auf, der sie für größere Speicherkapazitäten ungeeignet macht: Im Leseverstärker müssen bei jedem Lesevorgang echte Schwellenwert-Entscheidungen getroffen werden, deren Wert sich nach den Widerstandsverhältnissen (R, R_W, R_D) richtet. Denn bei einer solchen linearen Matrix können am Leseverstärker auch auf denjenigen Leitungen kleinere Spannungen auftreten, deren adressierte Kreuzungspunkte nicht durch Widerstände belegt sind. Wenn beispielsweise in Bild 4.3 die Leitung l_3 Spannung führt, wird über die Widerstandsbeschaltung der Leitung l_1 an den Kreuzungen mit d_1 und d_2 auch ein geringerer Spannungsanteil auf der Leitung l_2 am Leseverstärker auftreten. Im ungünstigsten Falle können auch alle anderen Kreuzungspunkte mit nicht-aktivierten Leitungen durch Widerstände belegt sein, so daß das Widerstandsverhältnis R/R_W entsprechend hoch ausfallen müßte, um Fehlentscheidungen sicher zu vermeiden.

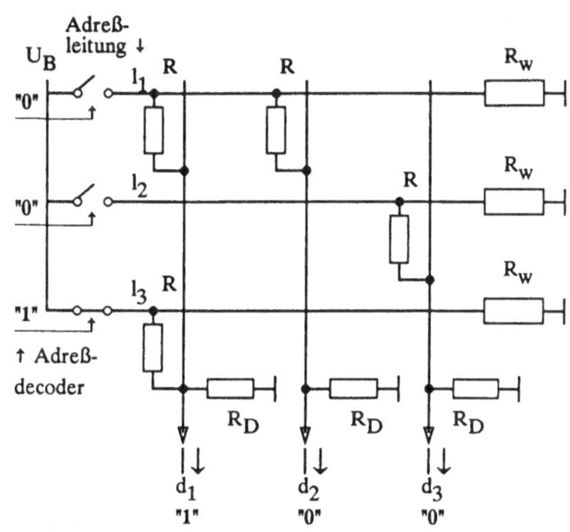

Bild 4.3 Widerstands-Speichermatrix

Den an den Widerständen in den Knotenpunkten entstehenden Spannungsabfall kann man weitgehend vermeiden, wenn man an dieser Stelle Dioden einsetzt. Darüber hinaus vermeiden die Dioden eine Rückwirkung über andere belegte Knotenpunkte. Die Belastungswiderstände RW und R_D sind dann auch nicht erforderlich. Durch einen niedrigen Durchlaßwiderstand der Dioden und einen hohen Sperrwiderstand kann auch weitgehend ein Leistungsverbrauch vermieden werden, so daß auch kein empfindlicher Leseverstärker erforderlich ist.

Ein kostengünstiger Herstellungsprozeß verlangt regelmäßige Strukturen. Deshalb werden im Halbleitersubstrat an jedem Kreuzungspunkt noch Dioden vorgesehen. Erst bei den später aufzubringenden oberen Verdrahtungsebenen werden dann durch Auslassen von Durchkontaktierungen die vorgegebenen Bitmuster gesetzt.

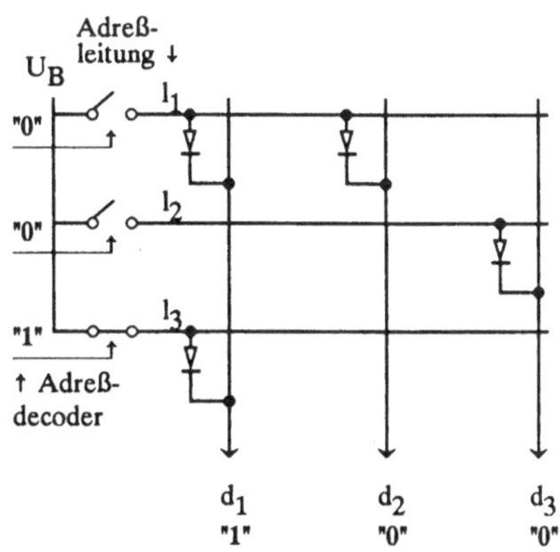

Bild 4.4 Dioden-Speichermatrix

Die unteren Masken können dann für die unterschiedlichsten Speicherinhalte gleich bleiben.

Eine nahezu leistungslose Adressierung erreicht man, wenn man anstelle von Dioden an den Knotenpunkten der Speichermatrix selbstsperrende Feldeffekt-Transistoren verwendet. Da die planare Realisierung einer Diode in MOS-Technologie keinen wesentlich geringeren Aufwand erfordert als ein MOSFET, werden die heutigen maskenprogrammierten Standard-ROMs mit Transistoren als Speicherelemente bevorzugt. Dies verringert auch die Zugriffszeit. In der Si-Ebene verwendet man dann wieder die gleichen Masken mit regelmäßiger Struktur und unterscheidet nur die oberen Metallisierungsmasken nach dem jeweiligen Speicherinhalt: Dort wo eine "1" abgelegt ist, wird das Gate mit der Adreßleitung kontaktiert, die anderen Feldeffekt-Transistor-Gates bleiben frei, so daß diese Transistoren hochohmig bleiben.

Bild 4.5 zeigt einen Ausschnitt aus der programmierten Transistor-Speichermatrix bei eindimensionaler Adressierung. Die Transistoren sind in der Regel selbstsperrende (enhancement-) NMOS-FETs. Jeder Transistor ist an die Versorgungsspannung U_{DD} angeschlossen. Die hierfür erforderlichen Leitungen sind im Bild 4.5 der Übersichtlichkeit halber weggelassen.

Für eine zweidimensionale Adressierung ist das gleiche Prinzip verwendbar, mit dem Unterschied, daß jedes Speicherelement aus zwei in Reihe geschalteten MOSFETS bestehet, von denen das Gate des einen an die x-Adreßleitungen angeschlossen ist und das Gate des anderen Transistors an die y-Adreßleitung, falls an dieser Stelle eine "1" abgelegt ist, sonst bleibt dieses Gate wieder frei. Falls mehrere Bits unter einer Adresse abgelegt sind, müssen an jeder Adreßleitungskreuzung mehrere Transistorpaare angeordnet werden und mehrere Wortleitungen nach "unten" geführt werden, wie es bereits in Bild 4.2 b) angedeutet wurde.

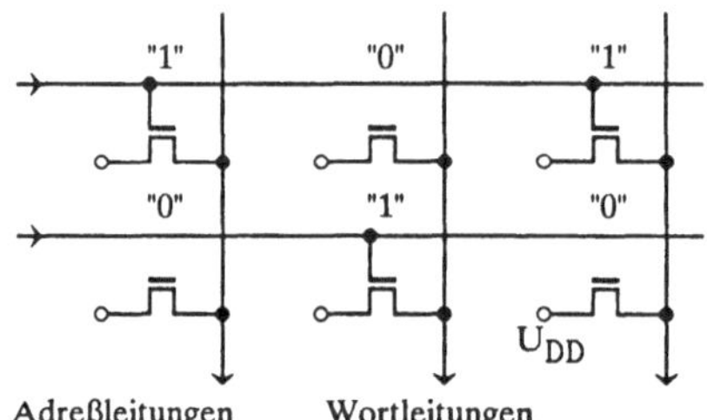

Bild 4.5 ROM-Speicher-Matrix aus selbstsperrenden NMOSFETs bei eindimensionaler Adressierung.

4.2.2 Programmierbare Festwertspeicher

Man bezeichnet diese Bausteine als PROM-Speicher (Programmable Read Only Memory) und setzt stillschweigend voraus, daß diese nicht löschbar sind, wahlfreien Zugriff haben und die gespeicherte Information nicht verlieren können. Das Programmieren soll beim Anwender unter Einsatz eines speziellen Programmiergerätes erfolgen können. Derartige irreversibel programmierbare Speicherbausteine können als Speicherelemente in der Matrix anstelle der in Bild 4.4 eingezeichneten Dioden an jedem Kreuzungspunkt eine Diode mit einem in Reihe geschalteten "Sicherungswiderstand" haben, beispielsweise aus NiCr. Während bei den bisherigen Belegungen der Koppelpunkte mit Dioden es notwendig war, den Speicherinhalt in den Herstellungsprozeß einfließen zu lassen, kann dieser Nachteil mittels durchschmelzbarer NiCr-Widerständen vermieden werden: Im Herstellungsprozeß können zunächst alle Koppelpunkte belegt werden. Später wird dann sukzessive durch Anlegen einer höherer Spannung zwischen jeweils einer Adreßleitung und der entsprechenden (senkrechten) Datenleitung der Matrix an den Kreuzungspunkten der NiCr-Sicherungswiderstand durchgeschmolzen, wo keine Belegung auftreten soll. Damit hat man also ein programmierbares ROM, das allerdings irreversibel ist, da der Vorgang des Durchschmelzens nicht rückgängig gemacht werden kann. Die Höhe der Spannung und die (im ms-Bereich liegende) Zeitdauer sowie die Durchschmelzabstände müssen entsprechend den Herstellerangaben genau eingehalten werden. In den meisten PROM-Programmiergeräten sind diese Werte einstellbar.

4.2.3 Reversible Festwertspeicher

Für die meisten Anwendungen bei der Entwicklung von digitalen Systemen werden Ablaufsteuerungen in Form von Mikroprogrammen eingesetzt, die in Festwertspeichern abgelegt sind. Umprogrammierungen und Programm-Korrekturen werden wesentlich erleichert, wenn Speicherinhalte löschbar und neu programmierbar sind. Man unterscheidet zwischen elektrisch löschbaren und durch Bestrahlung löschbare Speicher. Bei ersteren können gezielt bestimmte Adressen mit neuen Informationen belegt werden, bei letzteren wird der gesamte Speicherinhalt durch Röntgenstrahlen oder, wenn ein Quarzglasfenster vorhanden ist, durch UV-Strahlung gelöscht, wonach dann der gesamte Speicher neu beschrieben werden kann. Die durch Bestrahlung löschbaren Speicher heißen EPROMs (Erasable Programmable Read Only Memory), die elektrisch löschbaren und auch elektrisch wieder beschreibbaren Speicher sind die EEPROMs (Electrically EPROM).

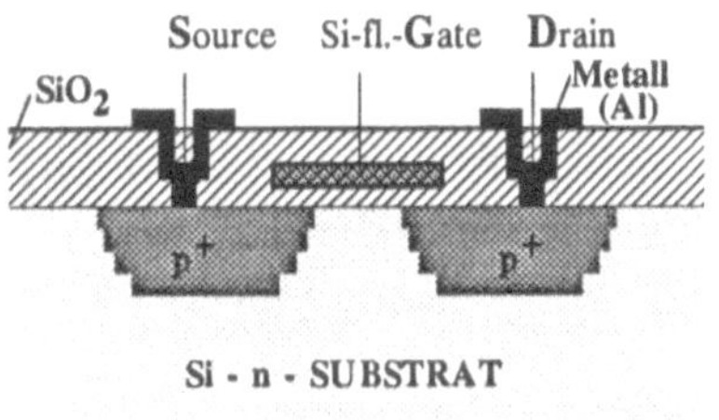

a) Floating-Gate MOSFET

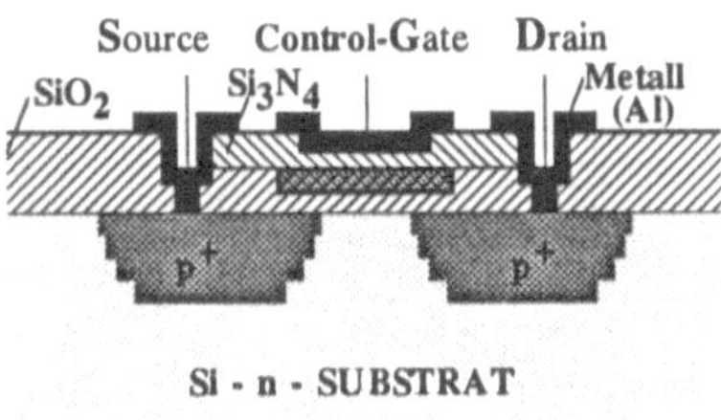

b) Progr. Floating-Gate MOSFET

Bild 4.6 FAMOS-FETs mit schwimmmendem Gate für (E)EPROM:
a) Floating-Gate-FET für UV-Löschung;
b) Floating-Gate FET für EEPROM.

Beide Typen benutzen als Speicherelemente *Floating-Gate-Feldeffekt-Transistoren*, die in einem FAMOS-Prozeß (Floating-Gate Avalanche-Injection MOS) hergestellt werden. Das Prinzip des Floating-Gate FET's wird anhand von Bild 4.6 näher erläutert. Es zeigt zunächst unter a) den prinzipiellen physikalischen Aufbau eines Floating-Gate FET's und unter b) einen solchen FET mit zusätzlicher Gate-Löschelektrode.

Das Gate dieses Transistors ist im SiO_2-Isolierbett schwimmend untergebracht, ohne leitenden Kontakt nach außen. Dabei liegt die Dicke der SiO_2-Isolierschicht zwischen Gate und Kanal bei 0,1 μm = 1000 Å, während die SiO_2-Schicht insgesamt eine Dicke von ca. 1 μm aufweisen kann. Durch Anlegen einer höheren Spannung von -30 V bis -40 V an die DRAIN-Elektrode gegenüber dem n-Substrat wird die elektrische Feldstärke in der Sperrschicht so groß, daß ein lawinenenartiger Durchbruch einsetzt, der Elektronen hoher Energie (Geschwindigkeit) erzeugt. Diese Energie reicht aus, die 0,1 μm dicke SiO_2-Isolierschicht zum schwimmenden Gate zu durchdringen (durchtunneln genannt), um dann auf dem isolierten Gate zu bleiben. Die hierbei auftretende Stromdichte liegt in der Größenordnung von 10^{-15} $A/\mu m^2$, was schließlich zu einer Ladung von einigen 10^4 $El/\mu m^2$ führt. Der Bandabstand, der auf dem Polysilizium-Gate befindlichen Elektronen liegt bei ca. 3 eV, um die dünne Oxidschicht zu durchqueren, so daß die negative Ladung bei normaler Temperatur und normalen Strahlungsbedingungen bis über 10 Jahre auf dem Gate bleibt. Die durch die Gateladung verursachte Feldstärke reicht dann aus, um den p-Kanal durchzuschalten. Durch Anlegen einer Drain-Source-Spannung im Bereich von einigen Volts kann dann der Zustand "durchgeschaltet" oder "gesperrt" abgefragt werden.

Sollen die Elektronen-Ladungen vom schwimmenden Gate wieder entfernt werden, d.h. die Informationen gelöscht werden, dann reicht eine energiereiche UV-Strahlung aus, um durch Ionisierung die Entladung herbeizuführen.

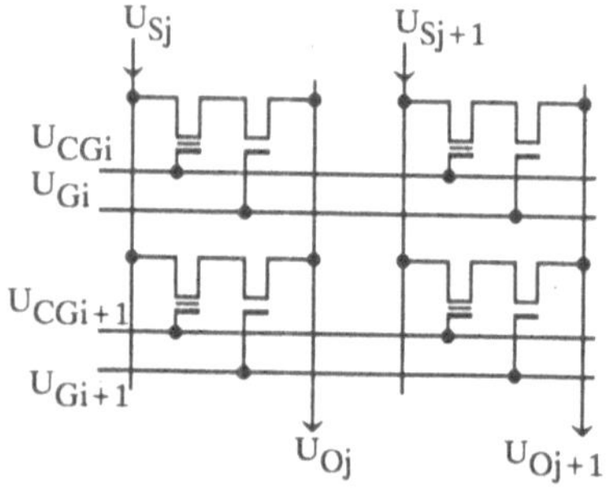

a) Speichermatrix-Ausschnitt

Adr.(i,j) (k,n) ≠ (i,j)	Schreiben (Write)	Lesen (Read)	Löschen (Erase)
U_{CGi}	-30 V	-5 V	0 V
U_{Gi}	0 V	-5 V	0 V
U_{Sj}	0 V	-5 V	-20 V
U_{CGk}	-10 V	0 V	-15 V
U_{Gk}	0 V	0 V	0 V
U_{Sn}	-16 V	0 V	-8 V

b) anzulegende Spannung

Bild 4.7 2-dimensionale Speicherorganisation eines EEPROM's. U_{CGi}: Potential an Control Gate; U_{Gi}: Potential an Gate in i-ter Reihe; U_{Sj}: Potential an Source der Floating Gate FET's.
a) Speichermatrix mit Speicherzelle (i,j) aus Reihenschaltung eines Floating Gate FET mit Steuergatter und selbstsperrenden p-Kanal FET.
b) Programmier-, Lösch- und Lesespannungen.

Um auch das Entladen des Floating-Gates adreßgesteuert durchführen zu können, wurde die in Bild 4.6 b) dargestellte Anordnung eines Floating-Gate Transistors mit Steuergatter entwickelt. Zusätzlich wird über einem schwimmenden Gatter (Floating-Gate) ein Aluminium Gatter angeordnet, das durch eine Silizium-Nitrid-Isolierschicht elektrisch getrennt ist. Für das schwimmende Gatter selbst wird Mo (Molybdän) verwendet. Dadurch könnnen Elektronen-Ladungen auf dem schwimmenden Gatter durch Anlegen einer negativen Spannung (von ca. -20V) an das zusätzliche Steuergatter (Control Gate) gegenüber Source und Drain vom schwimmenden Gatter gedrängt werden.

Wie Bild 4.7 zeigt, kann eine EEPROM Speichermatrix auch eine zweidimensionale Adressierung aufweisen, bei der die drei Betriebsarten "Schreiben", "Lesen" und "Löschen" zu unterscheiden sind. Da für das Schreiben und für das Löschen bestimmte Schwellenspannungen erforderlich sind, kann durch Anlegen unterschiedlicher Source- und Control-Gate-Potentiale in den Speichermatrixspalten eine bestimmte Spalte angesteuert werden, in welcher ein Schreib-, Lösch- oder Lesevorgang stattfinden soll. Die Tabelle in Bild 4.7 b) veranschaulicht dies an einem Beispiel. Die dabei angegeben Spannungen sind physikalisch natürlich abhängig von Dotierungen und Isolierschichtdicken sowie Isoliermateralien um das Floating-Gate. Bei den kommerziellen Bauteilen sind jeweils die Herstellerangaben sowie deren Toleranzen genau zu beachten. Das Programmieren solcher Bausteine muß deshalb in der Regel mit speziellen Programmiergeräten vorgenommen werden, bei denen die Katalogwerte der Hersteller genau einstellbar sind. Zu diesen einstellbaren Größen zählt auch die Zeitdauer der Schreib- und Löschimpulse.

Das Lesen der Informationen aus der in Bild 4.7 angegebenen EEPROM- (oder E^2PROM-) Speichermatrix erfolgt über das zeilenweise Anlegen einer Spannung (von ca. -5V) an eine y-Adreßleitung und das Abfragen einer ggf.durchgeschalteten Spannung U_{Dj} in einer Spaltenleitung. Die Floating-Gate-Transistoren sind in dieser Schaltung als Pass-Transistoren eingesetzt, die sich über die verdrahtete Oder-Verknüpfung am Ausgang noch gegenseitig beeinflussen können.

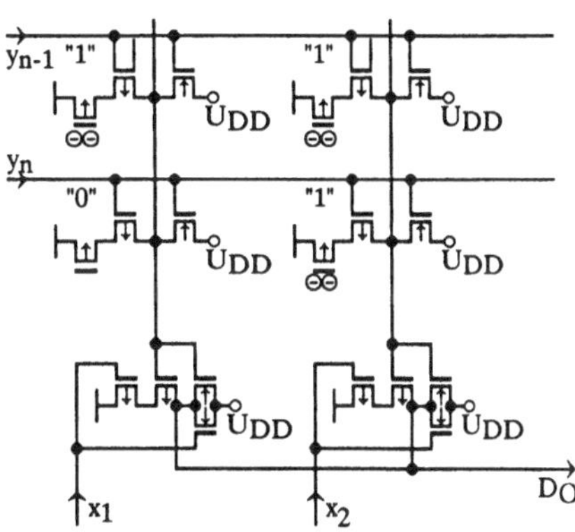

Bild 4.8 EPROM-Speichermatrix mit Floating-Gate Transistoren und 2-dim. CMOS-Adreß-Steuerung. $X_1 ... X_n$: X-Adreßleitungen; $Y_1 ... Y_m$: Y-Adreßleitungen.

Bei der in Bild 4.8 angegebenen EPROM-Speichermatrix sind die einzelnen Zeilen voneinander entkoppelt, so daß eine höhere Zeilenzahl realisiert werden kann. Ein sehr geringer statischer Leistungsverbrauch wird durch CMOS-Transistoren ermöglicht. Die Spaltenauswahl wird über ein CMOS-&-Gatter ausgeführt. Die Angabe "1" kennzeichnet den durchgeschalteten Zustand der Floating-Gate-Transistoren, auf deren schwimmenden Gates dann die durch ⊖⊖ markierten negativen Ladungen sitzen. Über die Ausgangsleitung D_O wird dann die angewählte 1-Bit-Information, ggf. über ein hier nicht dargestelltes Ausgangstreiber-Latch, nach Außen gereicht.

4.3 RAM-Seicher

Unter RAM-Speicher (Random Access Memory) verteht man Schreib/Lese-Speicher mit wahlfreiem Zugriff, bei denen die Information in setzbaren Flipflops gespeichert ist. Im Gegensatz zu flüchtigen Speichern, die deshalb als dynamisch bezeichnet werden, nennt man sie gern statische Speicher, mit der Abkürzung SRAM. Weder die eine noch die andere Abkürzung ist besonders treffend. Wie wir wissen, erlauben auch ROM-Speicher einen wahlfreien Zugriff. Es handelt sich bei SRAMs sogar um besonders schnelle *Schreib- und Lesespeicher*, bei denen unter Angabe einer Adresse Wörter eingelesen und in der gleichen Weise durch Setzen eines Schreib/Lesebits (wr∈{0, 1}, write) wieder ausgelesen werden können, ohne daß die gespeicherte Information verändert wird. Die Bezeichnung "statisch" soll vielmehr darauf hindeuten, daß beim Einlesen Flipflops in je einen statischen Zustand (von zwei möglichen) versetzt werden, in dem sie dann verharren, bis ein möglicherweise anderer Zustand erneut über Schreib- und Adreßanwahl gesetzt wird. Das heißt, eine in einem SRAM einmal eingetragene Information bleibt solange bestehen (statisch), bis der Speicher neu beschrieben wird, oder bis die Versorgungsspannung entzogen wird. Die Speicherzellen selbst bestehen aus Flipflops mit Anwahlschaltungen.

Die zweite wichtige Klasse der RAM-Speicher ist die der dynamischen Speicher, deren Speicherelemente (Mikro-) Kondensatoren sind, die auf kleinstem Raum im Halbleitermaterial ausgeführt sind, elektrisch geladen werden können und deren Ladungszustand schnell abgefragt werden kann. Allerdings können für diese schnellen Schreib- und Lesezugriffsmöglichkeiten die Isolierungen der Kondensatoren im Halbleitermaterial nicht so ideal ausgeführt werden, daß die Ladungen über Jahre erhalten bleiben. Bei einer vertretbaren Fehlerrate liegen die Speicherzeiten im ms-Bereich, so daß Ladungszustände regelmäßig abgefragt und regeneriert werden müssen. Dies stellt aber auch kein erhebliches Problem dar; das Abfragen und Regenerieren (Refresh) kann intern nahezu unbemerkt vorgenommen werden. Es führt allerdings zu einer Erhöhung der Zugriffszeit gegenüber SRAM-Speicher und zu einer etwas höheren Fehlerrate. Dafür aber erreicht man bei einer äußerst regelmäßigen Halbleiterstruktur eine sehr hohe Speicherkapazität von einigen Mbit pro Chip. In naher Zukunft werden durch mehrschichtige Materialausnutzungen durchaus extrem hohe Speicherkapazitäten von 16 bis 32 Mbit verfügbar sein. Im Unterschied zu den statischen Speichern werden die dynamischen als DRAMs bezeichnet. Typische Daten kommerzieller Ausführungen sind am Schluß des Kapitels zusammengestelt.

4.3.1 Statische Schreib-/Lesespeicher mit wahlfreiem Zugriff

Wie bereits oben angemerkt, werden diese auf der Basis von schnell setzbaren und abfragbaren Flipflops organisierten Speicher als SRAMs bezeichnet. Da diesen Speichertyp eine hohe Schreib- und Lesegeschwindigkeit auszeichnet, ist er vor allem für Haupt- und Cash-Speicher bei Rechnern interessant. Von der Technologie her werden CMOS-SRAMs immer mehr gegenüber NMOS-Bausteinen bevorzugt, da sie über eine kleine Notstromversorgung durch eine Minibatterie auch in der Lage sind, Daten zu halten - auch über Tage, Monate und Jahre, da bei stillstehender Taktfrequenz der Leistungsverlust verschwindend klein gehalten werden kann. Daneben werden SRAM-Bausteine kleinerer Komplexität auch in ECL und GaAs für Hochgeschwindigkeitsanwendungen hergestellt mit Zugriffszeiten auch im Subnanosekundenbereich, während typische Zugriffszeiten bei CMOS und NMOS-Bausteinen zwischen 5ns und 100ns liegen.

Für jedes Bit, das in einem SRAM abgelegt wird, benötigt man also ein Flipflop und eine Schreib/Lese-Auswahlsteuerung. Allein für ein Flipflop sind mindestens 6 Transistoren erforderlich: 2 Inverter + 2 Transmission Gates in CMOS, 4 Steuertransistoren + 2 Lasttransistoren in NMOS, (vgl. Kap.3). Wie anschließend dargestellt, kann man inklusive Zugriffssteuerung von ca. 10 Transistoren je Bit ausgehen. Benötigt man je Transistor ca. $4 \cdot 4\ \mu m^2$ (was beim derzeitigen Stand der Technik möglich ist, so erzielt man auf einer wirtschaftlich sinnvollen Chipfläche von $100\ mm^2$ eine Speicherkapazität von etwa $100 mm^2/(4 \cdot 4 \mu m^2/Tr \cdot 10^{-6} mm^2/\mu m^2 \cdot 10 Tr/bit)$ $= 625.000 bit$. Daraus erkennt man, daß bei der noch weiter möglichen Miniaturisierung auch 1 bis 8 Mbit SRAMs in naher Zukunft erhältlich sein werden.

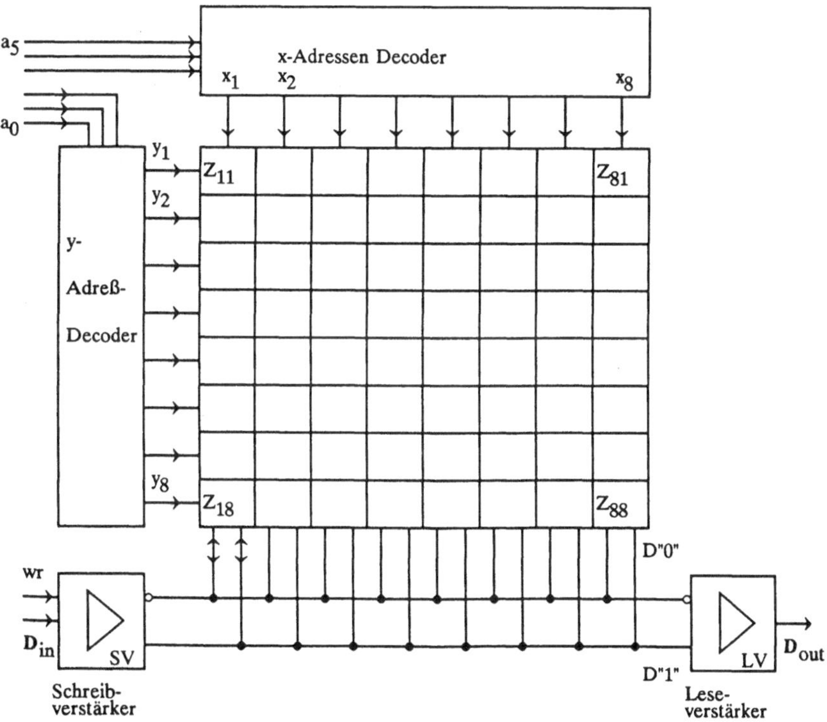

Bild 4.9 Speicherorganisation für Schreib-Lese-Speicher (mit 2-dim. Adressierung, bestehend aus 64 Speicherzellen. wr: Schreiben (write enable).

Unter Abschnitt 4.1.2 wurde bereits auf die Speicherorganisation eingegangen. Für die meisten Anwendungen werden Wörter zwischen 1 und 8 bit einzeln adressierbar benötigt. Das bedeutet, daß aus Platzgründen eine eindimensionale Adressierung praktisch ausscheidet. Mittels eines Adreßwortes muß jede Speicherzelle ausgewählt werden können, in der k bit abgelegt sind. Bei einer zweidimensionalen Adressierung benötigt man also für 2^n Speicherzellen mindestens $2 \cdot 2^{n/2}$ Adreßleitungen für die x- und y-Ansteuerungen der Speicherzellen. Eine gebräuchliche Schreib/Lese-Anwahl der Speicherzellen Z_{ik} ist in Bild 4.9 anhand einer 8x8=64 Zellen-Matrix dargestellt. Man benötigt hierfür also eine 6-bit-Adresse, von denen je 3 bit in den X-Adreßdecoder bzw. Y-Adreßdecoder gehen.

Das Adreßwort wird derart decodiert, daß entsprechend der Dualcodezuordnung an die beiden sich kreuzenden Leitungen x_i, $y_j \in \{1,2,...,2^{n/2}\}$ eine Auswahlspannung angelegt wird und an die übrigen Leitungen nicht. Damit wird die Zelle Z_{x_i,y_j} ausgewählt, die dann gelesen oder beschrieben werden kann. Im Schreibmode (wr = 1) wird der Schreibverstärker SV eingeschaltet, so daß der sonst hochohmige Ausgang von SV niederohmig wird und an die Leitung D"1" eine Spannung und an D"0" keine gelegt wird, wenn das einzutragende Bit $D_{in} = 1$ eins ist; andernfalls wird die umgekehrte Potentialverteilung angelegt. In der angewählten Speicherzelle wird dann das Flipflop entsprechend gesetzt. Die in Bild 4.10 gezeigte Transistorschaltung der einzelnen Zelle läßt dies erkennen: Durch Spannungen auf den Leitungen x_k und y_i werden die in Reihe geschalteten Transistoren T_5, T_7 und T_6, T_8 durchgeschaltet, so daß in dem aus den Transistoren T_1 bis T_4 bestehenden Flipflop die auf den Datenleitungen D"1" und D"0" bestehende komplementäre Spannungskombination gesetzt wird. Im Lese-Mode hingegen sind die beiden Datenleitungen hochohmig, so daß dadurch der Zustand dieses angewählten Flipflops auf diesen Leitungen erscheint und hinter dem Leseverstärker LV ausgegeben werden kann.

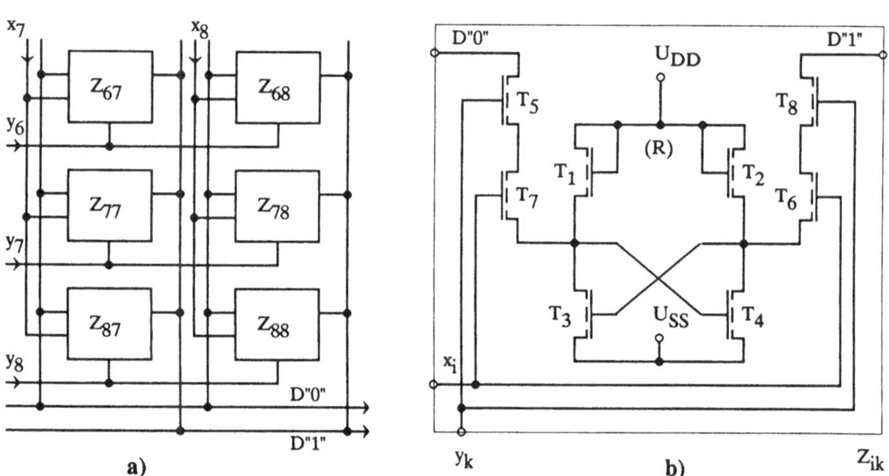

Bild 4.10 Statische RAM-Speicher-Matrix.
a) Matrixausschnitt mit verdrahteten Zellen Z_{ik};
b) Transistorschaltbild einer statischen MOS-Speicherzelle.

Hat beispielsweise das Adreßwort $\underline{a}$ den Wert $\underline{a}(a_1,...,a_6) = (110111)$, so entspricht der ersten y-Teiladresse $\underline{a}_y = (a_1,a_2,a_3) = (110)$ die Adreßleitung x_7. Damit ist die Zelle Z_{78} angesteuert. Ist weiterhin wr = 1 und $D_{in} = 0$, so wird D"0" = 1, D"1" = 0 und die Zelle Z_{78} kippt in den Zustand "0". Beim Schreiben einer Zelle (wr = 1) wird lediglich der Ausgang des Schreibverstärkers niederohmig angeschaltet und setzt die Leitung auf D"0" = DI, D"1" = DI, so daß diese eine komplementäre Potentialkombination annimmt.

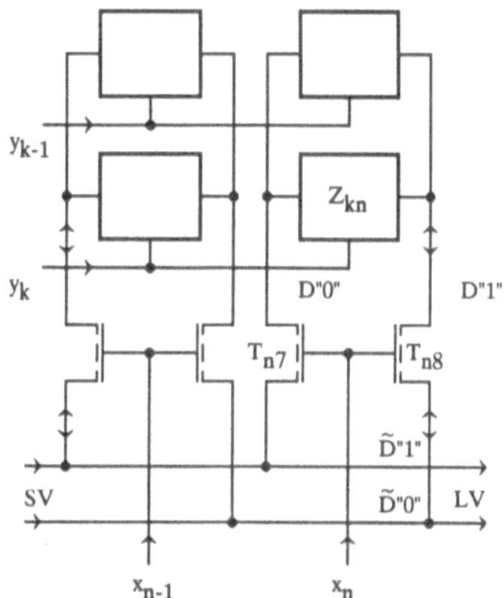

Bild 4.11 Statische Speichermatrix mit Anwahl von Spalten.

Im Gegensatz zur Speicherorganisation nach Bild 4.2 müssen bei der 1-bit-Speicherzelle nach Bild 4.10 die Speicherinhalte aller Zellen sequentiell aus-bzw. eingelesen werden. Sollen mit einer Adresse mehrere Bits entsprechend Bild 4.2 b) ausgelesen werden, so benötigt man eine Zelle nach Bild 4.10 a) mehrfach (k-fach) in Parallelschaltung. Dadurch werden auch je k Datenleitung D"0" und D"1" sowie je k Lese- und Schreibverstärker erforderlich.

Bei Speicherbausteinen mit höherer Anzahl von Zellen spart man die Transistoren T7 und T8 in Bild 4.9, die ja in jeder Zelle vorhanden sind, indem die Auswahl für alle Zellen in einer y-Spalte gemeinsam angesteuert wird über die Transistoren T_{i7} und T_{i8} nach Bild 4.11.

4.3.2 Dynamische Speicher

Dynamische Speicher werden vorzugsweise in MOS Technologie ausgeführt, in der anstelle der Flipflops auch MOS-Kondensatoren als Speicherelement verwendet werden können. Allerdings können die Leckströme nicht auf Null reduziert werden, so daß sich ein aufgeladener Kondensator wieder langsam entlädt. Dies macht ein Erneuern der gespeicherten Information, d.h. ein zyklisches Regenerieren (Refresh) der Daten nach einigen Millisekunden erforderlich. Da die Größe der Speicherkapazität proportional zur Sperr- bzw. Isolierschichtfläche ist, versucht man durch hochpräzise Elektronenstrahlätztechniken die Kapazitätsoberfläche möglichst in Richtung der Materialtiefe auszudehnen, um eine hohe Flächenkonzentration zu erreichen für insgesamt einige Mbit Speichervermögen pro Chip.

Die Speicherzelle selbst, in Bild 4.12 schattiert dargestellt, besteht aus einem MOS-Kondensator C_1, dessen Dielektrikum aus einer Raumladungssperrschicht gebildet werden kann (vgl. Kap. 1), sowie aus MOS-Schalttransistoren T_1, T_2, T_3 zur Lese- und Schreibauswahl. Wie in Bild 4.11 erfolgt die Auswahl der x-Adresse spaltenweise. Ebenso ist für jede Spalte ein Refresh-Verstärker vorhanden. Aus Gründen geringerer Verlustleistung und höherer Unabhängigkeit von der Zeitsteuerung wird ein Vorladekondensator C_2 als Zwischen-Energiespeicher benutzt, dessen Ladung dann jeweils z.T. auf die Kondensatoren C_i für die X-Adresse übertragen wird.

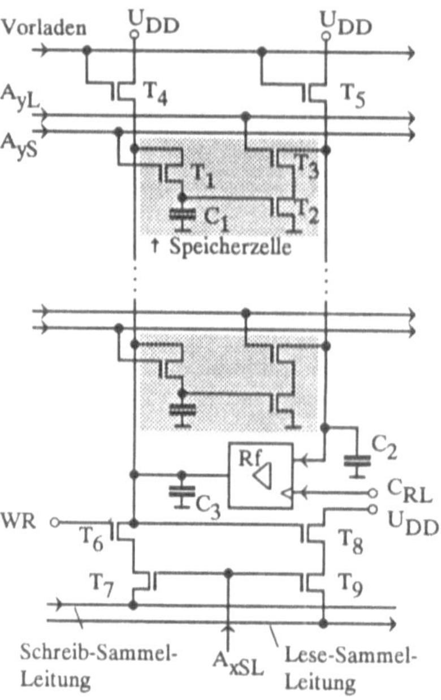

Bild 4.12 Dynamischer MOS-Speicher: Speicherzelle mit Lese- und Schreibanwahl, sowie mit Spalten-Refresh-Schaltung.
T_i: Transistoren (FETs): C_i: Kondensatoren; A_{yL}: y-Leseadresse; A_{yS}: y-Schreibadresse; A_{xSL}: x-Lese-Schreibadr.; WR: Ext.Schreiben; Rf: Refreshverstärker (Regenerier-Verstärker).

Man unterscheidet also beim dynamischen Speicher drei unabhängige Betriebszustände: Externes "Schreiben", externes "Lesen" und internes "Regenerieren". Dabei besteht das Regenerieren aus einem intern organisierten Lese- und Schreib-Zyklus, den man bei modernen DRAMs von außen gar nicht mehr wahrnimmt, sondern lediglich etwas höhere Zugriffszeiten gegenüber SRAMs in Kauf zu nehmen hat.

Das *Regenerieren* der in den Kondensatoren der Speicherzellen eingetragenen Informationen kann zeilenweise erfolgen, da jede Spalte einen eigenen Refreshverstärker aufweist. Zunächst werden durch Anlegen eines Vorladeschaltimpulses sämtliche Kondensatoren C_{i2} und C_{i3} definiert aufgeladen über die Transistoren T_{i4} und T_{i5}. Nach Anlegen einer Zeilenadresse y_k werden über die Transistoren T_{ik2} und T_{ik3} die Ladungsinformationen auf den Kondensatoren C_{ik1} auf die Spaltenkondensatoren C_{i2} übertragen. Dabei wird ein vorgeladener Spaltenkondensator C_2 entladen, wenn der Transistor T_{k2} in der i-ten Spalte aufgrund einer Ladung durchgeschaltet hat, andernfalls bleibt die Ladung auf dem Kondensator. Das Zwischenspeichern der Informationen in dem Kondensator reduziert den Leistungsverbrauch. Danach werden die Refreshverstärker Rf aktiviert und die Ladungsinformationen werden von C_{i2} auf C_{i3} übertragen durch Entladen oder Nicht-Entladen dieser Kondensatoren, deren Kapazität deutlich über der von C_1 liegt, damit in der anschließenden Schreibanwahl über y_{kS} die regenerierten Ladungsmengen auf die Speicherkondensatoren in der k-ten Zeile übertragen werden können.

Beim *Auslesen* einer Information b_{ik} in der i-ten Spalte und k-ten Zeile kann der gleiche Refreshvorgang eingeleitet werden. Nachdem die Information auf C_3 übertragen wurde, braucht nur noch die x-Adresse A_{xSL} für die Spalte i angelegt zu werden, und die gefragte Information kann über die Transistoren T_8 und T_9 auf die Lesesammelleitung übertragen werden. Gleichzeitig kann der Refreshvorgang fortgesetzt werden, wodurch sämtliche Eintragungen in der k-ten Zeile erneuert werden.

Das *Eintragen* oder *Schreiben* einer neuen Information an einen bestimmten Speicherplatz (i,k) kann ebenfalls mit einem Refreshvorgang verbunden werden, wenn vorher die k-te Zeile gelesen wird. Wenn die Informationen, wie auch vorher beim Lesen, in den Kondensatoren Ci_3 liegen, die Schreib-Sammelleitung entsprechend der einzutragenden 1-Bit-Information eine Spannung führt oder nicht und die Adresse A_{xSL} an die i-te Spalte angelegt ist, braucht nur noch der Transistor T_6 kurz durch WR="1" durchgeschaltet zu werden, so daß der Kondensator C_{i3} entsprechend umgeladen werden kann. Wird anschließend wieder die k-te Zeile über A_{ys} aktiviert, so wird im Kondensator C_{ij1} die neue Information eingetragen, und in den übrigen Kondensatoren dieser Zeile werden die vorherigen Eintragungen regeneriert übernommen.

Die eben beschriebene Organisation eines dynamischen Speichers eignet sich dort besonders gut, wo sämtliche gespeicherten Informationen ohnehin regelmäßig gelesen und erneuert werden müssen, wie es beispielsweise bei TV-Bildspeichern der Fall ist. In diesem Fall würde sich dann ein unabhängiger Refreshzyklus erübrigen, da TV-Bilder ohnehin alle 40ms (bzw. 33,3ms) erneuert werden. Neben dieser Speicherschaltung sind auch andere gebräuchlich, auch solche, die mit weniger Transistoren auskommen. Bild 4.13 zeigt einen Aufbau, bei dem jede einzelne dynamische Speicherzelle mit einem Minimalaufwand auskommt: mit einem Kondensator und einem Transistor. Dafür muß der Refreshverstärker (Rf) etwas empfindlicher ausgestattet werden, da die Zwischenspeicherfunktionen der beiden Kondensatoren C_2 und C_3 aus Bild 4.12 durch ein und denselben Kondensator wahrgenommen werden müssen.

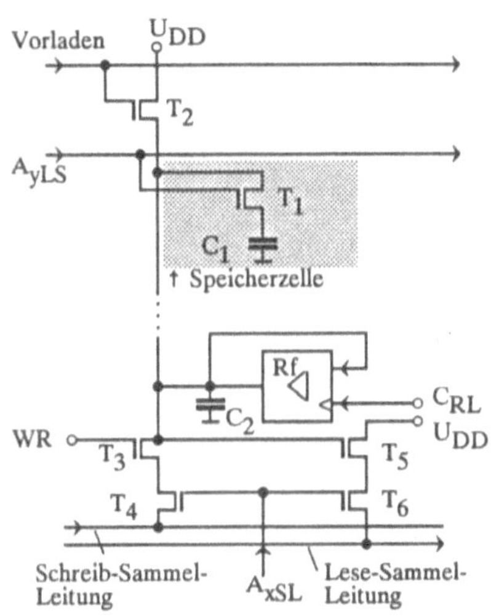

Bild 4.13 Dynamischer MOS-Speicher: Speicherzelle mit Lese- und Schreibanwahl, sowie mit Spalten-Refresh-Schaltung.
T_i: Transistoren (FETs): C_i: Kondensatoren; A_{yLS}: y-Lese/Schreibadr.; A_{xSL}: x-L/S-Adr.; Rf: Refreshverstärker (Regenerier-Verst.); WR: Externes Schreibsignal.

In einer solchen Speicherorganisation wird grundsätzlich beim Lesen die Ladung von C_1 verändert, so daß ein nachfolgendes Wiederladen nicht ausbleiben darf. Beim anschließenden Verstärken der Ladung von C_2 muß eine Verzögerungszeit des Refreshverstärkers ausgenutzt werden, um Instabilitäten zu vermeiden. Der geringere Hardwareaufwand muß jedoch durch wesentlich höhere Toleranzanforderungen an die einzelne Schaltelemente und damit die Herstellungsverfahren erkauft werden. Es ist naheliegend, daß weitere spezielle Organisationsformen für dynamische Speicher denkbar und gebräuchlich sind, die hier aber nicht mehr erläutert werden.

4.4 Der Assoziativspeicher CAM

Während bei den bisherigen Speicherorganisationen Daten immer unter einer bestimmten Adresse abgelegt wurden, unter der sie dann wieder auffindbar waren, können beim Assoziativspeicher freie Wortspeicher ohne Angabe einer Adresse belegt werden. Das Aufrufen der abgelegten Wörter erfolgt dann über deren Inhalt, weshalb sie als *inhaltsadressierbare Speicher* CAM (Content Addressable Memory) bezeichnet werden.

4.4.1 Kettenassoziation

Bei der inhaltsadressierten Speicherorganisation werden Wörter unter einem kennzeichnenden Teilinhalt abgelegt und aufgerufen. Dadurch werden Kettenassoziationen ermöglicht, die der menschlichen Denkweise sehr ähnlich sind, wie es am folgenden Beispiel ersichtlich wird. Z.B. werde in einem assoziativ angelegten Speicher "das Geburtsdatum von Franz" gesucht. Diese Suche könnte mit einem ersten Versuchswort wie Geburtstagsfeier als Start für eine Assoziativkette beginnen, die jedoch nicht zwangsweise zu dem gewünschten Ergebnis führen muß; es kann der Suchvorgang dann abgebrochen werden und ein erneuter Vorgang anders gestartet werden. Die Suche könnte sich wie folgt gestalten:

SUCHWORT		SPEICHERINHALT
1. Assoziativwort:		
"Geburtstagsfeier"	⇒ 1.Treffer:	"Geburtstagsfeier Peter Weihnachten"
	⇒ 2.Treffer:	"Geburtstagsfeier Franz Ostern"
	⇒ 3.Treffer:	"...."
2. Assoziativwort:		
"Franz Ostern"	⇒ Halbtreffer:	"Ostern 1984, Frankfurt, Gregor"
	⇒ 1.Treffer:	"Ostern 1983, München, Franz"
	⇒ 2.Treffer:	"Ostern 1981, Freiburg, Feuerwerk"
3. Assoziativwort:		
"Freiburg Feuerwerk"	⇒ 1.Treffer:	"Ostersonntag Feuerwerk, Freiburg, 18. Geburtstag von Franz"

Der Teil des 1.Treffers des zweiten Assoziativwortes "Ostern 1983" legt zusammen mit der Information aus dem 1. Treffer zum 3. Assoziativwort "Ostern 1984" das genaue Geburtsdatum von Franz fest, das notfalls einem Kalender entnommen werden kann.

Dabei wurde als Treffer ein gespeicherter Inhaltsblock bezeichnet, in dem das Suchwort an einer Stelle auftritt. Der so verfügbar gemachte größere Inhaltszusammenhang kann dann wieder genutzt werden, weitere Suchwörter, die der Sache näher kommen, auszuwählen, um einem neuen Suchvorgang einzuleiten, wenn in keinem der Trefferblöcke die gesuchte Nachricht enthalten ist. Wenn ein zusammengesetztes gefundenes Assoziativwort vielleicht nicht besonders geeignet ist, kann es sinnvoll sein, auch Halbtreffer auf Verwendbarkeit abzuprüfen. Dabei sind mit Halbtreffern Inhaltsblöcke gemeint, in denen nur ein Teil des Suchwortes, wie oben z.B. "Ostern", auftritt.

4.4.2 Assoziativspeicher-Organisation

Die prinzipielle Organisation eines Assoziativspeichers werde anhand Bild 4.14 erläutert. Es enthält neben der Speichermatrix, in der die Inhaltsblöcke in Zeilen abgelegt sind, vier Registerspeicher: das Suchwortregister, das Maskenregister, das Ergebnis- oder Trefferregister und das Datenregister. Darüber hinaus ist i.a. noch ein Adreßdecoder vorhanden, mit dem zusätzlich ein Inhaltsblock direkt adressiert werden kann. In der dargestellten Speichermatrix seien Inhaltsblöcke eingetragen, die zeilenweise parallel mit maskierten Suchwörtern verglichen werden können. In der Speichermatrix sollen nun diejenigen gespeicherten Wörter ermittelt und ausgelesen werden, die eine vorgegebene Teilinformation enthalten. Hierzu wird zunächst ein Suchwort in das Suchregister eingelesen. In dem Maskenregister wird ein Maskierungswort vorgegeben, das diejenigen Bits des Suchwortes als Assoziativteil auswählt, die im Maskenwort eine "1" aufweisen, die anderen werden ausgeblendet. Die Bitkombination des Assoziativteils wird nun parallel mit den gespeicherten Wortinhalten in der Speichermatrix verglichen. Diejenigen Wörter, bei denen Übereinstimmung vorhanden ist, werden im Ergebnisregister mit einer "1" gekennzeichnet. Über eine Wortauswahlsteuerung können dann die vollständigen Speicherinhalte der im Ergebnisregister gekennzeichneten Treffer über die Adressierung in das Datenregister

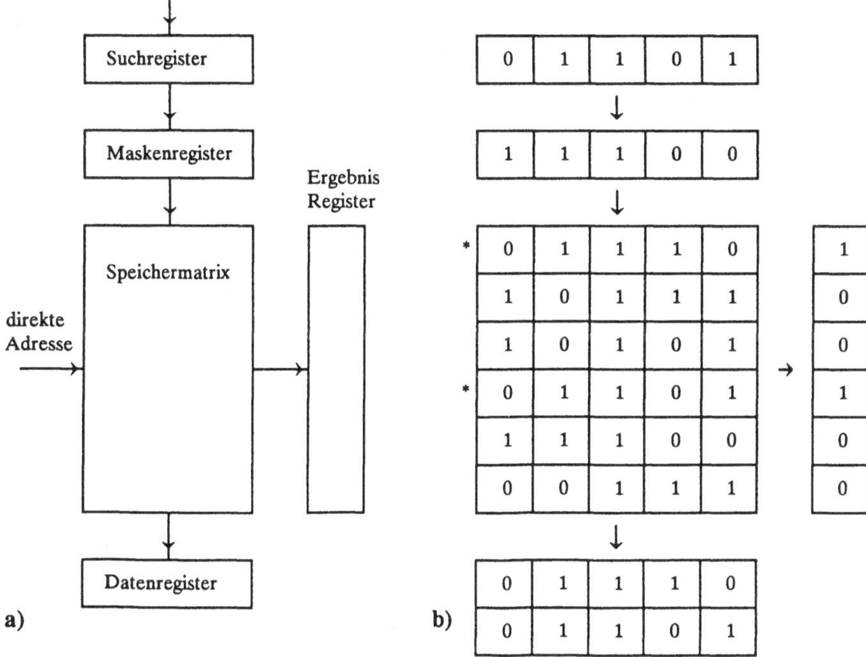

Bild 4.14 Schematische Darstellung zur Arbeitsweise eines Assoziativspeichers (CAM).
a) Blockdiagramm zum Suchablauf; b) Datenbeispiel.

nacheinander eingelesen werden. Für Kettenassoziationen kann nun der Inhalt eines im Datenregister stehenden Treffers wieder als Suchwort mit einem vorgegebenen Maskenwort herangezogen werden.

Beim Einlesen eines Wortes in die Speichermatrix braucht die Adresse nicht registriert zu werden; es genügt, einen freien Speicherplatz zu finden.

4.4.3 Schaltung eines Assoziativspeichers

Der prinzipielle Aufbau eines Assoziativspeichers ist in Bild 4.15 dargestellt. Während Teil a) die Ansteuerungen der assoziativen Speicherzellen Z_{ik} angibt, zeigt Teil b) die Schaltung der Basisspeicherzelle auf Gatterebene.

Der Suchvorgang selbst läuft nun wie folgt ab. Damit auch Inhaltstreffer für Teile eines Suchblocks ermittelt werden können, wird noch ein Maskierungswort angelegt, das diejenigen Bits auszublenden gestattet, die nicht mit zum Suchvergleich herangezogen werden sollen, so daß bestimmte nicht so wesentliche Inhaltsteile ausgeblendet werden können. Hierzu wird zunächst ein Suchwort $\underline{D}$ in das Suchregister eingelesen. In dem Maskenregister wird ein Maskierungswort $\underline{M}$ vorgegeben, das diejenigen Bits des Suchwortes als Assoziativteil auswählt, die im Maskenwort eine "1" aufweisen, die anderen werden ausgeblendet. Wie die Schaltung in Bild 4.15 a) zeigt, wird ein Datenbit D_i="1", das mit den Speicherinhalten verglichen werden soll, dargestellt durch die Kombination D_i"0"="0" und D_i"1"="1"; während das komplementäre Datenbit D_i="0" repräsentiert wird durch die an die Speicherzellen weiterzugebende Kombination D_i"0"="1" und D_i"1"="0". Ein auszublendendes Bit hingegen wird dargestellt durch die Kombination D_i"1"="0" und D_i"0"="0".

Im Suchmodus S=0 (S: Schreiben) wird nun also die Bitkombination des Assoziativteils parallel mit den gespeicherten Wortinhalten in der Speichermatrix verglichen. Diejenigen abgespeicherten Blöcke, bei denen Übereinstimmung im nicht ausgeblendeten Teil vorhanden ist, werden im Ergebnisregister mit einer "1" gekennzeichnet. Dies läuft im einzelnen wie folgt ab: Die gespeicherte Information befindet sich in den Zuständen der beiden NAND-Gatter 4 und 5. Aus schaltungstechnischen Gründen wird die Treffermeldung über eine verdrahtete ODER-Verknüpfung geleitet. Das bedeutet, daß eine Nicht-Übereinstimmung beim Vergleich mit einer "1" bewertet werden muß und das Ausblenden mit einer "0"; deshalb muß entweder TR_{ik} oder TR'_{ik} gleich "1" sein, wenn der Inhalt nicht übereinstimmt. Aus diesem Grunde wird bei der Abspeicherung einer Information das negierte Bit an den Ausgängen der NAND-Gatter 4 und 5 abgelegt, so daß eine "1" auf der "wired OR"-Verbindung zum Ergebnisregister nur dann gesetzt wird, wenn an einer Stelle das abgespeicherte invertierte Bit übereinstimmt mit dem Vergleichsbit D_i"0" oder D_i"1". Um statt des invertierten Treffersignals mit "1" gekennzeichnete Treffermeldungen weitergeben zu können, ist in Bild 4.15 a) der Ausgang der verdrahteten Oder-Vergleichsleitung mit einem Inverter versehen.

Über eine Wortauswahlsteuerung können dann die vollständigen Speicherinhalte der im Ergebnisregister gekennzeichneten Trefferblöcke über die Adressierung in das Datenregister nacheinander ausgelesen werden. Für Kettenassoziationen kann nun der Inhalt eines im Datenregister stehenden Treffers wieder als Suchwort mit einem vorgebbaren Maskenwort herangezogen werden.

Beim Einlesen eines Wortes in die Speichermatrix braucht die Adresse nicht registriert zu werden, es genügt einen freien Speicherplatz zu finden. Beim Schreiben (S=1) wird das zu speichernde Wort in das Suchregister gegeben und nach Anwahl über einer bestimmten Adressleitung A_i in die i-te Reihe ausgelesen. Die Maskenbits liegen hierbei auf "1". Die Adressleitung A_i kann über eine Auswahlsteuerung automatisch gewählt werden, wobei vorher über das Ergebnisregister geprüft wird, welche Wortadressen unbelegt sind.

Damit ist das Grundprinzip eines Assoziativspeichers erläutert. Selbstverständliche kann an die Stelle eines Suchwortes auch eine nur einmal verwendete Adresse eingesetzt werden, unter der bestimmte Informationen abgelegt werden. Dadurch kann ein solcher Speicher auch als normaler Adreßspeicher werden, der dann allerdings einen erheblich höheren Hardwareaufwand aufweist. In Rechnerarchitekturen hat der Assoziativspeicher deshalb heute noch nicht durchsetzten können. Jedoch bieten Expertensysteme, bzw. wissensbasierten Systeme, wo es um das Auffinden verwandter Inhalte geht, ein geeignetes Applikationsfeld.

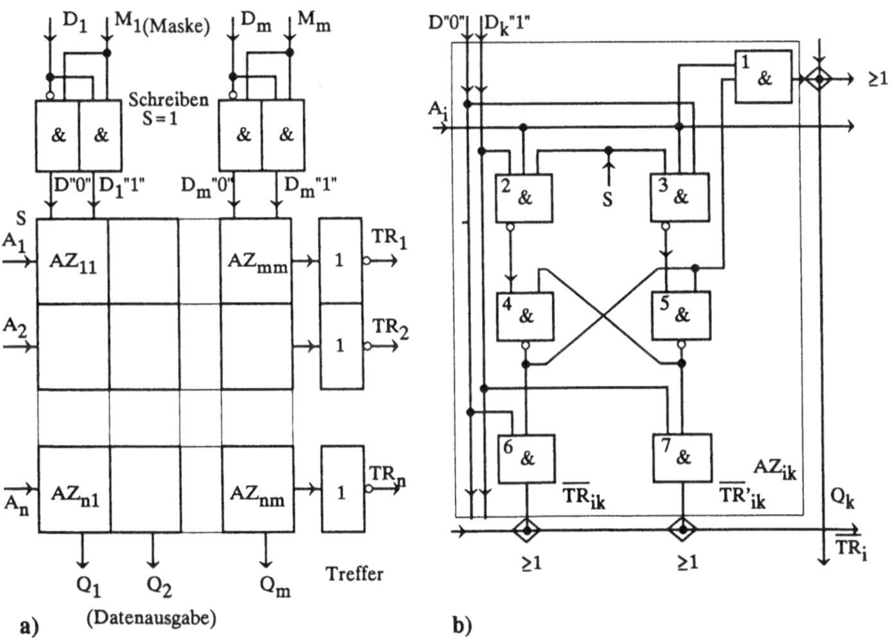

Bild 4.15 Aufbau eines Assoziativspeichers (CAM)
a) Speicherorganisation
b) Aufbau einer Speicherzelle

4.5 Pufferspeicher

Zum Zwischen- und Umspeichern von Daten werden an Schnittstellen verschiedener System-Module Datenpuffer benötigt, die sicherstellen, daß keine Daten verloren gehen. Beispielsweise sind elastische Speicher, wie sie in Kap. 3 beschrieben wurden, notwendig an Schnittstellen zwischen synchronen aber nicht phasenstarren (nicht-monochronen) Systemen. Eine weitere bereits im vorherigen Kap. genannte Klasse von Pufferspeichern sind die (aus z. B. flankengetriggerten D-Flipflops bestehenden) Registerspeicher und Serien/Parallel-Wandler. Darüber hinaus gibt es eine wichtige Klasse digitaler Pufferspeicher, bei denen die Schreib- und Lesevorgänge durch bestimmte Abfertigungsdisziplinen geregelt werden. Die folgenden beiden Pufferspeicher sind typische Vertreter hierfür.

4.5.1 FIFO-Speicher

Die Abkürzung FIFO (First In First Out) ist der Abfertigungsdisziplin bei Warteschlangen entnommen, bei der Anforderungen in der Reihenfolge des Eintreffens abgearbeitet werden. Man unterscheidet zwischen der asynchronen und synchronen Verarbeitung bzw. FIFO-Speicherung von Wörtern, bei der Schreib- und Lesesignale gesetzt werden. Bei asynchronem Zwischenspeichern können beide Signale völlig unabhängig sein und müssen nicht an einen bestimmten Takt gekoppelt sein. Bild 4.16 zeigt die Schaltung eines asynchronen FIFO-Speichers, der Wörter von n Bit in der Reihenfolge ihres Eintreffens abspeichert und auszulesen gestattet. Dabei wird der Zeitpunkt des Eintreffens durch den Flankenanstieg des Schreibeingangssignals C_{in} definiert und der Zeitpunkt des Auslesens durch den des von außen angelegten Signals C_{out}. Um zu signalisieren, daß nicht noch ein anderer Lesevorgang stattfindet, wird das Freigabesignal IR gesetzt (Input Ready). Das gleiche gilt für die Lesebereitschaft OR (Output Ready). Das Zwischenspeichern in dem nach Bild 4.16 aufgebauten FIFO-Speicher läuft dann im einzelnen wie folgt ab: Nachdem ein abzuspeicherndes n-Bit-Datenwort $\underline{D}_{in}$ an den linken flankengetriggerten D-Flipflops $DF_{k,1}$ bis $DF_{k,n}$ anliegt und IR="1" die Empfangsbereitschaft signalisiert hat, wird C_{in} (Clock input) auf "1" gesetzt, und das anliegende Datenwort wird in den ersten Flipflops abgespeichert. Dadurch wird das erste RS-Flipflop auf Q="1" gesetzt, da IR="1" Setzbereitschaft angezeigt hatte, während die D-Flipflops die anliegenden Daten $\underline{D}_{in}$ übernehmen. Falls das zweite RS-Flipflop (von links) vorher wieder zurückgesetzt worden ist, wird auch dieses über die &-Verknüpfung gesetzt. Die Daten aus den ersten Flipflops (von links) werden in die zweiten übernommen, das erste RS-Flipflop wird zurückgesetzt, wodurch das IR-Signal wieder gesetzt wird (IR="1"), und neue Daten können aufgenommen werden. Gleichzeitig werden nacheinander die Daten solange von links nach rechts weiter übertragen, bis sie auf ein noch gesetztes RS-Flipflop stoßen. Dieses wiederum wird nur dann zurückgesetzt, wenn, von rechts beginnend, gespeicherte Wörter ausgelesen werden. Das Auslesen wird initialisiert durch C_{out}="1". Nach den Gatterverzögerungszeiten des RS-Flipflops und des seriell liegenden &-Gatters werden dann die rechten D-Flipflops zur Datenübernahme von links frei gegeben. Während dieser additiven Gatterverzögerungszeiten wurden die Daten aus den letzten D-Flipflops ausgelesen.

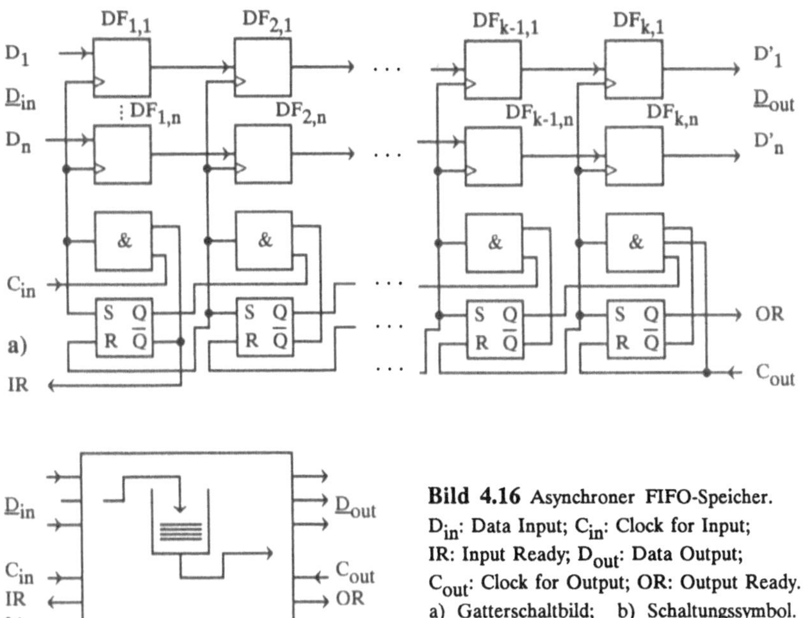

Bild 4.16 Asynchroner FIFO-Speicher.
D_{in}: Data Input; C_{in}: Clock for Input;
IR: Input Ready; D_{out}: Data Output;
C_{out}: Clock for Output; OR: Output Ready.
a) Gatterschaltbild; b) Schaltungssymbol.

Dieser Umspeicherungsvorgang von links nach rechts um jeweils eine Position setzt sich solange fort, bis ein bereits zurückgesetztes RS-Flipflop angetroffen wird. Auf diese Weise fallen also eingelesene Wörter nacheinander von links nach rechts bis zu der belegten Position durch, während gleichzeitig durch Taktübergänge des Abruftaktsignals C_{out} von "0" auf "1" das jeweils am längsten gespeicherte Wort in den rechten Flipflops ausgelesen wird und die anderen gepufferten Wörter um eine Position von links nach rechts umgespeichert werden. Damit sind die Ablauf-Funktionen des asynchronen FIFO-Speichers hinreichend erläutert.

Bei synchron getaktet ankommenden und abgehenden Signalen kann die FIFO-Speicherorganisation vereinfacht werden. Dabei braucht nur die phasenstarre Synchronisation vorausgesetzt zu werden, nicht aber die Forderung, daß in jedem Taktzyklus ein Datenwort angeliefert bzw. abgeholt wird. Es ist dann vorteilhaft, den erlaubten Lesezeitpunkt vom Schreibzeitpunkt fest zu trennen, beispielsweise dadurch, daß nur in jedem ungeraden Taktzyklus geschrieben und nur in jedem geraden Taktzyklus gelesen werden darf, wobei die Zugriffstaktfrequenz auch doppelt so hoch sein kann, wie die Systemtaktfrequenz. Dann würde bezüglich des Systemtaktes beispielsweise mit steigender Taktflanke geschrieben und nur bei fallender Taktflanke gelesen werden.

Bei dem in Bild 4.16 angegebenen asynchronen FIFO-Speicher laufen die gepufferten Datenwörter grundsätzlich nacheinander durch alle n D-Flipflops (mit unterschiedlichen Weitergabegeschwindigkeiten). Bei einer synchronen Datenstruktur kann man hingegen die gepufferte Information an einer festen Adresse stehen lassen und die Lese- und Schreibadresse verändern - dem FIFO-Prinzip gehorchend.

In diesem Falle benötigt man einen n-Bit-adressierbaren statischen Speicher und zwei Modulo-n-Zähler: einen zum Anwählen der Leseadresse und den anderen zum Anwählen der Schreibadresse. Bei jedem Schreibvorgang wird dann der Schreibadreßzähler um 1 nach oben gezählt und bei jedem Lesevorgang der Leseadreßzähler. Fallen beide Zählerstände zusammen, muß je nach Vorgeschichte entweder das Lesen (weil die Warteschlange leer ist) oder das Schreiben (weil alle n Plätze der Warteschlange belegt sind) gesperrt werden. Es ist heute üblich, die Positionen der Adresszähler als Adreß-Pointer oder -Zeiger zu bezeichnen. Dieser eben beschriebene Lese- und Schreibvorgang eines adressierbaren Speichers definiert also einen *synchronen FIFO-Speicher*, wie er auch in Computern organisiert ist, bei denen dann ein bestimmter Speicherbereich als FIFO-Speicher deklariert werden kann.

Benötigt man die umgekehrte Abfertigungsdisziplin, so daß das zuletzt eingelesene Wort zuerst ausgelesen werden soll, dann kommt man zum *LIFO-Speicher* (Last In First Out). Dieser ist jedoch unter dem im folgenden verwendeten Namen "Stack" bekannter.

4.5.2 Stack-Speicher

Der Stack-Speicher wird auch als "Stapel-Speicher" oder hin und wieder auch noch als "Keller-Speicher" bezeichnet - neben der Eigenschaft als LIFO-Speicher. Gegenüber dem FIFO-Speicher ist der Stack-Speicher als selbständiger integrierter Speicher nicht so stark gefragt; während der erstere für Echtzeitübertragungen großer Datenmengen eingesetzt wird, ist der Stack-Speicher für Programmabläufe und sequentielle Operationen in Rechnern interessant. Grundsätzlich lassen sich für den Stack-Speicher ähnliche Realisierungsprinzipien wie für den FIFO-Speicher anwenden. Da aber, wie eben dargelegt, die asynchrone Version nicht so im Vordergrund steht, wird kurz der synchrone Stack-Speicher erläutert. Wie Bild 4.17 veranschaulicht, wird beim Lesen jeweils das zuletzt geschriebene (und noch nicht ausgelesene) Wort ausgelesen. Werden also mehrere Wörter nacheinander eingetragen, so werden die vorhergehenden "in den Keller" geschoben, so daß nur das oberste Wort gelesen und ausgetragen werden kann.

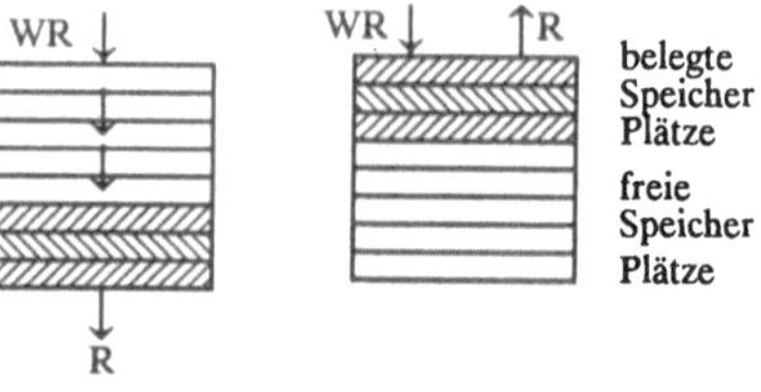

a) FIFO b) LIFO (STACK)

Bild 4.17 Schematische Darstellung des STACK Speichers im Vergleich mit dem FIFO-Speicher.
WR: Schreiben; R: Lesen.

Benutzt man adressierbare Speicher, so wird der Stackspeicher wie folgt durch Stapeladreßzeiger, häufig *Stack Pointer* genannt, realisiert. Nachdem eine obere Adreßnummer definiert ist, wird der Zeiger auf diese Nummer gesetzt. Beim Abspeichern eines Wortes wird jeweils die Adresse des Zeigers um 1 zurückgezählt und auf dieser Adresse wird dann das Wort eingetragen. Während des Schreibvorganges bleibt der Speicher für's Lesen gesperrt. Beim einem Lesezugriff wird jeweils sofort das Wort gelesen, auf dessen Adresse der Zeiger zeigt. Nach jedem Lesevorgang wird automatisch die Zeigeradresse wieder um 1 nach oben gezählt.

Werden die Bereichsgrenzen erreicht, so kann die Ausgabe einer Fehlmeldung veranlaßt werden: beim Leseversuch der obersten Adresse sowie beim Schreibversuch jenseits der unteren Adresse.

Die zuletzt beschriebene Realisierung eines Stack-Speichers entspricht einer per Software implementierten Lösung, wie sie durch Laden eines Programms in einen Mikroprozessor ausgeführt werden kann. Es wird an dieser Stelle bereits deutlich, was später bei komplexeren Systementwürfen zu wichtigen alternativen Entscheidungen führt: Die Ausführung einer Funktion kann entsprechend Bild 4.16 per Hardware gelöst werden oder per Software, wie soeben beschrieben.

Stack-Speicher werden beispielsweise verwendet: in der Arithmetik zum Abspeichern von Zwischenergebnissen (vgl. Polnische Notation), in der Textverarbeitung zum Abspeichern von Positionen und Indexverwaltung, in der Mikroprogrammierung zum Abspeichern von Rücksprungadressen bei mehreren, ineinander verschachtelten Unterprogrammen und zum Sichern der Daten beim Interrupt (Unterbrechung) eines Programms.

4.6 Ladungstransportspeicher

Eine vor allem für die Bildverarbeitung wichtige Klasse von Speicherbausteinen mit hoher Speicherkapazität sind Halbleiterbausteine, bei denen bewegte steuerbare Ladungsmengen, durch Sperrschichten separiert, als Informationsträger benutzt werden. Da Sperrschichtisolierungen nicht beliebig gut gemacht werden können, gehören diese Speicher zu den flüchtigen, so daß sie nur für kurze Zwischenspeicherungen in Frage kommen oder mit Regenerationsverstärkern arbeiten müssen. Zu einem äußerst wichtigen Anwendungsgebiet der Ladungstransportspeicher ist heute die Kombination mit optoelektronischen Halbleitereffekten geworden. An lichtempfindlichen Halbleiterschichten werden der Lichtdosis proportionale Ladungsmengen gesammelt, in festen Zeitabständen abtransportiert und ausgewertet. Auf dieser Basis werden hochempfindliche Bildsensoren hergestellt mit über 3.000 Bildpunkte in einer Zeile oder z.B. mit 754x488=367.952 Farb-Bildpunkten (wie der TC240 von Texas Instruments) auf einer Fläche von etwa 28x18 mm^2, mit denen Signal/Geräuschabstände bis 60 dB problemlos erzielbar sind. Es ist naheliegend, daß derartige Sensoren in Videokameras eingesetzt werden, die dann auch mitunter den Namen CCD-Kamera führen.

4.6.1 CCD-Speicher

Das Ladungstransportprinzip von einem zu einem anderen diskreten Kondensator, über gesteuerte Transistoren verkoppelt, ist schon seit Jahrzehnten bekannt unter dem Namen "Ladungs-Eimer-Ketten", deren unmittelbare Realisierung heute natürlich bedeutungslos ist. Die Vervollständigung des Prinzips sowie die Miniaturisierung und Integration wurde aber erst mit der MOS-Technologie eingeleitet. Der CCD-Speicher (Charge Coupled Device) ist vom Prinzip her als amplitudenanaloger (bzw. ladungsanaloger) und ortsdiskretisierter Speicher angelegt mit ortsvariablen Speicherplätzen.

Natürlich kann jede amplitudenanaloge Speicherung auch diskretisiert werden bis zu einem maximalen Informationsgehalt von $I_m = \frac{1}{2} \cdot ld(1+S^2/N^2)$ *bit*, wobei S/N dem Amplitudenverhältnis des Nutzsignals zum Störanteil entspricht. Dem Quadrat entspricht dann das Leistungsverhältnis. Will man eine digitale Information abspeichern, so kann man nur einen Teil der maximal speicherbaren analogen Information I_m nutzen. Die Höhe des Anteils ist [nach Gl.(34), Kap. 1.2.4] von der zulässigen Fehlerrate abhängig, wenn man auf Fehlerkorrekturmaßnamen verzichten muß.

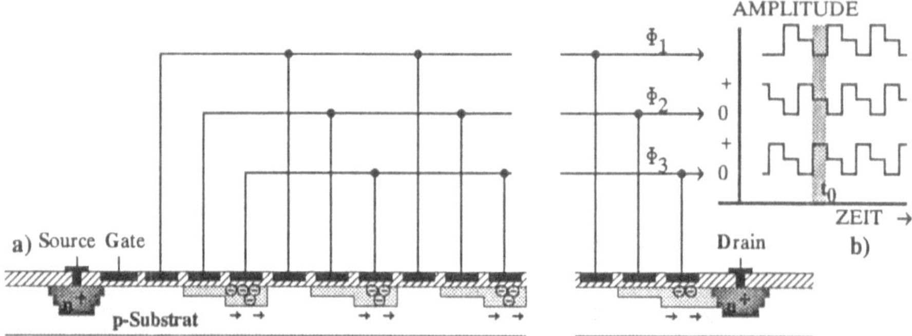

Bild 4.18 Aufbau einer 3-phasigen CCD-Speichers als dynamisches Schieberegister. Ladungsprofil zum Zeitpunkt t_0.
a) Senkrechter Schnitt durch den MOS-Aufbau auf Si-p-Substrat;
b) zugehörige elektrische 3-Phasenansteuerung.

Bei der Verwendung eines CCD-Speichers als dynamischen Speicher für digitale Informationen ist es also erforderlich, die an der Source-Elektrode eingelesenen codierten Daten nach der Durchlaufzeit an der Empfangselektrode zu regenerieren, da ein Teil der unterschiedlichen Ladungsmengen beim Durchlaufen verloren geht. Nach dem exakten Regenerieren können die Informationen wieder am Eingang in Form unterschiedlicher Ladungsmengen eingespeist werden.

Der Vorgang des Ladungstransports ist in Bild 4.18 veranschaulicht. An einer Reihe von linear angeordneten "Gates" in SiO_2-Isolierung werden drei unterschiedliche Potentiale zyklisch angelegt, so daß n-leitende isolierte Regionen (Töpfe) entstehen, die entprechend der Phasenlagen der Frequenzen, in Bild 4.18 von links nach rechts, wandern. In diesen durch die wandernden Sperrschichten vom Substrat isolierten Töpfen sind Elektronen (negative Ladungen) gefangen, die dann am rechts gezeichneten Drainanschluß wieder ausgekoppelt werden können. Das Einfangen unterschiedlicher Ladungsmengen kann links am Source-Eingang durch ein Gate zusätzlich gesteuert werden. Das Sperrschichtprofil ist zum Zeitpunkt t_0 im senkrechten Schnitt schematisch dargestellt. Zu diesem Zeitpunkt hat die in Bild 4.18 b) dargestellt Phase Φ_3 die maximale (positive) Amplitude, die die positiven freien Ladungen in das Substrat verdrängt und die negativen Elektronen an der Sperrschicht hält. Im nächsten Taktzyklus erhält dann Φ_1 das maximale Potential. Damit wandern die Ladungen und Sperrschichten um eine Gate-Länge nach rechts.

Die Phasenansteuerung ist mit einem ternären Signal veranschaulicht, das nicht unbedingt dreistufig sein muß. Setzt man den jeweils mittleren Anteil null, so erhält man eine binäre 3-Phasensteuerung. Wie aus der Darstellung hervorgeht, kann bei der dreiphasigen Ladungstransportsteuerung die Bewegungsrichtung der Ladungen durch Vertauschen der Phasen umgekehrt werden.

Meistens ist aber ohnehin nur eine Transportrichtung von Interesse, so daß diese Richtung bereits bei der Gate-Strukturierung berücksichtigt werden kann und die dreiphasige Ansteuerung durch eine einfachere zweiphasige ersetzt werden kann. Eine solche Anordnung zeigt Bild 4.19. Im Unterschied zu Bild 4.18 ist die Anordnung auf n-Substrat aufgebaut. Der von links nach rechts abfallende und wandernde Sperrschicht-Topf, in dem jetzt Defektelektronen, also positive Ladungsträger transportiert werden, wird durch eine in Wanderungsrichtung nach unten abgestufte Gate-Elektrode erzielt. An den Gates liegen abwechselnd die um 180° versetzten Phasenlagen. Je nach Abmessungen können rein zweistufige Phasensignale oder auch dreistufige verwendet werden. Das mittlere Potential ist mit $-U_0$ gekennzeichnet.

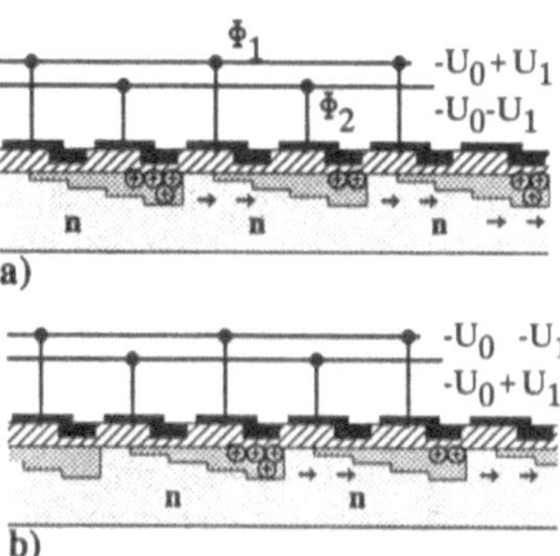

Bild 4.19 Aufbau einer 2-phasigen CCD-Speichers, dargestellt im senkrechten Schnitt auf Si-n-Substrat:
a) Wanderungsprofil zum Zeitpunkt mit $\Phi_1 - \Phi_2 = -2U_1$;
b) Ladungswanderungsprofil 180° später.

Die Ein- und Auskopplung von Ladungen kann wie in Bild 4.18 vorgenommen werden. Um das Prinzip der CCD-Speicherung darszustellen, wurden aus einer Vielzahl bereits existierender Realisierungen nur zwei typische herausgegriffen. Für spezielle Anwendungen sind natürliche diverse Ausführungen denkbar, wie beispielsweise die Addition zweier Signalflüsse durch Zusammenführen zweier Ladungsketten.

4.6.2 CCD-Bild-Sensoren

Eine der interessantesten Anwendungen für CCD Speicher sind Bildsensoren, da die Photoelemente selbst ebenfals auf Si-Basis hergestellt werden können; somit werden integrierte 1-Chip-Sensoren mit hoher Bildelementdichte möglich. Die photoempfindlichen, optoelektronischen Bildelemente können eine Fläche von ca. 10 μm^2 aufweisen und im Abstand von ca. 10 μm linear (bis über 3.000 Elemente in einer Reihe) angeordnet sein. Bei zweidimensionaler Anordnung erreicht man heute eine Komplexität von beispielsweise 2048x2048 Bildelementen [Tektronix], oder 1320x1035 [Kodak] oder 1024x1024 [Texas], [Thomson-CSF]. Im Vergleich zum menschlichen Auge ist das jedoch noch wenig; dieses besitzt ca. $100 \cdot 10^6$ Schwarz/Weis-Sensorstäbchen und ca. $6{,}5 \cdot 10^6$ Farbsensorzäpfchen auf der Retina.

Das Material der optoelektronischen Sensorelemente kann monokristallines Silizium sein. Bei Bestrahlung mit Licht erzeugen die Photonen Elektronen-Defektelektronen-Paare. Die positiven Ladungsträger, die Defekteletronen, wandern aufgrund eines elektrischen Feldes in das Substrat, während die Elektronen in einem Sperrschichttopf gesammelt werden, aus dem sie in bestimmten Abständen (z.B. 20 ms) mittels CCD-Elektroden-Steuerungen ausgelesen werden können. Aufgrund des linearen Zusammenhanges zwischen der angesammelten Ladungsmenge und der Lichtintensität, tragen die abzutransportierenden und auszuwertenden Ladungsmengen die optische Information - mit einer örtlichen Auflösung, die dem Abstand der Bildelemente entspricht.

Bild 4.20 zeigt eine mögliche lineare Anordnung in einem integrierten Bildsensor im Grundriß. Die in einer Reihe liegenden optoelektronischen (O/E) Bildsensorelemente (BSE) werden vorteilhafterweise abwechselnd von zwei Seiten angezapft über die Auskoppel-Kanäle, die dann alle jeweils gleichzeitig über den Tranfertakt TC_u bzw. TC_g geöffnet werden können. Das separate Auskoppeln der Ladungen der geraden und ungeraden Bildpunktelemente erleichtert auch die Verarbeitung in standardisierte Videosignale, die nach dem Zeilensprungverfahren (in NTSC und PAL) abgetastet werden. Neben den hier skizzierten Funktionen wird in integrierten Bildsensoren noch eine Reihe weiterer Funktionen realisiert, wie beispielsweise Überlaufsperren (Antiblooming Barrier) von einem zum benachbarten Bildelement bei zu starkem Lichteinfall, zusätzliche Summation zur Ermittlung der mittleren Bildhelligkeit für Helligkeitsadaption, Ladungsdetektionsverstärker und vieles mehr.

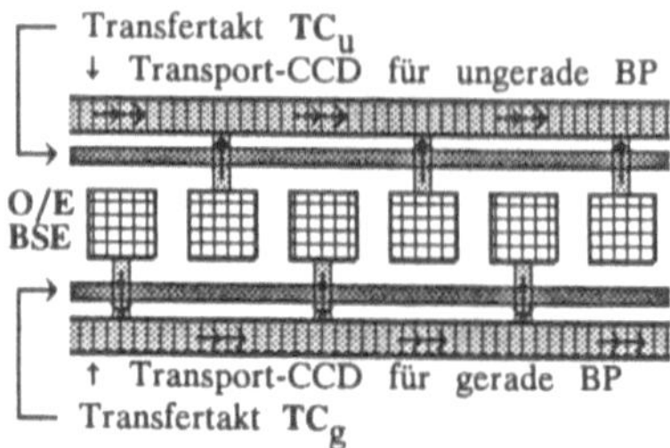

Bild 4.20 Bild-Sensor-CCD: Draufsicht und Ladungstransport-Schema eines optoelektronischen Sensor-Arrays.
BP: Bildpunkt; BSE: Bildsensorelement.

Die Überlaufsperrung wird durch zusätzliche (in Bild 4.20 nicht gezeigte) Antiblooming-Gates zwischen den Bildelementen erreicht. Die in den Bildelementen akkumulierten Ladungen (Elektronen) werden an den Transfergate-Speicherplatz transportiert, wenn die Transfertaktspannung nach oben geht. Wenn diese Transfergatespannung wieder nach unten geht, werden die Ladungen weiter in das Transport-CCD-Schieberegister geleitet. In diesem werden die unterschiedlichen Ladungsmengen aus allen seriell angeordneten Bildsensorelementen mit erhöhtem Takt seriell seitlich transportiert und am Ende über einen Ladungsdetektionsverstärker für die weitere Verarbeitung bereitgestellt. Über das Transfergate werden auch die Belichtungszeiten geregelt. Die minimale Belichtungszeit ist nicht zuletzt bestimmt durch die in Reihe liegenden CCD-Speicher und deren Schiebetakt. Die maximale Belichtungszeit ist im wesentlichen bestimmt durch die tolerierbare Höhe des Schwarzwertes.

Darüber hinaus werden in der Regel über weitere, an der Peripherie gelegene Sensoren und Signaloperationen Schwarz/Weiß-Referenzsignale erzeugt, die für die richtige Empfindlichkeit und den Kontrast benötigt werden. Für zweidimensionale Anordnungen werden mehrere Bildelement-CCD-Reihen nebeneinander angeordnet. Durch Einkopplung dieser CCD's in quer verlaufende, schneller getaktete CCD's kann eine serielle Aufbereitung der Bildsignale für eine Weitergabe nach außen vorgenommen werden.

4.7 PLA-Speicher

Um spezielle logische Funktionen, die sich ja alle als Boolesche Funktionen ausgedrücken lassen, auch anwendungsspezifisch programmieren zu können, werden programmierbare logische Bausteine PLA's angeboten (Programmable Logik Array). Sie gleichen den adressierbaren PROM-Bausteinen, ersetzen aber die aufwendige Adressierung durch gewünschte logische Verknüpfungen.

Die Speichermatrix im PROM's benutzt zum Auslesen abgespeicherter Information Adreßleitungen, die die gesuchten Speicherplätze aktivieren. Dabei wird vorher im Adreßdecoder die Adresse decodiert und eine bzw. zwei Adreßleitungen werden auf H gesetzt. Die Wirkung ist, daß jedem Adreßwort $\underline{a}=(a_1,...,a_n)$ ein Speicherwort $\underline{d}=(d_1,...,d_m)$ zugeordnet ist, das dann über die Aktivierung ausgelesen wird. Die Daten $\underline{d}$ können als Funktion der Adresse dargestellt werden:

$$\underline{d} = f(\underline{a}) \qquad \text{bzw.} \qquad d_i = f_i(a_1,...,a_n)$$

Nach Abschnitt 2.5 kann jede algebraische Funktion durch einen Booleschen Ausdruck dargestellt werden, und jeder Boolesche Ausdruck kann auf eine disjunktive Form gebracht werden.

z.B. $d_i = F_i(a_1,\bar{a}_1,a_2,\bar{a}_2,...,a_n,\bar{a}_n)$:

$$d_1 = a_1\cdot\bar{a}_2 + a_3\cdot\bar{a}_4 + a_1\cdot\bar{a}_2\cdot\bar{a}_3\cdot a_4$$

$$d_2 = \bar{a}_1\cdot a_4 + \bar{a}_2\cdot a_4 + a_4$$

$$d_3 = a_1\cdot\bar{a}_2 + \bar{a}_2\cdot a_4 + a_1\cdot\bar{a}_2\cdot\bar{a}_3\cdot a_4$$

Bei einem Adreßwort $\underline{a}$ von n Bit treten maximal 2^n Minterme auf, die aber auf maximal 2^{n-1} disjunktive Terme reduziert werden können für eine Funktion $F_i(\underline{a},\bar{\underline{a}})$

Diese Eigenschaften werden in PLA's (Programmable Logic Array) ausgenutzt. Damit könnte man aber nur logische Funktionen ohne Gedächtnis programmieren, so daß beispielsweise spezielle Zählschaltungen nicht intern programmierbar wären. Um eine größere Applikationsbreite zu erzielen werden zusätzlich einige Ausgangssignale in D-Flipflops abgespeichert und zurückgeführt in die programmierbare &-Matrix.

Bild 4.21 zeigt die prinzipielle Anordnung eines PLA's. Ein PLA besteht aus einer programmierbaren UND-Matrix und einer programmierbaren ODER-Matrix. Zur Vereinfachung der Darstellung sind alle Leitungen zu den Mehrfach-UND-Gattern bzw. Mehrfach-ODER-Gattern durch schattierte Busse dargestellt. Die an eine freie Leitung programmierbar anzubringenden Verbindungen zu UND- bzw. ODER-Gattern werden im Bild durch Kreuze an den Kreuzungspunkten repräsentiert. Eine Eingangsleitung wird dabei nur einmal benutzt. Die im Bild 4.21 enthaltenen Kreuzungspunkte sind so eingetragen, daß sie dem oben angegebenem Beispiel entsprechen.

Die zu programmierenden Verbindungen sind in der Regel elektrisch wie in EPROM's durch Anlegen bestimmter Spannungen mit vorgegebener Dauer zu schalten.

Dabei ist es für die meisten Anwendungen nicht erforderlich, die Maximalzahl von Eingangsleitungen in die Mehrfachgatter verfügbar zu halten, da diese nur selten erforderlich ist bzw. alternative Lösungen ermittelt werden können.
Es ist auch nicht erforderlich, von jedem Ausgangssignal eine taktverzögerte Rückführung zu der &-Matrix anzubieten; denn der bereit zu haltende Hardware-Aufwand kann anderweitig genutzt werden. Der Anwender hat nach der Problemanalyse die Möglichkeit die in Frage kommende Klasse auszuwählen.

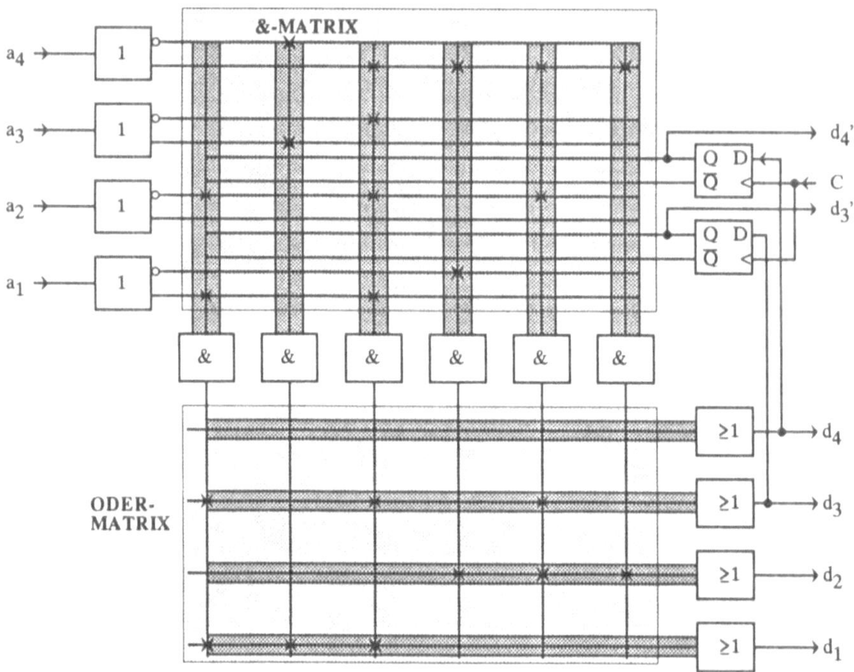

Bild 4.21 Prinzipielles Schaltbild eines PLA's mit einer programmierbaren &-Matrix, einer programmierbaren OR-Matrix und rückführenden D-Flipflops am Beispiel von 4 Dateneingängen a_i, den Datenausgängen d_i und dem Takt C.

Bei einer höheren Zahl von Eingangs- und Ausgangsvariablen wird der Programmieraufwand erheblich, wenn die &-Matrix und die OR-Matrix programmiert werden müssen. Darüber hinaus führt die vorzuhaltende hohe Verknüpfungsredundanz oft zu einem geringen Ausnutzungsgrad. Für viele Zwecke kann deshalb die OR-Matrix ohne Beschränkung der Allgemeinheit zugunsten einer größeren Gesamtkomplexität fest verdrahtet werden. Gewisse Einschränkungen der Applikationsbreite kann man durch Ausführen unterschiedlicher Typen kompensieren, die den Logikspezifikationen des Anwenders entsprechen. Derartige Bausteine werden wie folgt als PALs geführt.

4.7.1 PAL-Speicher

PAL's (Programmable Array Logik) sind eine spezielle Variante von PLA's: Es werden einige Gruppen der in Bild 4.21 gezeigten Mehrfach-&-Gatter gebildet, und die Ausgänge je einer Gruppe werden fest in ein OR-Gatter geführt. Ist in einer Gruppe die Anzahl der &-Gatter höher als benötigt, so kann ein Gatter auch dadurch unwirksam gemacht werden, daß gleichzeitig ein a_k und ein $\bar{a}_k$ angeschlossen wird; denn es gilt $a_1 \cdot a_2 \cdot ... a_k \cdot \bar{a}_k = 0$.

Zugunsten einer aufwandsminimalen Ausführung werden anstelle der Mehrfach-&-Gatter einfache Inverter verwendet, die je aus zwei Transistoren, einem Steuer- und einem Lasttransistor, bestehen. Nach den De Morgan'schen Regeln wird aus der &-Verknüpfung durch Negation eine OR-Verknüpfung, die dann als verdrahtete OR-Verknüpfung (wired or) ausgeführt werden. Vom Eingang kommend, müssen ohnehin die Signale a_i selbst sowie deren Negierte $\bar{a}_i$ bereitgestellt werden. Anstelle einer Vielzahl von Eingangsleitungen in die Mehrfach-&-Gatter muß dann eine Vielzahl von Leitungen mit Transistoren für ein a_i und $\bar{a}_i$ bereitgestellt werden, um die Entkopplung der Matrix-Leitungen sicherzustellen. Aus der programmierbaren &-Matrix ist also eine programmierbare OR-Matrix geworden, bei der dann die jeweils negierten a_i's der Minterme kontaktiert werden müssen, um die gleiche Funktion zu erzielen.

Das interne Hinzufügen von D-Flipflops mit der Rückführung der Ausgänge in die programmierbare Matrix erhöht die Applikationsbreite wesentlich, da hierdurch auch eine Vielzahl zustandsbedingter und rekursiver Abläufe und Zählvorgänge integriert werden können. Müßte man die Beschaltung mit D-Flipflops von außen vornehmen, würde man ggf. zu große Pin-Zahlen benötigen.

Neben der wichtigsten Klasse programmierbarer logischer Arrays, den PALs sind noch zwei weitere verwandte Klassen gebräuchlich: LCAs und EPLDs (Erasable Programmable Logic Device), die aber an dieser Stelle nur der Vollständigkeit halber erwähnt sein sollen; die eingesetzten grundlegenden Prinzipien wurden bereits beschrieben. Die Gruppe der PLA-Bausteine kann wiederum eingeordnet werden in die semi-kundenspezifischen Bausteine, die ASICs (Application Specific Integrated Circuit). Zu diesen gehören dann auch die Gate-Arrays und Standardzellen-ICs, die auch der Anwender selbst, wenn er über die entsprechenden Entwurfsrechner verfügt, entwerfen und simulieren kann, um sie dann fertigstellen und in gewünschte Gehäuse verpacken lassen zu können. Von der Technologie her werden diese Bausteine angeboten in NMOS, CMOS, BiCMOS und Bipolar.

4.8 Speicher-IC-Tabelle

Um das Kapitel "Integrierte Halbleiterspeicher" mit einigen für den Praktiker relevanten Informationen abzuschließen, wird eine Auswahl von kommerziell verfügbaren Speicherbausteinen tabellarisch zusammengestellt. Selbstverständlich erheben die kurzen Tabellen mit typischen Daten keinen Anspruch auf Vollständigkeit und sollen weder Kataloge ersetzen noch irgendwelche Werte garantieren. Sie sind lediglich ein Spiegel des derzeitigen Standes der Halbleitertechnik und können in der Systemplanungsphase eine schnelle Hilfe sein, in der Vorentwicklungsphase also, in der man Angaben über Kapazität, Verlustleistung, Betriebsspannungen, Zugriffsgeschwindigkeiten, Größe und einen Hinweis über nähere Informationsquellen benötigt. Die Angaben werden in der Reihenfolge tabellarisch geordnet, wie sie in diesem Kapitel gegliedert wurden: Festwertspeicher (PROMs, EPROMs, E²PROMs), Statische RAM-Speicher, Dynamische RAM-Speicher und PLAs.

	Speicher-kapazität	Typ	Her-steller	Verlust-leistung	Zugriff-zeit	An-schlüsse
TTL	32x8 Bit	μPB 400/ 410 C/D	NEC	350 mW	30 ns	16
	256x4 Bit	μPB 403 C/D μPB 423 C/D	NEC	400 mW	35 ns	16
	2048x4 Bit	μPB 409 C/D μPB 429 C/D	NEC	500 mW	45 ns	24
	32x8 Bit	63 S 080/ 63 S 081/A	MMI	625 mW	15 ns	16
	512x8 Bit	63 S 480/ 63 S 481/A	MMI	750 mW	30 ns	20
	4096x8 Bit	63 S 3281/ 63 S 3281/A	MMI	950 mW	40 ns	24
	32x8 Bit	N 82 S 23/ 123	VALVO	330 mW	50 ns	16
	512x8 Bit	N 82 S 115	VALVO	675 mW	60 ns	24
	8192x8 Bit	N 82 HS 641	VALVO	1300 mW	45 ns	24
	4096x8 Bit	N 82 HS 195	VALVO	1600 mW	30 ns	20
ECL	265x8 Bit	10416	VALVO	570 mW	11 ns	16

Bild 4.22 A) Tabelle programmierbarer Festwertspeicher: **PROMs.**

	Speicher-kapazität	Typ	Her-steller	Progr. Spannung	Betriebs-ruheleist.	Ruheleist.	Zugriff-zeit	Anschl.
NMOS	2048x8 Bit	2716	viele	25 V	300 mW	50 mW	300 ns	24
	4096x8 Bit	2732	viele	25 V	430 mW	80 mW	300 ns	24
	8192x8 Bit	2764	viele	21 V	350 mW	100 mW	300 ns	28
	16384x8 Bit	27128	viele	21 V	300 mW	100 mW	300 ns	28
	32768x8 Bit	27256	viele	13 V	350 mW	110 mW	250 ns	28
CMOS	8192x8 Bit	HN27C 64G-15	Hitachi	21 V	20 mW/ MHz	5 μW	150 ns	28
	32768x8 Bit	HN27C 256G-20	Hitachi	12,5 V	20 mW/ MHz	5 μW	200 ns	28
	65536x8 Bit	μPD 27 C512C	NEC	12,5 V	150 mW	500 μW	200 ns	28
	131072x8 Bit	μPD 27 C1001	NEC	12,5 V	250 mW	500 μW	150 ns	32
	65536x16 Bit	μPD 27 C1024	NEC	12,5 V	250 mW	500 μW	150 ns	40

Bild 4.22 B) Tabelle löschbarer, programmierbarer Festwertspeicher: **EPROMs.**

	Speicher-kapazität	Typ	Her-steller	Progr. Span-nung	Adresse-Spannung Latch	Progr. Daten-geber	Zu-griffs-Zeit	An-schlüsse
NMOS	2048x8 Bit	2816B-1	Intel	21 V	x	x	200 ns	24
	8192x8 Bit	2864 A	Intel	21 V	x	x	200 ns	28
	512x8 Bit	X2804 A	Xicor	5 V	x	x	250 ns	24
	2048x8 Bit	X2816 H	Xicor	5 V	x	x	45 ns	24
	8192x8 Bit	X2864 H	Xicor	5 V	x	x	45 ns	28
CMOS	32768x8 Bit	X28C256	Xicor	5 V	x	x	150 ns	28
	8192x8 Bit	MPD 28C64	NEC	15 V	x	x	250 ns	28
	256x8 Bit	PCB 8582	VALVO	5 V	x	x	I^2C-Bus Anschluß	8

Bild 4.22 C) Tabelle elektrisch löschbarer, programmierbarer Festwertspeicher: **E^2PROMs.**

	Speicher-kapazität	Typ	Her-steller	Betr.-leist-ung	Ruhe-leist-ung	Zu-griffs-Zeit	An-schlüs-se
CMOS	2048x8 Bit	HM 6116-2	Hitachi	180 mW	100 μW	120 ns	24
	4096x4 Bit	HM 6168-45	Hitachi	200 mW	100 μW	45 ns	20
	16384x1 Bit	HM 6167	Hitachi	150 mW	100 μW	100 ns	20
	8192x8 Bit	HM 6264P-10	Hitachi	200 mW	100 μW	100 ns	28
	65536x1 Bit	HM 6287-P55	Hitachi	300 mW	100 μW	55 ns	22
	8192x8 Bit	μPD 4464	NEC	200 mW	50 μw	150 ns	28
	16384x1 Bit	HM 65767	MHS	385 mW	75 μW	25 ns	20
	2048x8 Bit	HM 65728	MHS	450 mW	100 mW	35 ns	24
	16384x1 Bit	51C66-25	Intel	400 mW	KA	25 ns	20
	8192x8 Bit	CDM 6264-4	RCA	225 mW	500 μW	120 ns	28
NMOS	8192x8 Bit	μPD 4168-15	NEC	330 mW	28 mW	150 ns	28
	16384x1 Bit	μPD 2167-3	NEC	900 mW	150 mW	55 ns	20
	65536x1 Bit	μPD 4361C-45	NEC	600 mW	100 mW	45 ns	22
	262144x1 Bit	μPD 43251C-35	NEC	450 mW	100 mW	35 ns	24
	256x4 Bit	μPB 10422 D7	NEC	1,2 W	-	7 ns	24
	4069x1 Bit	μPB 10470-10	NEC	1,2 W	-	10 ns	18

Bild 4.22 D) Tabelle statischer Schreib/Lese-Speicher mit wahlfreiem Zugriff: **SRAMs.**

	Speicher-kapazität	Typ	Her-steller	Betr.-Span-nung	Leistaufnahme		Zu-griffs-Zeit	An-schlüs-se
					Ruhe	Betrieb		
	65563x1 Bit	μPD 4164-2	NEC	5 V	28 mW	250 mW	200 ns	16
	262144x1 Bit	μPD 41256-15	NEC	5 V	28 mW	385 mW	150 ns	16
	1048576x1 Bit	μPD 411001-15	NEC	5 V	28 mW	500 mW	150 ns	18
	65536x1 Bit	HM 4864-2	Hitachi	5 V	20 mW	330 mW	150 ns	16
	65536x4 Bit	HM 50464-12	Hitachi	5 V	20 mW	350 mW	120 ns	18
CMOS	262144x4 Bit	μPD 424256-8	NEC	5 V	5 mW	-	80 ns	20
	1048576x1 Bit	μPD 421002-8	NEC	5 V	15 mW	-	80 ns	18
	65536x1 Bit	μPD 4265C-20	NEC	5 V	5 mW	175 mW	100 ns	16

Bild 4.22 E) Tabelle dynamischer Schreib/Lese-Speicher mit wahlfreiem Zugriff: **DRAMs.**

	Typ	Hersteller	Ein-gänge	Aus-gänge	Produkt-terme	Verlust-leistung	Lauf-Zeit	An-schlüsse
PLE	PLE 5P8	Monol.Memor.	5	8	32	450 mW	25 ns	16
	PLE 11RS8	Monol.Memor.	11	8	1048	700 mW	15 ns	24
PLA	74 LS 330	Texas Instr.	12	6	50	550 mW	35 ns	20
PAL	PAL 10 H8	Monol.Memor.	10	8	16	750 mW	25 ns	20
	PAL 16 H2	Monol.Memor.	16	2	16	750 mW	25 ns	20
	PAL 16 R8	Monol.Memor.	16	8	64	750 mW	25 ns	20
	PAL 16 L8	Monol.Memor.	16	8	64	750 mW	25 ns	20

Bild 4.22 F) Tabelle programmierbarer logischer Arrays: **PLAs, PALs, PLEs.**

5 Entwurf von Schaltketten

In Kap.3 wurden bereits die wichtigsten Basisschaltwerke behandelt, während in Kap.2 die Grundlagen für die logischen Verknüpfungen und Booleschen Funktionen gelegt wurden. Mit letzteren können sämtliche Schaltnetzte vollständig beschrieben werden. Werden in Schaltnetze Speicher mit einbezogen, so handelt es sich um Schaltwerke. Werden Basisschaltwerke logisch verknüpft, um komplexere Funktionen mit Gedächtnis zu realisieren, so spricht man von Schaltketten. Für das Entwerfen der wichtigsten arithmetischen und logischen Standard-Schaltketten sollen im folgenden Kapitel die Grundlagen gelegt werden. Dabei muß auch auf die gebräuchlichen Zahlendarstellungen eingegangen werden, da für unterschiedliche Operationen verschiedenen Darstellungen geeignet sind. Die meisten der hier zu beschreibenden Operationen sind natürlich in CPUs und Mikroprozessoren intern schaltungstechnisch realisiert bzw. implementiert, d.h. durch sequentielle, per SW-Programm gesteuerte Abläufe ausgeführt. Dennoch taucht beim Entwerfen von ICs - und der Bedarf an speziell optimierten kundenspezifischen ICs steigt rapide mit den computerunterstützten Entwurfsmöglichkeiten an - die Forderung nach höchstmöglicher Geschwindigkeit für spezifische Aufgaben auf. Auch hierfür findet man weitgehende Unterstützung durch CAE-Rechner (Computer Aided Engineering) und Expertensysteme für bereits bekannte Strukturen; dennoch wird der Entwickler oft vor mögliche Strukturalternativen gestellt, die er nur entscheiden kann, wenn er die grundlegenden Verarbeitungsprinzipien kennt. Die häufigsten Alternativen zur optimalen Auslegung werden sein: "Parallelisierung" oder "Zentralisierung" bzw. "Seriellisierung" sowie "flexible Hardware mit viel Software" oder "spezielle Hardware mit wenig Software". Die hierfür benötigten Entwurfskriterien werden zurückgeführt auf die wichtigsten Schaltwerksentwurfsprinzipien, die im folgenden erörtert werden.

5.1 Grundeinheit eines Schaltwerks

Grundsätzlich können Schaltnetze dargestellt werden als Booleschen Verknüpfungen von Eingangsvariablen $\underline{x}$ zu Ausgangsvariablen $\underline{y}$

(1) $\quad \mathbf{y} = (y_1,\ldots,y_m) = \mathbf{f}(x_1,\ldots,x_n) = (f_1(x_1,\ldots,x_n),\ldots,f_m(x_1,\ldots,x_n))$

Im Gegensatz zu Schaltnetzen mit einer zeitinvarianten Logik hängen Schaltwerke von der Vorgeschichte ab, besitzen also Speicher bzw. ein Gedächtnis, so daß die Ausführung einer logischen Funktion von den Zuständen der Speicher zum Taktzeitpunkt $t_i = iT$ abhängig wird:

(2) $\quad \mathbf{y}(i) = \mathbf{f}[\mathbf{x},s(i),i]$

Der Zustand der Speicher selbst $\mathbf{s}(i)$ kann wieder eine rekursive Funktion von früheren Zuständen der Speicher sein

(3) $\quad s(i) = \mathbf{g}[s(i-1),s(i-2),\ldots]$

Im allgemeinen sind die Speicherzustände zusätzlich abhängig von den Variablen.

5.1.1 Zustandsdiagramm eines Schaltwerks

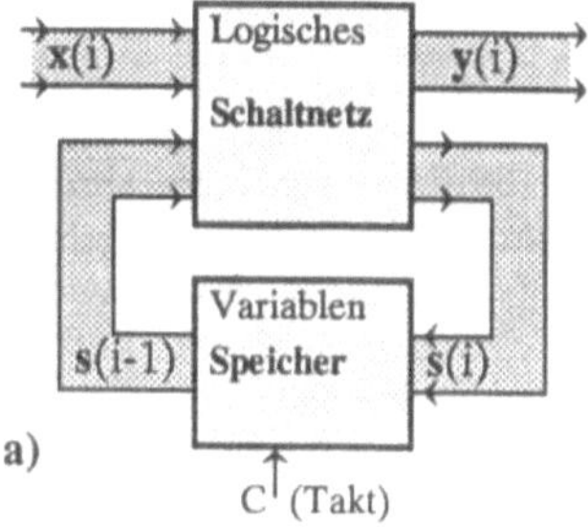

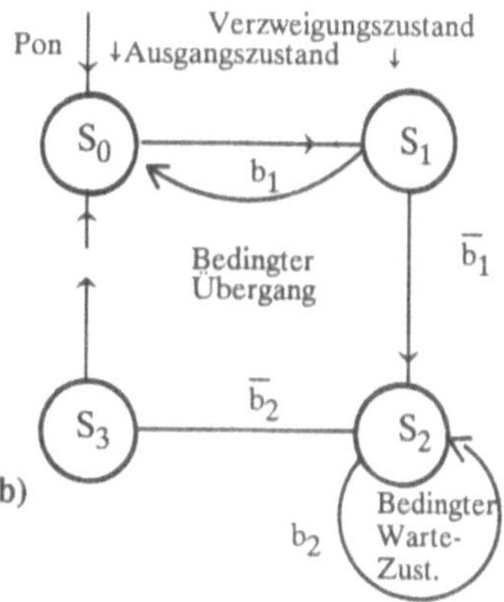

Bild 5.1 Basiseinheit eines Schaltwerks
a) Blockschaltbild
b) Zustandsdiagramm-Beispiel

Das Blockschaltbild in Bild 5.1 a) zeigt die einfache Erweiterung eines logischen Schaltnetzes zu einem Schaltwerk - durch Hinzufügen von Speicherbausteinen, die in der Regel flankengetriggerte D-Flipflops aber auch beliebige andere Speicherbausteine sein können. In Bild 5.1 b) ist ein sehr einfaches Zustandsdiagramm graphisch dargestellt. Die Zustände S_i symbolisieren dabei die möglichen Speicherzustände, in denen sich das System am Ende einer Taktdauer T nach i Takten befindet oder während einer Taktdauer in diesem Zustand verharrt. Man kann also unterscheiden zwischen einem Ausgangszustand S_0, einem Verzweigungszustand (S_1), einem Wartezustand (S_2) und einem Übergangszustand (S_3). Bei den Verzweigungsstellen wird es sich oft um mehrfache bedingte Verzweigungen handeln, wobei die Bedingungen durch Parameterzustände gesetzt werden. Im Beispiel von Bild 5.1 b) bestimmt der binäre Parameter b_1, ob im nächsten Taktzyklus ein Übergang nach S_0 (bei b_1="1") oder nach S_2 (bei $\overline{b}_1$="1") stattfindet. Die maximale Zahl möglicher Zustände richtet sich nach der Anzahl der Speicher: Für n binäre Zustandsspeicherelemente sind insgesamt 2^n verschiedene Zustände des Systems denkbar. Dabei kann es natürlich sein, daß aufgrund der logischen Beschaltung eine Vielzahl möglicher Speicherzustandskombinationen nicht eintreten kann, nämlich dann, wenn keine Übergangsbedingungen geschaltet sind.

Zustände, die ohne Bedingungen im nächsten Taktzyklus automatisch in einen einzigen anderen Zustand übergehen, heißen Übergangszustände. Ein solcher Ablauf, bei dem nur ein Parameterzustand abgefragt werden muß, ob beispielsweise noch gewartet werden muß (dies entspricht dem Übergang in denselben Zustand), oder ob ein Übergang in den nächsten eindeutig festgelegten Zustand stattfinden kann, führt zu keinen Konflikten. Anders wird es, wenn eine größere Zahl von Parameterzuständen Bedingungen liefern und die Übergänge von Parameterzuständen sich untereinander bedingen. Nicht selten passiert es bei komplexeren Abläufen, daß ein "Logischer Automat" in nicht bemerkte gegenseitige Bedingungen hineinläuft, bei denen der eine Zustand nur verlassen werden kann, wenn der andere eingetreten ist und der andere nur aus einem Übergang aus dem einen entstehen kann. Ein solcher nicht bemerkter Konflikt, der den weiteren Ablauf ein für alle mal stoppt, wird als "Dead Lock" bezeichnet. Er muß dann analysiert werden, und durch eine konfliktfreie Ablauforganisation ersetzt werden. In der Hoffnung, daß keine weitere Blockierfalle existiert, muß das System dann neu gestartert werden.

Bei vielen Steuerwerken sind zahlenmäßig überschaubare Zustandsübergänge und deren Bedingungen eindeutig definiert. Zur Verdeutlichung wählt man dann gern die zugehörige eindeutige Darstellung mittels eines Zustandsdiagramms, das auch als "Graph eines Automaten" bezeichnet wird. Festgeschriebene, nicht allzu komplexe Steuerungsabläufe mit besonders hohen Zuverlässigkeitsanforderungen, wie sie beispielsweise auch die Kfz-Elektronik verlangt, realisiert man gern durch ein einmal speziell entworfenes Schaltwerk, das auch als "Endlicher Automat" bezeichnet wird.

5.1.2 Ablaufdiagramm

Ein unverzichtbares Mittel bei der Software-Entwicklung (in den verschiedensten Ebenen) und bei der Ablauforganisation von Steuerwerken sind Darstellungen in Ablaufdiagrammen. Dabei werden Abfragungen und Entscheidungsverzweigungen scharf getrennt von Ausführungsanweisungen, deren Bearbeitung ggf. delegiert werden kann an bereitstehende "Parallelprozessoren". Das übersichtliche einfache Beispiel eines Aufwärts/Abwärtszählers (Up/Down Counter) soll veranschaulichen, wie praktisch auch in diesem Falle Ablaufdiagramme sind.

In Bild 5.1 a) ist die Funktion eines Zählers mittels einer rekursiven Schleife in einem Ablaufdiagramm dargestellt. Gleich nach dem Start wird der Zählerstand auf "0" gesetzt. Dann wird zunächst abgefragt, ob kein Haltesignal gesetzt ist.

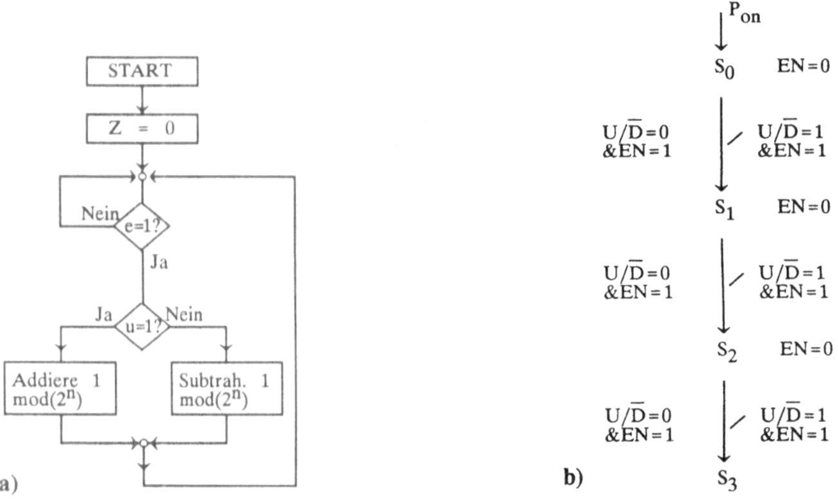

Bild 5.2 Ablaufdiagramm a) und Zustandsdiagramm b) eines Modulo-2^n-Zählers.

Ist kein Stopsignal gesetzt, d.h. die Abfrage "e=1?" wird bejaht [bzw. EN=1 (Enable)], so geht der Ablauf zur nächsten Abfrage "u=1?" weiter, andernfalls führt der Weg zurück und im nächsten Takt wird die Abfrage wiederholt, ob immer noch ein Haltesignal besteht, das einfach warten bedeutet. Ist der Parameter u=1 gesetzt, was um 1 aufwärts zählen bedeutet, so wird zum Zählerstand 1 hinzuaddiert, andernfalls, bei u=0 wird um 1 abwärts gezählt. Danach wird die Schleife wiederholt. Modulo(2^n)-Zählen bedeutet, daß nach der Zahl "2^n-1" wieder die Zahl "0" folgt. D. h. beim beim Abwärtszählen springt der Zähler von "0" auf "2^n-1". Im Vergleich zum Ablaufdiagramm stellt das Zustandsdiagramm des Mod(2^n)-Zählers die einzelnen unterschiedlichen Zustände und Übergänge dar, liefert also, wie in Bild 6.2 b) gezeigt, eine Hardware-nähere Beschreibung des gleichen Vorgangs. Dem Parameterwert u=1 entspricht dabei der Signalwert $U/\overline{D}=1$ (Up/Down), während alternativ $U/\overline{D}=0$ Abwärtszählen angibt. Dem Zustand "S_i" entspricht dabei dem Zählerstand "i". Die Schleife bei EN=0 entspricht dem Wartezustand, d.h. dem Übergang in den gleichen Zustand.

5.2 Zahlendarstellungen

Um arithmetische Operationen durch Schaltwerke ausführen zu lassen, müssen endlich vielen Zahlen ganz bestimmte binäre Zustandskombinationen *umkehrbar eindeutig* zugeordnet werden. Die Zuordnung führt man dabei oft funktionsspezifisch durch, derart daß die Ausführung einer Funktion den kleinstmöglichen Hardwareaufwand erfordert - oder für allgemeine Applikationen: die größtmögliche Flexibilität gewährleistet. Die naheliegendste Darstellung endlich vieler ganzer Zahlen ist die folgende.

5.2.1 Dualcode modulo 2^n

Eine natürliche Zahl $N \in \{0,1,2,3,...,2_n-1\}$ kann binär im Dualcode dargestellt werden durch die in eckigen Klammern ausgedrückte Zuordnung

(4) $$N = [\underline{a}] \quad \text{mit} \quad N = \sum_{i=0}^{n-1} a_i 2^i; \quad a_i \in \{0,1\}, \quad \underline{a} = (a_{n-1},...,a_0)$$

Komplementbildung: Wird von einer im Dualcode durch n Bit dargestellten natürlichen Zahl N das binäre Komplement gebildet, so entsteht die Zahl 2^n-1-N:

(5) $$\begin{aligned} N &= [\underline{a}] = [(a_{n-1},...,a_1,a_0)] \\ &\Downarrow \\ [\overline{\underline{a}}] &= [\overline{a}_{n-1},...,\overline{a}_1,\overline{a}_0)] = 2^n-1-N \end{aligned}$$

Man beweist dies am einfachsten dadurch, indem man zeigt, daß bei der binär negierten Zahl jeweils um eine Zahl zurückgezählt wird, wenn die ursprüngliche Zahl jeweils um 1 erhöht wird. Die folgende Tabelle macht dies evident, so daß eine weitere mathematische Beweisführung sich erübrigt.

$N = [\underline{a}]$	$\underline{a}$	$\overline{\underline{a}}$	$[\overline{\underline{a}}]$
0	(0,0,..,0,0)	(1,1,..,1,1)	2^n-1
1	(0,0,..,0,1)	(1,1,..,1,0)	2^n-2
2	(0,0,..,1,0)	(1,1,..,0,1)	2^n-3
3	(0,0,..,0,1,1)	(1,1,..,1,0,0)	2^n-4
:	:	:	:
2^n-2	(1,1,..,1,1,0)	(0,0,..,0,0,1)	1
2^n-1	(1,1,..,1,1,1)	(0,0,..,0,0,0)	0

5.2.2 Darstellung ganzer Zahlen nach Betrag und Vorzeichen

Eine ganze Zahl ist eine natürliche Zahl mit Vorzeichen (VZ = + -), so daß es ausreicht, das Vorzeichen durch ein hinzugefügtes Bit a_n zu kennzeichen.

(6) $VZ = +1$ durch $a_n = 0$
$VZ = -1$ durch $a_n = 1$

Diese Vorzeichen/Betragsdarstellung wird im folgenden gekennzeichnet durch einen oberen Index 0 in Klammern. Die ganze Zahl $Z = \pm N$, $|Z| < 2^n$, wird also dargestellt wie im Dualcode mit der Ergänzung durch ein hinzugefügtes Vorzeichen-MSB (Most Signifcant Bit): $a_n = v$, so daß gilt $VZ = (-1)^v$.

(7) $Z = [a_n, \underline{a}]^{(0)}$ mit $+N = [(0;\underline{a})]^{(0)} = [(0;a_{n-1},...,a_0)]^{(0)}$

$-N = [(1;\underline{a})]^{(0)} = [(1;a_{n-1},...,a_0)]^{(0)}$

Damit ergibt sich zwischen dem Dualcode und dem Vorzeichen/Betragscode folgende Beziehung:

(8) $Z = (-1)^v \cdot [\underline{a}] = [v, \underline{a}]^{(0)}$

Dabei kennzeichnet der hochgestellte Index $^{(0)}$ die Interpretation nach Vorzeichen und Betrag und das Malzeichen $\cdot$ die Multiplikation in den ganzen Zahlen.

Durch Komplementbildung inklusive Vorzeichen ergibt sich nach (5)

mit $Z = [v, \underline{a}]^{(0)} = (-1)^v \cdot [\underline{a}]$

$\Downarrow$

(9) $[\overline{v}, \overline{\underline{a}}]^{(0)} = (-1) \cdot \text{sign}(Z) \cdot (2^n - 1 - |Z|) = (-1) \cdot (-1)^v \cdot (2^n - 1 - [\underline{a}])$

wobei sign(Z) das Vorzeichen von Z angibt und $|Z|$ den Absolutbetrag.

Für $Z = [0, \underline{a}]^{(0)} \geq 0$ gilt also

(10) $[\overline{0}, \overline{\underline{a}}]^{(0)} = [1, \overline{\underline{a}}]^{(0)} = -(2^n - 1 - Z)$

5.2.3 Darstellung ganzer Zahlen im Zweier-Komplement

Eine natürliche Zahl N modulo 2^n (N mod(2^n)) kann eindeutig durch ein n-bit-Wort dargestellt werden.

(11) $[\underline{a}] = [a_{n-1},...,a_1,a_0) = N \bmod(2^n) = [N+k\cdot 2^n] \bmod(2^n), k\in\mathbf{N}$.

Da die Modulo-Funktion ebenso für ganze Zahlen definiert ist, gilt sie auch für negative Zahlen. Sei $Z=2^n\text{-}N<0$, dann gilt:

(12) $Z \bmod(2^n) = (2^n\text{-}N)\cdot \bmod(2^n) = [Z\text{-}2^n] \bmod(2^n) = \text{-}N \operatorname{Mod}(2^n)$

Es gelten also die Äquivalenzen auch für die folgenden negativen Zahlen:

$-1 \triangleq 2^n\text{-}1, \quad -2 \triangleq 2^n\text{-}2 \quad .... \quad -2^{n-1} \triangleq 2^n\text{-}2^{n-1} = 2^{n-1}$

d.h. die Zahlen -N und 2^n-N sind jeweils äquivalent.

Diese Zuordnung benutzt man zur Darstellung von negativen Zahlen im Zweier-Komplement:

Eine (positive und negative) ganze Zahl Z kann im Bereich $-2^n \leq Z \leq 2^n\text{-}1$ vermöge einer Modulo-2^{n+1}-Zuordnung entsprechen dem natürlichen Dualcode für ganze Zahlen wie folgt dargestellt werden durch ein (n+1)-bit-Wort:

(13) $Z = [\underline{a}]$, für $0 \leq Z < 2^n$ und

$2^{n+1}+Z = [\underline{a}]$ für $2^n \leq Z < 0$.

Damit hat man also für negative Zahlen $Z \geq -2^n$ die Modulo-2^{n+1}-Darstellung $Z=[\underline{a}]\text{-}2^{n+1}$. Die Zuordnung von positiven und negativen Zahlen nach (13) heißt Zweier-Komplement-Darstellung. Bei dieser Darstellung ganzer Zahl im Zweier-Komplement verwenden wir im folgenden einen hochgestellten Index 2 in runden Klammern. Für negative Z schreiben wir dann

z.B. $[\underline{a}]^{(2)} = Z = [\underline{a}] \text{-}2^{n+1}$

$Z = 1 \quad = [(0,0,..,0,1)]^{(2)} \quad \triangleq 1 \quad = [(0,0,...,0,0,1)]$

$Z = -1 \quad = [(1,1,..,1,1)]^{(2)} \quad \triangleq 2^{n+1}\text{-}1 = [(1,1,...,0,1,1)]$
$Z = -2 \quad = [(1,1,..,1,0)]^{(2)} \quad \triangleq 2^{n+1}\text{-}2 = [(1,1,...,1,1,0)]$
$Z = -3 \quad = [(1,..,1,0,1)]^{(2)} \quad \triangleq 2^{n+1}\text{-}3 = [(1,1,..,1,0,1)]$

Wegen (5) gilt für ein (n+1)-Bit-Wort die Beziehung im Dualcode

$[\overline{\underline{a}}] = 2^{n+1}\text{-}1\text{-}[\underline{a}]$, d.h. im Zweier-Komplement:

(14) $[\overline{\underline{a}}]^{(2)} = 2^{n+1}\text{-}1\text{-}[\underline{a}]^{(2)}\text{-}2^{n+1} = \text{-}[\underline{a}]^{(2)}\text{-}1.$

Dieser Zusammenhang besagt also: Eine negative Zahl geht im Zweier-Komplement aus der gleichgroßen positiven Zahl hervor durch binäre Komplementbildung (Negation aller einzelner Bits) und Addition einer 1. Die Gleichung (14) bedeutet sogar noch mehr; denn $[\underline{a}]^{(2)}$ kann ja auch eine negative Zahl sein. Das heißt dann: *Die Multiplikation einer Zahl im Zweierkomplement mit -1 kann ausgeführt werden durch binäre Komplementbildung und Addition einer 1.*

5.2.4 Darstellung ganzer Zahlen im Einer-Komplement

Als Einer-Komplement bezeichnet man die Darstellung, bei der die negative Zahl $-N=-[\underline{a}]$ durch das binäre Komplement der Zahl $N=[\underline{a}]$ dargestellt werden kann.

Die positiven Zahlen besitzen dann wieder die gleiche Darstellung wie im Dualcode.

Für $\quad Z = \pm N$ und $0 \leq N < 2^n \quad$ gilt

(15) $\quad N = [\underline{a}] = [0,\underline{a}]^{(1)} = [0,a_{n-1},a_{n-2},\ldots,a_1,a_0]$

$\quad -N = -[\underline{a}] = [\overline{0,\underline{a}}]^{(1)} = [1,\overline{\underline{a}}]^{(1)} = [1,\bar{a}_{n-1},\bar{a}_{n-2},\ldots,\bar{a}_1,\bar{a}_0]$

Damit kann der Vorzeichenwechsel durch Komplementbildung inklusive Vorzeichenbit a_n ausgeführt werden:

(16) $\quad -[\underline{b}]^{(1)} = [\overline{\underline{b}}]^{(1)}$

Das Einer-Komplement unterscheidet sich vom Zweierkomplement nur im negativen Bereich entsprechend (14) um eine 1:

(17) $\quad [\underline{a}]^{(1)} = [\underline{a}]^{(2)} - (1+\mathrm{sgn}([\underline{a}]^{(2)}))/2$

Durch die Definition der negativen Zahlen über die binäre Komplementbildung wird die Null eigentlich doppelt besetzt durch (00...00) und (11...11). Man kann die letztere 1-Kombination im Einer-Komplement auch für einen zusätzlichen Zweck verwenden.

5.2.5 Darstellung ganzer Zahlen im Offset-Dualcode

Eine dem Zweier-Komplement vergleichbare Darstellung ist die im Offset- Dualcode. Sie kann ebenfalls aus einer Modulodarstellung des Dualcodes abgeleitet werden, mit dem Unterschied, daß die Mitte des verfügbaren Zahlenbereiches von 0 bis 2^{n+1}, die Zahl 2^n also, als Null im Offset-Dualcode repräsentiert wird. Die Vorteile der Modulo-Operationsfähigkeit bleiben dadurch erhalten. Gegenüber dem Dualcode gilt also die Offset-Beziehung:

(18) $\quad [b_n,b_{n-1},\ldots,b_1,b_0]^{(OS)} = [b_n,b_{n-1},\ldots,b_1,b_0] -2^n.$

Damit kann wie beim Zweier-Komplement mit einem (n+1)-Bit-Wort der Zahlenbereich von -2^n bis 2^n-1 abgedeckt werden. Gegenüber dem Zweierkomplement erhält man wegen (18) und (13) die einfache Beziehung

(19) $[\underline{b}]^{(OS)} =: [v,\underline{a}]^{(OS)} = [\overline{v},\underline{a}]^{(2)}$

Beim Wechsel von einem in den anderen Code braucht also nur das MSB negiert zu werden.

5.2.6 Darstellung ganzer Zahlen im Gray Code

Im Dualcode können sich benachbarte Zahlen in allen Bits unterscheiden, z.B. ändern sich von 7 nach 8 alle Bits einer 4-Bit-Zahl: 0111 ⇒ 1000. Dies ist oft für D/A-und A/D-Wandlungen ein Nachteil, da dadurch häufig Leistungs- und Streuspannungsspitzen entstehen können beim Umkippen aller Bits. Der Gray-Code hat die ihn auszeichnende Eigenschaft, daß sich zwei direkt benachbarte Zahlen immer nur in einem Bit unterscheiden. Die Eindeutigkeit der Zuordnung zu ganzen Zahlen (modulo 2^n) ergibt sich aus der folgenden Umwandlungvorschrift aus dem Zweier-Komplement-Code:

(20)
$$g_i = b_i \oplus b_{i+1}, \quad \text{für } 0 \le i < n,$$
$$g_n = b_n \quad \text{für das MSB.}$$

Die Umkehroperation läßt sich aus der Modulo-Addition der ersten Gleichung (20) mit b_{i+1} gewinnen:

(21) $g_i \oplus b_{i+1} = (b_i \oplus b_{i+1}) + b_{i+1} = b_i \oplus (b_{i+1} \oplus b_{i+1}) = b_i.$

Hieraus ergibt sich also

(22)
$$b_n = g_n \quad \text{für das MSB (als erstes Rückwandlungsbit),}$$
$$b_i = g_i \oplus b_{i+1} \quad \text{für } i=n-1, n-2, \ldots, 0.$$

Damit bekommt man aus jeder Bitkombination der b_0 bis b_n immer höchstens eine Bitkombination g_0 bis g_n und durch Zurückwandeln über (22) wieder höchstens eine und zwar die ursprüngliche Kombination. Dies ist eine umkehrbar eindeutige Zuordnung.

5.2.7 Darstellung ganzer Zahlen im BCD-Code

Der BCD-Code (Binär Codierte Dezimalzahlen) orientiert sich am gewohnten Zahlensystem zur Basis 10. Um die Auswertung einer binären Darstellung im Dezimalsystem zu erleichtern (z.B. LED-Anzeige) werden die Zahlen 0,...,9 wie im Dualcode durch ein 4-bit-Wort $\underline{a}_0$ dargestellt, die zehnfachen davon durch ein zweites 4-bit-Wort $\underline{a}_1$ usw. Dabei bleiben die Zahlen 10...15 im 4-bit-Block jeweils unbesetzt:

Der Code ist also redundant. Die Zahlenzuordnung wird dann entsprechend dem Zehner-System vorgenommen, so daß gilt:

(23) $$N = \sum_{\mu=0}^{n} [\underline{a}]_\mu \cdot 10^\mu$$

Eine negative Zahl wird dabei durch ein zusätzliches Vorzeichenbit v gekennzeichnet.

5.2.8 Hexadezimal- und Oktalzahlen

Das Auflisten von Steuerbefehlen z.B. in einem Mikroprozessor im Dualcode würde zu unübersichtlich werden. Deshalb faßt man oft 4- bzw. 3-bit-Blöcke zusammen. Im Hexadezimalsystem ist die Basis B=16. Für die Zahlen 10 bis 15 braucht man in diesem Fall noch einige Zeichen. Man setzt 10=A, 11=B, 12=C, 13=D, 14=E, 15=F.

Sei $\underline{a}^{(4)}_\mu = (a_3, a_2, a_1, a_0)_\mu$ das μ-te 4-bit-Wort, dann gilt im Hexadezimalsystem die folgende Zuordnung zu den natürlichen Zahlen:

(24) $$N = \sum_{\mu=0}^{n-1} [\underline{a}^{(4)}]_\mu \cdot 16^\mu$$

Kennzeichnet man mit einem zusätzlichen Vorzeichenbit positive und negative Zahlen, wie gewohnt im Vorzeichen-Betrags-Stil, so erhält man die folgende Zuordnung:

(25) $$Z = (-1)^v \cdot \sum_{\mu=0}^{n-1} [\underline{a}^{(4)}]_\mu \cdot 8^\mu$$

Entsprechend gilt für die Oktaldarstellung

(26) $$Z = (-1)^v \cdot \sum_{\mu=0}^{n-1} [\underline{a}^{(3)}]_\mu \cdot 8^\mu$$

Es gibt natürlich noch eine Reihe weiterer spezieller Zahlencodes, wie z.B. die redundanten "Aiken-Code", "Stibitz/Exeß-3-Code", "White-Code", "Glixon-Code", "O'Brien-Code" etc., um nur einige zu nennen, auf die wir aber hier nicht näher eingehen, sondern auf Spezialliteratur verweisen. Darüber hinaus bleiben hier noch zu erwähnen die viel zahlreicheren Übertragungscode-Klassen, wie fehlererkennende und fehlerkorrigierende Hamming-Codes, zyklische Codes, Abramson-Code, Block-Codes, HDLC-Code etc., die für bestimmte Übertragungs- und Aufzeichnungsverfahren Verwendung finden. Auch hierfür muß auf Spezialliteratur verwiesen werden.

5.2.9 Umwandlungen der Zahlendarstellungen

Die verschieden Zahlendarstellungen werden durch hochgestellte Indizes wie folgt unterschieden:

$[\underline{b}]$: Dualcode;
$[\underline{b}]^{(0)}$: Vorzeichen-Betragsdarstellung;
$[\underline{b}]^{(1)}$: Einer-Komplement;
$[\underline{b}]^{(2)}$: Zweier-Komplement;
$[\underline{b}]^{(0S)}$: Offset-Dualcode;

$[\underline{b}]^{(g)}$: Gray-Code;
$[\underline{b}]^{(BCD)}$: BCD-Code.

Für positive Zahlen $N<2^n$ gilt mit $\underline{a} = (a_{n-1},..., a_0)$

(27) $N = [\underline{a}] = [0,\underline{a}]^{(0)} = [0,\underline{a}]^{(1)} = [0,\underline{a}]^{(2)} = [1,\underline{a}]^{(0S)}$

Für negative Zahlen $-N>-2^n$ (bzw.$-N\geq-2^n$) gilt definitionsgemäß:

(28) $-N = -[\underline{a}] = [1,\underline{a}]^{(0)} = [1,\overline{\underline{a}}]^{(1)} = [1,\overline{\underline{a}}]^{(2)}+1 = [0,\overline{\underline{a}}]^{(0S)}+1$

Die Umwandlung negativer Zahlen in die verschiedenen Darstellungen kann wie folgt im Dualsystem ermittelt werden.

Es sei $N = [\underline{b}] = [0,b_{n-1},b_{n-2},...,b_1,b_0]$ gegeben.

Gesucht sei der Vektor $\underline{x}$, für den gilt $[\underline{x}]^{(2)} = -N$

Mit (5) ergibt sich

$$[\underline{b}] = 2^{n+1} -N-1 = 2^{n+1}-[\underline{b}]-1$$

Nach der Zuordnung (13) ist dann

$$[\underline{x}] = 2^{n+1} -N,$$

so daß sich $\underline{x}$ ergibt aus

$$[\underline{x}] = [\underline{b}] + 1$$

Eine negative Zahl im Einerkomplement

$$[\underline{x}]^{(1)} = -N = -[\underline{b}]$$

ergibt sich dann direkt aus der Komplementbildung

$$\underline{x} = \overline{\underline{b}}$$

Eine positive Zahl im Offset-Dualcode $[\underline{x}]^{(0S)} = N = [\underline{b}]$ wird ermittelt aus

$$[\underline{x}] = [\underline{b}] + 2^n = [1, b_{n-1}, \ldots, b_0];$$

während eine negative (n+1)-Bit-Zahl $[\underline{x}]^{(0S)} = -N = -[\underline{b}]$ sich ergibt aus

$$[\underline{x}] = [\underline{b}] - 2^n + 1 \, .$$

Dezimal Zahl Z=	Hexa-Dezim.	Oktal Zahl	Vorzeich.-Betr.-Dst. $[\underline{x}]^{(0)}$	Einer-Kompl. $[\underline{x}]^{(1)}$	Zweier-Kompl. $[\underline{x}]^{(2)}$	Offset-Dual-C. $[\underline{x}]^{(OS)}$	Gray-Code (a.Zw.-K.) $[\underline{x}]^{(g)}$	BCD Code $[v,x]^{(BCD)}$
31	1F	37	0 11111	0 11111	0 11111	1 11111	0 10000	0 0011 0001
30	1E	36	0 11110	0 11110	0 11110	1 11110	0 10001	0 0011 0000
17	11	21	0 10001	0 10001	0 10001	1 10001	0 11001	0 0001 0111
16	10	20	0 10000	0 10000	0 10000	1 10000	0 11000	0 0001 0110
15	F	17	0 01111	0 01111	0 01111	1 01111	0 01000	0 0001 0101
14	E	16	0 01110	0 01110	0 01110	1 01110	0 01001	0 0001 0100
13	D	15	0 01101	0 01101	0 01101	1 01101	0 01011	0 0001 0011
12	C	14	0 01100	0 01100	0 01100	1 01100	0 01010	0 0001 0010
11	B	13	0 01011	0 01011	0 01011	1 01011	0 01110	0 0001 0001
10	A	12	0 01010	0 01010	0 01010	1 01010	0 01111	0 0001 0000
9	9	11	0 01001	0 01001	0 01001	1 01001	0 01101	0 0000 1001
8	8	10	0 01000	0 01000	0 01000	1 01000	0 01100	0 0000 1000
7	7	7	0 00111	0 00111	0 00111	1 00111	0 00100	0 0000 0111
6	6	6	0 00110	0 00110	0 00110	1 00110	0 00101	0 0000 0110
5	5	5	0 00101	0 00101	0 00101	1 00101	0 00111	0 0000 0101
4	4	4	0 00100	0 00100	0 00100	1 00100	0 00110	0 0000 0100
3	3	3	0 00011	0 00011	0 00011	1 00011	0 00010	0 0000 0011
2	2	2	0 00010	0 00010	0 00010	1 00010	0 00011	0 0000 0010
1	1	1	0 00001	0 00001	0 00001	1 00001	0 00001	0 0000 0001
0	0	0	0 00000	0 00000	0 00000	1 00000	0 00000	0 0000 0000
-1	-1	-1	1 00001	1 11110	1 11111	0 11111	1 00000	1 0000 0001
-2	-2	-2	1 00010	1 11101	1 11110	0 11110	1 00001	1 0000 0010
-3	-3	-3	1 00011	1 11100	1 11101	0 11101	1 00011	1 0000 0011
-30	-1E	-36	1 11110	1 00001	1 00010	0 00010	1 10011	1 0011 0000
-31	-1F	-37	1 11111	1 00000	1 00001	0 00001	1 10001	1 0011 0001
-32	-20	-40	/	/	1 00000	0 00000	1 10000	1 0011 0010

Bild 5.3 Dartellung ganzer Zahlen Z von -32 (bzw.-31) bis +31 in gebräuchlichen Codes - zum direkten Vergleich.

Zum unmittelbaren Vergleich der wichtigsten Ganzzahlen-Codes sind die Zahlen von -32 (bzw. von -31) bis +32 in der Tabelle von Bild 5.3 nebeneinander aufgelistet. Heute übliche 32-Bit-Prozessoren können also mit nicht-redundanten Codes einen Ganzzahlenbereich abdecken von -2^{31} bis $+2^{31}-1$, das reicht bis zu neunstelligen Dezimalzahlen. Bei doppelter Genauigkeit, bei einer 64-bit-Darstellung also, sind dann bis zu 18-stellige Dezimalzahlen erfaßbar.

5.2.10 Kommadarstellung rationaler Zahlen

Bei der Darstellung rationaler Zahlen $r=Z_1/Z_2$ muß man sich auf eine bestimmte Genauigkeit beschränken, da man mit einer endlichen Wortbreite arbeitet. Jede rationale Zahl geht aus einem Quotienten zweier ganzer Zahlen hervor. Durch Aufspaltung einer rationalen Zahl in eine Mantisse M und einen Exponenten E zu einer festen Basis B kann die Darstellung einer rationalen Zahl auf die von ganzen Zahlen zurückgeführt werden.

(29) $$R = M \cdot B^E$$

Für die binäre arithmetische Verarbeitung werden in der Regel die Mantisse durch Vorzeichen und Betrag und der Exponent E im Zweier-Komplement durch ganze Zahlen dargestellt. Die Basis wird wieder zwei gesetzt: B=2.

Grundsätzlich hat man die Möglichkeit, einen festen Exponenten vorzugeben und die verschiedenen Kommazahlen nur durch unterschiedliche Mantissen zu unterscheiden. In diesem Falle spricht man von einer *Festkommadarstellung*. Hat der Exponent den ganzzahligen Wert E=-m, so ergibt sich bei einer n-Bit-Mantisse (inklusive Vorzeichen) folgende Repräsentation der Festkommazahl:

(30) $$R = 2^{-m} \cdot (-1)^v \cdot \sum_{\mu=0}^{n-2} a_\mu \cdot 2^\mu = (-1)^v \cdot \sum_{\mu=-m}^{n-2-m} a_\mu \cdot 2^\mu$$

Damit hat die Festkommazahl mit der n-stelligen binären Mantisse vor dem Komma jeweils n-m Stellen und hinter dem Komma m feste binäre Stellen. Für die gewohnte dezimale Umsetzung bekommt man dann also $m_{dv}=\mathrm{int}\{(n\text{-}M)\cdot\log(2)\}=\mathrm{int}\{(n\text{-}m)\cdot 0{,}301\}$ Stellen vor dem Komma und $m_{dh} = \mathrm{int}\{m \cdot 0{,}301\}$ nach dem Komma. Dabei bewirkt die Integerfunktion lediglich ein sinnvolles Abrunden gebrochener Stellenzahlen.

Bei einer Wortbreite von 32 Bit bekommt man eine Dezimalstellenzahl von abgerundet 9. Sind davon vier hinter dem Komma, so bleiben noch fünf Stellen vor dem Komma. Wie man sofort erkennt, liefert eine solche Festkommadarstellung für die meisten Applikationen einen viel zu kleinen absoluten Zahlenbereich. Führt man variable Exponenten ein, so entspricht dies einer variablen Kommaposition, die den gesamten absoluten Zahlenbereich beträchtlich erhöhen kann. Man spricht dann von einer *Gleitkommadarstellung*. Hierfür haben sich zwei Standardisierungen bewährt. die im *IEEE-P754-Floating-Point-Standard* international genormt sind: für normale numerische Ansprüche und für die doppelte Genauigkeit (Doubel Precision).

Bei der Gleitkommadarstellung wird der Exponent so bestimmt, daß die Mantisse M dem absoluten Wert nach zwischen 1 und 2 liegt: $1 \leq M < 2$. Damit hat das erste Bit von links (MSB) immer den Wert "1", kann also im Format auch weggelassen werden. Da sich der Exponent auf die Basis 2 bezieht, kann damit der verfügbare Zahlenbereich lückenlos abgedeckt werden. Bei einfacher Genauigkeit wird zur Datenübergabe von einem System zu einem anderen (als externe Schnittstelle also) folgendes *32-Bit-Gleitkommaformat* als internationaler Standard vereinbart:

a_{31} (MSB): 1 Vorzeichenbit s (sign);
a_{30}-a_{23}: 8 Exponentenbits $e_7 \ldots e_0$ im Zweierkomplement;
a_{22}-a_0: 23 Mantissenbits $m_1 \ldots m_{23}$ im geshifteten Dualcode.

Die Gleitkommazahl $\underline{a}$ ist damit in drei Bereiche aufgeteilt:

(31) $\underline{a}_{gk}^{(32)} = (s, \underline{e}, \underline{m}) =$

s	e_7 e_6 e_5 e_4 e_3 e_2 e_1 e_0	m_1 m_2 m_3 ... m_{23}

Damit kann ein Zahlenbereich von $10^{\pm 38}$ abgedeckt werden. Insbesondere wird in diesem Format der 32-bit-Gleitkommazahl der folgende Wert zugewiesen:

$$(32) \qquad R = [\underline{a}_{gk}] = (-1)^s \cdot (1 + \sum_{\mu=1}^{23} m_\mu \cdot 2^{-\mu}) \cdot 2^{[e]^{(2)}}$$

Zahlenbeispiel: Der folgende Vektoreintrag repräsentiert die Zahl R = 81.922,0000:

$\underline{a}_{gk0} =$

0	00010000	01000000000000010000000

$$R = [\underline{a}_{gk0}] = +(1 + 2^{-2} + 2^{-15}) \cdot 2^{16} = 1{,}2500305175 \cdot 65536 = 81.922{,}0000$$

Das *64-bit-Gleitkommaformat* ist wie folgt genormt:

a_{63} (MSB): 1 Vorzeichenbit s (sign);
a_{62}-a_{52}: 11 Exponentenbits $e_{10} \ldots e_0$ im Zweierkomplement;
a_{51}-a_0: 52 Mantissenbits $m_1 \ldots m_{52}$ im geshifteten Dualcode.

Die Gleitkommazahl erfaßt dann einen Bereich von $10^{\pm 308}$ und ist wie folgt dargestellt:

(33) $\underline{a}_{gk}^{(64)} = (s, \underline{e}, \underline{m}) =$

s	e_{10} e_9 ... e_3 e_2 e_1 e_0	m_1 m_2 m_3 ... m_{51} m_{52}

Für die interne doppelt-genaue Verarbeitung wird folgendes standardisierte *80-Bit-Gleitkomma-Format* empfohlen, das einen Bereich von $10^{\pm 4932}$ abdeckt:

(34) $\underline{a}_{gk}^{(80)} = (s, \underline{e}, \underline{m}) =$

s	e_{14} e_{13} ... e_3 e_2 e_1 e_0	m_1 m_2 m_3 ... m_{62} m_{63}

5.3 Addierer

Die wichtigsten arithmetischen Funktionen für ganze und rationale Zahlen sind Additionen und Multiplikationen sowie deren Umkehroperationen: Subtraktion und Division. Die Grundfunktion, aus der die anderen Operationen abgeleitet werden können, ist die Addition. Es genügt vom Prinzip her, die Logik für die Addition ganzer Zahlen zu entwickeln, da die gleichen Schaltungen durch zusätzliches Shiften der Eingangsvariablen auch für Gleitkomma-Additionen verwendet werden können. Die Addition bezieht sich auf die arithmetische Addition von Zahlen, die in einem binären Code dargestellt werden. Diese Addition wird zurückgeführt auf Boolesche Operationen. Wir betrachten zunächst die Addition natürlicher Zahlen N, die im Dualcode dargestellt sind. Beim Addieren muß den zwei durch $\underline{a}$ und $\underline{b}$ dargestellte Zahlen $A=[\underline{a}]$, $B=[\underline{b}]$ die Summe $A+B=[\underline{Z}]$ im gleichen Code zugewiesen werden.

5.3.1 Ein-Bit-Volladdierer

Bestehen $\underline{a}$ und $\underline{b}$ aus einem Bit $\underline{a}=(a_0)$, $\underline{b}=(b_0)$, so ist die Summe $[\underline{z}] = [(z_1,z_0)]$ offensichtlich gegeben durch

$$z_0 = a_0 \oplus b_0$$

$$c_1 = z_1 = a_0 \cdot b_0 \qquad \text{(c: \underline{C}arry, Übertrag)}$$

Die diese Funktion ausführende einfache Logik nennt man einen Halbaddierer.

Berücksichtigt man eine dritte 1-bit-Eingangsvariable c_0 und bildet die Summe $[(a_0)]+[(b_0)]+[(c_0)] = [(z_1, z_0)]$, so lautet die Verknüpfung offensichtlich

(35) $$z_0 = a_0 \oplus b_0 \oplus c_0$$

(36) $$c_1 = z_1 = a_0 \cdot b_0 + b_0 + (a_0 + b_0) \cdot c_0$$

Diese beiden Gleichungen definieren die Logik für einen 1-bit-Volladdierer, wie man leicht über die Wertetabelle verifiziert. Um die Verknüpfungen mittels AND- und OR-Gatter ausführen zu können, bringt man (35) und (36) auf eine disjunktive Form.

(35)' $$z_0 = a_0 \oplus b_0 \oplus c_0 = \bar{a}_0 \cdot b_0 \cdot \bar{c}_0 + \bar{a}_0 \cdot \bar{b}_0 \cdot c_0 + a_0 \cdot \bar{b}_0 \cdot \bar{c}_0 + a_0 \cdot b_0 \cdot c_0$$

(36)' $$c_1 = z_1 = a_0 \cdot b_0 + (a_0 + b_0) \cdot c_0 = a_0 \cdot b_0 + a_0 \cdot c_0 + b_0 \cdot c_0$$

Daraus ergibt sich die in Bild 5.4 dargestellte Verarbeitungslogik eines 1-bit-Volladdierers. Die Verarbeitungszeit wird durch maximal zwei hintereinanderliegende Mehrfach-AND- bzw. OR-Gatter bestimmt, so daß die Verarbeitungszeit t_v abgeschätzt werden kann durch $t_v \approx 2\tau$, bei einer mittleren Gatterlaufzeit τ.

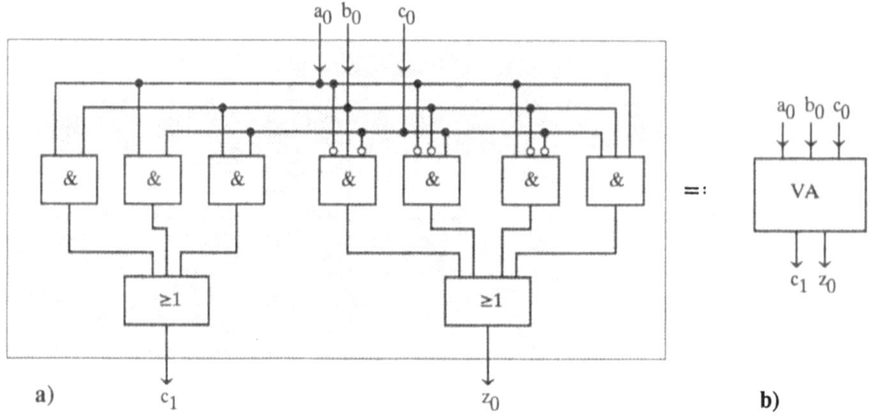

Bild 5.4 1-Bit-Volladdierer: a) Schaltbild aus Gattern b) Schaltungssymbol

5.3.2 n-Bit-Carry-Ripple-Adder (CRA)

Verwendet man den "Carry"-Eingang C als zu addierenden Übertrag von der Addition des nächst niedrigeren Bits und den "Carry"-Ausgang als Übertrag-Eingang für die nächst höheren zu addierenden Bits, so hat man die algebraischen Funktionen gemäß (35) und (36)

(37) $$z_i = a_i \oplus b_i \oplus c_i \quad , \quad i \in \{0,1,...,n-1\}$$

(38) $$c_{i+1} = a_i \cdot b_i + (a_i + b_i) \cdot c_i \quad , \quad c_0 = 0.$$

Dies zeigt, daß die Addition zweier n-bit Wörter $\underline{a}$ und $\underline{b}$ durch Zusammenschalten von n 1-bit-Volladdierern erzielt werden kann.

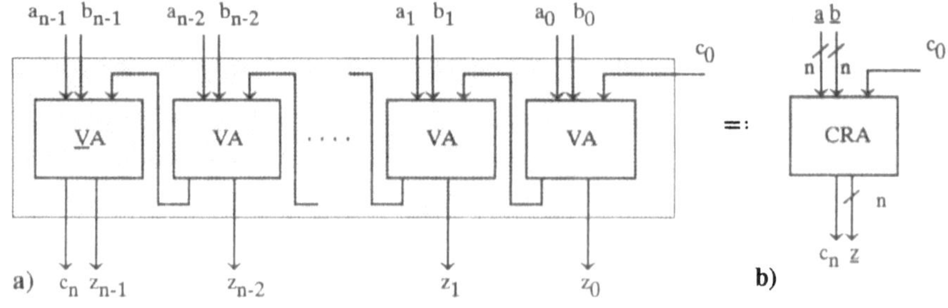

Bild 5.5 n-Bit-Carry-Ripple-Adder: a) Zusammenschaltung aus 1-Bit-Volladdierern; b) Schaltungssymbol

Bild 5.5 zeigt diese Zusammenschaltung, die man n-bit-Carry-Ripple-Addierer nennt. Da im ungünstigsten Fall Carries nacheinander vom unteren Bit zum oberen Bit-Übertrag "durchrippeln", entsteht eine maximal zu berücksichtigende Verarbeitungszeit von $t_v \approx n \cdot 2 \cdot \tau$.

5.3.3 Carry Look Ahead Addierer (CLA)

Ein n-Bit Carry Ripple Addierer benötigt im ungünstigsten Fall eine lange Verarbeitungszeit von 2n Gatterlaufzeiten. Um diese Gesamtlaufzeit zu reduzieren, können die einzelnen Überläufe c_i direkt aus den Eingangssignalen von $\underline{a}$ und $\underline{b}$ ermittelt werden. Zu diesem Zweck werden die Gleichungen (38) nacheinander ($i=0,1,2,3,...$) in disjunktive Formen aufgelöst (wobei zur Abkürzung gesetzt wird $g_i = a_i \cdot b_i$, $p_i = a_i + b_i$):

(39) $$c_1 = a_0 \cdot b_0 + (a_0+b_0) \cdot c_0 = g_0 + p_0 \cdot c_0$$

(40) $$c_2 = g_1 + p_1 \cdot c_1 = g_1 + p_1 \cdot g_0 + p_1 \cdot p_0 \cdot c_0$$

(41) $$c_3 = g_2 + p_2 \cdot (g_1 + p_1 \cdot g_0 + p_1 \cdot p_0 \cdot c_0) = g_2 + p_2 \cdot (g_1 + p_1 \cdot g_0) + p_2 \cdot p_1 \cdot p_0 \cdot c_0$$

(42) $$c_4 = g_3 + p_3 \cdot (g_2 + p_2 \cdot (g_1 + p_1 \cdot g_0)) + p_3 \cdot p_2 \cdot p_1 \cdot p_0 \cdot c_0 =: G_0 + P_0 \cdot c_0$$

.
.

(43) $$c_8 = g_7 + p_7 \cdot (g_6 + p_6 \cdot (g_5 + p_5 \cdot p_4)) + p_7 \cdot p_6 \cdot p_5 \cdot p_4 \cdot c_4 =: G_4 + P_4 \cdot c_4$$

.
.

(44) $$c_{12} = G_8 + P_8 \cdot c_8$$

.
.

(45) $$c_{16} = G_{12} + P_{12} \cdot c_{12}$$

.
.

Ein Baustein, dessen Logik aus den Eingangsvariablen $g_0,...,g_3$, $p_0,...,p_3$, c_0 direkt über die disjunktiven Formen von (40) bis (42) die Überläufe $c_1,...,c_4$ erzeugt, heißt *4-bit-Carry Look Ahead Generator (CLAG).*

Die g_i und p_i werden jeweils in 1-Bit-Volladdierern über eine Gatterlaufzeit τ erzeugt und an den CLAG gegeben, der dann nach zwei weiteren Gatterlaufzeiten sämtliche Carries c_1, c_2, c_3, c_4 erzeugt. Nach zwei weiteren Gatterlaufzeiten über die 1-Bit-Volladdierer steht dann das Ergebnis $\underline{z}$ an. Das Schaltbild eines *4-bit-Carry Look Ahead Addierers* zeigt Bild 5.6.

Ein 4-bit CLA-Addierer benötigt also maximal ca. 5 Gatterlaufzeiten $t_v \approx 5\tau$, während ein 4-bit CRA ca. 8τ benötigt.

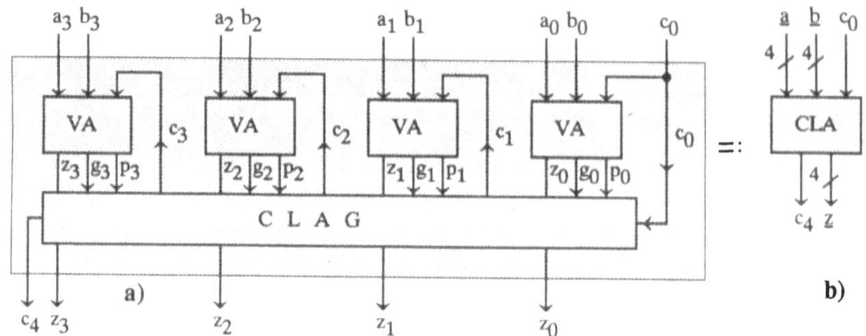

Bild 5.6 4-bit-Carry-Look-Ahead-Addierer (CLA): a) Blockschaltbild aus 1-bit-Volladdierern (VA) und 4-bit-Carry-Look-Ahead-Generator (CLAG); b) Schaltungssymbol.

Verwendet man einen 8-bit CLAG, so würde man entsprechend der disjunktiven Form für $c_1,...,c_8$ bis zu 9-fach-AND- und OR-Gatter benötigen. Kann man jedoch maximal 5-fach-Eingangsgatter verwenden, so ergibt sich für die dann erforderliche sequentielle Verarbeitung eine Verzögerungszeit von ca. 4τ für den CLAG. Die gesamte maximale Verzögerungszeit würde dann für einen 8-bit CLA-Addierer ca. 7τ betragen, gegenüber 16τ bei einem CRA.

5.3.4 Zweistufiger Carry-Look-Ahead-Addierer

Die erforderliche Anzahl von Gattern steigt beim Carry-Look-Ahead-Generator fast quadratisch mit der Anzahl der Bits an. Deshalb empfiehlt es sich, ab etwa 8 bit die Überläufe zweistufig zu erzeugen. Betrachtet man die Formeln (42) bis (45), so erkennt man, daß sich c_8, c_{12}, c_{16} algebraisch in der gleichen Weise aus G_0, G_4, G_8, G_{12} und P_0, P_4, P_8, P_{12} sowie aus C_4 ergeben, wie c_1, c_2, c_3 aus g_0, g_1, g_2, g_3, p_0, p_1, p_2, p_3 und c_0. Deshalb kann der gleiche CLAG-Baustein in einer zweiten Stufe zur Erzeugung von c_8, c_{12} c_{16} verwendet werden, wenn man nur dafür sorgt, daß die Variablen P_i, G_i aus den CLAGs der ersten Stufe zur Verfügung gestellt werden.

Verwendet man einen 8-bit CLAG, so würde man entsprechend der disjunktiven Form für $c_1,...,c_8$ bis zu 9-fach-AND- und OR-Gatter benötigen. Kann man jedoch maximal 5-fach-Eingangsgatter verwenden, so ergibt sich für die dann erforderliche sequentielle Verarbeitung eine Verzögerungszeit von ca. 4τ für den CLAG.

Die gesamte maximale Verzögerungszeit würde dann für einen 8-bit CLA-Addierer ca. 7τ betragen, gegenüber 16τ bei einem CRA. Verwendet man in der ersten Stufe 8-bit-CLAGs, so können entsprechend in der zweiten Stufe die Carries c_{16}, c_{24}, c_{32},... erzeugt werden.

Bild 5.7 zeigt einen zweistufigen 20-bit-CLA-Addierer, der aus fünf 4-bit-CLA-Addierern und einem 4-bit-CLAG besteht. Die fünf 4-bit-Ergebnisse $\underline{z}_0$,..,$\underline{z}_4$ werden dann in dem 20-bit-Ergebniswort $\underline{Z}$ zusammengefaßt und mit dem Carry c_{20} weitergereicht.

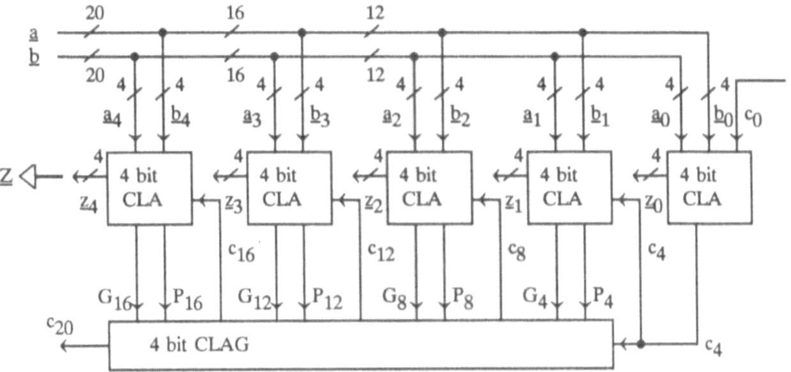

Bild 5.7 Zweistufiger Carry-Look-Ahead-Addierer für 20-bit-Wörter.

Schließlich können mehrere zweistufige CLAs in der gleichen Weise wie in Bild 5.7 zu einem dreistufigen CLA zusammengeschaltet werden. Anstelle der im Bild gezeigten 4-bit-CLAs würden dann lediglich z.B. die zweistufigen 20-bit-CLAs stehen. Wie aus (34) bekannt, benötigt man für eine interne doppelt genaue Addition bereits eine 63-bit-Genauigkeit. Hierfür wird natürlich in der Regel nicht die vollständig parallelisierte Addiererstruktur eingesetzt, sondern - auf Kosten der Verarbeitungszeit - eine serielle Verarbeitung mit der gleichen Hardware vorgenommen: Es werden zunächst die niederwertigen Worthälften angeliefert und addiert, der Carry wird abgespeichert und im nächsten Takt wieder an den Carry-Eingang zurückgeführt und mit den dann angelegten oberen Worthälften addiert. Diese Seriellisierung kann natürlich fortgeführt werden bis herab zum 1-bit-Volladdierer selbst. Der Trend geht jedoch bei steigender Komplexität der ICs zur Parallelisierung und zur Erhöhung der Geschwindigkeiten. In Mikroprozessoren werden heute häufig bereits 32-bit breite Addierwerke eingesetzt.

5.3.5 Carry-Save-Addierer

Der Aufwand für den Carry Look Ahead Generator steigt etwa quadratisch mit der Bitzahl. Die erforderliche Verarbeitungszeit für den Carry Ripple Addierer steigt linear mit der Bitzahl.

Um das "Durchrippeln" beim CRA nicht abwarten zu müssen, kann man die Überläufe separat weiterführen und sie später addieren. Dieses Prinzip eignet sich vor allem bei der Addition einer größeren Zahl von Summanden. Um den Durchsatz zu erhöhen kann man dann eine Zwischenspeicherung vornehmen, so daß die Signale der folgenden Verarbeitungslogik wieder alle zum gleichen Taktzeitpunkt starten.

Bild 5.8 zeigt zunächst die Schaltung eines Carry-Save-Addierers (CSA) mit dem zugehörigen Schaltungssymbol. Der CSA besteht lediglich aus 1-bit-Volladdierern, bei denen die Überläufe separat zusammengefaßt werden im Wort $\underline{u}$.

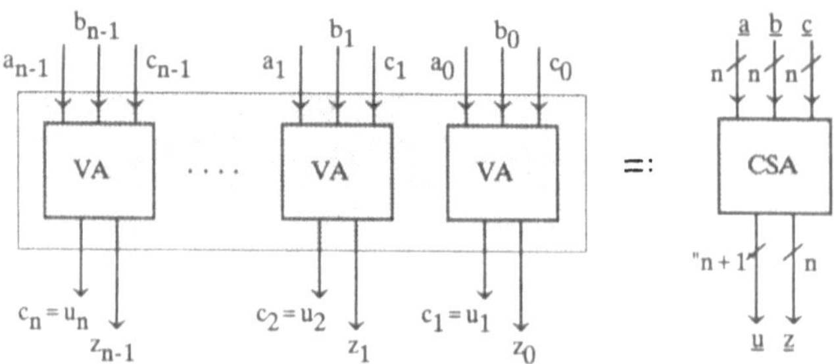

Bild 5.8 Schaltbild des n-bit-Carry-Save-Addierers (CSA)
Die echte Bitzahl von $\underline{u}$ ist n, da $u_0 = 0$

Der Carry-Save-Addierer wird vor allem dort eingesetzt, wo mehrere Summanden, wie beispielsweise bei digitalen Filtern, parallel zu addieren sind. Ein solcher CSA-Modul reduziert die Anzahl der Summanden von drei auf zwei und benötigt dafür bei einer Organisation nach Bild 5.4 zwei Gatterlaufzeiten. Sollen, wie im Beispiel von Bild 5.8, insgesamt neun Summanden von je n bit parallel addiert werden, so benötigt man in der ersten Stufe drei n-bit-CSAs und reduziert damit die Anzahl der Summanden von 9 auf $3 \cdot 2 = 6$. Bei der Ankopplung der zweiten Stufe ist darauf zu achten, daß die zusammengefaßten n Carry-Ausgänge eine um ein bit höhere Wertigkeit besitzen. Man kann deshalb (n+1)-CSAs verwenden und den LSB-Eingang vom Carry-Summanden unbeschaltet lassen, während bei Modulo-Summanden $z_i = a_i \oplus b_i \oplus c_i$ dann der MSB-Eingang unbeschaltet bliebe. Der kritische Betrachter wird jedoch sofort erkennen, daß die in Bild 5.9 skizzierte Beschaltung der zweiten Stufe nicht optimal vorgenommen wurde: Hätte man alle Carry-Ausgänge $\underline{u}_k$ der ersten Stufe und alle Modulo-Ausgänge der ersten Stufe $\underline{z}_k$ je in einen CSA der zweiten Stufe zusammengefaßt, so hätte man an diesen Stellen noch n-bit-CSAs einsetzen können. In der dritten Stufe käme man mit einem (n+1)-bit-CSA aus, wenn man den Carry-Ausgang der zusammenaddierten Carries an diesem vorbeiführt, denn dieser Ausgang hat dann eine um zwei höhere Wertigkeit. In der vierten Stufe benötigt man schließlich einen (n+2)-bit-CSA. Nach der vierten Stufe hat man also noch zwei parallele Summanden von je n+1 bit, von denen der Carry-Ausgang wieder eine um eins höhere

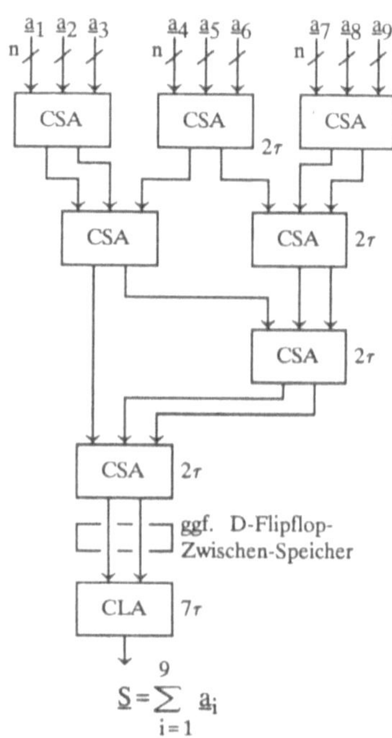

Bild 5.9 HW-Struktur zur Addition von 9 Summanden $\underline{a}_i$ mittels Carry-Save- und Carry-Look-Ahead-Addierer; τ: Gatterlaufz.

Wertigkeit aufweist. In der letzten Stufe ist dann ein (n+3)-bit-Addierer erforderlich. Für diesen muß man natürlich das Carry-Save-Prinzip verlassen und einen CLA-Addierer einsetzen, der wenn n nicht höher als 20 ist ca. 7 Gatterlaufzeiten benötigt.

Will man den Durchsatz erhöhen, so braucht nicht unbedingt eine Zeitdauer von $(7+8)\tau = 15\tau$ abgewartet zu werden. Wenn nach der vierten CSA-Stufe $2\cdot(n+2)$ flankengetriggerte D-Flipflops dazwischengeschaltet werden, kann das Zwischenergebnis nach 8τ bereits abgespeichert werden, und an den Eingängen können zu diesem Zeitpunkt wieder 9 neue Summanden angelegt werden.

Integriert man für eine sofortige Abspeicherung der Ergebnisse eines n-bit-CSA's die $2\cdot n$ flankengetriggerten D-Flipflops, so hat man einen "Speichernden Carry Save Addierer" (SCSA), der dann mit einem Taktsignal C versorgt werden muß, wie rechts im Bild skizziert. Mit steigender Taktflanke müssen die Ergebnisse an den CSA-Ausgängen anliegen, während nahezu gleichzeitig neue Eingangswerte angelegt werden können. Rechnet man für die D-Flipflops ebenfalls eine Verzögerungszeit von etwa τ ein, so kann man damit maximal einen Durchsatz von $(3\tau)^{-1} > 1/T$ erzielen. Ein solcher speichernder CSA bietet den Vorzug einer taktsequentiellen Addition, wenn die Überläufe $u_1(i-1)$ bis $u_n(i-1)$ zurückgeführt werden an $c_1(i)$ bis $c_n(i)$ und wenn die zu addierenden Wörter $\underline{a}$ und $\underline{b}$ taktversetzt je Bit angeliefert werden: zum Takt $i+\mu$ die Bits a_μ und b_μ der jeweiligen zu addierenden Wörter. Der Hardwarebedarf für 2n flankengetriggerte D-Flipflops ist nicht unerheblich. Es bietet sich deshalb an, die Speicherfunktion mit in die Schaltungslogik eines Volladdierers einzubeziehen und eine taktzustandsgesteuerte Abspeicherung zuzulassen. Dies führt zu der folgenden Ausführung.

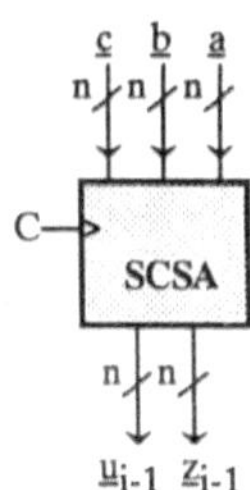

5.3.6 Speichernder Stufen-Addierer

Bei einer Addition beginnt man mit den LSB a_0 und b_0. Nach ca. zwei Gatterlaufzeiten kennt man den Carry c_1. Es reicht aus, erst zu diesem Zeitpunkt die Bits a_1 und a_2 anzulegen. Speichert man die Carries für die notwendige Verarbeitungszeit in der nächsten Addiererstufe ab, z.B. für eine halbe Taktperiode, so können die Ergebnisse des nächsten 1-bit-Volladdiers am Ende dieser halben Taktperiode abgespeichert werden, so daß der vorherige Speicher für einen neuen Vorgang freigegeben werden kann. Eine solche Funktion führt eine speichernde Volladdierer-Zelle aus, wie sie im Bild 5.10 a) bzw. b) dargestellt ist. Während in Bild 5.10 a) lediglich Zweifach-NAND- und -NOR-Gatter verwendet sind, zeigt b) eine Anordnung von Mehrfach-NAND-Gattern, die ja in der MOS-Technik einfach durch mehrere serielle Gates über dem n-Kanal (bzw. p-Kanal) platzsparend realisiert werden können. Werden diese Speichernden Volladdierer (SVA) entsprechend Bild 5.10 c) zusammengeschaltet, so können die höherwertigen Bits derselben Wörter jeweils um eine halbe Taktperiode versetzt angeliefert werden, um die Addition zum geeigneten Zeitpunkt in den einzelnen Stufen ausführen zu können. Verschiedene Wörter können im Taktabstand verarbeitet werden.

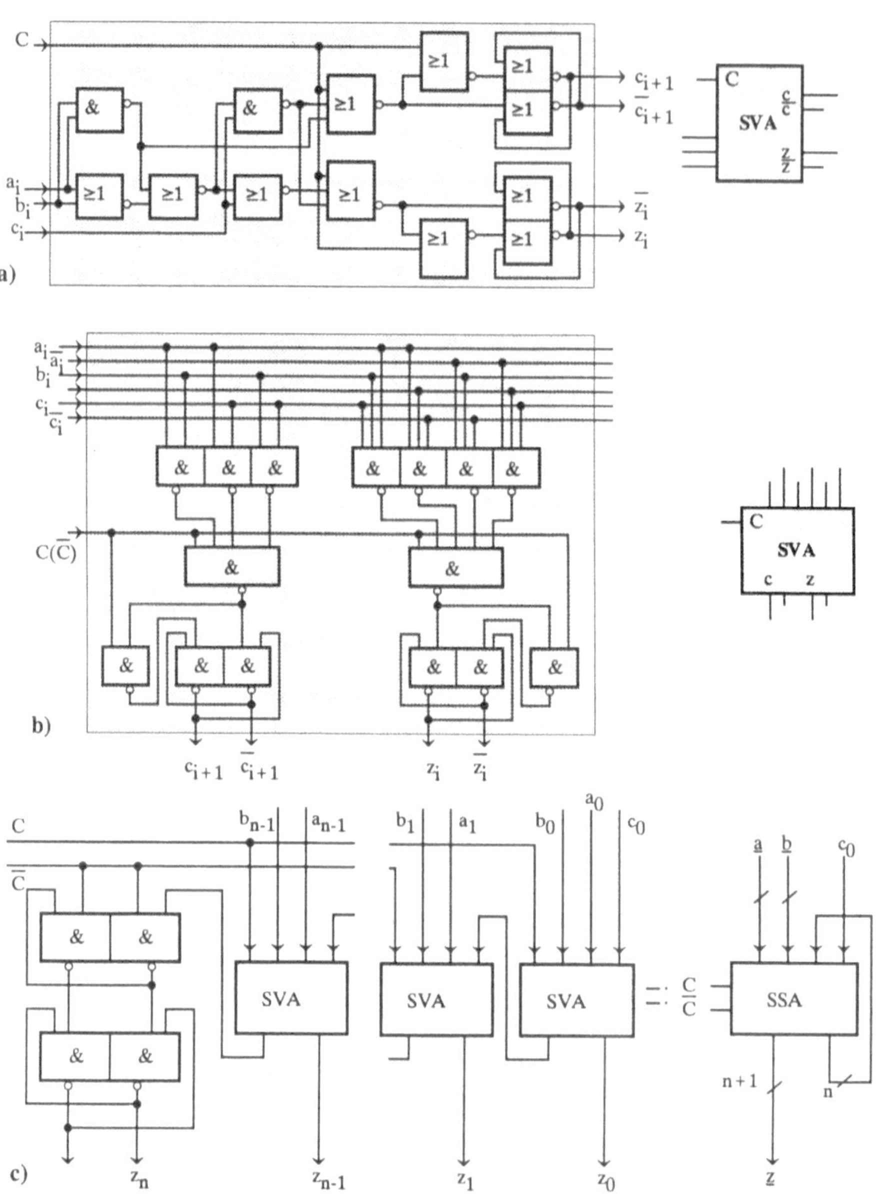

Bild 5.10 Speichernder Stufen-Addierer (SSA) für hohen Durchsatz bei tanktversetzten Datenstrukturen:
a) Speichernde Volladdierer-Zelle mit seriellen Gattern (SVA), taktzustandsgesteuert;
b) Speichernde Volladdierer-Zelle für schnelle Verarbeitung, taktzustandsgesteuert;
c) Zusammenschaltung der Zellen zum n-bit-Addierer

5.4 Addierer-Schaltungen

5.4.1 Subtrahierer

Bei der binären Darstellung von Zahlen wurde im Abschnitt 5.2 u.a. die Darstellung im Zweier-Komplement angegeben, die auch negative Zahlen zu erfassen gestattet. Dies ermöglicht, wie dort gezeigt, die Subtraktion auf die Addition zurückzuführen. Sei $\underline{b}$ die Darstellung der Zahl B und $\underline{b}^*$ die Darstellung der Zahl -B im Zweier-Komplement

(46) $[\underline{b}]^{(2)} = B, \qquad [\underline{b}^*]^{(2)} = -B,$

dann gilt durch Einbeziehung negativer Zahlen:

(47) $A - B = [\underline{a}]^{(2)} - [\underline{b}]^{(2)} = A+(-B) = [\underline{a}]^{(2)}+[\underline{b}^*]^{(2)}$

Subtraktion als Addition negativer Zahlen

Durch Einsetzen von $\underline{b}^*$ anstelle $\underline{b}$ ist die Subtraktion auf die Addition zurückgeführt: Es kann ein normaler Addierer-Baustein als Subtrahierer verwendet werden. Liegt nur die Darstellung von +B vor durch die Bits von $\underline{b}$, so geht, wie im Abschnitt 5.2 Gl. (14) gezeigt, $\underline{b}^*$ aus $\underline{b}$ hervor, durch Bilden des Komplements (Negieren aller Bits) und durch zusätzliche Addition einer 1:

(48) $[\underline{b}^*] = [\overline{\underline{b}}] + 1$

Allgemeiner gilt nach Gl.(14) für die Darstellung positiver und negativer Zahlen im Zweierkomplement:

$$-[\underline{c}]^{(2)} = [\overline{\underline{c}}]^{(2)} + 1$$

Dabei sind die Operationszeichen "+" und "-" außerhalb der eckigen Klammern hier immer die gewohnten Additionen und Subtraktionen in den Zahlen, keine Booleschen Verknüpfungen. Ist zunächst nur +B binär dargestellt, so benötigt man nicht zur Ausführung einer Subtraktion einen zweiten Addierer für +1, sondern kann den Carry-Eingang c_0 mit einer 1 belegen und statt $\underline{b}$ das Komplement $\overline{\underline{b}}$ eingeben, wie es Bild 5.11 zeigt. Stellen $\underline{a}$ und $\underline{b}$ positive Zahlen dar, so können sie im Dualcode vorliegen, da im positiven Bereich beide Darstellungen übereinstimmen. Das Ergebnis $\underline{z}$ aber muß im Zweier-Komplement interpretiert werden, wie es auch die Gleichung in Bild 5.11 a) angibt, da im Falle A>B eine negative Zahl entsteht, die im Dualcode nicht dargestellt werden kann.

Überlauf-Decodierung im Zweier-Komplement

Gesondert zu betrachten ist bei der Addition im Zweier-Komplement der Überlauf c_{n+1}; hier ist zu unterscheiden zwischen positivem und negativem Überlauf. Bei der Addition zweier negativer Zahlen tritt grundsätzlich der Überlauf $c_{n+1} = 1$ auf.

Aber auch bei zwei positiven Zahlen kann ein Überschreiten des positiven Bereichs auftreten, wenn nämlich bei n-bit-Addierern das Ergebnis der Addition gleich oder größer ist als 2^{n-1}; ein solches Ergebnis würde fälschlicherweise als negative Zahl im Zweier-Komplement interpretiert werden. z.B. bei folgendem 4-bit Wort:

	0 1 1 1	7
+	0 1 1 1	+7
	1 1 1 0	14 mod(8) = -2 mod(8)
bei	$c_{n+1}=0$	

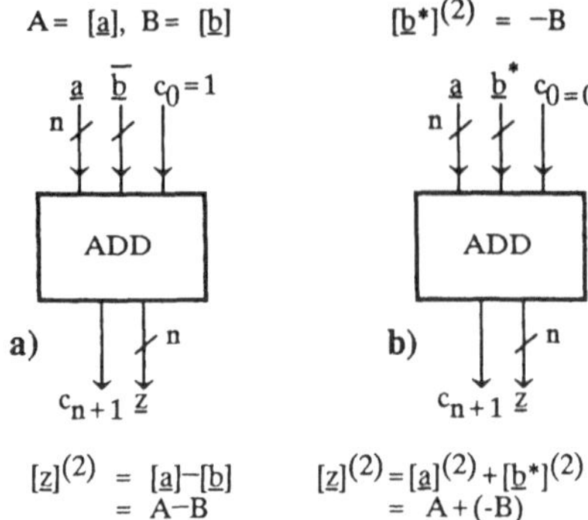

Bild 5.11 Addierer als Subtrahierer durch komplementäre Darstellung:
a) Subtraktion von Dualcodezahlen [a],[b]≥0;
b) Subtraktion als Addition einer negativen Zweier-Komplementzahl.

Dieses Ergebnis, das der normale Addierer liefert, soll nun im allgemeinen nicht als eine negative Zahl interpretiert werden, sondern als ein positiver Überlauf, der in einem 5-bit-Wort als 14 dargestellt werden kann: (0 1 1 1 0).

Werden in einem n-bit-Addierer die beiden größten (positiven) Zahlen im Zweier-Komplement addiert, so tritt noch kein Überlauf $c_{n+1}=1$ auf: bei sämtlichen Additionen positiver Zahlen bleibt also $c_{n+1}=0$. Demzufolge liegt ein positiver Überlauf genau dann vor, wenn $c_n=1$ und $c_{n+1}=0$ ist.

Da das MSB der negativen Zahlen immer "1" ist, tritt bei jeder Addition zweier negativer Zahlen ein Überlauf $c_{n+1}=1$ auf. Ist das Ergebnis der Addition zweier negativer Zahlen negativer als -2^{n-1}, so führt die n-bit-Ergebniszahl zwangsläufig in den durch die Interpretation der positiven Zahlen abgedeckten Bereich, in dem $c_n=0$ ist. Ein negativer Überlauf liegt folglich hingegen genau dann vor, wenn $c_{n+1}=1$ und $c_n=0$. Z. B. liefern die Additionen der kleinsten und größten negativen 4-bit-Zahlen:

1 0 0 0	-8	1 1 1 1	-1
1 0 0 0	-8	1 1 1 1	-1
0 0 0 0	-16	1 1 1 0	-2
$c_{n+1}=1,\ c_n=0$		$c_{n+1}=1,\ c_n=1$	

Demnach liegt ein Überlauf überhaupt vor, wenn entweder "$c_{n+1}=1$ und $c_n=0$" oder "$c_{n+1}=0$ und $c_n=1$" ist. Für die drei Überlaufanzeigen gilt also im Zweier-Komplement:

(49) $$\ddot{U}^{(2)} = c_{n+1} \oplus c_n = c_{n+1} \cdot \overline{c}_n + \overline{c}_{n+1} \cdot c_n$$

(50) $$\ddot{U}^{(2)+} = \overline{c_{n+1} \leftarrow c_n} = \overline{c}_{n+1} \cdot c_n$$

(51) $$\ddot{U}^{(2)-} = \overline{c_{n+1} \rightarrow c_n} = c_{n+1} \cdot \overline{c}_n$$

Die zugehörigen einfachen Logikschaltungen zur Decodierung des Zweier-Komplement-Überlaufs sind in Bild 5.12 dargestellt. Eine Überlaufanzeige erübrigt sich, wenn die Anzahl der Ergebnisbits gemäß dem Zweier-Komplement um 1 bit erweitert wird. Verbreitert man bereits die Eingangswörter um 1 bit, so kann weder bei Additionen noch bei Subtraktionen eine Bereichsüberschreitung der Ergebnisse vorkommen. Es muß dann lediglich anstelle der Überlauf-Decodierlogik ein weiterer 1-bit-Volladdierer hinzugenommen werden. Eine solche bequeme Lösung ist in Bild 5.12 b) dargestellt.

Ist eine Worterweiterung nicht ohne weiteres vertretbar, so können langwierige Algorithmen bei einem Überlauf oft problemlos fortgesetzt werden, wenn kein Vorzeichensprung, d.h. der Wechsel von einem Extrem in das andere stattfinden würde. Vor allem bei Adaptionsalgorithmen führt dies schnell zu "künstlichen Instabilitäten", bei denen der Abbruch nicht vermeidbar ist. Ein Weiterrechnen hingegen ist oft sinnvoll, wenn beim Überlauf eine Begrenzung vorgenommen wird, bei der eine Anzeige registrieren kann, daß eine solche Begrenzung stattgefunden hat. Die Überlaufsignale $Ü^{(2)+}$ und $Ü^{(2)-}$ kann man dazu verwenden, um eine *Begrenzerschaltung* zu steuern. Diese hat dann die Funktion, im Falle eines Überlaufs die jeweilige Bereichsgrenzzahl einzusetzen: bei einem positiven Überlauf die Zahl 2^n-1 und bei einem negativen Überlauf die Zahl -2^n, im Falle eines (n+1)-bit-Wortes. Die Zusatzschaltungen hierfür sind einfach: Für die positive Begrenzung wird das Überlaufsignal $Ü^{(2)+}$ OR-verknüpft mit den Ergebnisbits z_0 bis z_{n-1} und z_n &-verknüpft mit dem invertierten Wert von $Ü^{(2)+}$. Die negative Begrenzung wird komplementär in Reihe geschaltet: z_0 bis z_{n-1} wird &-verknüpft mit dem invertierten Signal von $Ü^{(2)-}$, während das MSB z_n OR-verknüpft wird mit $Ü^{(2)-}$.

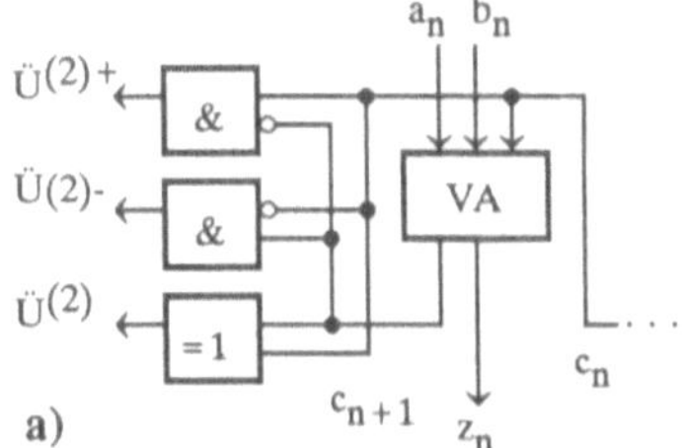

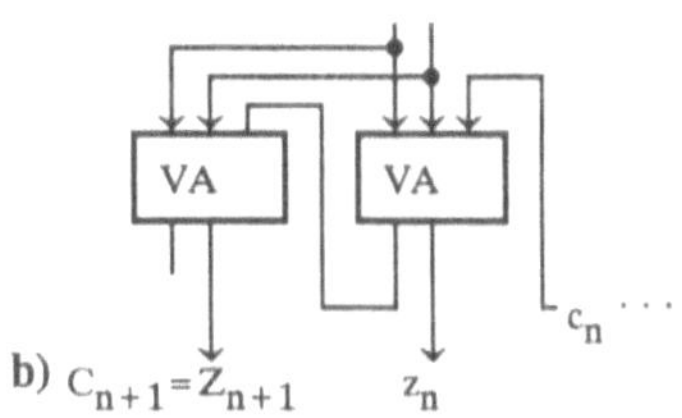

Bild 5.12 Schaltungslogik zur Überlaufsicherung bei Additionen im Zweier-Komplement:
a) Zusatzschaltungen für Überlaufanzeige $Ü^{(2)}$, sowie für separate positive und negative Überlaufanzeigen;
b) Überlaufsicherung durch Worterweiterung; VA: 1-bit-Volladdierer.

5.4.2 Erweiterungen der Wortbreite

Eine nicht seltene Fehlerquelle beim Entwurf von Schaltketten in der Signalverarbeitung sind Bereichsüberschreitungen bei mathematischen Operationen. Deshalb wird intern oder nach Operationen die Wortbreite erhöht, um Überläufe oder Begrenzungen zu vermeiden. Im Dualcode wird das Erhöhen der Wortbreite durch linksseitiges Auffüllen von Nullen vorgenommen. In der Vorzeichen-Betragsdarstellung muß man dann lediglich das Vorzeichenbit linksseitig mit verschieben. Beim Einer- oder Zweier-Komplement hingegen wird die Wortbreite von ganzen Zahlen dadurch erhöht, daß das linke Bit, das MSB, nach links kopiert wird.

Die Erweiterung im Zweier-Komplement wird anhand des folgenden Beispiels erläutert. Am Ausgang eines 4-bit-Addierers mit Überlaufanzeigen sollen die links dargestellten 4-bit-Ergebniszahlen auf 8-bit-Darstellung erweitert werden. Dies geschieht, wie man sofort sieht, durch linksseitiges (MSB) Auffüllen von Nullen bei positivem Überlauf und durch Auffüllen von Einsen beim negativen Überlauf. Fand kein Überlauf statt, muß das MSB kopiert werden:

4-bit-Ergebnis-Wort		Erweiterung	auf 8 bit ergänztes Wort
$\ddot{U}^-\ddot{U}^+$	$z_3\ z_2\ z_1\ z_0$	⇒	$z_7\ z_6\ z_5\ z_4\ z_3\ z_2\ z_1\ z_0$
1 0	1 0 0 0	⇒	1 1 1 1 1 0 0 0
0 1	1 1 1 0	⇒	0 0 0 0 1 1 1 0
0 0	1 1 1 0	⇒	1 1 1 1 1 1 1 0
0 0	0 1 1 1	⇒	0 0 0 0 0 1 1 1

Bei Gleitkomma-Additionen müssen die Mantissen entsprechend den Exponenten geshiftet addiert werden. Dabei muß bei sehr unterschiedlichen Exponenten das betragsmäßig kleinere Wort von rechts, in den LSBs, gekürzt werden. Das einfachste Verfahren ist das Weglassen. Besser ist jedoch das Auf- und Abrunden beim Kürzen. Dabei entscheidet das höchstwertige von den zu kürzenden Bits, ob auf- oder abgerundet wird: Ist es "0", wird abgerundet, d.h. der Rest wird weggelassen, ist es "1" wird aufgerundet, d.h. eine 1 wird addiert. Für die Addition der 1 kann der Carry-Eingang c_0 verwendet werden, so daß keine Zusatzlogik erforderlich ist: Das MSB von den zu kürzenden Bits kann direkt an den niedrigsten Carry-Eingang gelegt werden.

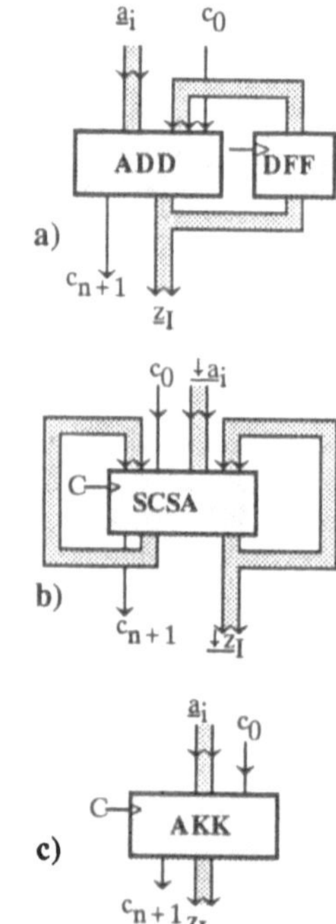

Bild 5.13
Akkumulatorschaltungen:
a) Schaltung aus n+1-bit-Addierer (ADD) und aus n+1 flankengetriggerten D-Flipflops;
b) Schaltung aus SCSA für taktversetzte Bitstruktur $\downarrow\underline{a}_i$;
c) Schaltungssymbol.

5.4.3 Akkumulator

Ein Akkumulator ist ein Addierer, der die laufende Summe einer Zahlenfolge A_i bildet.

(52) $$S_I = \sum_{i=0}^{I} A_i = \sum_{i=0}^{I} [\underline{a}_i]^{(2)} = [\underline{z}_I]$$

In Taktabständen T wird jeweils die laufende Summe wieder zurückgeführt und zu dem neu ankommenden Signalwert addiert. Ein Akkumulator arbeitet also rekursiv. Das macht eine Zwischenspeicherung erforderlich. Wie Bild 5.13 a) zeigt, kann ein normaler

Addierer ADD (CRA, CLA) verwendet werden, dessen Ausgangswerte in flankengetriggerten D-Flipflops zwischengespeichert und zu einem Eingang an die jeweils gleiche Bitposition zurückgekoppelt werden. Es kann aber auch - und dies zeigt Teil b) von Bild 5.15 - ein speichernder Carry-Save-Addierer (SCSA) für wesentlich höhere Taktfrequenzen verwendet werden. Voraussetzung für den hohen Durchsatz ist allerdings eine taktversetzte Bitstruktur der Daten $\underline{a}_i$, gekennzeichnet durch $\downarrow\underline{a}_i$, bei der das nächsthöhere Bit jeweils eine Taktperiode später angeliefert wird. Derartige Datenstrukturen eignen sich insbesondere für "Transversale Filter", Bildtransformationen und Korrelationsoperationen für Mustererkennungen in Echtzeit.

Beim rekursiv geschalteten SCSA ist zu beachten, daß die Carry-Ausgänge eine um 1 bit höhere Wertigkeit besitzen. Der MSB-Carry-Ausgang $u_{n+1}=c_{n+1}$ ist dann als Überlauf-Ausgang zu benutzen. Bei Akkumulatoren ist die Gefahr eines Überlaufs sehr hoch, weshalb Überlaufmeldungen und Begrenzungen einzuführen wichtig ist. Typische Anwendungen sind neben Korrelatoren auch Koeffizientenbildung in adaptiven Filtern.

5.4.4 Multiplizierer

Aus der Algebra ist bekannt: Die Multiplikation von ganzen Zahlen ist eine Sequenz von Additionen. Bei Gleitkommadarstellungen von Zahlen bestehen die Multiplikationen aus "geshifteten Ganzzahlenmultiplikationen" der Mantissen und aus Additionen der Exponenten. Damit kann auch diese Multiplikation auf Additionssequenzen zurückgeführt werden. Deshalb leitet sich auch die Hardware-Logik der Multiplizierer aus der der Addierer ab.

Bei der Multiplikation spielt das Vorzeichen eine untergeordnete Rolle; ist es als MSB binär angegeben, so entspricht bekanntlich die Vorzeichenbildung des Produktes einer EXOR-Operation:

"+"·"+" = "+", "+"·"-" = "-", "-"·"-" = "+".

Mit v = "0" ≙ "+" und v = "1" ≙ "–" als Vorzeichen der Faktoren v_a und v_b gilt also:

(53) $$v_z = v_a \oplus v_b,$$

so daß mit einem EXOR-Baustein das Vorzeichen v_z des Ergebnisses separat gebildet werden kann.

Da ja diese Vorzeichen nicht weiter in die Produktbildung eingehen, empfiehlt sich eine Vorzeichen-Betragsdarstellung der Zahlen, die im folgenden vorausgestzt wird. Die numerische Multiplikation von Dualzahlen geschieht bekanntlich durch die folgenden Additionen:

(54) $$A \cdot B = [\underline{a}] \cdot [\underline{b}] = (\Sigma\,[a_j] \cdot 2^j) \cdot (\Sigma\,[b_i] \cdot 2^i) = \Sigma(\Sigma\,[a_j \cdot b_i] \cdot 2^{i+j})\ ;\ a_j, b_i \in \{0,1\}$$

Es ist unschwer zu erkennen, daß mit dem Malpunkt "•" innerhalb der eckigen Klammern die Boolesche &-Verknüpfung und mit dem kleinen Punkt "·" außerhalb dieser Klammern die Mal-Operation in den natürlichen Zahlen gemeint ist. Da dies aber hier auf die gewohnten gleichen Wertzuweisungen hinausläuft, ist die Benutzung gleicher Malzeichens ohnehin konfliktfrei.

Für die Beträge gilt im Dualcode:

(55) $$[p] = [\underline{a}]\cdot[\underline{b}] = [(...,a_0\bullet b_2,a_0\bullet b_1,a_0\bullet b_0)]+[(...,a_1\bullet b_1,a_1\bullet b_0,0)] +$$

$$+ [(..,a_2\bullet b_0,0,0)]+..+[(a_{m-1}\bullet b_{n-1},a_{m-1}\bullet{}_{n-2},0,..,0)]$$

$$= [(p_{m+n}, p_{m+n-1}, p_{m+n-2},...,p_0)]$$

Damit entsteht aus zwei Faktoren $\underline{a}$, $\underline{b}$ der Wortbreiten n bzw. m ohne Vorzeichen ein Produktwort $\underline{p}$ der Breite n+m ohne und n+m+1 mit Vorzeichen.

Die einzelnen zum Produkt führenden Additionen können dabei (bis auf die letzte) bevorzugt durch Carry-Save-Additionen ausgeführt werden.

Als Beispiel zeigt Bild 5.13 die Logikschaltung für einen 4x4-bit Multiplizierer, bei dem in der letzten Addierstufe ein CRA (Carry Ripple Adder) eingesetzt ist. Die mit den a_i auszuführenden &-Verknüpfungen sind in einem Demultiplexer (DM) zusammengefaßt, bei dem für $a_j=1$ alle Werte b_i übernommen und für $a_j=0$ alle null gesetzt werden.

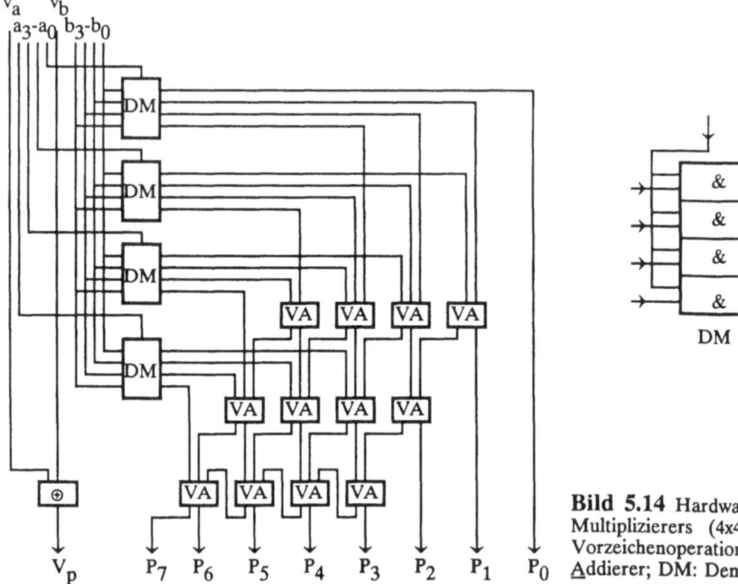

Bild 5.14 Hardwarestruktur eines Multiplizierers (4x4 bit) mit Vorzeichenoperation; VA: 1-bit-Voll-Addierer; DM: Demultiplexer.

Die in Bild 5.14 gezeigte Grundstruktur eines Multiplizierers läßt sich systematisch auf größere Wortbreiten übertragen. Sie hat für die Realisierung in MOS-Technik den Vorteil, daß sie sich aus zwei Typen von Basiszellen, den 1-bit-Volladdierern und den Demultiplexern zusammensetzt, die dann lediglich vollständig verdrahtet werden müssen. Deshalb brauchen für den Layout-Entwurf in der Silizium-Ebene nur diese Grundtypen optimal entworfen zu werden, die sich dann reproduzieren lassen. Die Verdrahtung selbst kann dann in einer weiteren zu kontaktierenden Metallisierungsebene ausgeführt werden. Aufgrund der Regelmäßigkeit dieser repetitiven Strukturen läßt sich auch eine hohe Integrationsdichte erzielen. Darüber hinaus ist die Topologie so regelmäßig, daß sie auch für höhere Bitzahl einfach erweiterbar ist.

Die für die Multiplikation erforderlichen Additionen können natürlich ebenfalls sequentiell und akkumulativ ausgeführt werden. Dadurch wird auch ein einfacher μ-Prozessor, der nur ein Addierwerk besitzt, in die Lage versetzt, Multiplikationen über eine feste Ablaufsteuerung per Shift- und Additionsbefehle nacheinander in mehreren Taktzyklen abzuarbeiten. Kommt es jedoch auf hohen Durchsatz an, so ist die in Bild 5.13 dargestellte parallele Verarbeitung unumgänglich.

Eine weitere Erhöhung des Durchsatzes ist dadurch erzielbar, daß anstelle der Volladdierer-Zellen (VA) speichernde Volladdiererzellen (SVA) eingesetzt werden.

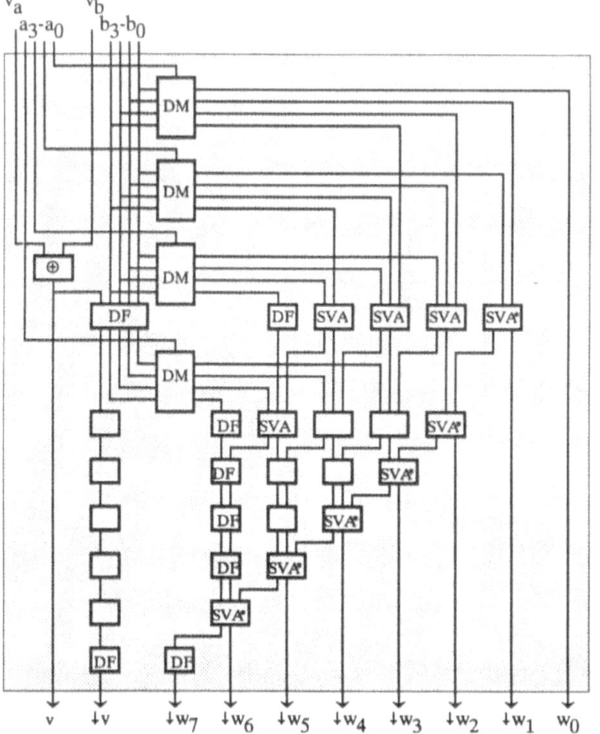

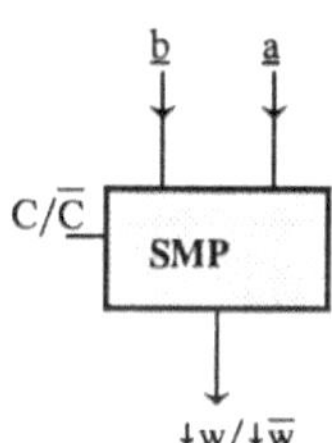

Bild 5.14 Hardwarestruktur eines speichernden Stufen-Multiplizieres (SMP) für hohen Durchsatz. DM: Demultiplexer; SVA: Speich. Volladdierer; DF: D-Flipflops: ↓w_i: Taktversetztes Produktsignal.

Durch die Zwischenspeicherung in den einzelnen Addiererzeilen kann die vorhergende Logik freigegeben werden für die nächsten zu multiplizierenden Datenwörter, sobald die Abspeicherung abgeschlossen ist. Dies wird, auf Bild 5.14 bezogen zeilenweise, abwechselnd durch den Takt C bzw. $\bar{C}$ gesteuert. Bild 5.14 zeigt eine solche repetitive Struktur eines parallelen Speichernden Multiplizierers (SMP). Die Struktur ist anhand eines 4x4-bit-SMP verdeutlicht. Sie unterscheidet sich lediglich von der vorhergehenden in Bild 5.13 durch die taktzustandsgesteuerte Zwischenspeicherung, die in den SVA-Zellen selbst und in den D-Flipflops DF vorgenommen wird. Eine solche Struktur wird *systolisch* genannt, da sämtliche für die Multiplikation erforderlichen Funktionen direkt repetitiv in Hardware umgesetzt sind und die zeitliche Ablaufsteuerung der Zwischenspeicher den optimierten Durchsatz gewährleistet.

Die einzelnen Bits der Eingangswörter $\underline{a}$, $\underline{b}$ liegen parallel gleichzeitig, dh. in demselben Taktzyklus, an. Die Ausgangswörter $\downarrow\underline{w}$ hingegen weisen wieder die durch den Pfeil $\downarrow$ gekennzeichnete taktversetzte Bitanordnung auf, wie sie ein Stufenaddierer (SSA) nach Bild 5.10 voraussetzt. Diese Kombination optimiert den Durchsatz für ein Transversalfilter. Bild 5.15 zeigt eine solche systolische Hardwarestruktur eines schnellen Transversalfilters.

Um positive und negative Signale mit dem speichernden Stufenaddierer (SSA) summieren zu können, ist eine Codewandlung von der Vorzeichen-Betragsdarstellung in das Zweier-Komplement erforderlich. Für diesen Zweck werden die zum Ausgang des SMP führenden SVA-Zellen um 3 Gatter (in Bild 5.15 b) schattiert) erweitert, um bei negativem Vorzeichen $\downarrow v_p = 1$ das invertierte Signal auf dieselbe Ausgangsleitung zu bringen. Für die zeitgerechte Verfügbarkeit des Vorzeichenbits v_p muß auch der Multiplizierer in Bild 5.14 um D-Flipflops für das Produktvorzeichen v_p ergänzt werden, da ja die Invertierung taktversetzt erfolgen muß.

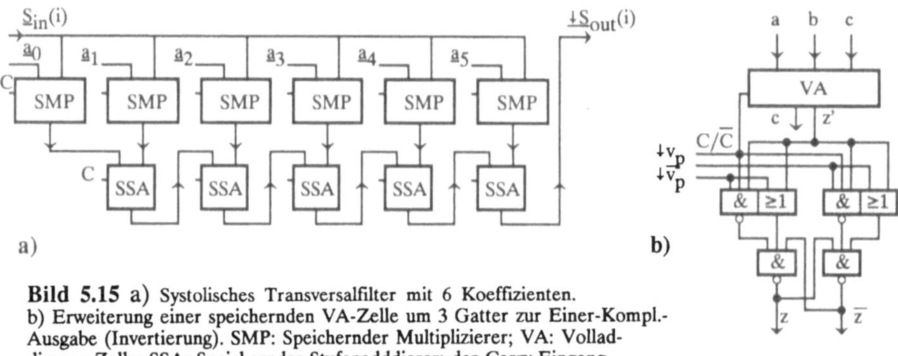

Bild 5.15 a) Systolisches Transversalfilter mit 6 Koeffizienten.
b) Erweiterung einer speichernden VA-Zelle um 3 Gatter zur Einer-Kompl.-Ausgabe (Invertierung). SMP: Speichernder Multiplizierer; VA: Volladdierer-; Zelle; SSA: Speichernder Stufenadddierer; der Carry-Eingang des SSA wird mit dem Vorzeichenbit verbunden, um in das Zweier-Komplement zu wandeln: $c_0 = v$. **SVA*** ,vgl. SVA Bild 5.10b).

Beim Entwurf integrierter Schaltungen braucht man, wenn ein solches systolisches Filter für hohen Durchsatz zu realisieren ist, vorab in der Systemplanungsphase die Information, wieviel Koeffizienten bei einer vorgegebenen Bitbreite und einer vorgegeben Gatterzahl je Chip realisierbar sind. Dieser Aufwand läßt sich wie folgt abschätzen. Der Hardwarebedarf für einen speichernden nxn-bit-Multiplizierer setzt sich (ohne Berücksichtigung von Treibern und Taktzellen) wie folgt zusammen:

$n\cdot(n-4)+(n+3)\cdot(n+2)/2$	1-bit FF	$= 3\cdot(n^2-n+2)/2*3$ Gatter
$+n - 1$	n-1-bit-DEMUX	$= (n-1)^2$ Gatter
$+(n-1)\cdot(n-1)$	1-bit-SVA	$= n\cdot(n-1)*15$ Gatter
Summe Hardware-Aufwand:		$\approx 20\cdot n\cdot(n-1)+n\cdot(n+5)/2 + 7$ Gatter

5.4.5 Dividierer

Die Umkehroperation der Multiplikation ist die Division. Die Umkehroperation der Addition, die Subtraktion, konnte durch die einfache Zuordnung von negativen Zahlen zu den gleichgroßen positiven, auf die Addition zurückgefürhrt werden. Hätte man auch eine einfache Zuordnung zu den reziproken (inversen) Zahlen, dann könnte man die Division auf die Multiplikation mit der inversen Zahl zurückführen. Leider hat bislang niemand eine einfache und schnelle Logik zum Auffinden der zugehörigen reziproken Zahl gefunden. Dennoch wird dieses Prinzip auch praktiziert und zwar über abgespeicherte Tabellen in einem (ROM-) Speicher mit schnellem Zugriff. Jedoch erschöpfen sich die üblichen Speicherkapazitäten sehr rasch mit wachsender Wortbreite, da man für eine Wortbreite von n bit eine Speicherkapazität von $n\cdot 2^n$ bit benötigt, so daß bei einer 16-bit-Wortbreite bereits die Megabit-Grenze überschritten wird. Auch wenn hier mögliche spezielle Organisationen den Speicherbedarf reduzieren können, bleibt der Aufwand bei noch größeren Wortbreiten erheblich.

Der Entwurf einer geeigneten Divisionslogik ist also von Interesse. Es genügt zunächst, eine Logik für die Quotientenbildung aus ganzen Zahlen zu entwickeln; auch bei Gleitkomma-Operationen können Mantisse und Exponent als ganze Zahlen behandelt werden: Mantissen werden dann dividiert, während gleichzeitig die Exponenten subtrahiert werden.

Betrachten wir vorerst eine gewohnte Division B:A zweier natürlicher Zahlen im Zehnersystem. Es wird am Anfang die größte ganze Zahl $k_1 \in \{0,1,...9\}$ bestimmt, deren Produkt mit A kleiner als B ist: $k_1\cdot A<B/10^m$, wobei $B/10^m$ die Stellenzahl von A ist. Die Zahl k_1 und der Rest $R_1=B/10^m-k_1\cdot A$ werden notiert. Der gleiche Vorgang wird mit $R_1\cdot 10$ wiederholt. Dies ergibt k_2 usw. Der Vorgang wird rekursiv fortgeführt, entweder bis zu einem Rest $R_l=0$ oder über das Komma hinaus. Beim Suchen einer Zahl k kann man stupid von 9 beginnend die Differenz von $B/10^m-k\cdot A$ bilden; die erste, keine negative Differenz ergebende Zahl ist die Gesuchte. Im binären Zahlensystem ist dieses Suchen leichter; es gibt ja nur "1" und "0" für k. Besteht die Zahl B aus m bit und A aus n bit, so ist $A\geq 1$ und $B<2^m$. Man beginnt also mit der ersten Differenz $B/2^{m-1}-k_1\cdot A=B/2^{m-1}-1\cdot A$. Ist diese Differenz negativ, so muß $k_1=0$ gelten. Der nächste Schritt beginnt mit $k_2=1$ und mit dem Faktor 2^{m-2}. Hat man nun bereits den Rest R_1 gebildet, so kann man auch bei negativem Rest von diesem ausgehen, indem nicht die Differenz $B/2^{m-2}-k_2\cdot A$ sondern (bei $R_1<0$) die Summe mit dem mit 2 multiplizierten negativen Rest gebildet wird: $2\cdot R_1+k_2\cdot A=2\cdot(B/2^{m-1}-A)+k_2\cdot A=B/2^{m-2}-A\cdot(2-k_2)=B/2^{m-2}-A$.

War hingegen der Rest R_1 positiv, so ist die Differenz zu bilden R_1-$k_2 \cdot A$. Allgemein gilt also im binären natürlichen Zahlensystem die Rekursion:

$$R_{i+1} = 2 \cdot R_i - \text{sign}\{R_i\} \cdot k_{i+1} \cdot A \tag{56}$$

Damit ist die binäre Division auf eine Sequenz von Additionen und Subtraktionen zurückgeführt. Im Unterschied zur Multiplikation treten aus der vorherigen Summation bedingte Additionen oder Subtraktionen auf, die ein Abwarten des Summationsergebnisses erforderlich machen, um die richtige Operation ausführen zu können.

Eine Hardwarestruktur, die die in (56) angegebenen Operationen sequentiell ausführt, ist in Bild 5.16 gezeigt. Die Vorzeichenoperation kann wie bei der Multiplikation über eine EXOR-Verknüpfung gebildet werden.

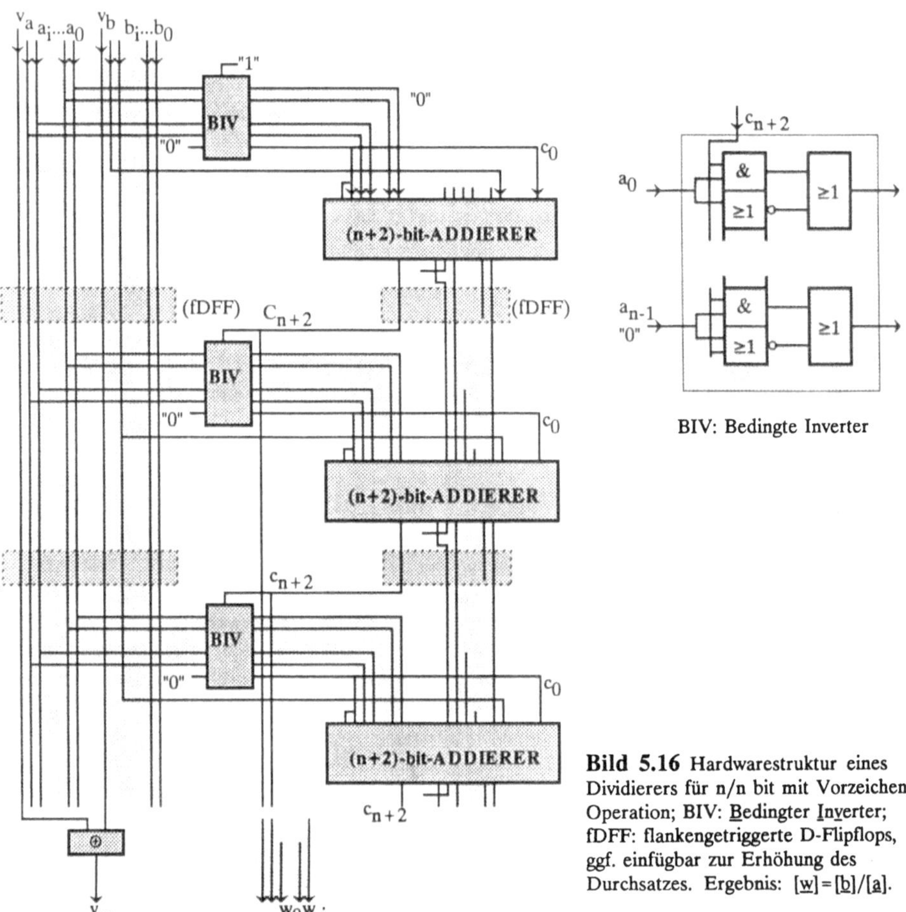

Bild 5.16 Hardwarestruktur eines Dividierers für n/n bit mit Vorzeichen-Operation; BIV: Bedingter Inverter; fDFF: flankengetriggerte D-Flipflops, ggf. einfügbar zur Erhöhung des Durchsatzes. Ergebnis: [w] = [b]/[a].

Es wird vorausgesetzt, daß die Eingangsdatenwörter $\underline{a}$, $\underline{b}$ in Vorzeichen-Betrags-darstellung vorliegen, so daß auch das Ergebnis $\underline{w}$, wenn das Vorzeichen v_w hinzugenommen wird, in der gleichen Darstellung erscheint: $[\underline{w}]^{(0)} = [\underline{b}]^{(0)}/[\underline{a}]^{(0)}$. Der bedingte Inverter BIV hat die Aufgabe, das Wort $\underline{a}$ bitweise zu invertieren, falls ein Überlauf $c_{n+2}=1$ stattgefunden hat, um hiermit die Umwandlung in eine negative Zahl, zunächst im Einer-Komplement, zu bewirken und durch anschließende Addition einer "1" die Darstellung im Zweier-Komplement und somit insgesamt eine Subtraktion zu erhalten. Hierfür wird bei den Addierern eine Erweiterung des Bereiches um zwei Bit erforderlich: Die erste Erweiterung wird durch Anlegen einer binären "0" vor dem bedingten Inverter als MSB und die zweite durch Duplizieren des MSB am linken Eingang des Addierers gebildet. Die Multiplikation des Ergebnisses mit 2 wird durch eine um eine Position nach links geshiftete Verdrahtung an den nächsten Eingang vorgenommen. Deshalb muß die Wortbreite wieder um ein Bit reduziert werden, was durch Weglassen des zweithöchsten Bits erreicht wird. Dies ist möglich, weil sich durch die bedingten Additionen und Subtraktionen der benötigte Zahlenbereich der Ergebnisse verkleinert.

Um den Durchsatz zu erhöhen, können die Ergebnisse über flankengetriggerte D-Flipflops zwischengespeichert werden, was natürlich auch eine Verzögerung der Eingangswörter um einen Takt erforderlich macht. Dies ist in Bild 5.16 durch die schattierten Kästchen mit gestrichelter Umrandung angedeutet. In jedem Addierer kann der Carry als ein (weiteres) Ergebnisbit w_i des Ergebniswortes $\underline{w}$ ausgewertet werden - beim MSB beginnend. Nach n Stufen ist die Kommastelle erreicht.

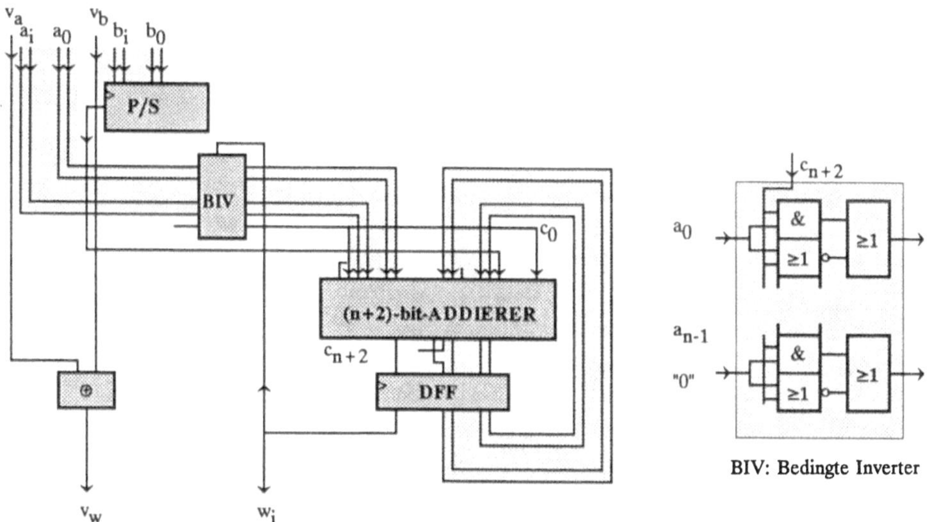

Bild 5.17 Hardwarestruktur eines rekursiven Dividierers mit serieller Ergebnisausgabe für n/n bit paralleler Eingangswörter und zusätzlichen Vorzeichen. Die Ergebnisgenauigkeit der Ganzzahlendivision kann durch die Anzahl der Rekursionen beliebig erhöht werden. DFF: flankengetriggerte D-Flipflops; BIV: Bedingter Inverter. Ergebnis: $[\rightarrow\underline{w}]=[\underline{b}]/[\underline{a}]$, mit $\rightarrow\underline{w}$ als serielles Ausgabewort mit MSB am Anfang. P/S: Parallel/Seriell-Wandler.

Für die Stellen nach dem Komma braucht der gleiche Algorithmus nur fortgesetzt zu werden. Benutzt man die Zwischenspeicherung, so liegt das Ergebniswort taktversetzt vor, mit dem MSB beginnend $\uparrow\underline{w}$.

Wie die Rekursion (56) bereits andeutet, kann der gleiche Addierer auch rekursiv eingesetzt werden, wenn hierfür die Wartezeit für die Folgeoperationen vorhanden ist. In diesem Falle wäre es vorteilhaft, das Eingangswort $\underline{b}$ sequentiell vorliegen zu haben und das Ergebniswort $\underline{w}$ ebenfalls sequentiell ausgeben zu können. Andernfalls muß man, wie in Bild 5.17 gezeigt, Parallel/Seriell-Wandler einsetzen. Soll das Ergebniswort nach dem Komma fortgesetzt werden, so werden die Eingabebits nach abgearbeiteten n Bits einfach mit "0" besetzt.

Der algebraische Divisionsablauf im binären Zahlensystem kann an folgendem Beispiel verfolgt werden. Es wird die Division 62:6 ausgeführt. Das Ergebnis muß sein 62/6 = 10,3333...

Mit $\underline{a}$ = (000110), $\underline{b}$ = (111110) folgt um zwei Bit erweitert:

$$\underline{a} = (0000\ 0110) \qquad \underline{b} = (0011\ 1110) \qquad \text{und } -[\underline{a}]^{(2)} = [(1111\ 1010)]^{(2)}$$

```
                     1 1 1 1 1 0      ⇔ b
       0 0 0 0 0 0 0 1
"-"    1 1 1 1 1 0 1 0                ⇔ -[a]^(2)
0      1 1 1 1 1 0 1 1                         c_n+2(1) = w_5 = 0
       ↓   ↓ ↓ ↓ ↓ ↓ ↓ ↓b_4
       → 1 1 1 1 0 1 1 1
"+"      0 0 0 0 0 1 1 0
0        1 1 1 1 1 1 0 1 ↓b_3                  c_n+2(2) = w_4 = 0
           1 1 1 1 1 0 1 1
           0 0 0 0 0 1 1 0
1          0 0 0 0 0 0 0 1 ↓b_2                c_n+2(3) = w_3 = 1
             0 0 0 0 0 0 1 1
"-"          1 1 1 1 1 0 1 0
0            1 1 1 1 1 1 0 1 ↓b_1              c_n+2(4) = w_2 = 0
               1 1 1 1 1 0 1 1
"+"            0 0 0 0 0 1 1 0
1              0 0 0 0 0 0 0 1 ↓b_0            c_n+2(5) = w_1 = 1
                 0 0 0 0 0 0 1 0
"-"              1 1 1 1 1 0 1 0
0                1 1 1 1 1 1 0 0 ↓b_-1         c_n+2(6) = w_0 = 0
                   1 1 1 1 1 0 0 0
"+"                0 0 0 0 0 1 1 0
0                  1 1 1 1 1 1 1 0             c_n+2(7) = w_-1 = 0
                     1 1 1 1 1 1 0 0
"+"                  0 0 0 0 0 1 1 0
1                    0 0 0 0 0 0 1 0           c_n+2(8) = w_-2 = 1
                       0 0 0 0 0 1 0 0
"-"                    1 1 1 1 1 0 1 0
0                      1 1 1 1 1 1 1 0         c_n+2(9) = w_-3 = 0
                                               entspricht 7. Ergebnis
                                               → Periodische Fortsetzung!
```

Die periodische Fortsetzung liefert also das Ergebniswort $\underline{\rightarrow w}$ = (001010,0101010...). Dies entspricht der Zahl

$$W = 2^3 + 2^1 + 2^{-2} + 2^{-4} + 2^{-6} + 2^{-8} + \dots\ 10{,}3333\dots$$

Die Eigenschaft der Periodizität ist natürlich unabhängig von der Basis eines Zahlensystems. Die Periode im binären Zahlensystem ist entsprechend 010101...

5.4.6 Vergleich von Hardwareaufwand mit Verarbeitungszeit

Beim Entwurf von Signalverarbeitungssystemen für integrierbare Lösungen sind folgende beiden Aspekte die entscheidenden, ob die Realisierung in einer anvisierten Technologie möglich ist oder nicht:

- Hardwareaufwand

- Verarbeitungszeit

Um für die wichtigsten arithmetischen Basisfunktionsgruppen vorab Entscheidungshilfen zu geben, sind Abschätzungen über Hardwareaufwand und Verarbeitungsgeschwindigkeiten in der Tabelle von Bild 5.18 zusammengestellt.

Als Hardware-Grundbausteine werden Gatter (G) herangezogen, die bis maximal 4 bis 5 AND- oder OR-Eingänge haben können und technologieabhängig je ca. 2 bis 10 Transistoren erfordern können. Die Verarbeitungsgeschwindigkeit wird anhand der Verarbeitungszeit t_v abgeschätzt, bezogen auf eine (maximale) Gatterverzögerungszeit τ, die wiederum ebenfalls von der Technologie vorgegeben wird und zusätzlich abhängig ist von Leitungs-, Drain-, und Gate-Kapazitäten. Diese Gatterverzögerungszeiten können bei MOS-Technologien zwischen 0,5 bis 10ns liegen und bei GaAs sogar bis 50 ps herab reichen.

Als Entscheidungskriterium für eine günstige Wahl der Hardware-Logikstruktur kann man in erster Näherung das Produkt der Anzahl erforderlicher Gatter A_G mit der maximal auftretenden Verarbeitungszeit t_v bis zur nächsten Zwischenspeicherung heranziehen. Dieses Produkt sollte für günstige Lösungen minimiert werden:

$$D = A_G \cdot t_v = \text{Min!} \tag{57}$$

Um dieses Produkt zu minimieren, kann dann auf Seriellisierung oder Parallelisierung, je nach Durchsatzanforderungen an das Gesamtsystem, übergegangen werden. Den Durchsatz bestimmt die Taktfrequenz f_c, die etwas kleiner sein muß als $f_{max} = 1/t_v$.

Bei Verwendung der in der Tabelle von Bild 5.18 angegebenen speichernden arithmetischen Basisbausteine muß eine im Prinzip nicht-rekursive Verarbeitungsmöglichkeit vorausgesetzt werden, wie sie beispielsweise bei allen digitalen Transversalfiltern vorliegt.

Bei der Aufwandsabschätzung wurde davon ausgegangen, daß möglichst repetitive Strukturen verwendet werden, damit nur wenige Basiszellen im Layout optimiert und ausgetestet werden müssen. Die spätere Verdrahtung hat erfahrungsgemäß ein sehr geringes Redesign-Risiko.

Beispielsweise verwendet man bei Addierern als Silizium-Basiszellen überall 1-bit-Volladdierer und verdrahtet sie dann, wo erforderlich, als Halbaddierer.

Die folgende Tabelle in Bild 5.18 soll lediglich einen groben Gatter-Aufwands- und Laufzeitüberblick vermitteln über die wichtigsten arithmetischen Bausteine, wie sie häufig in kundenspezifischen Lösungen zu verdrahten sind. Ein kurzer Blick in die Tabelle soll helfen, die passende Struktur gleich am Anfang schnell auswählen zu können - unter Berücksichtigung geeigneter Sicherheitsfaktoren. Da es bei gleicher Logik immer noch eine Vielzahl unterschiedlicher Gatterzusammenfassungen und unterschiedliche Layoutvarianten geben kann, sind die folgenden Werte nur als grobe Richtwerte zu verstehen.

Funktion	Hardware Ausführung	Refer. Bild Nr.	Gatter Verz.Z.	n= 1 bit	n= 4 bit	n= 8 bit	n= 16 bit	n= 32 bit
Zähler	UDCS	3.19	A tv	/	35 G 5 T	79 G 6 T	179 G 6 T	459 G 7 T
Addierer	CRA	5.4 & 5.5	A tv	/	44 G 6 T	104 G 7 T	248 G 7 T	696 G 7 T
	CLA (1)	5.6 & 5.4	A tv	9 G 2 T	36 G 8 T	72 G 16 T	144 G 32 T	288 G 64 T
	CLA (2)	5.7 & 5.4	A tv	/	/	108 G 9 T	234 G 9 T	1.200 G 9 T
	CSA	5.8 & 5.4	A tv	13 G 4 T	52 G 4 T	104 G 4 T	208 G 4 T	416 G 4 T
	SSA	5.10 &	A tv	/	60 G 12 T	120 G 20 T	240 G 36 T	480 G 68 T
Akku- mula- toren	CRAK	5.13 & 5.4	A tv	/	78 G 9 T	156 G 9 T	326 G 11 T	760 G 13 T
	SCSAK	5.13 &	A tv	/	52 G 4 T	104 G 4 T	208 G 4 T	416 G 4 T
Multi- plizie- rer	MP (nxn) CRA	5.14 & 5.4	A tv	1 G 1 T	155 G 13 T	568 G 29 T	2.416 G 61 T	9.952 G 125 T
	MP (nxn) CLA	5.14 & 5.4	A tv	/	173 G 10 T	632 G 20 T	2.502 G 36 T	10.232 G 70 T
	SMP (nxn)	5.14 & 5.10	A tv	10 G 2 T	265 G 4 T	1.175 G 4 T	4.975 G 4 T	20.439 G 4 T

Bild 5.18 Tabelle zum Vergleich von Verarbeitungszeit- und Hardware-Aufwand für Zähler, Addierer, Akkumulatoren und Multiplizierer.

Abkürzungen:

UDCS: Synchroner Aufwärts/Abwärtszähler;
CRA: Carry-Ripple-Addierer;
CLA: Carry-Look-Ahead-Addierer;
SSA: Speichernder Stufen-Save-Addierer;
CRAK: Carry-Ripple-Akkumulator;
CLAK: Carry-Look-Ahead-Akkumulator;
SCSAK: Speichernder Carry-Save-Akkumulator;
MP: Multiplizierer;
SMP: Speichernder Multiplizierer;
VAZ: Volladdierer-Zelle.

5.5 Arithmetisch-Logische Einheit (ALU)

Eine ALU (Arithmetic Logic Unit) kann als zentrale Verknüpfungslogik eines Rechners (Mikroprozessors) bezeichnet werden. Sie erlaubt es, steuerbar alle 16 logischen Verknüpfungen zweier binärer Varibler (vgl. Bild 2.5) und darüber hinaus auch die wichtigsten arithmetischen Operationen wie Addition, Subtraktion und Zweier-Komplementbildung auszuführen. Die Aufgabe ist also, durch Vorgabe eines binären Steuervektors $\underline{s}$ zwischen zwei binären Eingangswörtern $\underline{x}$, $\underline{y}$ gewünschte Verknüpfungen auszuführen und das Ergebnis in einem Wort $\underline{z}$ auszugeben. Da sämtliche 16 logischen Verknüpfungen und auch die arithmetischen sich auf Boolesche Operationen zurückführen lassen, reicht es also aus, diese durch $\underline{s}$ zu steuern. Um dies zu erreichen zerlegt man zunächst die zugeordnenten Booleschen Funktionen in Minterme, die man dann an- bzw. abschalten kann.

5.5.1 Steuerung der Booleschen Operationen in der ALU

Die drei zu steuernden Booleschen Operationen sind:

(58) Disjunktion $\underline{z} = \underline{x}+\underline{y} : \quad z_i = x_i+y_i, \quad i \in \{0,..,n-1\}$

(59) Konjunktion $\underline{z} = \underline{x}\cdot\underline{y} : \quad z_i = x_i\cdot y_i, \quad i \in \{0,..,n-1\}$

(60) Negation $\underline{z} = \overline{\underline{x}} : \quad z_i = \overline{x_i}, \quad i \in \{0,..,n-1\}$

Jede logische Funktion $z_i = x_i \odot y_i$ kann durch Auswahl der vier Minterme $m_{i0} = x_i\cdot y_i$, $m_{i1} = x_i\cdot\overline{y_i}$, $m_{i2} = \overline{x_i}\cdot y_i$, $m_{i3} = \overline{x_i}\cdot\overline{y_i}$ ausgeführt werden:

(61) $z_i = x_i \odot y_i = \sum s_j\cdot m_j, \qquad s_j \in \{0,1\}$ also

$$z_i = s_0\cdot x_i\cdot y_i + s_1\cdot x_i\cdot\overline{y_i} + s_2\cdot\overline{x_i}\cdot y_i + s_3\cdot\overline{x_i}\cdot\overline{y_i}$$

Die drei Booleschen Verknüpfungen sind dann:

(62) Konj.: $z_i = m_0 = x_i\cdot y_i$:

(63) Disj.: $z_i = x_i+y_i = x_i\cdot y_i+x_i\cdot\overline{y_i}+\overline{x_i}\cdot y_i$:

(64) Neg.: $z_i = \overline{x_i} = \overline{x_i}\cdot y_i+\overline{x_i}\cdot\overline{y_i}$:

	s_3	s_2	s_1	s_0
(62)	0	0	0	1
(63)	0	1	1	1
(64)	1	1	0	0

Für die logischen Verknüpfungen der Antivalenz, Äquivalenz und Implikation gilt beispielsweise:

$$z_i = x_i \oplus y_i = x_i\cdot\overline{y_i}+\overline{x_i}\cdot y_i \quad \Leftrightarrow (0,1,1,0) = \underline{s}(\oplus)$$

$$z_i = x_i \equiv y_i = x_i\cdot y_i+\overline{x_i}\cdot\overline{y_i} \quad \Leftrightarrow (1,0,0,1) = \underline{s}(\equiv)$$

$$z_i = x_i \rightarrow y_i = \overline{x_i}+y_i = \overline{x_i}\cdot y_i+\overline{x_i}\cdot\overline{y_i}+x_i\cdot y_i \quad \Leftrightarrow (1,1,0,1) = \underline{s}(\rightarrow)$$

5.5.2 Steuerung von arithmetischen Operationen in der ALU

Für die Addition zweier binärer, im Dualcode dargestellter Zahlen $x=[\underline{x}]$, $y=[\underline{y}]$, gilt für $[\underline{z}] = [\underline{x}]+[\underline{y}]$

(65) $z_i = x_i \oplus y_i \oplus c_i$ $\quad i \in \{0,...,n-1\}$

(66) $c_{i+1} = x_i \cdot y_i + (x_i + y_i) \cdot c_i$ $\quad c_0 = 0$

Für die Subtraktion $[\underline{z}] = [\underline{x}]-[\underline{y}] = [\underline{x}]+[\overline{\underline{y}}]+1$ gilt

(67) $z_i = x_i \oplus \overline{y_i} \oplus c_i$ $\quad i \in \{0,..,n-1\}$

(68) $c_{n+1} = x_i \cdot \overline{y_i} + (x_i + \overline{y_i}) \cdot c_i$ $\quad c_0 = 1$

Die Umformung der Gleichungen (65) - (68) auf Minterme liefern für die Addition:

(65)' $z_i = (x_i \cdot y_i + \overline{x_i} \cdot \overline{y_i}) \equiv c_i$ $\quad i \in \{0,...,n-1\}$

(66)' $c_{n+1} = x_i \cdot y_i + \overline{(\overline{x_i} \cdot \overline{y_i})} \cdot c_i$ $\quad c_0 = 0$

und für die Subtraktion:

(67)' $z_i = (x_i \cdot \overline{y_i} + \overline{x_i} \cdot y_i) \equiv c_i$ $\quad i = 0,..,n-1$

(68)' $c_{n+1} = x_i \cdot \overline{y_i} + \overline{(x_i \cdot \overline{y_i})} \cdot c_i$ $\quad c_0 = 1$

Multipliziert man wieder die Minterme m_j mit Steuervariablen s_j wie in (61), so kann man die Gleichungen (65)' und (67)'in (69), sowie (66)'und (68)'in (70) zusammenfassen und durch Setzen der Steuerfunktion unterscheiden:

(69) $z_i = (s_0 \cdot x_i \cdot y_i + s_3 \cdot \overline{x_i} \cdot \overline{y_i} + s_1 \cdot x_i \cdot \overline{y_i} + s_2 \cdot \overline{x_i} \cdot y_i) \equiv c_i$

(70) $c_{n+1} = s_0 \cdot x_i \cdot y_i + s_1 \cdot x_i \cdot \overline{y_i} + \overline{(s_3 \cdot \overline{x_i} \cdot \overline{y_i})} \cdot \overline{(s_2 \cdot \overline{x_i} \cdot y_i)} \cdot c_i$

Damit können Addition und Subtraktion ebenfalls durch $\underline{s}$ und c_0 wie folgt gesteuert werden:

	s_3	s_2	s_1	s_0	c_0
Addition	1	0	0	1	0
Subtraktion	0	1	1	0	1

Zur Abkürzung setzen wir

(71) $a_i = s_0 \cdot x_i \cdot y_i + s_1 \cdot x_i \cdot \overline{y_i}$

(72) $b_i = \overline{(s_2 \cdot \overline{x_i} \cdot y_i)} \cdot \overline{(s_3 \cdot \overline{x_i} \cdot \overline{y_i})}$

Dadurch stellen sich (69) und (70) vereinfacht dar in

(69)' $z_i' = (a_i + \overline{b}_i) \equiv c_i$

(70)' $c_{i+1} = a_i + b_i \cdot c_i$

und die logischen Funktionen (64) sind

(64)' $z_i = a_i + b_i$

Es lassen sich nun noch (69)'und (64)' zusammenfassen in (73) und durch eine weitere Steuergröße s_4 unterscheiden:

(73) $z_i = (a_i + \overline{b}_i) \equiv (s_4 + c_i)$,

so daß $s_4 = 0$ die arithmetischen und $s_4 = 1$ die logischen Operationen liefert.

Setzt man nun die Funktionen (71), (72), (70)'und (73) in Hardware um, so hat man eine ALU mit den Eingangsvariablen $\underline{x}$ und $\underline{y}$, den Ausgangsvariablen $\underline{z}$ und mit dem Steuervektor $\underline{s} = (s_4, s_3, s_2, s_1, s_0)$. Bestehen $\underline{x}$ und $\underline{y}$ aus 4, 8 oder 16 bit, so handelt es sich um eine 4-, 8- bzw. 16-bit-ALU.

In der Tabelle von Bild 5.19 sind sämtliche logischen und arithmetischen Funktionen zusammengestellt, die mittels der beschriebenen Steuerfunktionen in der ALU ausgeführt werden können. Dabei muß man konstatieren, daß nicht alle aufgeführten $3 \cdot 16$ Funktionen eine häufige Anwendung erfahren und die Tabelle nur der Vollständigkeit halber überall einen Eintrag enthält. Von den logischen Funktionen sind die Positionen 1 ("AND"), 6 ("EXOR"), 7 ("OR"), 8 ("NOR"), 9 ("Äquivalenz") und 14 ("NAND") die wichtigsten. Bei den arithmetischen Funktionen stellen die eckigen Klammern jeweils eine Wertzuweisung in die natürlichen Zahlen entsprechend dem Dualcode dar, während die Ergebnisse $[z]^* = [z]^{(2)}$ im Zweierkomplement zu interpretieren sind, da ja bei Subtraktionen negative Werte auftreten können. Für die arithmetischen Funktionen sind die Addition bei Position 9 mit $c_0 = 0$ und die Subtraktion bei Position 6 mit $c_0 = 1$ die wichtigsten. Die Tabelle in Bild 5.19 ist zwar übersichtlich herleitbar, hat aber in der Praxis auf der arithmetischen Seite zu viele nicht benötigte Funktionen. Deshalb wird bei der anschließenden Erläuterung der Register-ALU eine geeignetere Steuerparameterauswahl angegeben.

Um mehrere ALUs miteinander zu verschalten oder eine ALU auch rekursiv einsetzen zu können, müssen Variable in Registern zwischengespeichert werden können. Die Ausführung bestimmter arithmetischer Funktionen, wie beispielsweise die Division und Multiplikation, verlangen eine ganz bestimmte Abfolge von Steuerparameterwerten und Zwischenspeicheroperationen. Auch diese von einem Taktsignal aufzurufenden Steuerparametersetzungen können in einem Register abgelegt und über ein Schlüsselwort aktiviert werden. Es können also die benötigten arithmetischen und Booleschen Operationen für bestimmmte Alukombinationen in Form eines Programms in Registern abgelegt und aufrufbar gehalten werden. Man spricht in diesem Falle von Register-ALUs. Bei rekursivem Ablauf muß man natürlich entsprechend hohe Operarionszykluszeiten in Kauf nehmen können.

		Logische Operationen $s_4=1$	**Arithmetische Operationen $S_4=0$**	
lfd.Nr.	$s_3\ s_2\ s_1\ s_0$	$z=:\underline{z}, x=:\underline{x}, y=:\underline{y}$	$c_0=0$	$c_0=1$
0	0 0 0 0	$z=0$	$[z]^*=-1$	$[z]^*=0$
1	0 0 0 1	$z=x\cdot 1$	$[z]^*=[x\cdot y]-1$	$[z]^*=[x\cdot y]$
2	0 0 1 0	$z=\overline{x\rightarrow y}$	$[z]^*=[\overline{x\rightarrow y}]-1$	$[z]^*=[\overline{x\rightarrow y}]$
3	0 0 1 1	$z=x$	$[z]^*=[x]-1$	$[z]^*=[x]$
4	0 1 0 0	$z=\overline{x\leftarrow y}$	$[z]^*=[x\leftarrow y]$	$[z]^*=[x\leftarrow y]+1$
5	0 1 0 1	$z=y$	$[z]^*=[x\leftarrow y]+[x\cdot y]$	$[z]^*=[x\leftarrow y]+[x\cdot y]+1$
6	0 1 1 0	$z=x\oplus y$	$[z]^*=[x]-[y]-1$	$[z]^*=[x]-[y]$
7	0 1 1 1	$z=x+y$	$[z]^*=[x\leftarrow y]+[x]$	$[z]^*=[x\leftarrow y]+[x]+1$
8	1 0 0 0	$z=\overline{x+y}$	$[z]^*=[x+y]$	$[z]^*=[x+y]+1$
9	1 0 0 1	$z=x\equiv y=\overline{x\oplus y}$	$[z]^*=[x]+[y]$	$[z]^*=[x]+[y]+1$
10	1 0 1 0	$z=\overline{y}$	$[z]^*=[\overline{x\rightarrow y}]+[x+y]$	$[z]^*=[\overline{x\rightarrow y}]+[x+y]+1$
11	1 0 1 1	$z=x\leftarrow y$	$[z]^*=[x+y]+[x]$	$[z]^*=[x+y]+[x]+1$
12	1 1 0 0	$z=\overline{x}$	$[z]^*=[x]$	$[z]^*=[x]+1$
13	1 1 0 1	$z=x\rightarrow y$	$[z]^*=[x\cdot y]+[x]$	$[z]^*=[x\cdot y]+[x]+1$
14	1 1 1 0	$z=\overline{x\cdot y}$	$[z]^*=[\overline{x\rightarrow y}]+[x]$	$[z]^*=[\overline{x\rightarrow y}]+[x]+1$
15	1 1 1 1	$z=1$	$[z]^*=2\cdot[x]$	$[z]^*=2[x]+1$

Bild 5.19 Tabelle der logischen und arithmetischen Funktionen einer ALU.

5.5.3 Register-ALU

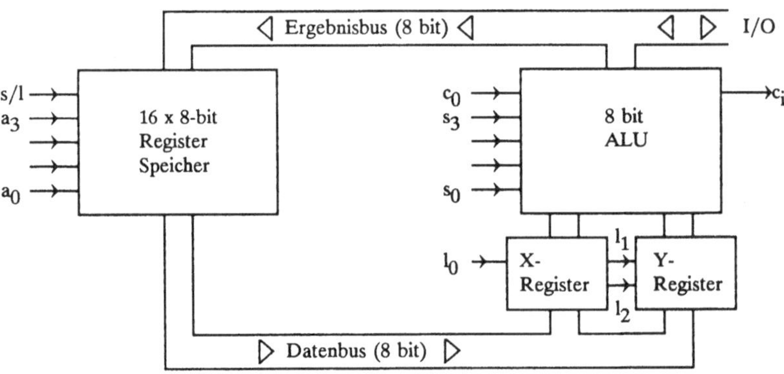

Bild 5.20 Blockschaltbild einer 8-bit-Register-ALU.

s/l:	Schreiben/Lesen von Reg.-Speicher;	$a_0,\ldots,a3$:	Registeradressen;
l_0:	Übernahme für X-Register;	$s_0,.,s_3,c_0$:	ALU-Steuereingänge;
l_1,l_2:	Übernahme und Shiftstg.für y-Reg.	c_i:	Carry Ausgänge.

Bild 5.20 zeigt das Blockschaltbild einer 8-bit-Register-ALU. Die zu verarbeitenden Datenwörter $\underline{x}$, $\underline{y}$ werden in den Registerspeicher unter Adresse $\underline{a}$ eingelesen. Zur Weitergabe an die ALU werden die Wörter nacheinander in das X- bzw. Y-Register eingelesen, gesteuert durch l_0 bzw. l_1, l_2, wobei das Y-Register, gesteuert von l_1, l_2 noch ein Shiften der Daten zuläßt. Vor der Weitergabe der Daten an die ALU müssen an dieser Stelle die gewünschten, die Funktion steuernden Signale s_0, s_1, s_2, s_3, c_0 angelegt werden. Das Ergebnis wird dann über den Ergebnisbus wieder in den Registerspeicher eingelesen unter einer angewählten Adresse $\underline{a}$.

Die in Tabelle von 5.19 angegebenen vollständigen logischen Verknüpfungen werden in den meisten Fällen nicht alle benötigt, z.B. $\underline{z}=(0)$, $\underline{z}=\underline{x}$, $\underline{z}=\underline{y}$, $\underline{z}=\overline{\underline{x}}$, $\underline{z}=\overline{\underline{y}}$. Auch die zugehörigen 32 arithmetischen Funktionen können auf wesentliche beschränkt werden, so daß man anstelle von 5 mit 4 Steuergrößen s_0, s_1, s_2, s_3 auskommt, die aus einer Kombination der ursprünglichen 5 hervorgehen.

In Bild 5.21 sind die steuerbaren Funktionen einer Register-ALU zusammengestellt. Die Steuersignale $s_0,\ldots,s_3$ aus Bild 5.21 sind dabei nicht identisch mit denen aus Bild 5.19, wie aus der Funktionstabelle hervorgeht.

lfd.Nr.	Steuerparam. s_2, s_1, s_0	$s_3=1$ logische Operationen	$s_3=0$ Arithmetische Operationen	
			$c_0=0$	$c_0=1$
0	0 0 0	$\underline{z}=\underline{x}\cdot y$	$[\underline{z}]=1$	$[\underline{z}]=0$
1	0 0 1	$\underline{z}=\underline{x}\oplus y$	$[\underline{z}]=[\underline{y}]-[\underline{x}]-1$	$[\underline{z}]=[\underline{y}]-[\underline{x}]$
2	0 1 0	$z=x\equiv y$	$[\underline{z}]=[\underline{x}]-[\underline{y}]-1$	$[\underline{z}]=[\underline{x}]-[y]$
3	0 1 1	$z=\overline{\underline{x}}\cdot y$	$[\underline{z}]=[x]+y$	$[\underline{z}]=[\underline{x}]+[\underline{y}]+1$
4	1 0 0	$z=\underline{x}\cdot\overline{\underline{y}}$	$[\underline{z}]=[\underline{y}]$	$[\underline{z}]=[\underline{y}]+1$
5	1 0 1	$z=\underline{x}+\underline{y}$	$[\underline{z}]=[\overline{\underline{y}}]$	$[\underline{z}]=[\overline{\underline{y}}]+1$
6	1 1 0	$z=\overline{\underline{x}}+\underline{y}$	$[\underline{z}]=[\underline{x}]$	$[\underline{z}]=[x]+1$
7	1 1 1	$z=\underline{x}+\overline{\underline{y}}$	$[\underline{z}]=[\overline{x}]$	$[z]=[\overline{\underline{x}}]+1$

a) Steuerbare Funktionen der ALU.

lfd.Nr.	l_2 l_1 l_0	Funktion	s/l	Funktion
0	0 0 /	Laden der y-Register	0	Auslesen von Daten
1	0 1 /	Rechts-Shift um 1 Stelle		
2	1 0 /	Links-Shift um 1 Stelle		
3	1 1 /	Halten der Information	1	Einschreiben von Daten
.0	/ / 0	Halten der Information		
.1	/ / 1	Übernahme der Information in x-Register		

b) Steuerfunktion der X-Y-Register.

c) Steuerfunktion des Datenregisters.

Bild 5.21 Funktionstabelle einer Register-ALU.

5.6 Ausblick: Entwurf integrierter Systeme

Dem Entwurf neuer komplexer Informationssysteme muß eine sorgfältige Planung vorausgehen, da die Hochintegration von Teilsystemen bis über 500.000 Transistorfunktionen in einem VLSI-Baustein enormen Entwicklungsaufwand verursacht, der nur investiert werden kann, wenn mit hoher Sicherheit erwartet werden darf, daß später hohe Stückzahlen des gleichen Bausteins (100.000 bis 1 Mio. u. m.) benötigt werden. Dieser Bedarf und die Leistungsmerkmale eines Systems gehen i.a. aus einer *Marktanalyse* und einer *Systemstudie* hervor, in der Leistungsmerkmale, Marktchancen, Akzeptanz und Alternativen abgeschätzt werden, bevor ein konkretes Entwicklungsvorhaben eingeleitet werden kann. An dieser Stelle soll nur ein grober Überblick vermittelt werden, wie und in welcher Reihenfolge Systemplaner Konzeptalternativen abprüfen und entscheiden müssen, sowie von vornherein Redesignzyklen dort einzuplanen haben, wo rasche technologische Entwicklungen anzutreffen sind, und wo weitere Gesichtspunkte, wie der eines tatsächlichen ausgereiften Serienproduktes hinzukommen. Es wird zunächst anhand eines allgemeinen Flußdiagramms der übergeordnete Planungsablauf dargestellt.

5.6.1 Systementwicklungsablauf

Die Einführung neuer Systeme für moderne Informations- und Kommunikationsdienste, wie beispielsweise "Bildschirmtext", "ISDN" (Integrated Services and Data Network) oder Breitband-ISDN (über Glasfasern) kann nicht einfach durch eine "Geradeaus-Planung" in einem "Top-Down-Verfahren" unter höchsten Entwicklungskosten-Aufwendungen vorgenommen werden. Es bedarf heute mehr denn je der vertrauensbildenden Wechselbeziehungen zwischen *Betreiber, Entwickler und Nutzer;* man kann nicht für mehrstellige Millionen DM entwickeln, was kaum einer nutzen oder was keiner unterhalten will. Die erforderlichen wesentlichen Meilensteine, Wechselbeziehungen und ggf. notwendigen Konzipierungs- und Entwicklungsschleifen sind in Bild 5.22 verdeutlicht.

Bei der Systemplanung und auch bei der Entwicklung wird die Resonanz und Akzeptanz der potentiellen Nutzer sowie die technische Funktionsfähigkeit in den einzelnen Entwicklungsstufen ermittelt über die auf der linken Seite von Bild 5.22 angegebenen Wechselwirkungen zwischen Anwendern bzw. Nutzern einerseits und Systemplanung und Entwicklung andererseits.

Aus einer Marktanalyse und einer Systemstudie gehen die (ersten) Systemspezifikationen hervor, in denen gewünschte und realisierbare Leistungsmerkmale katalogisiert werden.

Aus den dann zunächst vorausgesetzten Systemspezifikationen werden (ggf. vorläufige) Systemkonzepte und Strukturierungsvorschläge erarbeitet, die dann in ein erstes Simulationsmodell umgesetzt werden. Dabei kann die Systemumgebung durch (z.T. stochastische) Modelle ersetzt werden, in denen Anforderungsereignisse und Aktionen nach bekannten, beobachteten und geschätzten Verhaltensgesetzen der Nutzer generiert werden. Die Reaktionen in dem zu entwickelnden Informationssystem werden dann gemäß der Strukturierung im Systemkonzept durch Transaktionen zwischen den Funktionsblöcken beschrieben, wobei die Funktionsblöcke selbst noch in Modellen nachgebildet sind, welche dann bei fortschreitender Entwicklungspräzisierung per Softwarenachbildung ergänzt werden können.

Um Kompatibilität zu bestehenden oder an anderen Stellen geplanten Geräten oder ähnlichen Informationssystemen zu gewährleisten, sind Fragen von Standardisierung an möglichen Schnittstellen rechtzeitig zu berücksichtigen und mit zuständigen Institutionen zu diskutieren. An das von der Systemplanung erarbeitete Konzept schließt sich die Entwicklung an, die i.a. per Software beginnt und besonders kritische Funktionen per Hardware realisiert. Hier beginnt also die erste Realisierung, die gegebenenfalls durch ein funktionelles Redesign korrigiert werden muß.

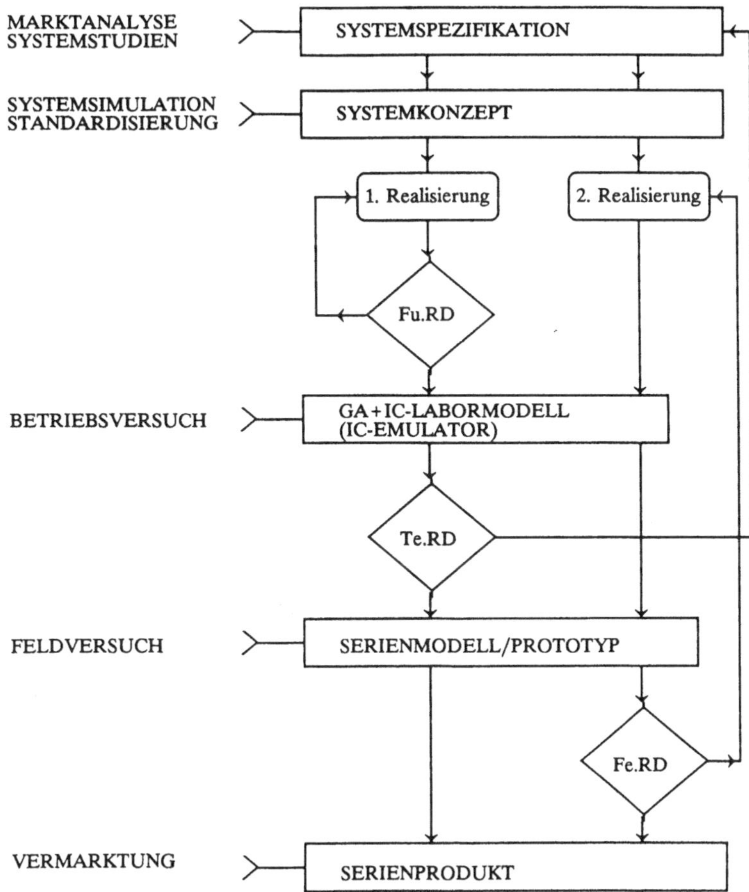

BILD 5.22 Systemkonzipierung und Entwicklungsablauf.
RD: Redesign; Fu.RD: Funktionales Redesign;
Te.RD: Technologisches Redesign; Fe.RD: Fertigungs-Redesign.

Um die Funktionsfähigkeit in einem Betriebsversuch nachweisen zu können, wird ein erstes Labormodell erstellt, bei dem eine der Zieltechnologie nahe, aber kurzfristig verfügbare Technologie mit kurzen Durchlaufzeiten (z.B. programmierbare ASICS) eingesetzt wird. Bei der Erstellung des Labormodells können heute für digitale Schaltungen neben verfügbaren ICs auch bei geringeren Stückzahlen Gate Arrays (GA) entworfen und eingesetzt werden, um die Funktionsfähigkeit des Logikentwurfs in Echtzeit zu prüfen. Die gleiche Logikstruktur kann, abgesehen von hinzukommender spezifischer Testlogik, bei der nächsthöheren kundenspezifischen Hochintegration verwendet werden.

Dem erfolgreichen Betriebsversuch schließt sich ein technologisches Redesign an, bei dem die Zieltechnologie zugrunde gelegt und eine wesentlich höhere Integrationsstufe durch kundenspezifische Entwürfe erreicht wird.

Hier zeigt es sich, daß u.U. einige Leistungsmerkmale verbessert werden können und andere ggf. verringert werden müssen gegenüber den ursprünglichen Vorstellungen. Durch Anpassung dieser Systemparameter an die mit der geeignetsten Technologie realisierbaren Werte kann man über eine Modifikation des Systemkonzepts in einer zweiten Realisierung eine optimalere Auslegung des Gesamtsystems erreichen.

Aus dem nachentwickelten Labormodell gehen die ersten Serienmodelle hervor, die zunächst für Feldversuche mit einer größeren Anzahl repräsentativer potentieller Nutzer eingesetzt werden, um die Akzeptanz der vorliegenden Systemlösungen zu testen.

Bevor Großserien in Produktion gehen können, wird i.a. noch ein fertigungstechnisches Redesign durchlaufen, das in einigen Realisierungsausführungen noch einmal modifiziert werden kann, um kostengünstige Fertigungstechniken verwenden zu können.

Die einzelnen Entwicklungsschritte und Entscheidungswege, die vom Systemkonzept bis zum Labormodell durchlaufen werden, werden im folgenden anhand von Bild 5.23 näher erläutert.

Schon bei der Konzeptfindung wird nach Möglichkeit die Schnittstelle zwischen analoger und digitaler Verarbeitung festgelegt. Dabei können auch Lösungen in Frage kommen, die zwar zeitdiskret, d.h. äquidistant abgetastet, aber weiterhin die Amplitude analog verarbeiten, wie dies beispielsweise durch CCD's (Charge Coupled Device) möglich ist.

Bei der Systemstrukturierung und SW-Modellierung wird eine erste Grobstruktur entworfen, bei der die Schnittstellen zwischen den Blöcken möglichst klar und einfach beschreibbar und nach Möglichkeit auch standardisierte Busse und Protokolle verwendbar sind.

Diese Struktur wird zusammen mit den Steuerungsabläufen in SW-Modellen abgespeichert, so daß der zeitliche Ablauf und die formale Kommunikation zwischen den Blöcken festgehalten und simuliert werden kann.

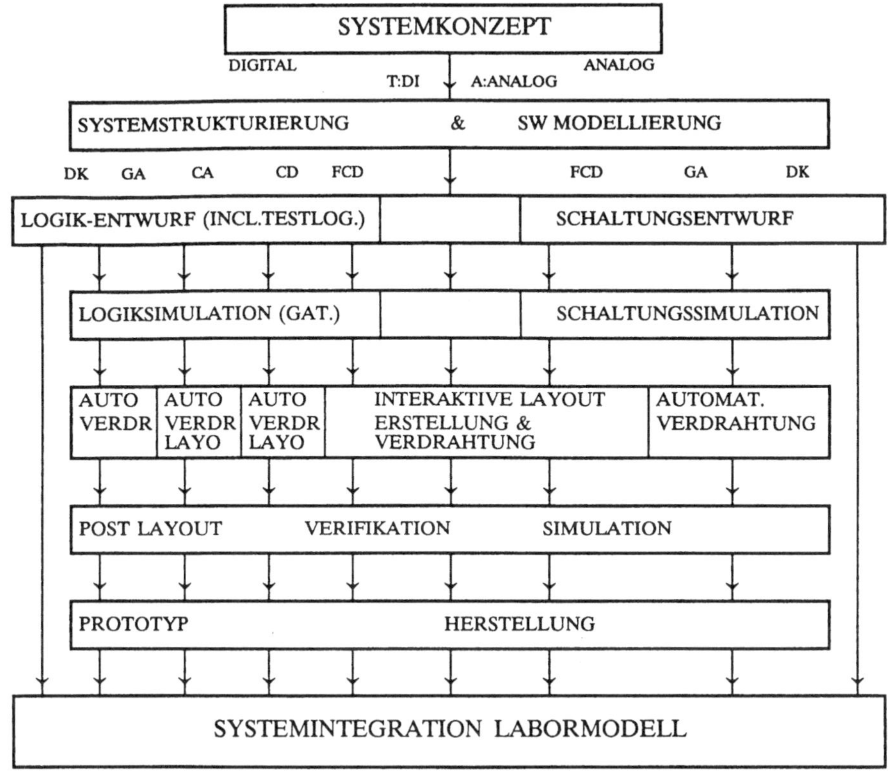

Bild 5.23 Entwurfs- und Realisierungsalternativen für integrierte Nachrichtenverarbeitungssysteme.

Abk.: GA: Gate Array — T: Zeit
CA: Cell Array — DI: Digital
CD: Custom Design — A: Amplitude
FCD: Full Custom Design
DK: Diskret (herkömmliche Bausteine)

Um den Logik- und Schaltungsentwurf durchführen zu können, wird zunächst untersucht, welche Integrationsgrade für einzelne Komponenten erreichbar und wirtschaftlich sind. Der konventionelle Schaltungsentwurf wird mit verfügbaren Bausteinen (IC's) geplant (DK: Diskrete Bausteine). U.U. ist ein Entwurf mit Gate Arrays (GA) auf Makro/Zellen/Gatter-Ebene vorzuziehen. Bei in Frage kommenden höheren Stückzahlen können höhere Integrationsdichten angestrebt werden, die durch "Cell Design" (CD) und schließlich durch "Full Custom Design" (FCD) erzielbar sind. Die zu entwerfende Logikstruktur wird CAD-unterstützt verdrahtet und simuliert. Dabei wird beim GA-Entwurf die Plazierung und Entflechtung der Verdrahtung voll automatisch durchgeführt, wohingegen beim FCD die optimalen Lösungen zum Teil durch interaktives Entwerfen des Layouts erstellt werden.

Nachdem das Layout per SW entworfen ist, stehen weitere vorher nur geschätzte Parameter wie Leitungskapazitäten, Transistorwiderstände etc. fest. Mit diesen Werten wird in der Post-Layout-Verification der zeitliche Ablauf innerhalb eines Chips mit Hilfe vorher definierter Testvektoren kontrolliert.

Mit den entworfenen und hergestellten Komponenten und Platinen wird dann die Systemintegration mit der verfügbaren Hardware und ggf. SW für Steuerungsprogramme vorgenommen. Damit wird die Funktionsfähigkeit in einem Labormodell nachgewiesen.

5.6.2 Gate Array Entwicklung

Bereits ab in Frage kommenden Stückzahlen zwischen 200 und 1.000, je nach Komplexität, wird es heute in der Regel wirtschaftlicher sein, eine spezielle

EW-Phase	Verant-wortlich-	EW-Zeit [Wochen]	EW-Aufgaben	Ablauf
1	S	(12)	Systementwicklung Systemsimulation Funktions- und Logikoptimierung	
2	S & H	1	Schulung	
	S	2	Logikentwurf Testzusatzlogikentwurf Testvektorendefinition	
	S	1	Netzwerkdateneingabe	
	S & H	1	Logik- und Fehlersimulation (statisch, dynamisch)	
3	H H S	2-4	Verdrahtung, Platzzuweisung Verdrahtungstest Prüfung kritischer Verarbeitungs-Zeiten	
4	H S & H	2-4	Layout Verifikation Freigabe	
5	H S	4-8	Musterherstellung Funktionsprüfung	
6	H	8-16	Serienfertigung	

Bild 5.24 Typischer Entwicklungsablauf bei Gate-Array-Realisierung.
S: System-Entwicklung; H: Halbleiterherstellung.

Gate-Array-Entwicklung durchzuführen. Die typischen Entwicklungsphasen bei der Realisierung von Gate Arrays sind in Bild 5.24 veranschaulicht. Die volle Funktionsfähigkeit von Gate Arrays ist heute bei geringem Risiko ohne Redesign möglich - vorausgesetzt eine sorgfältige Testlogikentwicklung und Testvektorendefinition ist gewährleistet. Dann kann ein zweiter Durchlauf, der durch die Rückführungen in Bild 5.24 angedeutet ist, vermieden werden. Zur ersten Phase gehört noch eine Entscheidungs- und Spezifikationsphase, in der noch aus einer Funktionsanforderung die Größenordnung einer binären Logik ermittelt bzw. abgeschätzt werden muß. In den meisten Fällen, in denen spezifische, in ein System eingebundene Aufgaben von einem Gate Array ausgeführt werden sollen, wird es sinnvoll sein, die Einbindung der auszuführenden Funktion in das Gesamtsystem per Simulation zu erproben. An dieser Stelle sind noch Optimierungen zur Funktionsverbesserung und zur möglichen HW-Logikaufwandsreduktion angebracht, die natürlich sofort in das Simulationsmodell eingefügt und bezüglich ihrer Funktionsfähigkeit auch sofort getestet werden können. Der hierfür erforderliche Zeitaufwand ist äußerst systemspezifisch, sollte aber in der Größenordnung des erforderlichen direkten gesamten binären Logikentwurfsaufwandes eingeplant werden, da Funktions- und Architekturverbesserungen wesentlich in die spätere Leistungsfähigkeit und Ausführbarkeitvereinfachungen eingehen. Eine mittlere Entwicklungszeit von 12 Wochen ist dabei eine realistische Größe für Funktionsrealisierungen, die letztlich von einigen zigtausend Transistorfunktionen ausgeführt werden.

Die zweite Phase ist dann der Logikentwurf am Rechner auf der Gatterebene. Die auf einem Gate Array verfügbaren Gatter sind in der Zell-Bibliothek zusammengestellt und zum Verschalten auf dem Bildschirm abrufbar. An dieser Stelle ist die lokale Zuordnung auf dem Gate Array noch völlig offen; es geht vielmehr darum, die reinen logischen Funktionen unter idealisierten Zeitbedingungen fehlerfrei zu entwerfen und zu testen. Das Testen erfordert die Definition von (binären) Testmustern für die Eingänge, zu denen bestimmte Ausgangsmuster gehören, die dann mit denen von der entworfenen Logik ausgeführten verglichen werden können. Es ist dabei nicht selten schwierig, den Nachweis über die vollständige Richtigkeit aller Funktion zu führen - mit einem vertretbaren Zeitaufwand, so daß man häufig ein Restrisiko für nicht entdeckte Logikfehler in Kauf nehmen muß, vor allem bei komplexeren unregelmäßigen Logikfunktionen, die auch als "Random Logik" bezeichnet wird.

Um die Testbarkeit zu erleichtern, muß häufig eine Zusatzlogik entworfen werden. Beispielsweise kann man einen 32-Bit-Zähler mit einem "0"-Reset-Eingang nicht von 0 bis 2^{32}-1 in der Logiksimulation zählen lassen, um alle Zustände zu testen; dies würde zu lange dauern. Man schafft besser Unterbrechungsmöglichkeiten für 8-Bit-Blöcke und läßt alle Blöcke parallel nach oben zählen, wobei man auch Teilausgänge parallel vergleichen kann.

Darüber hinaus muß eine Fehlersimulation vorbereitet werden, die es ermöglicht, später Funktionstörungen zu entdecken, die durch zufällige Materialfehler hervorgerufen werden, um diejenigen Chips bereits unverpackt aussondern zu können, die derartige Fehler aufweisen. Bei komplexeren Strukturen können durchaus Ausfallwahrscheinlichkeiten bis zu 80% aufgrund Materialkontaminationen auftreten, die rechtzeitig ausfindig zu machen natürlich viel Kosten spart. Zu diesem Zwecke werden Testvektorsequenzen definiert, die fast jede zufällig auftretbare Fehlfunktion entdecken können soll über einen Vergleich mit den zugehörigen Ausgangssollfunktionen. Oft empfiehlt es sich, hierfür zusätzliche Testein- und -ausgänge festzulegen.

Nach der Logiksimulation wird dann eine Fehlersimulation unter Verwendung der Testvektoren durchgeführt, um vorab zu ermitteln, wie hoch mit diesen Testsequenzen der Anteil der möglichen Funktionsfehler ist, der dabei entdeckt werden kann. Oft kann man sich bei einer ausgereiften Technologie mit einem Fehler-Entdeckungsanteil von 95% (Fault Coverage) begnügen. Diese Simulationen können, wenn der Systementwickler einen Entwurfsrechner selbst zur Verfügung hat, auch im Systemhaus allein durchgeführt werden.

In der dritten Phase werden den Gattern der entworfenen Logikschaltung erstmals bestimmte, auf dem Gate Array realisierte Gatter zugewiesen. Die Verdrahtung der Gatter bekommt also damit eine konkrete Bedeutung: Leiterbahnen und Durchkontaktierungen können festgelegt werden, wenn die (automatische) Entflechtung erfolgreich war. Um das Risiko für Entflechtungsprobleme zu reduzieren, werden meist zwei oder drei übereinander liegende metallisierte Verdrahtungsebenen angeboten.

Nach dieser Verdrahtung und Platzzuweisung können Leitungslängen und damit Leitungskapazitäten abgeschätzt werden, d.h. aus der Schaltung extrahiert werden. Damit sind zeitkritische Simulationen ausführbar, unter Einbeziehung der voraussichtlich auftretenden Signalverzögerungen aufgrund dieser zusätzlichen Leitungskapazitäten. Hierbei werden in der Regel noch herstellungsbedingte Toleranzen zu berücksichtigen sein, um spätere Funktionsunsicherheiten zu minimieren.

Die vierte Phase ist die Verifikations- und Freigabephase, in der noch die geeignetsten Pin-Belegungen festgelegt werden können.

In der fünften Phase wird der Fertigungsprozeß fortgeführt: Auf die vorgefertigten Gate-Array-Waver werden die Metallisierungen der Verdrahtungen aufgebracht und die Durchkontaktierungen vorgenommen. Nach der Auslese über Echtzeittest mit den vorher definierten Testvektoren werden die nach außen führenden Anschlüsse gebondet, und die Chips werden in ihr endgültiges Gehäuse gesetzt und vergossen. Mit diesen verfügbaren Prototypen kann der Anwender nun die ersten (Echtzeit-) Funktionsprüfungen durchführen. Sind diese erfolgreich, so kann die vorgesehene Serienfertigung freigegeben werden.

Die für die Entwicklung von kundenspezifischen Schaltungen erforderlichen Durchlaufzeiten können natürlich nicht beliebig reduziert werden durch Erhöhung der "Manpower". Jedoch hat das hohe Maß an Standardisierungen dazu geführt, minimale Durchlaufzeiten von ca. 10 Wochen bis zum Prototyp zu erzielen. Die in Bild 5.24 angegebenen Durchlaufzeiten sind Erfahrungswerte für unproblematische Schaltungen mittlerer Größenordnung. Gate Arrays werden eingesetzt für Komplexitäten zwischen 500 und 100.000 Gatter je Chip, je nach Technologie. CMOS, ECL, BiCMOS sind die wichtigsten Technologien, aber auch GaAs gewinnt für Anwendungen im GHz-Bereich an Bedeutung.

5.6.3 Simulations- und Entwurfshierarchien

Beim Entwurf digitaler Systeme werden oft gleiche Funktionseinheiten in unterschiedlichen Umgebungen benötigt. Ist ein solcher Funktionsblock einmal entworfen mit klar definierten Schnittstellen nach außen, wird dieser (in Software) fertige Block noch mit einer Dokumentation versehen, die die Funktionen und Schnittstelleneigenschaften beschreibt, um diesen Block für spätere Anwendungen verfügbar zu halten. Derartige Strukturierungen sind in den verschiedenen Entwurfsebenen möglich.

Für den Entwurf und die Simulation digitaler Komponenten unterscheidet man heute im wesentlichen 6 hierarchisch angelegte Ebenen, die in CAE-Rechnern (Computer Aided Engineering) und technischen Expertensystemen eingerichtet sein können. Bild 5.25 veranschaulicht diese Aufteilung. Die unterste technische Ebene ist die Geometrie-Ebene (G) im Halbleitermaterial. In dieser Ebene müssen die Layouts für die unterschiedlichsten Fertigungsprozeßschritte definiert werden. Die elektrischen Basiselemente sind also unterschiedlich dotierte und isolierte Halbleiterstrukturen, in denen die verschiedenen physikalischen Raumladungs- und pn-Übergangseffekte ausgenutzt werden. Die in dieser Ebene gebildeten Blöcke mit Schnittstellenbeschreibungen für die nächsthöheren Ebenen sind die elektrischen Bauelemente, wie Feldeffekttransistoren, Widerstände, Dioden, Kondensatoren, Photoelemente, etc. Sie haben zum einen rein geometrische Schnittstellenbeschreibungen, die für die (automatische) Plazierung, Verdrahtung und Entflechtung benötigt werden, und zum anderen rein elektrische Schnittstellenangaben und Funktionsbeschreibungen, die für vereinfachende elektrische Ersatzmodelle herangezogen werden, um das elektrische Verhalten näherungsweise, aber mit vertretbarem Simulationsaufwand nachbilden zu können. Es werden also für die nächsthöheren Ebenen Modellblöcke erstellt, die weniger Detailinformationen enthalten und die Eigenschaften bzw. Funktionen in möglichst wenigen aber charakteristischen Parametern beschreiben.

Die direkt darüber liegenden Ebenen sind also die topologische Entwurfs- und Simulationsebene (T) sowie die Schaltungs-Entwurfs- und Simulationsebene (C) (Circuit). Die Basiselemente dieser Schaltungsebene sind die modellierten Transistoren, Operationsverstärker, Widerstände, Leitungen etc. Dabei werden Angaben über Leitungslängen, -kapazitäten und -widerstände aus der topologischen Ebene übergeben. Natürlich wird während des Entwurfsvorganges in jeder Entwurfsebene die Simulationsfähigkeit sichergestellt. Dies ist dadurch möglich, daß Parameterangaben, wie beispielsweise Leitungskapazitäten, die aus einer unteren Ebene übergeben werden, in der der Detailentwurf noch nicht vorhanden ist, durch mittlere zu erwartende Werte (ggf. mit stochastischen Streuungen versehen) ersetzt werden. Die für die darüber liegende Logikebene zu definierenden Blöcke, die dann dort wieder modelliert als Basiselemente eingesetzt werden können, sind logische Gatter, wie OR, NOR, EXOR, NAND, Flipflops etc. Für diese werden dann Zustandsabhängigkeiten, Übergangs- und Verzögerungszeiten als Ersatzwerten festgelegt.

Die dritte Entwurfsebene ist die Logikebene (L). Der Entwurf und die Simulationen werden mit idealisierten logischen Gattern ausgeführt, für die die Gesetze der Booleschen Algebra eingesetzt werden können. Es können hier zwei Entwurfsstufen unterschieden werden: Die erste arbeitet mit idealisierten Gattern (d.h. ohne

		Abk	Entwurfs- und Simulationsebenen E&S	Basiselement
0	F → E ↑ ↓	SK	**Systemkonzept - Umgebung**	Subsysteme (Ideale Funktion)
1	↑ T ↓	S	**Systemfunktionen - E&S**	Subsysteme (Modellierte Funktion)
2	E ↑ ↓	RT	**Register Transfer - E&S**	Funktionsblöcke (ADD,MP,MUX, etc.)
3	C ↑ H ↓	L	**Logik - E&S**	Logische Basiszellen Gatter: OR,AND,EXORetc.
4	N ↑ ↓	C	**Schaltungen - E&S**	Elektrische Elemente (FET's, R,L,C,Leitg.)
5	I ↑ K ↓	T	**Topologie - E&S**	Chip Flächenelemente (Entflechtung,Plazierung)
6	↑TECHNIK↑	G	**Geometrie - E&S**	Materialstruktur Dotierungen,Isolierung
7	↓PHYSIK↓ ↑ ↑	P	**Physikalische Forschung & Experim.**	Ladungen, Ionen, Kristallgitter etc.
	PHYSIK		**Grundlagenforschung**	

Bild 5.25 IC-ENTWURFSHIERARCHIEN: CAE-Entwurfsebenen mit Basiselement-Modellen zur Simulation in verschiedenen Entwurfebenen. F: Forschung; E: Entwicklung.

Schaltverzögerungen), so daß die reine Logikfunktion entworfen und simuliert werden kann; in der zweiten Stufe werden die zu erwartenden Verzögerungszeiten der einzelnen Signale hinzugenommen, die ebenfalls als vereinfachte (idealisierte) Werte in der Zellbibliothek dieser Stufe eingetragen sind. Bei dieser Zeitsimulation der entworfenen Logikschaltung wird der zeitliche Ablauf der einzelnen Signale nachgebildet und geprüft, ob die Schaltgeschwindigkeit groß genug sind. Oft reicht die reine Zeitsimulation nicht aus, da man u.U. nicht sofort die ungünstigste binäre Testsequenz findet, für die die längste Übergangszeit benötigt wird. Es empfiehlt sich deshalb eine Analyse zeitkritischer Pfade, d.h. die Addition der Schaltzeiten sequentieller Gatter der längsten Kette. Z.B. wird beim "Carry Ripple Addierer" das Überlaufen aller Carries rein statistisch nur selten auftreten.

Die in Bild 5.25 angegebene zweite Entwurfs- und Simulationsebene ist die Register-Transfer-Ebene (RT). Hier werden Modelle logischer und arithmetischer Funktionsblöcke verschaltet, wie z.B. Zähler, Addierer, Multiplizierer, Multiplexer usw. für bestimmte

Bitzahlen. Aus diesen Basisblöcken werden dann bestimmte übergeordnete Funktionen entworfen und simuliert. Ist ein spezieller Funktionsblock noch nicht in der Bibliothek einer Ebene vorhanden, muß er definiert und in der nächstniedrigeren Ebene entworfen werden. Für viele CAE-Entwurfssysteme ist diese RT-Ebene bereits die oberste Entwurfsebene, in welcher der Entwurf mit dem Rechner begonnen wird.

Zur Verminderung von Redesignrisiken ist es aber sinnvoll, auch das letzlich aus einer Vielzahl von Chips bestehende System in einem Simulationsmodell zu implementieren, um das fehlerfreie und optimale Zusammenspiel mit anderen integrierten Bausteinen des Gesamtsystems sicherzustellen.

Als die Startebene kann man die Systemkonzeptebene betrachten, in der man aus vereinbarten Spezifikationen und Leistungsmerkmalen Gesamtkonzeptideen sammelt, ordnet, prüft, strukturiert und bewertet. Auch hierfür ist es wichtig, Simulationsmodelle zu erstellen, in der dann die Systemumgebung modelliert werden muß, d.h. Benutzer- und Anforderungswünsche an das System müssen über ein nachgebildetes Benutzerverhalten erzeugt werden.

Da es in der Konzeptphase i.a. eine Vielzahl möglicher Realisierungsideen und Wege gibt, die verglichen, bewertet und weiterverfolgt werden müssen, ist hier die Einbeziehung von Erfahrungen bei ähnlichen Vorhaben und die Koordination von Expertenwissen besonders wichtig. Dabei können technische Expertensysteme, die dann ggf. auf niedrigere Entwurfs- und Simulationsebenen zurückgreifen können, fundierte Entscheidungshilfen anbieten, bei denen bestimmte Konzepte über einen automatisierten Entwurfsprozeß bis in eine gewisse Entwurfshierarchietiefe simuliert werden, so daß Leistungsmerkmale und Realisierungsaufwand direkt vergleichbar werden.

Aus der beschriebenen IC-Entwurfshierarchie wird deutlich, daß Forschungsergebnisse jeweils von der unterer Ebene in die nächsthöhere Entwurfsebene weitergereicht und in Form von Modellen abgespeichert werden, die dann für Entwurfszwecke verfügbar sind. Das bedeutet aber nicht, daß die Forschungsarbeiten in den unterschiedlichen Detaillierungsebenen für ein gemeinsames Ziel nicht gleichzeitig stattfinden können. Die Verwendung von Basismodellen schafft eine gewünschte Unabhängigkeit: Auch Funktionen, die in einer unteren Ebene noch nicht oder nicht mit den gewünschten Leistungsmerkmalen ausführbar sind, können problemlos modelliert werden. Dadurch können bedingte innovative Funktionsmerkmale vorab bereits einer höheren Entwurfshierarchieebene verfügbar gemacht werden.

Der Entwurfs- und Entwicklungsprozeß eines konkreten komplexen Systems wird dann, wie bereits in Bild 5.22 dargestellt, i.a. von oben nach unten (top down) durchgeführt. Dabei wird die Verquickung zwischen den einzelnen Entwurfsebenen immer stärker automatisiert. Einmal entworfene und optimierte Komponenten können dabei für künftige Entwürfe immer wieder mit zur Verfügung gestellt werden. Dies erhöht schnell die Leistungsfähigkeit und steigert den Anteil an automatisierbaren Abläufen. Durch diese ständige Vervollkommnung und durch technologische Verbesserungen in den untersten Ebenen unterliegen die Entwurfssysteme einem permanenten Anpassungsprozeß, den wahrzunehmen schnell Vorteile bringt.

Beim Entwurf einer zu integrierenden Schaltung werden also die Hierarchieebenen von oben nach unten nacheinander durchlaufen, so daß der Detaillierungs- und Konkretisierungsgrad steigt. Werden beim Entwurf oder bei der Simulation Parameterwerte benötigt, die erst in der nächsttieferen Entwurfsebene genau ermittelt werden können, so werden ersatzweise zu erwartende W*erte eingesetzt, bei denen man i.a. noch eine stochastische Streubreite vorgeben kann. Natürlich kann es dann vorkommen, daß z.B. das zeitliche Signalverhalten, nachdem der Entwurf in den niedrigeren Ebenen (z.B. in der topologische Ebene) durchgeführt wurde, etwas anders ausfällt als zunächst geschätzt. Aus diesem Grunde werden später *Verifikationssimulationen* durchgeführt, bei denen dann Schätzwerte durch Entwurfswerte niedrigerer Ebenen ersetzt werden. Während also die Entwurfsprozedur von oban nach unten durch die Hierarchieebenen läuft, durchlaufen die Verifikations-Simulationen die Ebenen wieder von unten nach oben. Gegebenenfalls müssen Korrekturen, wie z.B. kürzere Leitungsverbindungen, vorgenommen werden.

Desto sorgfälltiger und desto vollkommener die Verifikationssimulationen durchgeführt werden können, desto kleiner wird das Redesign-Risiko. Weitere die Entwurfssicherheit steigernde Maßnahmen sind zum Beispiel Repetivität und Standardisierbarkeit, auf die bereits in der Konzeptfindungsphase großer Wert gelegt werden sollte. Es ist deshalb durchaus vorteilhaft, zugunsten dieser beiden Entwurfskriterien einen geringfügig höheren Hardwareaufwand in Kauf zu nehmen und ggf. ein paar nicht benötigte Funktionen einer vollständig ausgetesteten und erprobten Logik ungenutzt zu lassen. Findet man eine regelmäßigere und repetive Struktur, so kann man zusätzlich den Entwurfs- und Testaufwand stark reduzieren; man kann den Aufwand ja dann im wesentlichen auf den kopierbaren und dadurch wiederholbaren Teil der Logik und des Layouts konzentrieren.

LITERATURVERZEICHNIS

1.1 Tietze, U.; Schenk, Ch.: Halbleiterschaltungstechniken. Springer-Verlag, Berlin, 1983.

1.2 Proakis, J.G.: Digital Communications. McGraw-Hill, New York, 1983.

1.3 Waldschmidt, K.: Schaltungen der Datenverarbeitung. Teubner Verlag, Stuttgart, 1980.

1.4 Oppenheim, A.V.; Schafer, R.W.: Digital Signal Processing. Prentice-Hall, N.J., 1975.

1.5 Rabiner, L.R.; Gold, B.: Theorie and Application of Digital Signal Processing. Prentice-Hall, Inc., N.J., 1975.

1.6 Schüssler, H.W.: Digitale Systeme zur Signalverarbeitung, Springer-Verlag, 1973.

1.7 Durcansky, G.: Digitaltechnik. Physik Verlag, Weinheim, 1983.

1.8 Ebner, D.: Technische Grundlagen der Informatik. Springer-Verlag, Berlin, 1988.

1.1.1 Föllinger, O.: Lineare Abtastsysteme. R. Oldenbourg Verlag, München, 1982.

1.2.1 Shannon, C.: Mathematische Grundlagen der Informationstheorie. R. Oldenbourg Verlag, München, 1976.

1.2.2 Peters, J.: Einführung in die Allgemeine Informationstheorie. Springer-Verlag, Berlin, 1967.

1.3.1 Brammer, K.; Siffling, G.: Kalman-Bucy-Filter. R. Oldenbourg Verlag, München, 1975.

1.3.2 Azizi, S.A.: Entwurf und Realisierung digitaler Filter. R. Oldenbourg Verlag, München, 1981.

1.3.3 Hoeschele, D.: Analog-to-Digital, Digital-to-Analog Conversion Techniques. New York, 1968.

1.3.4 Gray, R.M.: Oversampled Sigma-Delta Modulation. IEEE,Transaction on Comm. Vol. COM-35, No 5, 1987, S. 481-489.

1.3.5 Seitzer, D.; Pretzil, G.; Hamdy, N.: Electronic Analog-to-Digital Converters. John Wiley, N.J., 1983.

1.3.6 Zander, H.: Analog-Digital-Wandler in der Praxis. Haar, Markt & Technik, 1983.

1.3.7 Pratt, W.J.: High Linearity and Video Speed Come Together in A/D-Converters. Electronic 53, 1980, H.22, S. 167-170.

1.4.1 Oppenheim, A.V.; Schafer, R.W.: Digital Signal Processing. Prentice-Hall, N.J., 1975.

1.4.2 Doetsch, G.: Anleitung zum praktischen Gebrauch der Laplace- und z-Transformation. R. Oldenbourg Verlag, 1981.

1.4.3 Jury, E.I.: Theory and Application of the z-Transform Method. John Wiley, 1964.

1.4.4 Lacrois, A.: Digitalte Filter. München, Wien, 1980.

1.4.5 Achilles, D.: Die Fourier-Transformation in der Signalverarbeitung. Berlin, Heidelberg, New York, 1978.

1.4.6 Vich, R.: z-Transformation - Theorie und Anwendungen. Berlin, 1964.

1.5.1 Möschwitzer, A.: Halbleiterelektronik: Wissensspeicher. Dr.A. Hüthig Verlag, Heidelberg, 1975.

1.5.2 Milnes, A.G.: Semiconductor Devices and Integrated Electronics. Van Nostrand Reinhold Company, New York, 1980.

1.5.3 Köster, R.; Möschwitzer, A.: Elektronische Schaltungstechnik. Dr.A. Hüthig Verlag, Heidelberg, 1987

1.5.4 Prost, A.: Bipolare Halbleiter. Hüthig und Pflaume Verlag, Heidelberg, 1979.

1.5.5 Bystron, K.; Borgmeyer, J.: Grundlagen der Technischen Elektronik. Carl Hanser Verlag, München, 1988.

1.5.6 Einspruch, N.G.: VLSI Electronics, Microstructure Science. Academic Press, New York, 1982.

1.5.7 Mead, C.; Conway, L.: Introduction to VLSI Systems. Addison-Wesley, Reading, 1980.

1.5.8 Münch,v., W.: Technologie der Galliumarsenid-Bauelemente. Springer-Verlag, Berlin, 1969.

1.5.9 Moeler, Fricke, H.; Frohne, H.; Vaske, P.: Grundlagen der Elektrotechnik. Teubner Verlag, Stuttgart, 1986.

1.5.10 Heywang, W.; Pötzl, H.W.: Bänderstruktur und Stromtransport. Springer-Verlag, Berlin, 1976.

1.5.11 Kellner, W.; Kneipkamp, H.: GaAs-Feldeffekttransistoren. Springer-Verlag, München, 1985.

1.5.12 Ruge, I.: Halbleiter-Technologie. Springer-Verlag, Berlin, 1984.

1.5.13 Barbe, D.F.: Very Large Scale Integration. Springer-Verlag, Berlin, 1980.

2.1 Giloi, W.; Liebig, H.: Logischer Entwurf digitaler Systeme. Springer-Verlag, Berlin, 1980.

2.2 Brayton, K.R.; Hachtel, G.D.; McMullen, C.T.; Sangiovanni-Vincentelli, A.L.: Logic Minimization Algorithms for VLSI Synthesis. Kluwer Academic Publishers, 1984.

2.3 Boyce, J.C.: Digital Logic Operation and Analysis. Prentice-Hall, N.J., 1982.

3.1 Wolf, G.: Digitale Elektronik. Franzis-Verlag, München, 1977.

3.2 Borucki, L.: Grundlagen der Digitaltechnik. Teubner Verlag, Stuttgart, 1977.

3.3 Besier, H.; Heuer, P.; Kettler, G.: Digitale Vermittlungstechnik. R. Oldenbourg Verlag, München, 1981.

3.4 Durcansky, G.: Digitaltechnik: Eine Einführung in Logik, Schaltkreise, Systemaufbau. Physik Verlag, Weinheim, 1983.

3.5 Grass, W.: Steuerwerke: Entwurf von Schaltwerken mit Festwertspeichern. Springer-Verlag, Berlin, 1978.

3.6 Hilberg, W.; Piloty, R.: Grundlagen elektronischer Digitalschaltungen. R.Oldenbourg Verlag, München, 1981.

4.1 Hilberg, W.: Assoziative Gedächtnisstrukturen, Funktionale Komplexität. R.Oldenbourg Verlag, München, 1984.

4.2 Horninger, K.: Integrierte MOS-Schaltungen. Springer-Verlag, Berlin, 1987

4.3 Troutman, R.R.: Latchup in CMOS Technology: The Problem and its Cure. Kluwer Academic Publishers, Boston, 1986.

4.4 Kung,H.T.; Sproull, B.; Steel, G.: VLSI Systems and Computations. Springer-Verlag, Berlin, Heidelberg, New York, 1981.

4.5 Bernstein, H.: Hochintegrierte Digitalschaltungen und Mikroprozessoren. Richard Pflaum-Verlag, München, 1978.

4.6 Ammon, Peter: Gate Arrays. Hüthig-Verlag, Heidelberg, 1985.

5.1 Bernstein, H.: Hochintegrierte Digitalschaltungen und Mikroprozessoren. Richard Pflaum-Verlag, München, 1978.

5.2 Hwang, K.: Computer Arithmetic: Principles, Architecture, and Design. John Wiley & Sons, New York, 1979.

5.3 Ullman, J.D.: Computational Aspects of VLSI. Computer Science Press, Rockville, 1984.

5.4 Boyce, J.C.: Digital Computer Fundaments. Prentice-Hall, NJ, 1977.

5.5 Jespers,G.; Sequin,C.H.; .v.d.Wiele, F.: Design Methodologiers for VLSI Circuits. Sijthoff&Noordhoff, Rockville, 1982.

5.6 McCanny, J.V.; White, J.C.: VLSI Technology and Design. Academic Press, London, 1987.

5.7 Swoboda, J.: Codierung zur Fehlerkorrektur und Fehlererkennung. R. Oldenbourg Verlag, München, 1973.

5.8 Annaratone, M.: Digital CMOS Circuit Design. Kluwer Academic Publisher. Boston, 1986.

5.9 Hurst, S.L.: Custom-Specific Integrated Circuits. Design and Fabrication. Marcel Dekker Inc., New York, 1985.

5.10 Hill, F.J.; Peterson, G.R.: Digital Systems: Hardware Organization and Design. John Wiley & Sons, New York, 1978.

5.11 Ayres, R.F.: VLSI: Silikon Compilation and the Art of Automatic Microchip Design. Prentice-Hall, N.J., 1983.

5.12 Bocker, P.: Datenübertragung. Band I. Springer-Verlag, Berlin, 1978.

5.13 Bocker, P.: Datenübertragung. Band II. Springer-Verlag, Berlin, 1979.

5.14 Swartzlander,Jr. E.E.: VLSI Signal Processing Systems. Kluwer Academic Publishers, Boston, 1986.

5.15 Goto, S.: Design Methodologies. North-Holland, Amsterdam, 1986.

5.16 Myers, G.J.: Digital System Design with LSI Bit-Slice Logic. John Wiley & Sons, New York, 1980.

5.17 Peterson, W.W.: Prüfbare und korrigierbare Codes. R. Oldenbourg Verlag, München, 1967.

Sachverzeichnis

Leitfäden der angewandten Informatik

Bauknecht/Zehnder: **Grundzüge der Datenverarbeitung**
3. Aufl. 293 Seiten. DM 36,–

Beth / Heß / Wirl: **Kryptographie**
205 Seiten. Kart. DM 26,80

Brüggemann-Klein: **Einführung in die Dokumentenverarbeitung**
In Vorbereitung

Bunke: **Modellgesteuerte Bildanalyse**
309 Seiten. Geb. DM 48,–

Craemer: **Mathematisches Modellieren dynamischer Vorgänge**
288 Seiten. Kart. DM 38,–

Frevert: **Echtzeit-Praxis mit PEARL**
2. Aufl. 216 Seiten. Kart. DM 34,–

Frühauf/Ludewig/Sandmayr: **Software-Projektmanagement und -Qualitätssicherung.** 136 Seiten. Kart. DM 28,–

Gorny/Viereck: **Interaktive grafische Datenverarbeitung**
256 Seiten. Geb. DM 52,–

Hofmann: **Betriebssysteme: Grundkonzepte und Modellvorstellungen**
253 Seiten. Kart. DM 36,–

Holtkamp: **Angepaßte Rechnerarchitektur**
233 Seiten. DM 38,–

Hultzsch: **Prozeßdatenverarbeitung**
216 Seiten. Kart. DM 28,80

Kästner: **Architektur und Organisation digitaler Rechenanlagen**
224 Seiten. Kart. DM 28,80

Kleine Büning/Schmitgen: **PROLOG**
2. Aufl. 311 Seiten. DM 36,–

Lüthi/Frehner: **Decision Support Systems: Grundlagen, Entwicklung und Einsatz**
In Vorbereitung

Meier: **Methoden der grafischen und geometrischen Datenverarbeitung**
224 Seiten. Kart. DM 36,–

Meyer-Wegener: **Transaktionssysteme**
242 Seiten. DM 38,–

Mresse: **Information Retrieval – Eine Einführung**
280 Seiten. Kart. DM 38,–

Müller: **Entscheidungsunterstützende Endbenutzersysteme**
253 Seiten. Kart. DM 32,–

Mußtopf / Winter: **Mikroprozessor-Systeme**
302 Seiten. Kart. DM 34,–

Nebel: **CAD-Entwurfskontrolle in der Mikroelektronik**
211 Seiten. Kart. DM 34,–

Retti et al.: **Artificial Intelligence – Eine Einführung**
2. Aufl. X, 228 Seiten. Kart. DM 36,–

Fortsetzung auf der 3. Umschlagseite